U0345861

华建集团 科创成果系列丛书
ARCPLUS

综合医院绿色设计

GREEN DESIGN FOR GENERAL HOSPITAL BUILDINGS

陈国亮　著

2017 年度上海市重点图书
2017 年度上海科技专著出版资金资助项目

图书在版编目(CIP)数据

综合医院绿色设计/陈国亮著. —上海:同济大学出版社,2018.8

ISBN 978-7-5608-7658-0

Ⅰ.①综… Ⅱ.①陈… Ⅲ.①建筑—设计 Ⅳ.①X21

中国版本图书馆 CIP 数据核字(2017)第 197900 号

P260, 261, 263—269, 273—281, 284—293, 302 摄影©邵峰

华建集团科创成果系列丛书

综合医院绿色设计

陈国亮 著

出 品 人: 华春荣
策划编辑: 吕 炜
责任编辑: 吕 炜
责任校对: 徐春莲
装帧设计: 完 颖

出版发行: 同济大学出版社 www.tongjipress.com.cn
(上海市四平路 1239 号 邮编:200092 电话:021-65985622)
经 销: 全国各地新华书店、建筑书店、网络书店
排版制作: 南京新翰博图文制作有限公司
印 刷: 上海盛通时代印刷有限公司
开 本: 787mm×1092mm 1/16
印 张: 20
字 数: 640 000
版 次: 2018 年 8 月第 1 版 2018 年 8 月第 1 次印刷
书 号: ISBN 978-7-5608-7658-0
定 价: 168.00 元

版权所有 侵权必究 印装问题 负责调换

内容提要

本书是国内第一部较为全面介绍绿色设计理念在综合医院建筑设计中运用的著作。

结合多年医院建筑设计经验和大量技术积累，全书围绕“安全”“高效”“节能”三大主题，从建筑设计全工种各方面做出系统的梳理和总结。

同时，本书收集了作者参与设计的较有代表性的三个综合医院项目案例，对项目绿色设计的具体实践进行了剖析和总结。

本书可供从事医院建筑建设管理、设计和研究的建筑师以及大专院校师生学习参考。

作者简介

陈国亮　教授级高工，任上海建筑设计研究院有限公司首席总建筑师，医院建筑设计研究院院长，中国建筑学会建筑师分会医疗建筑专业委员会常务副主任，中国医院管理协会医院建筑系统研究分会副主任，国家卫计委医疗建筑专家咨询委员会委员。

作者自 1996 年起长期从事医疗建筑设计实践及与之相关的技术研究工作，迄今 20 余年。近年来，更关注绿色建筑设计领域，并致力于研发、拓展绿色建筑技术与医疗建筑之间的融合，注重从绿色理念出发设计更节能、更安全、更高效，也更人性化的医疗建筑。

作者在从事医疗建筑设计 20 多年中，设计了 20 多个大型项目，建筑面积 200 万平方米以上。其中，上海华山医院门急诊综合楼获国家优秀工程设计铜奖，上海质子重离子医院获建设部优秀设计一等奖，东方肝胆医院安亭院区获建设部优秀设计一等级，同时获得国家绿色三星设计论证。

作者还担任国家标准 GB/T 51153—2015《绿色医院建筑评价标准》起草工作，该标准于 2016 年 8 月 1 日起实施。其负责的《绿色医院核心设计技术研究》课题成果共形成自主知识产权 5 项，获得业内专家、医疗专家的广泛好评，根据部分课题成果编制形成的《绿色医院设计指南》于 2015 年年底在业内发布，得到充分肯定，在绿色医院设计领域产生广泛影响。

编委会

学术顾问

孙　钧　郑时龄　江欢成　魏敦山

主　任

沈　迪

副主任

高承勇　沈立东　汪孝安　王卫东

编　委（以姓氏笔画排列）

马伟骏　王平山　王传顺　王前程　李亚明　陈众励　陈国亮

季永兴　夏　冰　徐　扬　奚耕读　高文艳　疏正宏

审稿专家

张行健

总 序

文/秦云

伴随着中国的城市化进程，勘察设计行业经历了高速发展时期，行业技术水平在长期的大量工程实践中得到了长足发展。高难度、大体量、技术复杂的建筑设计和建造能力显著提高；以建筑业 10 项新技术为代表的先进技术得以推广运用，装配式混凝土结构技术、建筑防灾减灾、建筑信息化等相关技术持续更新和发展，建筑品质和建造效率不断提高；建筑节能法律法规体系初步形成，节能标准进一步完善，绿色建筑在政府投资公益性建筑、大型公共建筑等项目建设中得到积极推进。如今，尽管我国经济发展进入新常态，但建筑业发展总体上仍处于重要战略机遇期，也面临着市场风险增多、发展速度受限的挑战。准确把握市场供需结构的变化，增强改革意识、创新意识，加强科技创新和新技术推广，才能适应市场需求，才能促进整个建筑业的转型发展。

华东建筑集团股份有限公司（以下简称华建集团）作为一家以先瞻科技为依托的高新技术上市企业，引领着行业的发展，集团定位为以工程设计咨询为核心，为城镇建设提供高品质综合解决方案的集成服务供应商。旗下拥有华东建筑设计研究总院、上海建筑设计研究院、华东都市建筑设计研究总院等 10 余家分、子公司和专业机构。集团业务领域覆盖工程建设项目全过程，作品遍及全国各省市及 60 多个国家和地区，累计完成 3 万余项工程设计及咨询工作，建成大量地标性项目，工程专业技术始终引领并推动着行业发展和不断攀升新高度。

华建集团完成的项目中有近 2 000 项工程设计、科研项目和标准设计获得过包括国家科技进步一等奖，国家级优秀工程勘察设计金、银奖，土木工程詹天佑奖在内的国家、省（部）级优秀设计和科技进步奖，体现了集团卓越的行业技术创新能力。累累硕果来自数十年如一日的坚持和积累，来自企业在科技创新和人才培养方面的不懈努力。集团以“4 + e”科技创新体系为依托，以市场化、产业化为导向，创新科技研发机制，构建多层级、多元化的技术研发平台，逐渐形成了以创新、创意为核心的企业文化。在专项业务领域，开展了超高层、交通、医疗、养老、体育、演艺、工业化住宅、教育、水利等专项产品研发，建立了有效的专项业务产品系列核心技术和专项技术数据库，解决了工程设计中共性和关键性的技术难点，提升了设计品质；在专业技术方面，拥有以超高层结构分析与设计技术、软土地区建筑深基础设计关键技术、大跨空间结构分析与设计技术、建筑声学技术、BIM 数字化技术、建筑机电技术、绿色建筑技术、围填海工程技术等为代表的核心专业技术，在提升和保持集团在行业中的领先地位方面，起到了强有力的技术支撑作用。同时，集团聚焦中高端领军人才培养，实施“213”人才队伍建设工程，不断提升和强化集团在行业内的人才比较优势和核心竞争力，集团人才队伍不断成长壮大，一批批优秀设计师成为企业和行业内的领军人才。

为了更好地实现专业知识与经验的集成和共享，推动行业发展，承担国有企业社会责任，我们将华建集团各专业、各领域领军人才多年的研究成果编撰成系列丛书，以记录、总结他们及团队在长期实践与研究过程中积累的大量宝贵经验和所取得的成就。

丛书聚焦工程建设中的重点和难点问题，所涉及项目难度高、规模大、技术精，具有普通小型工程无法比拟的复杂性，希望能为广大设计工作者提供参考，为提升我国建筑工程设计水平尽一点微薄之力。

序

文/张桦

2016 年 10 月，中共中央、国务院发布了《“健康中国 2030”规划纲要》，明确提出了健康中国“三步走”的目标，即“2020 年，主要健康指标居于中高收入国家前列”，“2030 年，主要健康指标进入高收入国家行列”，“2050 年建成与社会主义现代化国家相适应的健康国家”。但是与之息息相关的医院建设无论是数量还是质量与国民经济和社会发展水平、居民健康需求还存在着一定的差距，有着极大的提升和拓展的空间。尤其是医院的绿色节能和可持续发展以及医疗环境的安全性、便捷性等方面的研究更是缺乏一定的系统性、完整性。这些方面已经成为制约中国医院建筑设计水平进一步提高的重要因素，也是需要直面和解决的重要课题。

本书系统梳理和总结了综合医院设计所涉及的一些关键技术，引入绿色设计理念，对医院设计中安全、高效、节能等方面的科学研究和技术创新作了重点阐述。内容兼顾理论性、前瞻性、实用性，并提供了综合医院设计案例及详细指引，其中包括获得 2017 年度全国优秀工程勘察设计行业优秀建筑工程设计一等奖的作品。相信本书能够为从事医院建筑研究、设计及施工的科技人员提供有益参考、借鉴和指导。期望本书的出版，能为提升我国综合医院建筑设计水平作出贡献。

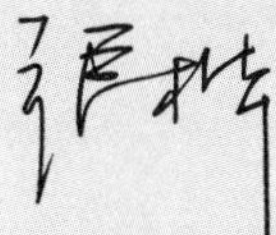

前言

1996年在我开始建筑师职业生涯后的第10年，我第一次接触了医院建筑设计，参与设计的第一个项目就是复旦大学附属华山医院病房综合楼。从此一发不可收拾，专注于医院建筑设计，一干就是20多年。仅华山医院就设计了门急诊综合楼、华山医院浦东分院、华山医院宝山分院、华山医院临床医学中心等，同时设计的综合医院、专科医院项目超过20多项。虽然专注从事的医院建筑设计历来是建筑设计类别中最为复杂、最为辛苦的，但自己却始终乐此不疲。经过团队的共同努力，我们设计的多个项目获得了中国勘察设计协会颁发的全国优秀工程勘察设计一等奖，如：上海质子重离子医院，东方肝胆医院安亭新院、青浦德达医院等。

在20多年医院建筑设计工作中，我见证了中国医院建筑设计、建设水平的不断提升。在20世纪末九十年代后期，当时一年一度的全国医院建设大会是大家从事医院建筑设计的建筑师们的嘉年华，我们在一起分享各自医院建筑设计的心得、体会，如饥似渴地学习国外的先进理念和设计方法。

进入21世纪后，面对全球气候和环境变化的压力与挑战，发展“绿色建筑”已在世界范围内掀起高潮，也越来越影响着医院建筑的设计。2003年美国医疗行业提出了世界上第一个针对医疗建筑的绿色设计与评价体系。2010年3月，中国医院协会专门成立了“绿色医院”工作领导小组，并确定了推动中国“绿色医院”建设行动计划。2012年由中国建筑科学研究院牵头，正式启动了国标《绿色医院建设评价标准》的编制工作。同期我们也成功申报了集团科研课题《绿色医院综合技术研究》，在总结多年工程实践经验和技术积累的基础上，完成了近30万字的课题报告，并且编写了《绿色医院设计导则》。在课题研究中一方面我们在中国绿色建筑“节地、节水、节能、节才、环境保护”的框架下进行技术研究，同时针对医院建筑的建筑特性，针对它的安全性、成长性、效率等方面同步开展研究。我们提出了综合医院安全性、高效性和节能三大主题，以此为脉络归纳总结我们的研究成果。并且提出了绿色设计理念在综合医院建筑设计中的运用。

在本书的编写过程中潘嘉凝、唐茜嵘、孙燕心、倪正颖、成卓、郑亚丰、陆行舟、邵宇卓、徐怡、张栩然、燕艳等建筑师以及张辉、陈众励、徐风、何焰、胡戎、吴建斌、陈尹、徐杰等结构、机电工程师参与了大量的工作，在此一并表示感谢。

张行健总建筑师对本书进行了认真的审阅，提出了非常宝贵的意见和建议，在此表示衷心感谢。

由于本人的能力和时间所限，虽然准备这本书稿已有好几年，但一直迟迟未敢正式出版。在身边好些朋友的鼓励、督促下才下定决心，抛砖引玉。如果能由此激发起从事医院建筑设计师的更多思考和总结，那这本书就实现了它的价值。

目 录

第3章 医院的高效运营

第4章 医院的节能技术

附录 | 综合医院优秀设计案例

第 1 章　综合医院绿色设计综述

1.1 政策背景

1.1.1 推动医疗卫生服务设施建设

2015 年 3 月 4 日，国务院办公厅发布了《全国医疗卫生服务体系规划纲要（2015—2020)》，全面规划“十三五”期间我国医疗卫生资源，提出了优化医疗卫生资源配置，构建与国民经济和社会发展水平相适应、与居民健康需求相匹配、体系完整、分工明确、功能互补、密切协作的整合型医疗卫生服务体系的目标。

1. 医疗卫生服务资源总量

到 2020 年，全国要达到每千常住人口医疗卫生机构床位数 6 张，其中，医院床位数 4.8 张，基层医疗卫生机构床位数 1.2 张。

2. 合理布局各级医疗卫生机构

在县级区域依据常住人口数，原则上设置 1 个县办综合医院和 1 个县办中医类医院。在地市级区域每 100 万～200 万常住人口设置 1～2 个市办综合性医院（含中医类医院，下同)，服务半径一般为 50 km 左右。在省级区域划分片区，每 1 000 万常住人口规划设置 1～2 个省办综合性医院，同时可以根据需要规划设置省办专科医院。

3. 推动社会办医

对社会办医给予支持，明确了到 2020 年，在医院床位中，公立医院床位数 3.3 张，按照每千常住人口不低于 1.5 张床位为社会办医院预留规划空间，同步预留诊疗科目设置和大型医用设备配置空间。

1.1.2 推动建筑设计绿色发展

建筑绿色设计是当前我国建筑行业的重要发展方向。“十二五”期间，相继出台了“十二五”建筑节能专项规划、关于加快推动我国绿色建筑发展的实施意见、绿色建筑行动方案、“十二五”绿色建筑和绿色生态城发展规划、关于 2014—2015 年节能减排低碳发展行动方案等重要文件。住房和城乡建设部印发的《住房城乡建设事业“十三五”规划纲要》，提出“十三五”时期，我国将从提高建筑节能水平、推广使用绿色建材、推进可再生能源建筑应用等多方面促进绿色建筑发展。在 2013 年的国家《绿色建筑行动方案》中，已经提出自 2014 年起政府投资建筑、保障性住房、大型公共建筑强制全面执行绿色建筑。可见，我国绿色建筑已经由推荐性、引领性、示范性逐步向强制性方向转变。

绿色医院越来越受到重视。2003 年“非典”后，中华医院管理学会（现为中国医院协会）在全国推出了“绿色医疗环境，创百姓放心医院”活动，各家医院纷纷走上了创建绿色医院之路。2016 年 7 月 30 日上午，中国建筑节能协会绿色医院专业委员会宣告正式成立，并指出了未来的工作思路与目标方向：一是要助力推进标准建设，以标准化引领行业的整体规划和可持续发展；二是关注医疗建筑全过程的绿色发展；三是要关注医院园区整体性的绿色发展；四是要积极推动新技术创新与应用；五是要积极舆论引导，加强社会关注。

1.2 发展现状

目前医疗卫生服务设施总量相对不足，设计水平有待提高。

1.2.1 总量

经过长期发展，我国已经建立了由医院、基层医疗卫生机构、专业公共卫生机构等组成的覆盖城乡的医疗卫生服务体系。根据国家统计局数据，2015 年，全国共有医疗卫生机构 98.35 万个，其中医院 2.76 万个；医疗机构床位数 701.52 万张，其中医院床位数 496.12 万张；医疗机构诊疗人次 76.99 亿人次，其中医院诊疗人次 30.84 亿人次。

以上医疗建筑总量离 2020 年目标还有一定差距。医疗卫生服务资源总量不足是导致看病难问题的重要原因。

1.2.2 设计水平

目前国内医疗建筑的设计水平参差不齐，还存在理论水平不高，设计千篇一律的问题。

国内医疗建筑与国外同类建筑相比，设计水平差距较大。国外的医院建筑设计在解决医院基本功能的同时，注重结合新技术开发、新材料利用，从有利于病人生理心理康复的角度，对门诊、医技、病房，甚至供应科室进行深入细致的探讨，研究各种可能性，进行医疗环境的全方位设计和个性化设计，建成了多个节能、绿色、环保的智能化医院。

1.3 发展趋势

鉴于我国目前的政策背景和现状水平，为了满足经济社会发展和人民群众日益增长的服务需求，将迎来大量的医疗服务设施的建设，同时，绿色设计是医院建筑设计发展的必然趋势。

医院的绿色设计应该以绿色建筑为基础，促进医疗工艺、医疗手段和医疗设备的发展，优化医疗效率，建立区域协同医疗以及能效监控和智能化信息系统，实现医院建筑的可持续性、医疗效率的最大化与医疗能耗的最优化。

绿色设计可以使医院的布局更加合理，环境更加整洁，以此为载体的技术水平也会得到相应地提升，有利于医疗质量的提高，使患者的诊断更加准确，治疗更加有效，是患者健康、康复的重要保证。同时，绿色设计强调“人文关怀”的服务理念，使医患关系变得和谐，病人在这种环境下接受诊治，治疗效果也会有较大的改善。

1.4 研究内容

1.4.1 国内外相关研究

在后评估方面，国际上应用较广的绿色医院建筑评价体系有6种，分别是美国的Green Guide for Health Care（GGHC）；英国的BREEAM Health Care 2008（BREEAM HC）；澳大利亚的Green Star-Healthcare v1（Green Star HC）；美国的LEED 2009 for Healthcare（LEED HC）（2014年LEED V4版本发布，将医疗建筑并入LEED BD+C）；德国的DGNB HC；日本的CASBEE。

2015年12月，我国《绿色医院建筑评价标准》GB/T 51153—2015发布，并于2016年8月实施。此标准以国家绿色建筑评价标准体系为基础，有针对性地对绿色医院建造提出场地优化、节能、节水、节材、室内环境、运营管理的要求，用以指导医院设计和建造。

近年来，专注点也慢慢前置到设计阶段，在《民用建筑绿色设计规范》JGJ/T 229—2010发布之后，2015年12月，我国《综合医院建筑设计规范》GB 51039—2014发布，并于2016年8月1日起实施。将绿色理念融入医院建筑设计规范中。

1.4.2 本研究的开展

鉴于医疗建筑有使用功能的特殊性、建筑多样化、能源系统复杂化的特性，医院的绿色设计应该以安全、高效、节能三方面为目标。

(1) 医院是生命安全线工程，地位特殊，对安全性有着极高的要求，因此安全性保障技术是医院建筑设计的重要基础。

(2) 医院类建筑能源消耗巨大，据统计，是普通公共建筑的1.6～2.0倍，因此，综合医院的平均节能潜力巨大。

(3) 医院更注重人性化设计，不仅能简单满足医疗用房的功能需要，还应进一步创造适合患者心理、生理特点的就医环境。因此，高效的运营技术是缓解人们越来越高的医疗需求与医疗资源之间的冲突的重要途径。

本研究旨在探索综合医院建筑的绿色设计方法，从绿色医院建筑的安全性保障技术、高效运营技术和节能技术三个方面进行梳理，综合考虑医院建筑的功能性、环保、节能等各方面，关注生命健康和医疗质量，创建人性化的医疗环境，最大化地节约能源，在满足医疗用房的功能需要的基础上，进一步创造适合患者心理、生理特点的就医环境，最终设计出能够给病人、医务工作者提供最大便利性的可持续发展的综合医院。

上海嘉会国际医院

第 2 章　医院的安全性保障

2.1 感染控制

医院感染，又称院内感染，是指住院病人、医务人员、探视者或陪护者在医院内获得的一切感染性疾病，亦称医源性感染（hospital acquired infection 或 nosocomial infection），包括在住院期间发生的感染和在医院内获得、出院后发生的感染，但不包括入院时已存在的感染。

当前，医院感染已经成为一个严重的公共卫生问题，是当代临床医学、预防医学、医院管理学面临的一个重要课题。根据国家卫生健康委员会全国医院感染监控网从 2001 年到 2016 年 7 次在全国医院范围内进行的横断面调查，我国的医院感染发病率虽逐年下降，但抗菌药物的使用率普遍超过 30%。由于调查存在取样和漏报的可能性，实际感染率可能更高。如果按全国每年住院病人 5 000 万估算，每年约 450 万的患者受到医源性感染。医院感染的预防、控制成效，是直接关系到提高医疗水平、确保医疗安全、防范医疗事故、保障病患和医务人员健康的大事。因此，加强医院感染的监控与管理，是现代医院的重要任务。

医院感染与医院的性质和医疗科室特点有关。此外，不同人群发生感染的概率不同，需要从传播途径、易发生区域、高感染人员、医疗废弃物等多方面进行控制。医院感染控制除了遵循严格的医疗操作流程外，建筑平面布局、医疗流程组织、室内人工环境等对医院感染的发生均会产生影响。从医院建筑的可持续与安全角度，做好医院内部合理的流程组织和机电设计，可以有效降低医院内感染的发生率，对保障医护工作人员和诊疗患者健康安全具有十分重要的意义。

2.1.1 医院感染管理和控制的政策规定

中华人民共和国国家卫生和计划生育委员会（下文简称卫计委）制定的《医院感染管理办法》中明确规定卫计委负责全国医院感染管理的监督管理工作。县级以上地方人民政府卫生行政部门负责本行政区域内医院感染管理的监督管理工作。

根据管理规定，住院床位总数在 100 张以上的医院应当设立医院感染管理委员会和独立的医院感染管理部门。住院床位总数在 100 张以下的医院应当指定分管医院感染管理工作的部门。其他医疗机构应当有医院感染管理专（兼）职人员。在医院感染管理委员会的职责中有一条明确规定：根据预防医院感染和卫生学要求，对本医院的建筑设计、重点科室建设的基本标准、基本设施和工作流程进行审查并提出意见。由此，医院感染和控制作为医院建筑设计中的重点，设计师在设计过程中需要和相关的医院感染管理人员进行沟通。

卫计委制定了一系列有关医院管理的规范，主要为医护操作流程和治疗流程及医疗设备配置的要求，其中部分条目与医院设计相关，对各科室的布局及机电、环境等提出了具体的要求，详见表 2.1.1。

表 2.1.1 现行医院感染管理主要规范

序号	设计关联度	名 称	编 号
1	Ⅲ	医院感染管理办法	卫生部令第 48 号
2	Ⅱ	医院消毒卫生标准	GB 15982
3	Ⅰ	医院隔离技术规范	WS/T 311
4	Ⅱ	医疗机构消毒技术规范	WS/T 367
5	Ⅰ	医院消毒供应中心第 1 部分：管理规范	WS 310. 1
6	Ⅲ	医院消毒供应中心第 2 部分：清洗消毒及灭菌技术操作规范	WS 310. 2
7	Ⅲ	医院消毒供应中心第 3 部分：清洗消毒及灭菌效果监测标准	WS 310. 3
8	Ⅱ	口腔器械消毒灭菌技术操作规范	WS 506
9	Ⅱ	病原微生物实验室生物安全通用准则	WS 233
10	Ⅰ	血液透析中心基本标准和管理规范	国卫医发〔2016〕67 号
11	Ⅲ	内窥镜清洗消毒技术操作规范	卫医发〔2004〕100 号
12	Ⅲ	呼吸内窥镜诊疗技术管理规范	卫办医政发〔2012〕100 号
13	Ⅱ	医院手术部（室）管理规范	卫医政发〔2009〕90 号
14	Ⅲ	医院洁净手术部建筑技术规范	GB 50333
15	Ⅱ	重症医学科建设与管理指南	卫办医政发〔2009〕23 号
16	Ⅱ	急诊科建设与管理指南	卫医政发〔2009〕50 号
17	Ⅰ	新生儿病室建设与管理指南	卫医政发〔2009〕123 号
18	Ⅲ	病理科建设与管理指南	卫办医政发〔2009〕31 号
19	Ⅲ	综合医院康复医学科建设与管理指南	卫医政发〔2011〕31 号
20	Ⅱ	二、三级综合医院药学部门基本标准	卫医政发〔2010〕99 号
21	Ⅴ	医疗机构药事管理规定	卫医政发〔2011〕11 号

2.1.2 医院感染特点及涉及范围

根据医院感染产生的情况和传播特点，可分为感染发生分布情况、易感染者、感染传播途径与污废物管理四方面。

1. 感染发生分布情况

医院感染与国家地区，医院的性质、大小和级别，医院的科室特点有关。

医院感染发病率在不同级别的医院不同，级别愈高，医院感染发病率愈高。医院感染发病率与是否为教学医院及医院大小有关，医院感染发病率教学医院高于非教学医院，大于 1 000 张病床的医院其医院感染率高于 500 张病床以下的医院。这主要是由于级别高的医院、教学医院与大医院收治的病人病情重，病种复杂，有较多的危险因素和插入性操作等所致。

我国医院感染发病率以内科最高，其次为外科与儿科，以五官科发病率最低。牙科、针灸科是血液传播疾病的高危科室。医院感染的高危部门有：各类型的重症医学科（监护病房）、手术部（室）、危重病人抢救室、血液透析中心（室）、产房、新生儿室、母婴同室、导管室、消毒供应中心、口腔科及特殊病房。这些病房主要为：层流洁净病房、骨髓移植病房、器官移植病房、烧伤病房、神经外科病房、心胸外科、呼吸病房、血液病房和肾病病房等。

2. 易感染者

医院的易感染者是针对医院范围内人群而言的，而传染病易感染者包括院内外人群。

医院主要易感者包括：

- 免疫力低下的病人；
- 接受各种插入性操作的病人；
- 各类手术治疗的病人；
- 接受各种穿刺的病人；
- 接受化疗、放疗的病人；
- 滥用抗生素破坏了人体正常菌群生态平衡的病人；
- 因各种慢性病住院时间长的病人；
- 缺乏自我健康保护的医务人员。

3. 感染传播途径

医院中医源性感染主要通过三个途径：接触、空气和水传播。接触被普遍认为是最主要和频繁的感染传播途径。

4. 污废物管理

医院中产生的污物、废物，特别是医疗废弃物多带有感染源，此类物品需要进行严格管理控制及特殊处置。

2.1.3 医院感染控制的技术措施

医院感染发病率越高，危害性越大。预防医院感染，有利于提高治疗的成功率，减少病人痛苦，减轻医疗护理工作负担，保障医疗安全，提高医疗质量。同时提高床位周转率，减少社会和个人经济负担。要有效地控制院内感染的发生、降低其发生的概率，就需要设计师对医院感染的涉及范围、病原体传播方式、传播和感染人群特点等有一定的了解，并针对其不同的特点，在医院建筑设计最初就予以关注，实现从源头降低院内感染的危害。如果一个科室区域的平面布局不合理，机电系统和参数达不到要求，会造成院感管理先天不足的局面，后期的管理也将困难重重，达不到好的成效。合理的功能布局与流程规划、人员交通组织、物品运输存储组织、建筑材料及机电设施等均会对医院在运营中的院感管理和控制产生影响。首先，应该做好医院感染高危部门合理的布局设计，传播和易感染者的隔离措施设计；其次，是正确选用合适的技术和产品，从医源性感染的传播途径进行有效控制；最后也是最重要的，必须关注医院运营过程，做好流程规范操作与院感管理动态实时监控，尽最大可能将各类院内感染危害控制在最低水平。

1. 医院感染高危部门的管理标准及技术措施

降低院内感染，首要是关注高危感染科室的平面功能布局合理性，人流、物流的组织及机电设施的选型和标准。

1）洁净手术室

洁净手术室应当设在医院内便于接送手术患者的区域，独立成区，并宜与其有密切关系的外科重症护理单元邻近，宜与有关的放射科、病理科、消毒供应中心、输血科等联系便捷。周围环境安静、清洁，应远离污染源。

洁净手术室内部、外部流程详见图 2. 1. 1 与图 2. 1. 2。

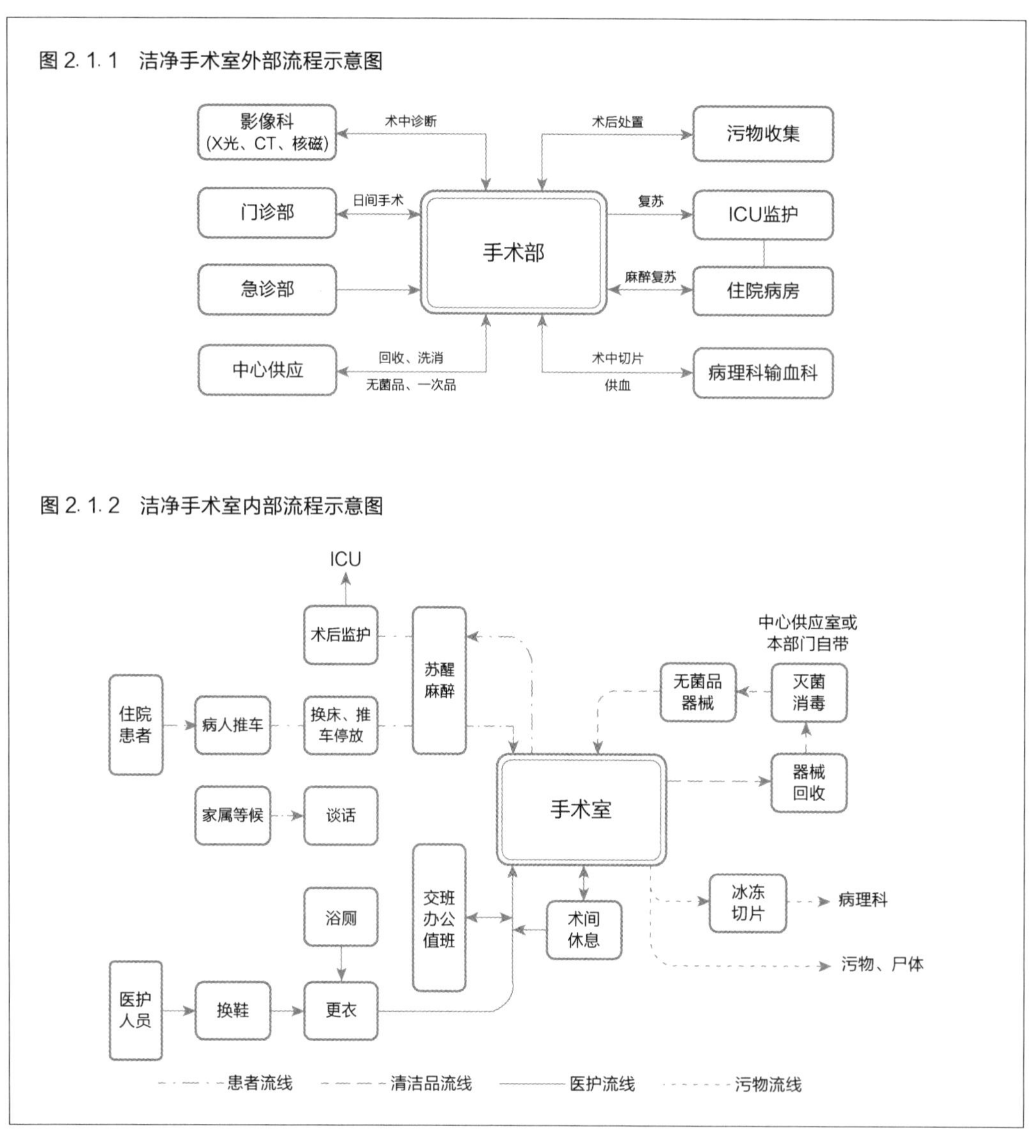

图 2. 1. 1　洁净手术室外部流程示意图

图 2. 1. 2　洁净手术室内部流程示意图

洁净手术部用房分为四级，并以空气洁净度级别作为必要保障条件。洁净手术部分为洁净区与非洁净区（表 2. 1. 2，表 2. 1. 3）。洁净区与非洁净区之间必须设缓冲室或传递窗。洁净手术部人流、物流由非洁净区进入洁净区必须经过卫生处置，人员应换鞋、更衣。医务（包括医护技、卫生、管理等）人员与患者进出口宜分设。医务人员流程必须严格执行卫生要求。更衣室宜分换鞋区和更衣区；卫生间、淋浴间应设于更衣区前半部分。

洁净区内手术室宜相对集中布置。Ⅰ、Ⅱ级洁净手术室应位于手术部内干扰最小的区域。洁净手术部的内部平面和通道形式应符合便于疏散、功能流程短捷和洁污分明的原则，根据医院具体平面，在手术室前单走廊、手术室前后双走廊、纵横多走廊、集中供应无菌物品的中心无菌走廊（即中心岛）和各手术室带前室等形式中按实际需要选取洁净手术部的适宜布局（图2.1.3）；负压手术室和感染手术室在出入口处都应设准备室作为缓冲室。负压手术室应有独立出入口。

表2.1.2 洁净手术室用房的等级标准

洁净用房等级	沉降法（浮游法）细菌最大平均浓度		空气洁净度级别		参考手术
	手术区	周边区	手术区	周边区	
Ⅰ	0.2 cfu/30 min·Φ90Ⅲ（5 cfu/m³）	0.4 cfu/30 min·Φ90Ⅲ（10 cfu/m³）	5	6	假体植入、某些大型器官移植等可直接危及生命及生活质量等手术
Ⅱ	0.75 cfu/30 min·Φ90Ⅲ（25 cfu/m³）	1.5 cfu/30 min·Φ90Ⅲ（50 cfu/m³）	6	7	涉及深部组织及生命主要器官的大型手术
Ⅲ	2 cfu/30 min·Φ90Ⅲ（75 cfu/m³）	4 cfu/30 min·Φ90Ⅲ（150 cfu/m³）	7	8	其他外科手术
Ⅳ	6 cfu/30 min·Φ90Ⅲ		8.5		感染和重度污染手术

注：1. 浮游法的细菌最大平均浓度采用括号内数值。细菌浓度是直接测得的结果，不是沉降法和浮游法互相换算的结果。
2. 眼科专用手术室周边区比手术区可低2级。
3. 本标准引自《医院洁净手术部建筑技术规范》。

表2.1.3 主要辅助用房分级

	用房名称	洁净用房等级
在洁净区内的洁净辅助用房	需要无菌操作的特殊用房	Ⅰ～Ⅱ
	体外循环室	Ⅱ～Ⅲ
	手术室前室	Ⅲ～Ⅳ
	刷手间	Ⅳ
	术前准备室	
	无菌物品存放室（已脱外包）、预麻室	
	精密仪器室	
	护士站	
	洁净区走廊或任何洁净通道	
	恢复（麻醉苏醒）室	
	手术室的邻室（如铅防护手术室旁的防护间）	无
在非洁净区内的非洁净辅助用房	用餐室	无
	卫生间、淋浴间、换鞋处、更衣室	
	医护休息室	
	值班室	
	示教室	
	紧急维修间	
	储物间	
	污物暂存处	

当人、物用电梯设在洁净区时，若电梯井可能与非洁净区相通，则出口处必须设缓冲室。车辆卫生通过区域或换车间应设在手术室主入口，其面积应满足车辆回旋尺度和停放转运的要求。换车间内非洁净和洁净两区宜分别设存车区；洁车所在区域应属于洁净区，并应作为缓冲室。

缓冲室应有洁净度级别，并与高级别一侧同级。根据需要设定与邻室间的气流方向。缓冲室面积不应小于3 m²，缓冲室可以兼作他用（如术前准备、存放洁车）。每2～4间洁净手术室应单独设立 1 间刷手间，刷手间不应设门；如刷手池设在洁净走廊上，应不影响交通和环境卫生。手术台中心线应与手术室长轴重合，手术台安装基座中心点应为手术室长轴与短轴十字交点，头侧手术床床边距墙不应小于 1.8 m。主要术野应位于送风面中心区域。

洁净手术室的净高（装饰面或送风面至地面高度）不宜低于 2.7 m。当手术室的送风装置被轨道分隔开时（如在多功能复合手术室），该净高应按规范气流搭接原则确定。洁净手术室进出手术车的门，净宽不宜小于 1.4 m，当采用电动悬挂式自动门时，应具有自动延时关闭和防撞击功能，并应有手动功能。除洁净区通向非洁净区的平开门和安全门为向外开之外，其他洁净区内的门均向静压高的方向开启。

手术使用后的可复用器械宜按卫生部门有关消毒供应中心标准要求密封送消毒供应中心集中处理。医疗废弃物应按国务院《医疗废弃物处理条例》等相关规定实行就地打包，密封转运处理。

洁净手术室的建筑装饰应遵循不产尘、不易积尘、耐腐蚀、耐碰撞、不开裂、防潮防霉、容易清洁、环保节能和符合防火要求的总原则。洁净手术室围护结构间的缝隙和在围护结构上固定、穿越形成的缝隙，均应密封。洁净手术室内墙面下部的踢脚不得突出墙面；踢脚与地面交界处的阴角应做成 $R \geqslant 30$ mm 的圆角。其他墙体交界处的阴角宜做成小圆角。洁净手术室内墙体转角和门的竖向侧边的阳角宜为圆角。通道两侧及转角处墙上应设防撞板。洁净手术室和洁净辅助用房内必须设置的插座、开关、各种柜体、观片灯等均应嵌入墙内，不得突出墙面。洁净手术室吊顶上不应开设人孔。检修孔可开在洁净区走廊上，并应采取密封措施。

设计常用手术室类型示例，见图 2.1.3。

图 2.1.3　设计常用手术室类型

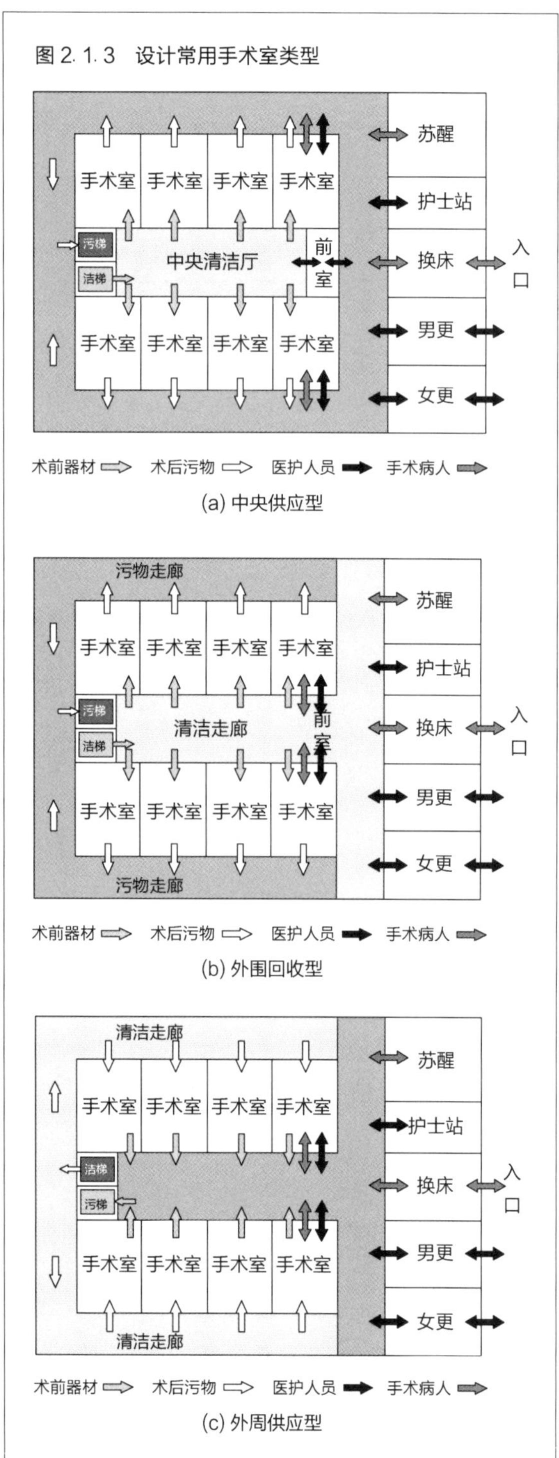

2）重症监护室

重症医学科病床数量应符合医院功能任务和实际收治重症患者的需要。三级综合医院重症医学科床位数为医院病床总数的2%～8%，床位使用率以75%为宜，全年床位使用率平均超过85%时，应该适度扩大规模。重症医学科位于方便患者转运、检查和治疗的区域，并宜接近手术室、医学影像学科、检验科和输血科（血库）等。重症医学科的整体布局应该使放置病床的医疗区域、医疗辅助用房区域、污物处理区域和医务人员生活辅助用房区域等有相对的独立性，以减少彼此之间的干扰和控制医院感染。合理组织包括人员流动和物流在内的医疗流向，设置不同的进出通道。

重症医学科每床使用面积不少于15 m^2，床间距大于1 m；每个单元最少配备一个单间病房，使用面积不少于18 m^2，用于收治隔离病人。对感染患者应当依据其传染途径实施相应的隔离措施，对经空气感染的患者应当安置负压病房进行隔离治疗。重症医学科应具备良好的通风、采光条件。医疗区域内的温度应维持在（24±1.5）℃，湿度应维持在50%～60%。具备足够的非接触性洗手设施和手部消毒装置，单间每床1套，开放式病床至少每2床1套。

3）血液透析中心

血液透析中心按功能使用分为辅助区域和工作区域。辅助区域包括工作人员更衣室、办公室等。工作区域包括普通透析治疗区、隔离透析治疗区、治疗室、水处理间、候诊区、接诊区、储存室和污物处理区。

血液透析中心的建筑布局分为清洁区和污染区，需分区明确，人员流线（图2.1.4）、洁污流线分设，标识清楚。清洁区包括医护人员办公室和生活区、水处理间、配液间、清洁库房；污染区包括透析治疗室、候诊室、污物处理室等。

图2.1.4　血液透析中心人员流线图

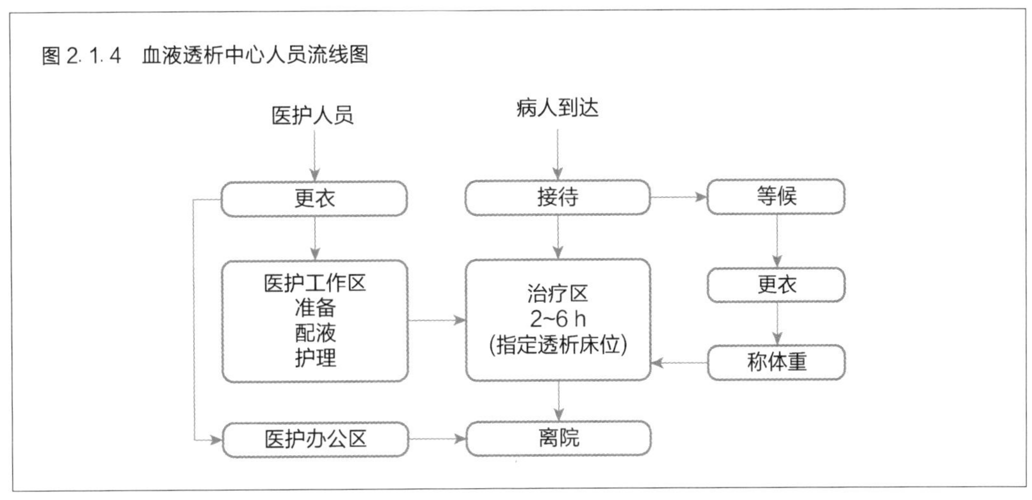

血液透析中心除配备血液透析机外，还需配备满足工作需要的水处理设备、供氧装置、负压吸引装置，必要的职业防护物品。

血液透析中心应设有隔离透析治疗间或者独立的隔离透析治疗区，乙型肝炎病毒、丙型肝炎病毒、梅毒螺旋体、艾滋病病毒感染以及其他特定传染病患者应当分别在各自隔离透析治疗间或者隔离透析治疗区进行专机血液透析，治疗间或者治疗区、血液透析机相互不能混用。透析治疗区、治疗室等区域应当达到《医院消毒卫生标准》中规定Ⅲ类环境的要求。

每个血液透析单元由一台血液透析机和一张透析床（椅）组成，使用面积不少于3.2 m²；血液透析单元间距能满足医疗救治及医院感染控制的需要，不少于0.8 m；透析治疗区内设置护士工作站，便于护士对患者实施观察及护理技术操作；水处理间的使用面积不少于水处理机占地面积1.5倍。

图2.1.5 血液透析

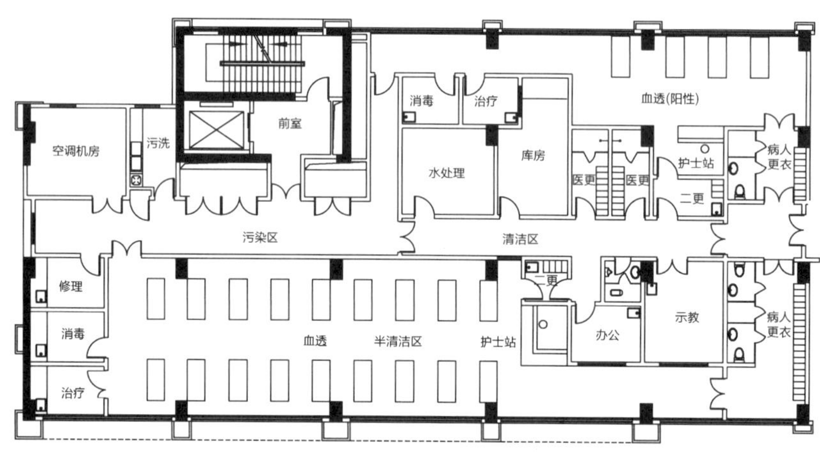

4）新生儿室

新生儿病室设置在医疗机构内，是收治胎龄32周以上或出生体重1 500克以上、病情相对稳定、不需要重症监护治疗的新生儿的房间，可以设一间或多间。有条件的综合医院以及儿童医院、妇产医院和二级以上妇幼保健院可以设置独立的新生儿病房。二级以上综合医院应当在儿科病房内设置新生儿病室。

新生儿病室应当设置在相对独立的区域，接近新生儿重症监护病房（NICU）。新生儿病室与NICU邻近设置时，医护工作区及辅助区可合并设置。新生儿科病房分医疗区和辅助区。医疗区包括普通病室、隔离病室和治疗室等，有条件的可设置早产儿病室。辅助区包括清洗消毒间、接待室、配奶间、新生儿洗澡间（区）等，有条件的可以设置哺乳室。新生儿淋浴区应设流动水沐浴池。储存区和淋浴区应分区明确，以保证储存柜的干燥。淋浴区墙壁、天花板、地面减少接缝，表面光滑，有良好的排水系统，并应有空调等保温设置。

新生儿病室床位数应当满足患儿医疗救治的需要，无陪护病室每床净使用面积不少于3 m²，床间距不小于1 m。有陪护病室应当一患一房，净使用面积不低于12 m²。新生儿病室需要设置工作人员更换衣服和鞋子的空间。新生儿病室应当配备必要的清洁和消毒设施，每个房间内至少设置1套洗手设施、干手设施或干手物品，洗手设施应当为非手触式。新生儿病室应当配备负压吸引装置、新生儿监护仪、吸氧装置、暖箱等基本设备。

图 2.1.6

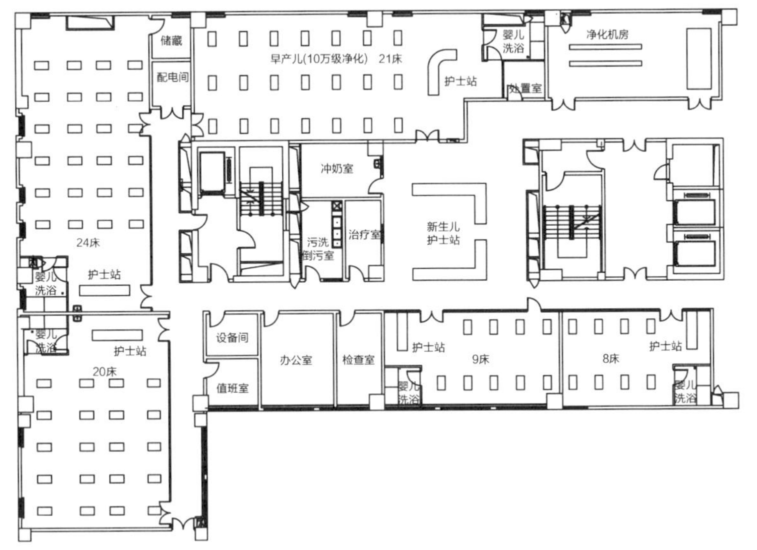

(a) 儿童医院新生儿室

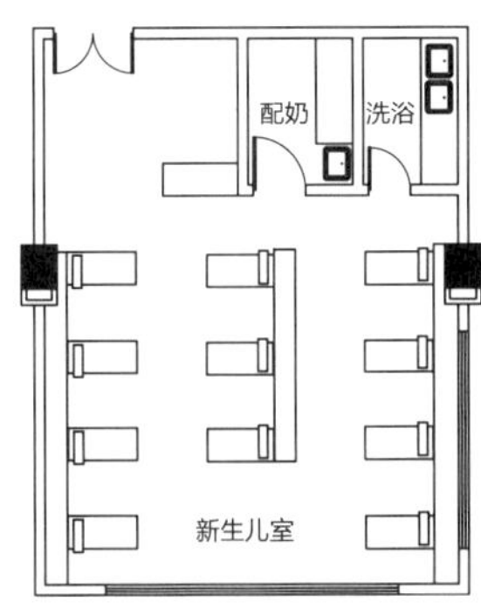

(b) 独立新生儿室

5) 消毒供应中心 (CSSD)

消毒供应中心是承担医院内各科室所有重复使用的诊疗器械、器具和物品清洗消毒、灭菌以及无菌物品供应的部门。消毒供应中心宜接近手术室、产房和临床科室，或与手术室有物品直接传递专用通道，不宜建在地下室或半地下室。

建筑布局应分为辅助区域和工作区域（图 2.1.7）。辅助区域包括工作人员更衣室、值班室、办公室、休息室、卫生间等。工作区域包括去污区、检查、包装及灭菌区（可按需设独立的敷料制备或包装间）和无菌物品存放区。工作区域划分应遵循的基本原则如下：

- 物品由污到洁，不交叉、不逆流。
- 空气流向由洁到污；去污区保持相对负压，检查、包装及灭菌区保持相对正压。

工作区域设计与材料要求，应符合以下要求：

- 去污区、检查、包装及灭菌区和无菌物品存放区之间应设实际屏障。
- 去污区与检查、包装及灭菌区之间应设洁、污物品传递通道，并分别设人员出入缓冲间（带）。
- 缓冲间（带）应设洗手设施，采用非手触式水龙头开关，无菌物品存放区内不应设洗手池。
- 检查、包装及灭菌区的专用洁具间应采用封闭式设计。

工作区域的天花板、墙壁应无裂隙、不落尘，便于清洗和消毒；地面与墙面踢脚及所有阴角均应为弧形设计；电源插座应采用防水安全型，地面应防滑、易清洗、耐腐蚀；地漏应采用防返溢式；污水应集中至医院污水处理系统。

消毒供应中心内的工作区域温度、相对湿度、机械通风的换气次数均有特殊要求，详见 2.5 节的相关内容。洗涤用水应有冷热自来水、软水、纯化水或蒸馏水供应。自来水水质应符合《生活饮用水卫生标准》GB 5749—2006 的规定；纯化水应符合电导率≤15 μS/cm（25 ℃）。灭菌蒸汽用水应为软水或纯化水。

图 2.1.7 消毒供应中心内部流程示意图

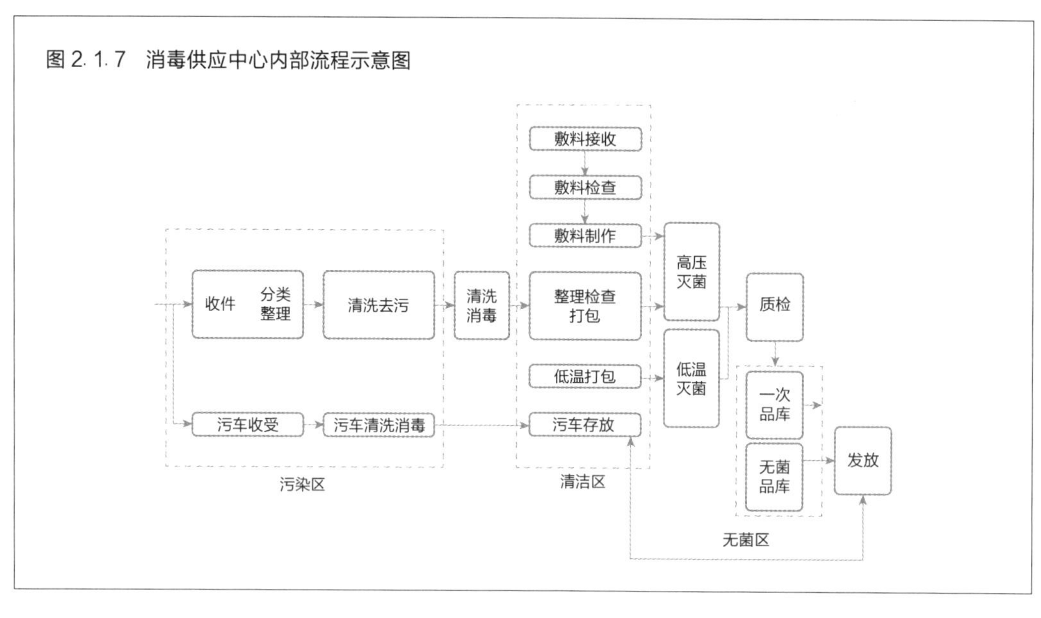

图 2.1.8 慈林医院消毒供应中心

消毒供应中心应配备以下设施或设备：

- 应配有污物回收器具、分类台、手工清洗池、压力水枪、压力气枪、超声清洗装置、干燥设备及相应清洗用品等。
- 宜配备机械清洗消毒设备。
- 检查、包装设备：应配有带光源放大镜的器械检查台、包装台、器械柜、敷料柜、包装材料切割机、医用热封机及清洗物品装载设备等。
- 灭菌设备及设施：应配有压力蒸汽灭菌器、无菌物品装置、卸载设备等。根据需要配备灭菌蒸汽发生器、干热灭菌和低温灭菌装置。各类灭菌设备应符合国家相关标准，并设有配套的辅助设备。
- 储存、发放设施：应配备无菌物品存放设施及运送器具等。
- 去污区应配置洗眼装置。

实例参见图 2.1.8，为慈林医院消毒供应中心。

6）内窥镜室

内窥镜室的建筑面积应当与医疗机构的规模和功能相匹配，设立病人候诊室（区）、诊疗室、清洗消毒室、内窥镜贮藏室等。诊疗室内的每个诊疗单位应当包括：诊疗床1张、主机（含显示器）、吸引器、治疗车等，每个诊疗单位的净使用面积不得少于20㎡。

不同部位内窥镜的诊疗工作应当分室进行；上消化道、下消化道内窥镜的诊疗工作不能分室进行的应当分时间段进行。呼吸内窥镜工作室需满足呼吸内窥镜诊疗技术临床工作要求，包括术前准备室、内窥镜诊疗室和术后观察室等。灭菌类内窥镜的诊疗室应达到"标准洁净手术室"的要求，消毒类内窥镜的诊疗室应达到"一般洁净手术室"的要求。

内窥镜的清洗消毒应当与内窥镜的诊疗工作分开进行，分设单独的清洗消毒室和内窥镜诊疗室，清洗消毒室应当保证通风良好。不同部位内窥镜的清洗、消毒、储镜应当分开。

内窥镜的内部与外部流程详见图2.1.9与图2.1.10。

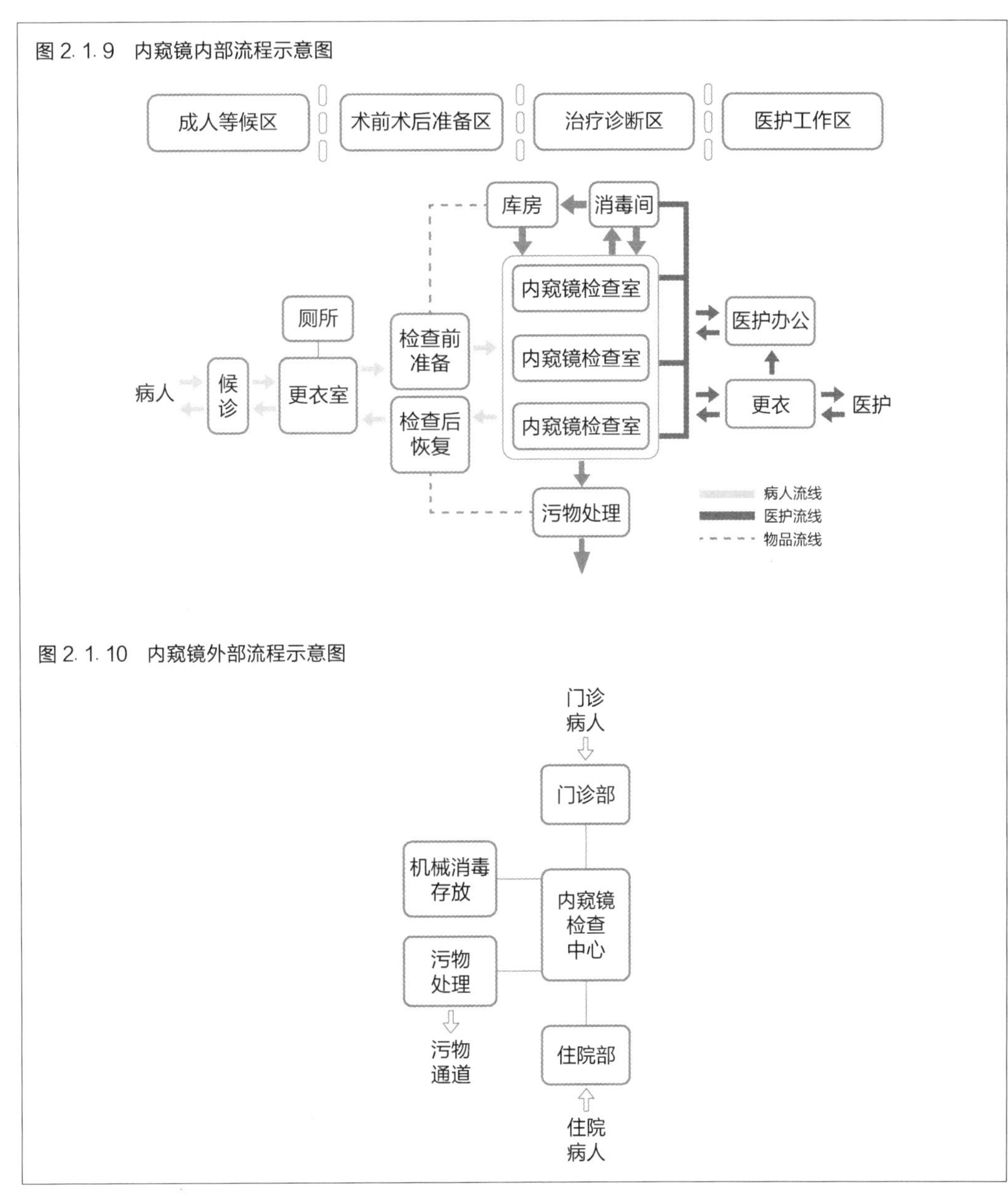

实例参见图 2. 1. 11，为华山医院北院内窥镜室平面图。

图 2. 1. 11　华山医院北院内窥镜室平面图

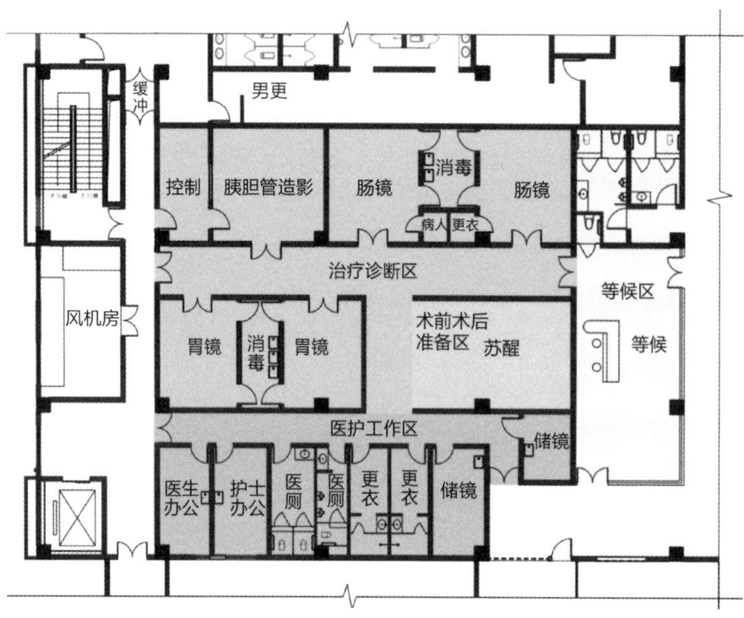

7）病理科及病原微生物实验室

二级综合医院病理科至少应当设置标本检查室、常规技术室、病理诊断室、细胞学制片室和病理档案室；三级综合医院病理科还应当设置接诊工作室、标本存放室、快速冰冻切片病理检查与诊断室、免疫组织化学室和分子病理检测室等。其他医疗机构病理科应当具有与其病理诊断项目相适应的场所、设施等条件。

病理科工艺流程如图 2. 1. 12 所示。

图 2. 1. 12　病理科工艺流程示意图

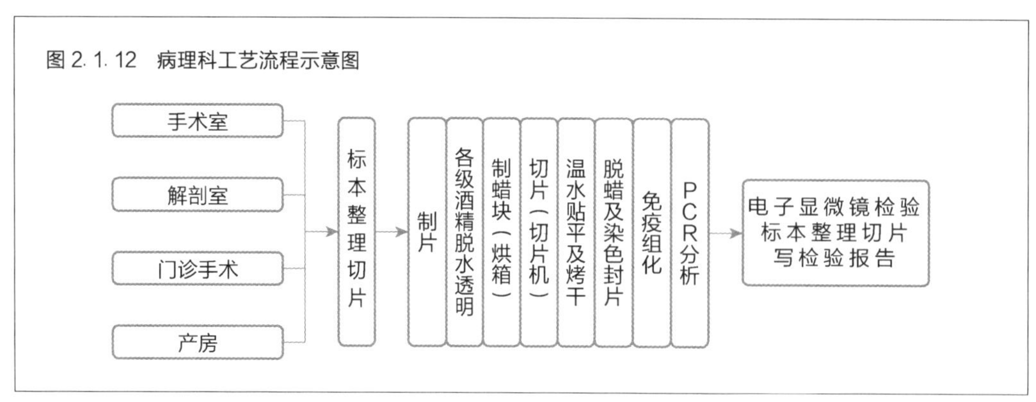

病原微生物实验室分为清洁区、半污染区、污染区，设置清洁和污染物品出入口。根据实验室对病原微生物的生物安全防护水平，并依照实验室生物安全国家标准的规定，

将实验室分为一级、二级、三级、四级。在二、三、四级生物安全实验室的入口应设置国际通用生物危险标志和生物安全实验室级别标志，下方应明确标出操作所接触的病原体的名称、危害等级、预防措施、负责人姓名、紧急联络方式等。操作人员应有身体、手、眼等安全防护用品，生物安全柜、洗眼器等设施应能正常使用。

8）口腔科清洗消毒间

口腔诊疗区域和口腔诊疗器械清洗、消毒区域应当分开。口腔诊疗器械宜由 CSSD 统一清洗、消毒、灭菌。如设置于口腔科内独立的清洗消毒间，其布局需合理分区。分设回收清洗区、保养包装及灭菌区、物品存放区。回收清洗区承担器械回收、分类、清洗、干燥工作。保养包装及灭菌区承担器械保养、检查、包装、消毒和灭菌工作。物品存放区存放消毒、灭菌后物品，以及去除外包装的一次性卫生用品等。工作量少的口腔门诊可不设物品存放区，消毒灭菌后将物品直接存放于器械储存车内。回收清洗区与保养包装及灭菌区间应有物理屏障。

实例参见图 2. 1. 13，为华山医院口腔科内设消毒间。

图 2. 1. 13　华山医院口腔科内设消毒间

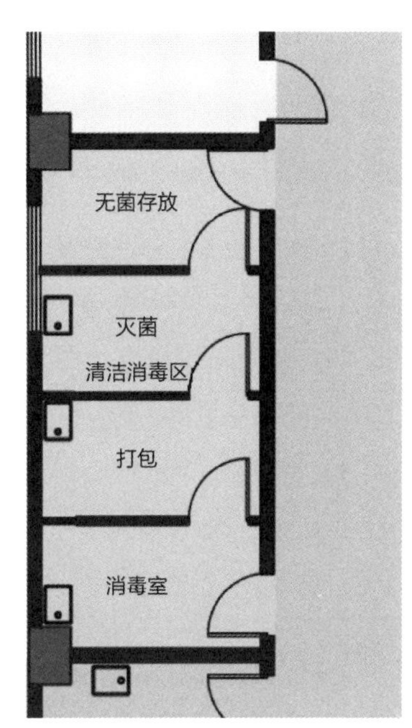

2. 感染传播途径的控制措施

接触、空气和水传播是院内感染的三种主要传播途径。了解这三种传播的方式，从医院环境要求、医疗消毒器具配置入手，合理设计，可以有效降低院内感染的发生概率。

根据《医院消毒卫生标准》GB 15982—2012，将医院环境分为四大类：

• Ⅰ类环境：采用空气洁净技术的诊疗场所，分洁净手术室和其他洁净场所。如层流洁净手术室、层流洁净病房。

• Ⅱ类环境：非洁净手术室、产房、导管室、血液病病区、烧伤病区等保护性隔离病区；重症监护病区；新生儿室等。

• Ⅲ类环境：母婴同室；消毒供应中心的检查包装灭菌区和无菌物品存放区；血液透析中心（室）；其他普通住院病区等。

• Ⅳ类环境：为普通门（急）诊及其检查、诊疗室；感染性疾病科门诊和病区。

四类环境均有明确的菌落数指标，详见表 2. 1. 4。通常进入Ⅰ、Ⅱ区域需要换鞋，戴口罩、帽子，更换工作衣。

1）接触式感染传播的控制

接触式传播通常被认为是医源性感染的主要传播途径，包括人与人之间的直接接触和通过周围表面的间接接触。

表 2.1.4　各类环境的空气、物体表面、手菌落总数的标准

环境类别		空气平均菌落数		物体表面平均菌落数	手平均菌落数
		cfu/皿	cfu/m³	cfu/cm²	cfu/cm²
Ⅰ类环境	洁净手术室	符合 GB 50333—2013 要求	≤150	≤5.0	≤5.0
	其他洁净场所	≤4.0（30 min）			
Ⅱ类环境		≤4.0（15 min）	—	≤5.0	≤5.0
Ⅲ类环境		≤4.0（5 min）	—	≤10.0	≤10.0
Ⅳ类环境		≤4.0（5 min）	—	≤10.0	≤10.0

注：cfu/皿为平板暴露法，cfu/m³ 为空气采样器法。

（1）洗手设施的合理配置

手卫生是预防和控制医院感染、保障病人和医务人员安全最重要、最简单、最有效、最经济的措施，因此，世界各国对手卫生均给予高度的重视，采取了各种积极有效的措施来促进医务人员的卫生，以预防和降低医院感染的发生，提高医疗质量。

图 2.1.14　医护洗手示例照片

在医院内必须设置规范合理的洗手设备（图 2.1.14），这有助于预防医源性感染。手术室、产房、ICU、口腔科等 14 个重点部门应配备非手触式水龙头。有条件的医疗机构在诊疗区域均宜配备非手触式水龙头。自动感应酒精消毒器的设置简单易行，相对于传统的肥皂和水更迅速有效，产生副作用和再污染的风险低。

设计时应合理分析人流，洗手池和自动感应酒精消毒器均应设于最接近人流和医护工作活动的场所（如病房出入口），且保证清晰可达的视线，以帮助忙碌的医生和护士提高手卫生。另外也可供病人及其家属提高手卫生。

（2）医院空间和家具的用材及设计

医院环境经常因为各种直接或间接接触而感染能在各种表面存活几个星期甚至几个月的病原体，从而成为感染源。最容易累积病原体的界面包括工作台和家具表面，病房间隔帘，门把手，洗手池，水龙头和各类医生病人经常接触的日用、工作用品。相关界面的选材必须保证抗菌性和易清洁。

地面材料和家具材料建议使用易清洁、无孔的材料。研究表明，病原体在乙烯材料上最难存活，存活时间也最短。墙面材料和金属材料在目前的研究中，还没有一个单一的材料在不同标准和不同的病原体面前特别突出。铜材比不锈钢有更高的耐菌性。

材料运用中，应尽量减少缝隙和连接点。特别是一些易产生水、血液或其他液体喷溅的区域。洗手台、洗手池的设计最好采用无缝衔接，尽量避免凹槽等易积垢的设计。

2）空气感染传播的控制

空气传播是医源性感染的另一个重要传播途径。一些研究深入分析了通风系统、医

疗设施和空气传播的关系，表明多项环境设计策略可以帮助控制及预防感染。常用的灭菌方法有：①紫外线法，紫外线是一种比可见光波长还短的光线，对微生物细胞有明显的致死作用，对病毒、毒素和霉类也有灭活作用；②过滤除菌法，空气过滤主要通过物理阻隔的手段将空气中的浮游粒子截留在局部位置上，防止微生物粒子随气流进入室内形成危害；③臭氧法，臭氧具有强氧化性，极易分解，性质很不稳定，它的杀菌效果很可观；④静电法，静电杀菌是利用高压电场使周围的空气电离，产生的正、负电荷，吸附在浮游粒子上，使微粒带电，带电粒子在电场的作用下，吸附在积尘电极表面，使粒子表面的微生物致死；⑤等离子体法，等离子体属于一种聚合态物质，拥有的高能电子同空气中的分子碰撞会产生一系列的基元物质化反应，在反应过程中会产生多种活性自由基和生态氧；⑥光触媒法，光触媒的主要成分是纳米级的二氧化钛，二氧化钛在紫外线照射后，内部电子被激发，形成活性氧类的超氧化物和羟基原子团，有光分解、光灭菌和光除臭三种功效。

紫外线法中一个主要的设计是采用紫外线杀菌灯，其是医院杀灭空气中细菌的有效方法，但因其所具有的强烈的紫外线有碍眼睛健康，所以设置时应尽量避免将紫外线直接照射到病人或者医务人员的视野内。同时应在房间无人的情况下使用紫外线灯杀菌。其回路电源宜集中在护士台控制，由医护人员选择在合适的时间进行紫外线消毒，控制紫外线灯的开关需设计明显的标识以区别于普通照明开关。也可和房间内普通照明开关设计为并联开关，一路开启，另一路关闭。紫外线杀菌灯可以运用于医院Ⅲ类环境，包括检查室、注射室、换药室、治疗室、供应室清洁区、急诊室和化验室等。

3）水体感染传播的控制

医院供水系统及管材、管道附件、设备等供水设施的选取和运行不应对供水造成二次污染。同时应根据不同的污、废水种类，设置完善的污水收集和污水排放等设施，有效控制水体感染的传播。

水池、水龙头、卫生洁具、污洗池、淋浴设施等长期有水或潮湿的表面，易滋生霉菌或有其他微生物生长，需要对这些设施、设备定期清洗、消毒和维护，特别是在感染易发的高危部门区域。

3. 感染传播途径的控制措施

医院中不同的患者携带有不同的病原体，分析不同病原体的感染等级及传播方式，并采取有效的防范隔离措施，如限制活动空间区域，将传染性高的相关病种科室布置在下风向及人员到达较少的区域等措施，可以有效减少其传播率。另一方面，针对那些免疫力低下的易感染人群，合理的位置、流程及配置设计，空气气流组织和品质的处理措施，也可以降低其被感染的概率，有利于患者康复。因此建筑空间布局、相关机电设计需要根据医疗需求，设置隔离预防的功能，区域划分应明确、标识清楚。隔离标识分三类：蓝色——接触传播；粉色——飞沫传播；黄色——空气传播。

根据《医院隔离技术规范》的规定，医院建筑区域划分根据患者获得感染危险性的程度，将医院分为四个区域：

- 低危险区域：包括行政管理区、教学区、图书馆、生活服务区等。
- 中等危险区域：包括普通门诊、普通病房等。

• 高危险区域：包括感染疾病科（门诊、病房）等。

• 极高危险区域：包括手术室、重症监护病房、器官移植病房等。

根据建筑分区的要求，同一等级分区的科室宜相对集中，高危险区的科室宜相对独立，宜与普通病区和生活区分开。根据医疗特点，明确流程，保证洁、污分开，防止因人员流程、物品流程交叉导致污染。通风系统应区域化，防止区域间空气交叉污染。

另一方面，从清污隔离的角度，医院用房可以划分为清洁区、半污染区、污染区三类：

• 清洁区（clean area）：指未被病原微生物污染的区域。包括医务人员的值班室、卫生间、男女更衣室、浴室以及储物间、配餐间等。

• 半污染区（half-contaminated area）：位于清洁区与污染区之间，有可能被病原微生物污染的区域。包括医务人员的办公室、治疗室、护士站、患者用后的物品、医疗器械等的处理室和内走廊等。

• 污染区（contaminated area）：被患者直接或间接接触的区域，包括病室、处置室、污物间、厕所和浴室等。

了解了区域的隔离分类，就可以将其应用于不同的功能布局设计中。

1）病房的隔离设计

传染病区与普通病区分开，相邻病区楼房相隔大约 30 m，侧面防护距离为 10 m。

（1）呼吸道传染病病区

适用于经呼吸道传播疾病患者的隔离，应设在医院相对独立的区域，分为清洁区、半污染区和污染区，设立两通道和三区之间的缓冲间。各区之间界线清楚，标识明显。经空气传播疾病的隔离病区，应设置负压病室，病室的气压宜为 − 30 Pa，缓冲间的气压宜为 − 15 Pa。病室内应有良好的通风设施。不同种类传染病患者应分室安置。受条件限制的医院，同种疾病患者可安置于一室，两病床之间距离不少于 1. 1 m。各区应安装适量的非手触式开关的流动水洗手池。

（2）感染性疾病病区

适用于主要经接触传播疾病患者的隔离。建筑布局上应设在医院相对独立的区域，远离儿科病房、重症监护病房和生活区。设单独入、出口和入、出院处理室。中小型医院可在建筑物的一端设立感染性疾病病区。

不同种类的感染性疾病患者应分室安置；每间病室不应超过 4 人，病床间距应不少于 1. 1 m。病房应通风良好，自然通风或安装通风设施，以保证病房内空气清新。应配备适量非手触式开关的流动水洗手设施。

（3）普通病区

在病区的末端，应设一间或多间隔离病室。主要考虑感染性疾病患者与非感染性疾病患者的分室安置。受条件限制的医院，同种感染性疾病、同种病原体感染患者可安置于一室，病床间距宜大于 0. 8 m。病室床位数单排不应超过 3 床；双排不应超过 6 床。

（4）负压病室

负压病室适用于经空气传播疾病患者的隔离。建筑布局上应设病室及缓冲间，通过缓冲间与病区走廊相连。缓冲间两侧的门宜设联动锁，一开一闭。负压病室内应设置独立卫生间，有流动水洗手和卫浴设施。配备室内对讲设备。一间负压病室宜安排一个患者，无条件时可安排同种呼吸道感染疾病患者。

病房门窗应保持关闭，空气按照由清洁区向污染区流动，使病房内的压力低于病房外的压力。病室采用负压通风，上送风、下排风。病室内送风口应远离排风口，排风口应置于病床床头附近，排风口下缘靠近地面但应高于地面 10 cm。送风应经过初、中效过滤，排风应经过高效过滤处理，每小时换气 6 次以上；应设置压差传感器，用来检测负压值，或用来自动调节不设定风量阀的通风系统的送、排风量。病室的气压宜为 −30 Pa，缓冲间的气压宜为 −15 Pa。病室送、排风管道上宜设置压力开关型的定风量阀，使病室的送、排风量不受风管压力波动的影响。负压病房排出的空气需经处理，确保对环境无害。

2）门诊的隔离设计

普通门诊应单独设立出入口，设置问讯、预检分诊、挂号、候诊、诊断、检查、治疗、交费、取药等区域，流程清晰，路径便捷。儿科门诊应自成一区，出入方便，并设预检分诊、隔离诊查室等。普通门诊、儿科门诊、感染疾病科门诊宜分开挂号、候诊。诊室应通风良好，应配备适量的流动水洗手设施和/或配备速干手消毒剂。

3）急诊的隔离设计

急诊应设单独出入口、预检分诊、诊查室、隔离诊查室、抢救室、治疗室、观察室等。有条件的医院宜设挂号、收费、取药、化验、X 线检查、手术室等。由于急诊患者的病情紧急，病种混杂，因此预检区的合理设置非常重要。此外还需就近设置易传染病人的隔离空间和转诊通路。急诊区域宜采用全新风的设计模式。各诊室内应配备非手触式开关的流动水洗手设施和/或配备速干手消毒剂。急诊观察室床间距应不小于 1.2 m。

4. 医院内污物、废物的管理标准及技术措施

医院中的废物或污物除废气和污水外，固体部分有可回收污物、废弃物两类。不同种类物品均需单独设置存放空间。

可回收污物分为生活类和医疗类，生活类主要为床单、被服、病患服等，医疗类为可重复使用的医疗器械。

废弃物分为生活垃圾和医疗废物。医疗废物分为五类，应分类收集，见表 2.1.5。

表 2.1.5 医疗废物分类与特征

类别	特 征
感染性废物	携带病原微生物具有引发感染性疾病传播危险的医疗废物
病理性废物	废弃的人体切除物和医学实验动物尸体等
损伤性废物	能够刺伤或割伤人体的废弃的锐器
药物性废物	过期、淘汰、变质或者污染的废弃的药品
化学性废物	具有毒性、腐蚀性、易燃易爆性的废弃的化学物品

医疗废物与生活垃圾须分开存放，不能混放。医疗废物的暂时集中贮存设施、设备，应当远离医疗区、食品加工区（建议距离大于 25 m）、人员活动区以及生活垃圾集中存放场所，并设置明显的警示标识和防渗漏、防鼠、防虫、防盗以及预防人员接触等安全措施。医疗废物的暂时贮存设施应配备定期消毒和清洁的设施，暂存设施内的地面与 1 m 高

的墙裙必须进行防渗漏处理。暂存设施设有明显的医疗废物警示标识和“禁止吸烟、饮食”的警示标识。

医疗废物应在其产生科室内进行分类收集，放置于专用包装物和利器盒中。因此在科室内治疗室、换药室及污物间等处需考虑医疗废物的储存空间，可以是小房间，也可以是专用医疗废物收集箱。不同的污物须用不同的垃圾袋（箱）收纳区分。通常设置三种以上颜色的污物袋来区分不同的污物种类。黑色袋装生活垃圾；黄色袋装医用垃圾（感染性废弃物)、直接焚烧的污物；红色袋装放射性废弃物；其他特殊的废弃物使用有特殊标志的污物袋进行收集。图 2. 1. 15 为医疗废弃物专用标识图例。

图 2. 1. 15　医疗废弃物专用标识图例

2.2 辐射屏蔽

辐射指的是能量以电磁波或粒子（如α粒子、β粒子等）的形式向外扩散。辐射本身是中性词，按伦琴/小时（R）计算，但某些物质的辐射可能会带来危害。依据辐射能量的高低及其电离物质的能力可分为电离辐射和非电离辐射。非电离辐射指能量较低无电离物质的辐射，如太阳光、红外线、微波、无线电波、雷达波等。电离辐射指能量较高使物质发生电离作用的辐射，如α、β、中子辐射，γ射线和X射线等。我们通常所说的辐射一般都指电离辐射。

在21世纪的今天，医用辐射已经成为全球最大的人工辐射源，而随着人们对高质量健康需求的增加，它在健康检查和疾病诊疗上的应用规模持续扩大。医用辐射的安全防护俨然已成为医患双方共同关注的领域。为此，自1928年逐渐形成的国际辐射防护组织制定了旨在避免人类受到辐射损伤的辐射防护基本原则，规定了一般公众成员每年接受辐射剂量的限值。

近几年，随着我国核与辐射相关应用产业高速发展，辐射技术在医学领域的应用不断扩大，特别是放射诊疗技术在医学等领域的应用日新月异，有条件的医院为了更好地满足患者多层次、多方位和高质量的就诊需求，新增了许多放射诊疗的业务，如介入治疗、核医学诊断与治疗等，放射诊疗科室除医学影像、放射治疗外，已扩展到内、外、妇、儿等多个科室，接触电离辐射的放射诊疗工作人员队伍也在不断扩大。

医院核技术应用项目的主要污染因子为辐射实践产生的外照射与内照射，受照人员包括工作人员与公众。医院在使用放射线进行检查和治疗时，首先要确保其行为的正当性，即该检查和治疗是否有必要进行；其次要保证所使用的辐射剂量在满足医疗行为目的前提下为最低。需要特别说明的是，在医院检查或治疗时接受的辐射剂量不纳入一般公众成员每年接受辐射剂量的限值中，其理由是当事人从该医疗行为中直接获得了利益，否则，放射线治疗学将难以施行。

从医院建筑的可持续与安全角度，做好辐射防护安全设计，严格履行辐射安全法律、法规赋予的相关义务，积极承担保障放射诊疗工作人员和诊疗患者健康安全的责任，具有十分重要的意义。

2.2.1 涉及范围

医院核技术应用项目可分为三大类，放射源、非密封放射性物质和射线装置：

• 放射源一般用于放射治疗，包括远距离治疗、近距离治疗，通常属于医院的肿瘤科，如用于γ远距治疗机的60Co和用于后装腔内治疗机的192Ir，粒子源植入治疗125I等；

• 非密封放射性物质一般在医院的核医学科，主要包括放射性免疫、核医学显像、放射药物治疗、放射性药物的生产等。目前应用于核医学显像检查的放射性药物有一百多种，以及回旋加速器生产的正电子药物如18 FDGD等；

• 射线装置使用广泛，有X光机、CT机、数字减影DSA、直线加速器、模拟定位机、血管造影机、碎石机、牙片机等。

医疗机构会使用各种办法降低受检者辐射剂量，包括合理设置产生辐射的参数条件，在机器内、外使用各种屏蔽物质等。

按医用设备分类来说，需要进行辐射屏蔽设计的主要包括：

- 纳入《大型医用设备配置与使用管理办法》的甲类、乙类大型医用设备及卫生部分期公布的甲类、乙类大型医用设备；
- 属于卫生部《新型大型医用设备配置与管理规定》中定义的新型大型医用设备；
- 其他不属于上述 2 条的常规医用设备：如，X 线拍片机、计算机 X 线摄影系统（CR）、直接数字化 X 线摄影系统（DR）、乳腺机、胃肠机、后装机、钴 60 机、深部 X 线治疗、回旋加速器（制药）等。

另外，医用核磁共振成像设备（MRI）属于乙类大型医用设备，需要进行电磁屏蔽设计。

2.2.2 国家辐射屏蔽相关的技术规程和审批程序

我国辐射屏蔽相关的技术规程中与医院建筑有关的主要有：《电离辐射防护与辐射源安全基本标准》GB 18871；《后装 γ 源近距离治疗卫生防护标准》GBZ 121；《使用密封放射源卫生防护要求》GBZ 114；《γ 远距治疗室设计防护标准》GBZ/T 152；《医用 γ 射束远距治疗防护与安全标准》GBZ 161；《使用后装放射治疗源的基本要求》EJ/T 766；《医用 X 射线诊断卫生防护标准》GBZ 126；《医用 X 射线治疗卫生防护标准》GBZ 130；《X 射线计算机断层摄影放射卫生防护标准》GBZ 165；《医用诊断 X 射线个人防护材料及用品标准》GBZ 176；《医用 X 射线 CT 机房的辐射屏蔽规范》GBZ 180；《临床核医学放射卫生防护标准》GBZ 120；《放射性核素敷贴治疗卫生防护标准》GBZ 134；《生产和使用放射免疫分析试剂（盒）卫生防护标准》GBZ 136；《医用电子加速器卫生防护标准》GBZ 126；《粒子加速器辐射防护规定》GB5 172；《医用放射性废物管理卫生防护标准》GBZ 133；卫生部第 46 号令，2006 年《放射诊疗管理规定》;《环境空气质量标准》GB 3095。

根据《放射性污染防治法》《环境影响评价法》等法规对环评的要求，任何生产、销售、使用放射性同位素与射线装置的单位，在申请辐射安全许可证时，均需提交已审批的环境影响评价文件。按国际惯例，环评时采用 X-C 辐射剂量率、表面污染和个人剂量作为评价因子。具体项目应根据国家和当地相关要求落实申报。某些地区，需要申请专门的辐射安全许可证，具体申请流程包括：

第一步，完成建设项目环境影响评价文件，见表 2.2.1。

表 2.2.1 完成建设项目环境影响评价文件

文件名称	完成单位
建设项目环境影响评价报告书	有辐射环评资质的单位
建设项目环境影响评价报告表	有辐射环评资质的单位
建设项目环境影响评价登记表	建设单位

注：根据项目具体情况选择，详情可查阅国家生态环境部相关规定。

第二步，申请建设项目环境影响评价文件的审批，见表 2.2.2。

表 2.2.2 申请建设项目环境影响评价事件的审批

文件类型	审批部门
新建、改建、扩建放射性同位素项目的环境影响评价文件	环境保护主管部门
新建、改建、扩建射线装置项目的环境影响评价文件	环境保护主管部门
非新建、改建、扩建项目的环境影响评价文件	辐射环境监督站
生产放射性同位素、销售和使用Ⅰ类放射源、销售和使用Ⅰ类射线装置的辐射工作单位的许可证	国务院环境保护主管部门

第三步，申请辐射安全许可证。由相应的辐射环境监督站辐射项目受理窗口专门受理。

第四步，申请竣工验收。已有项目须在办理许可证时提交竣工验收监测报告，使用放射源的单位须在试运行 3 个月内完成竣工验收。

医院核技术应用项目环境影响评价的目的是对医院核技术应用的辐射环境做出分析评价，对不利影响和存在的问题提出防治措施，将辐射环境影响减小到“可合理达到的尽量低的水平”。在医院核技术应用环境影响评价中，重点关注两类人群的受照剂量，即职业人员和公众人员。在实践过程中，用剂量估算公式估算出的结果往往比实际值偏大，因此需用个人剂量值对估算结果进行校核。

环评应从医院的辐射安全和环境保护管理机构、人员培训制度、个人防护设备、操作管理制度等论证医院的管理情况，并与《放射性同位素与射线装置安全可管理办法》进行对照，以判断是否满足颁发辐射安全许可证的要求。

医院在建设辐射技术应用项目时，要主动请有资质的职业卫生技术服务机构进行职业病危害预评价，并由专业单位完成医用设备的屏蔽计算专项报告，在设计、建设、运营的项目全过程中严格落实“三同时”制度，从而达到从源头控制辐射危害的目的。

2.2.3 辐射防护的设计理念

医院辐射防护首先应关注和保障放射诊疗工作人员健康安全。员工是医院最具核心价值的群体，创造了医院的价值和价值空间。放射工作人员作为医院一个特殊的职业群体，医院更要关注其职业病危害，要创造良好的放射工作环境，配备必需的个人防护用品，定期做好个人健康体检，确保放射诊疗工作人员健康安全。同时，做好医院辐射防护也有利于消除医疗安全隐患，打造平安医院。重视放射检查、治疗中存在的放射安全隐患，遵守医疗照射正当化和放射防护最优化的原则。

1. 辐射防护的宗旨

趋利避害，以尽可能低的照射剂量获取最大的效益，这是辐射技术应用的前提和基础。

2. 辐射防护的目的

防止有害的确定性效应的发生，并限制随机性效应的发生率，保证人类接受各种照射实践活动的量达到被认可是可以接受的水平。

3. 辐射防护的任务

研究辐射对人类健康的影响和规律，提供辐射防护质量保证的安全措施，保证人类接触伴有各种辐射的有益实践活动的安全，既要促进核能利用及核辐射科学技术的发展，又要最大限度地预防和缩小辐射对人类的危害。特别是近 20 年来，CT、ECT、核磁共振和超声等影像诊断技术已深入到医院诊断的各个领域，使得医学辐射防护从单一的电离辐射防护扩展到整个辐射领域。

2.2.4 辐射防护的技术手段

首先必须对医院射线装置和核医学科的机房面积、墙厚、铅门和铅玻璃厚度、警示标识、通风设施、安全联锁等进行复核。主要包括：机房应有足够的使用面积；防护墙应有相应铅当量的防护厚度；加速器治疗室和控制室之间必须安装监视和对讲设备，治疗室入口处必须设置防护门和迷道，防护门必须与加速器联锁；治疗室通风换气次数须达到标准；治疗室外醒目处必须安装警示红灯和警示标识等；核医学科应设有衰变池，存放放射性污水直到符合排放要求时方可排放，且核医学科应有病人专用厕所。

1. 常用防护材料

根据我国《医用诊断 X 射线机卫生防护标准》，机房中射线束朝向的墙壁应有 2 mm 铅当量的防护厚度（主防护），其他侧墙壁和天棚（多层建筑）应有 1 mm 铅当量的防护厚度（副防护）。透视机房的墙壁均有 1 mm 铅当量的防护厚度。除墙壁防护外，门窗、通风口、穿线孔、传片箱、观察窗等都要有防护措施。

一般 24 cm 厚的实心砖墙只要灰浆饱满不留缝隙即可达到 2 mm 铅当量，空心砖或砖缝灰浆不饱满时则不能达到 2 mm 铅当量。由于实心黏土砖的禁用及各类设备差异较大，须选择合适的材料并经专业防护计算确定材料厚度。

常用防护材料及其比铅当量详见表 2.2.3 至表 2.2.5。

表 2.2.3 常用的防护材料列表

透明材料	防辐射有机玻璃（含铅有机玻璃）；铅玻璃
不透明材料	含硼聚乙烯板、石蜡砖、铅板、钢板、硫酸钡砂浆、硫酸钡板、合金材料、玻璃钢类复合材料、铅橡胶、铅塑料、铜板、混凝土等

表 2.2.4 防护材料比铅当量表 1

防护材料		比铅当量 mmPb/mm 材料
铅橡胶		0. 2～0. 3
铅玻璃		0. 17～0. 30
含铅有机玻璃		0. 01～0. 04
填充型安全玻璃（半流体复合物）		0. 07～0. 09
橡胶类复合防护材料	软质（做个人防护用品）	0. 15～0. 25
	硬质（做屏蔽板）	0. 30～0. 50
玻璃钢类复合防护材料		0. 15～0. 20
建筑用防护材料（防护涂剂、防护砖及防护大理石）		0. 1～0. 3

注：资料来源：《X 射线防护材料屏蔽性能及检验方法》X 射线线质：80～120 kV 2. 5 mA；所列比铅当量数值为该种防护材料常用型号数值。

表 2.2.5　防护材料比铅当量表 2

射线能量（KVP）	铅（mm）	混凝土（2.4 g/cm³）	混凝土砖（2.05 g/cm³）	含钡混凝土（3.2 g/cm³）	含钡混凝土（2.7 g/cm³）	砖（1.6 g/cm³）
75	1.0	80	85	15	—	175
150	2.5	210	220	28	52	290
200	4.0	220	245	60	100	330
300	9.0	240	275	105	150	425
400	15.0	260	290	140	185	450
γ 射线	50	240	270	200	225	—
γ 射线	100	480	540	400	450	—

2. 屏蔽材料

屏蔽材料需要有以下特点：密度尽可能大，有一定含氢量，活化放射性小，良好的抗辐射性能，一定的机械强度，尽可能大的导热系数，较好的热稳定性，易于制造和维修。

不同射线对应的屏蔽材料的选择见表 2.2.6。

表 2.2.6　不同射线对应的屏蔽材料的选择原则

射线类型	常用屏蔽材料
X 射线，γ 射线	高 Z 材料：铅、铁、钨、铀 建筑材料：混凝土、砖、去离子水
中子	含氢材料：水、石蜡、混凝土、聚乙烯 含硼材料：碳化硼铝、含硼聚乙烯
α 射线	低 Z 材料：纸、铝箔、有机玻璃
β 射线	高低 Z 材料：铝，有机玻璃、混凝土、铅
P（质子）	钽、钚等

注：高 Z 材料为高原子序数材料；低 Z 材料为低原子数材料

3. 常见的核医学流线组织

PET-CT 作为核医学科的主要影像设备，常与回旋加速器制药区接近，或单独设置放射性药物进出流线。由于需要区分放射区及非放射区、病人区及医护区、放射药品及普通物品流线等多项流程关系，在平面布置时需结合总体布局妥善处理。

核医学科位置应在规划总体上处下风向位置，并与周围其他区域保持一定防护距离。放射性废水须单独设置衰减池，并作防护处理。

核医学科流线组织详见图 2.2.1。

4. 对于已建成的医院在防护方面还应关注的方面

1）加强已有防护

X 线防护的重点应放在对机器本身的安全防护和 X 线机房的防护设施上。部分医院及时更换新设备也是一种积极有效的防护手段，如将原来的模拟 X 光机全部更新为全数字化的 DR 及 CRX 光机，实现全数字化的影像设备，大大减少了辐射剂量；确保相关机房的

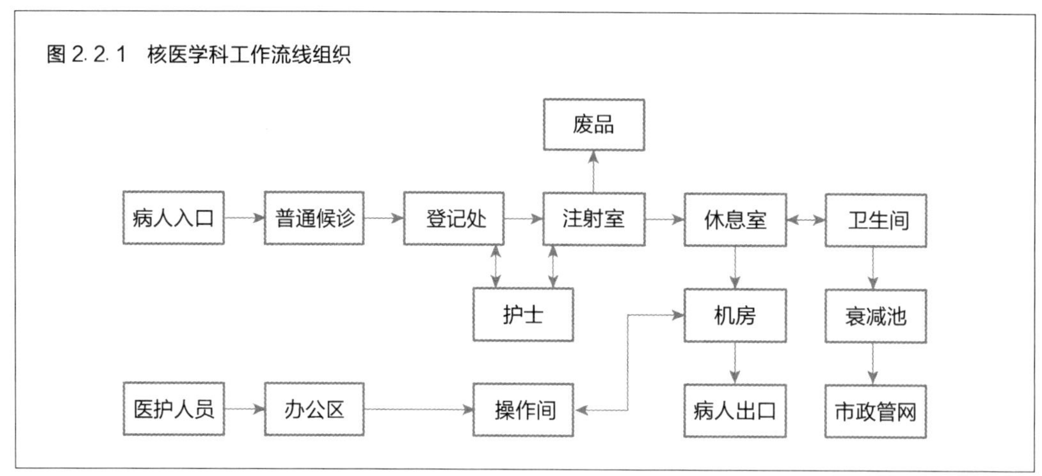

图 2.2.1 核医学科工作流线组织

有效使用面积，设有专门通风设备能保持机房内的良好通风换气，同时定期清理掉机房内堆放的与诊断工作无关的杂物，尽量减少散射线对身体的影响；球管窗口下加一定厚度的铝片，X 线检查床改为密封式，床周以金属板完全封闭，减少散射线；保持 X 线机良好的运行状态，避免因机器性能不良引起的重复照射等。

2）增加患者屏蔽防护

首先考虑增加移动式防护屏风，在 X 线机球管与立式探测器胸片架之间放置可移动的防护屏风，投照立式颈胸部或腰腹部时分别调整屏风的高度以保护下半身或上半身；其次是对受检者充分使用铅背心、铅围裙、铅围脖、铅眼镜、铅三角巾、性腺防护裙、阴影遮蔽器等防护用品，对非照射部位进行屏蔽防护。

3）改进投照方法

在满足诊断要求的前提下尽量使用小剂量投照；多与患者沟通取得配合，去除体表异物，减少移动模糊伪影；技术人员的操作尽量熟练、迅速和准确，使重照率大幅下降。

2.3 荷载取值及非结构构件抗震措施

2.3.1 荷载取值等技术参数

医院作为生命线工程，有特殊的功能和设备要求，使得医疗建筑在活荷载取值上有一定的特殊性。医院中的核磁共振室、直线加速器室、DSA 室、CT 室、手术室、模拟机室、伽马刀室、X 光室等房间中的医疗设备的自重较大，在设计活荷载取值时需考虑设备的影响。除此之外，某些房间如血透室中的水处理，设备自重为 2～8 t；蒸汽消毒房间的一台设备自重为 1～2 t；还有消防控制中心、制氧机房、档案室等等，在结构设计时都应对其予以重视。

《全国民用建筑工程设计技术措施—结构》2009 给出了医院建筑中布置有特定型号医疗设备的楼（地）面的活荷载。

结合部分已建医院项目，将其中的直线加速器、生物安全柜、数字肠胃机、乳房 X 线摄像机、骨密度检测仪、MRI、CT、DSA、DR、SPECT、HIFU 等多种医疗设备的相关参数和荷载（将设备运行重量折算成等效均布荷载）归纳成表格。结构工程师在进行医疗建筑的相关计算时，可参考采用。

1. 一般建筑楼面均布活荷载取值

参照《建筑结构荷载规范》GB 50009—2012，表 2.3.1给出了一般建筑楼面的均布活荷载取值。

表 2.3.1 一般建筑楼面均布活荷载标准值

项次	类别			荷载（kN/m^2）
1	宿舍、办公、医院病房			2.0
	试验室、阅览室、会议室、医院门诊室			
2	食堂、餐厅、一般资料档案室			2.5
3	公共洗衣房			3.0
4	健身房			4.0
5	书库、档案室、贮藏室			5.0
	密集柜书库			12.0
6	通风机房、电梯机房			7.0
7	汽车通道及客车停车库	单向板楼盖（板跨不小于 2 m）和双向板楼盖（板跨不小于 3 m×3 m）	客车	4.0
			消防车	35.0
		双向板楼盖（板跨不小于6 m×6 m）和无梁楼盖（柱网尺寸不小于 6 m×6 m）	客车	2.5
			消防车	20.0
8	厨房	餐厅		8.0
		其他		

（续表）

项次	类别		荷载（kN/m²）
9	浴室、卫生间、盥洗室	有分隔的蹲厕公共卫生间（包括填料、隔墙）	8.0
		其他	2.5
10	走廊、门厅	宿舍、医院病房	2.0
		办公楼、餐厅、医院门诊部	2.5
		其他可能出现人员密集的情况	3.5
11	楼梯		3.5
12	阳台	可能出现人员密集的情况	3.5
		其他	3.5

注：1. 第5项书库活荷载中，当书架高度大于2 m时，书库活荷载尚应按每米书架高度不小于2.5 kN/m² 确定。
2. 第7项中的客车活荷载仅适用于停放载人少于9人的客车；消防车活荷载适用于满载总量为300 kN的大型车辆；当不符合本表的要求时，应将车轮的局部荷载按结构效应的等效原则，换算为等效均布荷载。
3. 第7项消防车活荷载，当双向板楼盖板跨介于3 m×3 m～6 m×6 m之间时，应按跨度线性插值确定。
4. 第11项楼梯活荷载，对预制楼梯踏步平板，尚应按1.5 kN集中荷载验算。
5. 本表各项荷载不包括隔墙自重和二次装修荷载；对固定隔墙的自重应按永久荷载考虑，当隔墙位置可灵活自由布置时，非固定隔墙的自重应取不小于1/3的每延长米墙重（kN/m）作为楼面活荷载的附加值（kN/m²）计入，且附加值不应小于1.0 kN/m²。

2. 医院楼面均布活荷载标准值

参照《全国民用建筑工程设计技术措施—结构》2003，结合已建医院的相关资料，表2.3.2给出了《建筑结构荷载规范》GB 50009—2012未给出的医院楼面的均布活荷载取值。

表2.3.2 医院楼面均布活荷载标准值

项次	类别	荷载（kN/m²）	备注
1	锅炉房、机械室	10.0	部分医院锅炉房取20.0
2	制冷机房	8.0	
3	水泵房	10.0	
4	非燃烧品库房	5.0 （首层取10.0）	部分医院取7.0
5	高压变电站	10.0	
6	变配电房	10.0	
7	强、弱配电间	7.0	
8	发电机房	13.0	
9	ups室	16.0	
10	电脑室、影印室	3.0	
11	监控室	6.0	
12	开关站	7.0	
13	电容器室	16.0	
14	空调机房、消防控制室	7.0	部分医院空调冷冻机房取10.0
15	计算机房	10.0	
16	自行车库	3.0	
17	多功能厅	3.0	
18	活动室	2.5	
19	冰存室（太平间）	2.5	

3. 有医疗设备的楼面均布活荷载标准值

参照《全国民用建筑工程设计技术措施—结构》2003，结合已建医院的相关资料，表2.3.3给出了医院建筑中布置有医疗设备的楼面均布活荷载取值。

表 2.3.3　有医疗设备的楼面均布活荷载标准值

项次	类　别		荷载（kN/m^2）	备注
1	X 光室	30 MA 移动式 X 光机	2.5	
		200 MA 诊断 X 光机	4.0	
		200 kV 治疗机	3.0	
		X 光存片室	5.0	
2	口腔科	201 型治疗台及电动脚踏升降椅	3.0	部分医院取 5.0
		205 型、206 型治疗台及 3704 型椅	4.0	
3	消毒室	1602 型消毒柜	6.0	
		2616 型治疗台及 3704 型椅	5.0	
4	手术室	3000 型、3008 型万能手术床 及 3001 型骨科手术台	3.0	部分医院取 5.0
5	产房	设 3009 型产床	2.5	
6	血库	设 D-101 型冰箱	5.0	
7	手术净化设备区		7.0	
8	ICU		2.5 （烧伤科 ICU 取 3.0）	
9	化验、超声波、心电图		2.0	
10	核磁共振机房		10.0	
11	CT 机房、制氧机房		5.0	
12	回旋加速器		15.0	
13	直线加速器		20.0	
14	HIFU		10.0	
15	MRI		5.0	
16	DSA		5.0	

4. 医疗设备质量及机房尺寸要求

根据各医院相关资料，配合医疗工艺专业提供的数据，表 2.3.4 给出了相关大型医疗设备的质量和最小机房面积要求，实际工程荷载取值可经过换算得到。

表 2.3.4　医疗设备质量及机房尺寸要求

编号	设备名称	设备质量	备注（最小机房面积要求）
1	磁导航	磁体重 1 800 kg (不包括配套 DSA)	控制室：2 100 mm×6 700 mm 导管室：6 500 mm×6 700 mm 仪器室：2 100 mm×6 700 mm 房屋建议高度 3 400 mm
2	CT	扫描床和扫描架共重 2 418 kg	扫描间：4 500 mm×7 200 mm 控制间：4 500 mm×3 000 mm 设备间：2 200 mm×3 000 mm 房屋建议高度 2 800 mm
		扫描床和扫描架共重 2 600 kg	扫描间：6 500 mm×5 000 mm 控制间：3 000 mm×5 000 mm 房屋建议高度 3 000 mm
		扫描床和扫描架共重 3 030 kg	扫描间：6 500 mm×6 000 mm 控制间：6 000 mm×3 000 mm 设备间：4 000 mm×2 500 mm 房屋建议高度 2 800 mm
3	DR	拍片床等 600 kg	扫描间：4 500 mm×5 800 mm 控制间：2 000 mm×2 000 mm 房屋建议高度 3 000 mm
		拍片床等 650 kg	扫描间：6 500 mm×5 500 mm 控制间：3 000 mm×5 500 mm 房屋建议高度 3 100 mm
		拍片床等 600 kg	扫描间：7 100 mm×5 900 mm 控制间：5 900 mm×2 900 mm 设备间：3 200 mm×3 200 mm 房屋建议高度 3 000 mm
4	数字胃肠机	机架重 1 000 kg	扫描间：4 500 mm×5 800 mm 控制间：2 000 mm×2 000 mm 房屋建议高度 3 000 mm
		机架重 1 500 kg	扫描间：5 700 mm×4 500 mm 控制间：3 000 mm×4 500 mm 房屋建议高度 3 100 mm
		设备总重 1 300 kg	扫描间：6 450 mm×4 000 mm 控制间：5 250 mm×2 000 mm 房屋建议高度 3 200 mm
5	DSA	扫描床和扫描架共重 1 350 kg	扫描间：6 000 mm×7 500 mm 控制间：6 000 mm×3 000 mm 设备间：6 000 mm×2 500 mm 房屋建议高度 3 000 mm
		地面 500 kg 悬吊 1 500 kg	扫描间：7 500 mm×5 500 mm 控制间：3 000 mm×5 500 mm 设备间：3 000 mm×5 500 mm 房屋建议高度 3 300 mm
		地面 1 215 kg 悬吊 1 250 kg	扫描间：7 100 mm×5 900 mm 控制间：5 900 mm×2 900 mm 设备间：3 200 mm×3 200 mm 房屋建议高度 2 905 mm

5. 医疗设备质量及支座面积

根据各医院相关资料，表 2.3.5 给出了一些大型医疗设备的质量和支座面积等参数。

表 2.3.5　医疗设备质量及支座面积

设备名称（型号）	设备质量（kg）		支座面积（m^2）	均布荷载（kN/m^2）
直线加速器（Siemens，ONCOR Impression 3D Plus）	加速器主机	7 730	5.42	
	悬吊手控器	20		
	ZXT 治疗床	950		
	数据显示器	13		
	电源适配器	324		
	3D 多叶光栅控制器	130		
	配水盘	36		
	主机控制系统	100		
	总质量	9 303		17.2
	加速器主机	7 730	5.42	
	悬吊手控器	20		
	550TXT 治疗床	1 200		
	数据显示器	13		
	电源适配器	324		
	3D 多叶光栅控制器	130		
	配水盘	36		
	主机控制系统	100		
	总质量	9 553		17.6
	控制室设备	210		
	KKT-Kraus 配水盘	38		
	CRA0191 冷水机组			
	主机	330		
	水泵及水箱组件	170		
	分水盘组件	8		
	总质量	508		
生物安全柜（Labconco B2）		200		
HIFU（HY2900）	主机	1 000	1.59	6.3
	水处理（前处理）	250	1.78	1.4
	水处理（后处理）	250	0.96	2.6
	超声波功率源	260	0.67	3.9
	水处理（后处理）	260	2.00	1.3
	治疗床	300	1.33	2.3
	总质量	2 320		6.3
ECT（GE，ECT MillenniumVG）	扫描机	2 850		
	治疗床	400		

（续表）

设备名称（型号）	设备质量（kg）		支座面积（m²）	均布荷载（kN/m²）
PET-CT（Philips，Gemini Power PET-CT）	CT 扫描架	1 902	1.42	13.4
	PET 机	1 065	1.04	10.2
	治疗床	566	1.11	5.1
	组合部件	238		
	总质量	3 771		13.4
PET-CT（Siemens，BIOGRAPH 16）	CT 扫描架	2 000	2.14	9.3
	PET 扫描架	1 030	1.85	5.6
	PHS 治疗床	726	1.35	5.4
	总质量	3 756		9.3
	操作室设备			
	ACSIII	8		
	ICS	5		
	IES	10		
	IRS	120		
	18inch Monitor（2）	10		
	总质量	153		
	设备室设备			
	PET hiller 水冷机	82	0.25	3.3
	CT 水冷机	400	0.81	4.9
	PDC 电源分配柜	550	0.68	8.1
	总质量	1 032		8.1
PET-CT（GE，Discovery ST，STE）	扫描架	3 692	3.37	11.0
	治疗床	708	2.31	3.1
	UPS	281		
	电源分配柜	363	0.43	8.4
	总质量	5 044		11.0
DSA	天悬 C 臂	721		
	落地 C 臂	873		
	AD7 导管床	450		
	悬吊显示器	270		
	高压发生器及控制柜	232		
	高压发生器及控制柜	232		
	主控制柜	340		
	辅助控制柜	220		
	辅助控制柜	220		
	系统控制台	13		
	观察台	100		
	总质量	3 671		

（续表）

设备名称（型号）	设备质量（kg）		支座面积（m^2）	均布荷载（kN/m^2）
SPECT（Philips，Precedence SPECT CT）	主机（包括准直器）	3 500	10	
	扫描架	2 468	1.99	12.4
	治疗床	691	2.83	2.4
	探测器（2 个）	726	1.52	4.8
	探测器移动架	273	3.19	0.9
	总质量	4 884		12.4
SPECT（GE，Millennium MG）	主机（包括准直器）	728	0.45	16.2
	扫描架	2 453	1.66	14.8
	治疗床	400	1.75	2.3
	总质量	3 581		16.2
双探头 SPECT（GE，Infinia）	主机（包括准直器）	489	0.60	8.2
	扫描架	1 510	1.60	9.4
	治疗床	365	2.30	1.6
	总质量	2 364		9.4
MRI（Philips，1.5T Intera Achieva Nova）	磁体总量	4 630		
	治疗床	170		
	检查室总质量	4 800		
	计算机室设备总质量	2 200		
	控制室设备总质量	300		
MRI（GE，Signa Infinity 1.5T）	LCC 磁体	5 719	4.04	14.2
	治疗床	286	1.55	1.8
	氦压机	125	0.23	5.4
	系统柜	213	0.63	3.4
	ACGD/PDU 柜	969	0.55	17.6
	射频梯度柜	225	0.69	3.3
	控制台	80	1.50	0.5
	稳压柜	561	1.07	5.2
	总质量	8 178		17.6
MRI（GE，Sigma HDxt 1.5T）	磁体总量	5 949	4.63	12.8
	治疗床	286	1.50	1.9
	梯度线圈水冷机	134	0.38	3.5
	系统柜	408	0.69	5.9
	梯度柜	819	0.69	11.9
	稳压柜	335	0.53	6.3
	检查室总质量	6 235		
	计算机室设备总质量	2 200		
	控制室设备总质量	300		

（续表）

设备名称（型号）	设备质量（kg）		支座面积（m^2）	均布荷载（kN/m^2）
模拟定位机（Nucletron，Simulix HQ）				40
CT 模拟机（Siemens，SOMATOM Spirit）	主机	1 199	1.57	7.6
	治疗床	431	1.52	2.8
	计算机柜	58	0.48	1.2
	电源分配柜	38	0.61	0.6
	总质量	1 726		7.6
CT（Philips，Brilliance Power CT）	主机	1 900	2.21	8.6
	治疗床	385	1.49	2.6
	总质量	2 285		8.6
CT（GE，LightSpeed VCT & Pro32）	主机	1 850		14.5
	治疗床	670		13.4
	总质量	2 520		14.5
CT（GE，LightSpeed VCT）	扫描机	1 850	2.34	7.9
	治疗床	568	1.46	3.9
	总质量	2 418		7.9
模拟 CT（GE，LightSpeed RT16 & XTRA）	扫描机	1 765	2.45	7.2
	治疗床	568	1.47	3.9
	配电柜			
	总质量	2 333		7.2
双板 DR（GE，Definium 8000）	操作台主机	24	0.11	2.2
	治疗床	480		5.7
	LCD 显示器	8	0.07	1.1
	吊挂件	338		
	系统柜	308	0.65	4.7
	胸片架	270	0.56	4.8
	总质量	1 428		5.7
双板 DR（GE，Definium 6000）	操作台主机	24	0.11	2.2
	治疗床	160	2.01	0.8
	LCD 显示器	8	0.07	1.1
	吊挂件	408		
	系统柜	308	0.65	4.7
	胸片架	380	0.85	4.5
	总质量	1 288		4.7
数字肠胃机（GE，Precision THUNIS 800（+））	扫描床	950		
回旋加速器（IBA，CYCLONE10）	主机	13 000	1.77	73.4
	氦交换器	15	0.26	0.6
	氦压缩机	16	0.22	0.7

（续表）

设备名称（型号）	设备质量（kg）		支座面积（m²）	均布荷载（kN/m²）
回旋加速器（IBA，CYCLONE10）	RF 电源	400	0.51	7.8
	离子源 & 主线圈电源	450	0.51	8.8
	PLC	200	0.51	3.9
	水调节器	600	1.67	3.6
	液压电源	80	0.30	2.7
	水集合管	90	0.23	3.9
	初级泵	100	0.33	3.0
	控制计算机	11	0.20	0.6
	显示器	20	0.25	0.8
	总质量	14 982		73.4
	回旋加速器带自屏蔽	60 000		
回旋加速器（CTI，RDS Eclipse HP）	主机	10 000	1.77	56.5
	控制柜	1 000		
	热交换柜	450		
	屏蔽	24 580		
	总质量	36 030		56.5
回旋加速器（住友，HM-10）	主机	70 000		100.0
	1 个药物分装热室	5 600		33.3
	3 个药物合成热室	5 200		37.7
	总质量	75 600		100.0
骨密度检测（GE，Lunar Prodigy Advance）	主机 + 治疗床	272	3.37	
	总质量	272		0.8
骨密度检测（GE，Lunar iDXA）	主机 + 治疗床	360	3.72	
	总质量	360		1.0
数字平板血管造影机（GE，Innova 2100/3100/4100）	落地 C 壁 & 扫描床	1 290	2.40	5.4
	ATLAS C1 柜	453	1.62	2.8
	ATLAS C2 柜	258	1.62	1.6
	水冷机	204		
	监视器吊架	200		
	铅屏风吊架	95		
	总质量	2 500		5.4
乳房 X 线摄像机（GE，Senograph Essential）	扫描机	358	0.43	8.3
	主机	160		
	操作台	210	0.28	7.5
	总质量	728		8.3

（续表）

设备名称（型号）	设备质量（kg）		支座面积（m^2）	均布荷载（kN/m^2）
乳房 X 线摄像机（GE，Senograph 2000D）	扫描机	288	0.29	9.9
	主机	160		
	操作台	230		
	总质量	678		9.92
数字 X 光（GE，Definium 8000）	主机	285		
	治疗床	480	3.27	1.5
	系统柜	308	0.65	4.7
	储藏柜	270	0.28	9.6
	总质量	1 343		9.6

2.3.2 非结构构件抗震措施

1. 概述

地震强大的破坏力是造成建筑物破坏甚至倒塌的主要原因。在震后救灾中，医院作为生命线工程，是具有战略意义的基础设施，同时又是极其脆弱而复杂的系统。医院在所有建筑中的地位是极为特殊的，一旦在地震中倒塌或者功能瘫痪，除了经济损失巨大外，生命安全也直接地受到威胁，会导致重伤员不能得到及时救治而死亡，轻伤员病情恶化的后果。

1971 年美国 San Fernando 地震时，两座医院遭受破坏而不能继续使用，医院的救护车被倒下的车库屋顶砸坏。1976 年，唐山大地震发生后，几乎所有的医院以及医疗设施全部破坏。1994 年洛杉矶地震中，在一所六层的医院中，医疗设备和其他机械设施严重受损，文件柜等办公设施翻倒，病历等文件资料散落，水管破裂，楼面浸水，完全丧失了医院的使用功能。1995 年日本阪神地震造成医院中非结构构件与医疗设备损坏情形相当严重。1999 年台湾集集大地震中，部分大型医院（如荣民医院、基督教医院等等）严重破坏，采取了撤离医院的做法，导致灾区的医疗能力大大降低，其中个别医院的医疗系统破坏长达 2 174 小时。在 2008 年的汶川地震中，医院建筑也遭受了严重破坏。在 2011 年日本大地震中，重灾区 80% 的医疗建筑受损，据相关资料，受灾的岩手、宫城、福岛 3 县有 300 家医院全部或部分受损。因此，针对医疗建筑的抗震设计，结构设计师须引起更多的重视。

近年来，建筑结构的抗震研究已形成了完整的体系，相关的规范规程都比较完善，并取得了相当多的研究成果和丰富的工程经验。但非结构构件的抗震问题却没有得到相应的重视，非结构构件应如何与主体结构构件的设防水准协调，这一问题亟待深入探讨。传统的结构抗震设计的抗震设防目标为“小震不坏、中震可修、大震不倒”，所以建筑在地震中一般不会倒塌，但由于延性设计的要求，允许个别结构构件出现一定程度的损坏，从而可能导致建筑物内部的一些重要的仪器设备产生破坏、降低精度，或因滑动、跌落等原因丧失使用功能。

在 1964 年阿拉斯加地震及之后的几次地震中，由非结构构件破坏引起的损失远超过了结构破坏导致的损失，人们才开始逐渐关注非结构构件的抗震设计。在 20 世纪 90 年代前，主要针对特殊行业的非结构构件（如核工业设备和管道等）进行抗震研究，很少涉及普通的民用、公用建筑中的非结构构件。一个典型的例子为美国 Olive View Medical Center 在 1971 年 San Fernando 地震和 1994 年 Northridge 地震（两次地震的位置、分布类似）中的表现。在 1971 年 San Fernando 地震中，医院遭受了严重的结构破坏，之后根据当时新的抗震规范进行了原址重建。在 1994 年的地震中，结构部分的损坏较小，这充分证明了结构抗震设计的巨大进步，但医院却无法发挥抢救伤员的功能，因为灭火系统和冷却水系统的破坏引发了水灾。这两次地震中，电梯平衡重脱轨的数据为：1971 年674 例，1994 年 688 例，这也可以看出，20 多年来非结构的抗震并没有引起足够的重视。

在医院中，非结构部件除了隔墙、建筑外围墙板、雨篷、玻璃幕墙等，还有实验室内重要设备的围护结构。地震作用下，除因非结构构件的折断、掉落等原因造成死亡等情况外，由于某些设备的重量较大及功能的重要性，若受损，则足以对生命安全形成足够威胁。此外，医院集多重功能于一体，基本设施（水电、医用气体、通信等）须持续供应，不能中断。另外应保证各种医疗设备（手术台、X 光仪、化验仪器等）处于正常工作状态。因此，有必要根据以往地震中的宏观震害经验和相关标准，妥善处理这些非结构构件，以减轻非结构构件震害，提高其抗震性能，从而提高医疗建筑的抗震可靠度。

近年来，随着社会和经济的快速发展，人们对室内生活和工作环境的要求愈来愈高，设备的质量和性能要求也日益增高，非结构构件的投资占各类建筑总投资的比重越来越大。随着科学技术的发展，医疗设备广泛采用了各种高新技术。有关资料显示，医疗设备在现代化医院建设投资所占的比例已经达到了 40% 以上。可见，地震中非结构构件的破坏必然造成巨大的经济损失，也进一步体现了研究非结构构件抗震性能的必要性。

2. 国内外研究现状

医院在抗震救灾中扮演着极其重要的角色，有必要在未来的破坏性地震发生时使医院的紧急医疗服务功能得到综合的保护，从而保证救灾工作的正常运作。世界各国吸取大地震的惨痛教训，开始着手医院结构与非结构的抗震研究。

在 1976 年唐山地震以后，我国开始注意非结构抗震问题，但直至 1990 年 1 月 1 日施行的《建筑抗震设计规范》GBJ 11—89 均未对非结构抗震设计做出系统规定。关于非结构抗震设计，该规范没有设专章论述，而是散见于有关条文中，总共不到 20 条。其中提及的三类非结构构件均为建筑非结构构件，对其抗震设计列出了三条基本要求，对非结构的地震作用也没有给出计算公式，在各类房屋的抗震构造要求的章节里，对非结构构件的具体设计细节提出了要求。

《建筑抗震设计规范》GB 50011—2010 第 13 章对非结构构件的抗震提出了相关要求。首先明确了非结构构件包括建筑非结构构件和附属机电设备，提出了非结构构件的三个性能水准和相应的功能描述和变性指标；规定了建筑非结构构件和建筑附属机电设备支架的基本抗震措施；提出了非结构构件抗震计算的基本要求和计算方法，在抗震设计方面给出了等效侧力法和楼面反应谱法，主要是以承载力对非结构构件进行设计和验算。非结构构件在地震作用下的破坏程度与其位移响应和变形能力有关，规范未在位移方面加以限定。

《建筑工程抗震性态设计通则》第 12 章指出非结构构件可仅考虑水平地震作用，同时，对非结构构件的地震相对位移给出了规定，但缺少对非结构构件类别的划分。

1964 年美国阿拉斯加地震后，非结构构件的抗震问题开始引起一些学者的注意。1978 年 6 月，美国在国家科学基金会和国家标准局的资助下，由应用技术协会同加州结构工程师协会编辑出版了《供修订房屋建筑抗震设计规范用的暂行规定》。这个规定的第八章"建筑、机械和电气部件和系统"对非结构的抗震设计做了比较全面而系统的规定。1985 年和 1988 年版的美国《统一建筑规范》，对非结构构件的地震侧力都有规定。对于军用设备，在 1973 年出版的美国《三军服务手册》里的"建筑抗震设计"中规定了必须考虑的侧力。在美国应急管理厅的资助下，以《应用技术协会规范》为基础，作为《国家减轻地震危险计划》NEHRP-85 的一部分的"减轻非结构破坏的设计规定"中，对非结构抗震设计做出了系统的规定。上述有关规定除给出了地震侧力计算方法以外，还专门提出了设计与构造要求。近年来，这些规范对非结构构件的抗震做出了相应的修改和完善。美国《防震减灾计划》NEHRP1997 在总结其国内研究成果的基础上，提出了较为合理的地震作用的计算公式，同时给出了相对位移的公式。

美国对于性能设计越来越重视。NEHRP、UBC 及 IBC 规范对非结构构件的规定，从早期考虑构件的地震系数、用途系数、地表加速度、自重及共振放大系数，到现在考虑真实的地震资料、构件在结构中位置、锚固形式、危害程度、结构反应、建筑选址等等，并加入了设计位移的要求。另外，FEMA412，FEMA413，FEMA414 分别针对机械设备、电气设备和管道系统提出了安装时的抗震构造措施。之后 FEMA74 简明列举了非结构构件破坏的原因，并提出了建筑非结构构件（包括吊顶、填充墙等）的抗震构造措施来减少潜在的地震破坏。2011 年最新出版的 FEMA E-74 从内容和形式进一步完善了非结构构件的相关规定和措施，并给出了非结构真实破坏的案例及正确的抗震构造措施。

《日本建筑结构抗震条例》给出了建筑物上的附属物（烟囱、塔容器、女儿墙及其他附属物）的侧向地震力的计算公式。《日本建筑设计新法》中也对非承重构件的抗震设计作了简要规定。由日本建筑抗震研究会编写的《建筑抗震・设备抗震问答》阐述了建筑装修、空调换气设备等非结构构件的震害和具体的抗震措施。

3. 非结构构件抗震构造措施

一般情况下，结构工程师不会对非结构构件进行计算分析和设计，而是由建筑师、机械工程师、电气工程师和室内设计师指定，甚至在没有任何专业技术人员参与的情况下，由业主或住户在房屋竣工后自行购置安装。所以，在地震作用下，非结构构件破坏的概率比较大。

世界各国有 60% 的抗震规范、规定中，要求对非结构的地震作用进行计算，而仅有 28% 对非结构的构造作出规定。医疗建筑中，非结构构件的种类繁多，分析比较复杂，但只要采取适当的构造措施，可将破坏限制在一定程度内，且使修复比较容易和经济。本节参考了国内外文献，从建筑外隔墙、内隔墙、装饰面板、楼梯、吊顶、管道和设备等几方面归纳总结了各自的抗震构造措施并给出具体的图例说明，可供设计人员参考。随着科学的进步和对医疗建筑非结构构件抗震性能提高的要求，除采取适当的构造措施外，各相关专业人员应对建筑非结构构件自身的抗震（减震）进行计算分析和设计，从而提高整个医疗建筑的抗震可靠度，保证医疗建筑作为生命线工程而在抗震救灾中发挥重要的作用。

1）外墙墙体的抗震构造措施

非承重外墙可直接由结构支承或用机械连接件和锚固件来支承。可采用滑动连接的设计允许墙板移动，连接件应具有足够的变形能力和转动能力以避免混凝土开裂或焊接点及其附近的脆性破坏。采用埋入混凝土或砌体的平板锚固时应与周围的配筋相连接以便有效地将力传递到配筋上。

玻璃幕墙的立柱应尽可能直接与主体结构连接。当某些立柱与主体结构有较大距离而难以直接连接时，应在立柱与主体结构之间设置连接桁架。玻璃幕墙与主体结构之间应采用弹性活动连接，避免主体结构侧移过大对玻璃幕墙的影响。穿越楼层的幕墙单元应采用可滑移、弯曲或摇摆的支座来适应层间位移。

2）隔墙墙体的抗震构造措施

隔墙的抗震性能取决于装饰材料与结构的连接，以及与楼板、屋面板和吊顶的支承条件。顶部的连接应允许楼板或屋面板的竖向运动以及水平方向的平面内运动，但须抵抗出平面的作用。采用柔性结构框架的建筑隔墙只能与单个结构构件（如楼板）相连，与其他的构件用抗震缝分开。隔墙顶部的连接应能适应平面内的运动，但要提供出平面的支承，要采用适当宽度的隔离缝、填充弹性材料（如有必要，要求隔音和隔火）与主体结构框架连接。

为避免独立可移动式隔墙在地震时倾覆，独立隔墙应做成折线形或在隔墙的出平面方向有隔板支挡，最好用螺栓将隔墙底部锚固在楼板上，见图 2. 3. 1。另外可将其与稳定的家具连接，或将其端部固定在结构墙体上。可拆卸隔墙的固定方式见图 2. 3. 2。

图 2. 3. 1　独立式隔墙

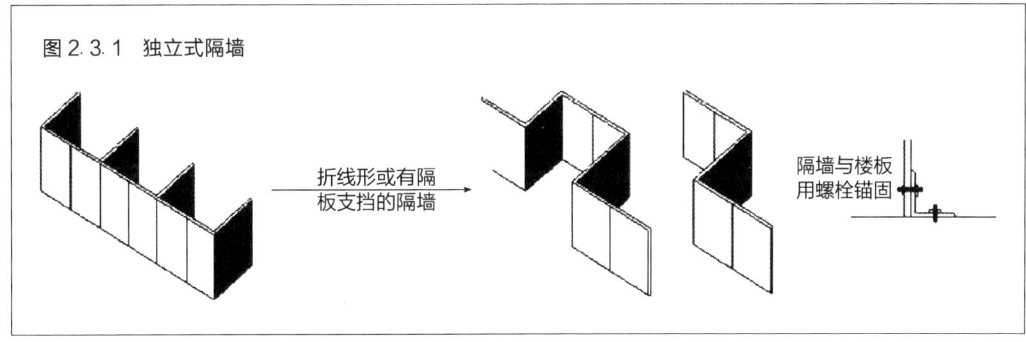

图 2.3.2　可拆卸隔墙

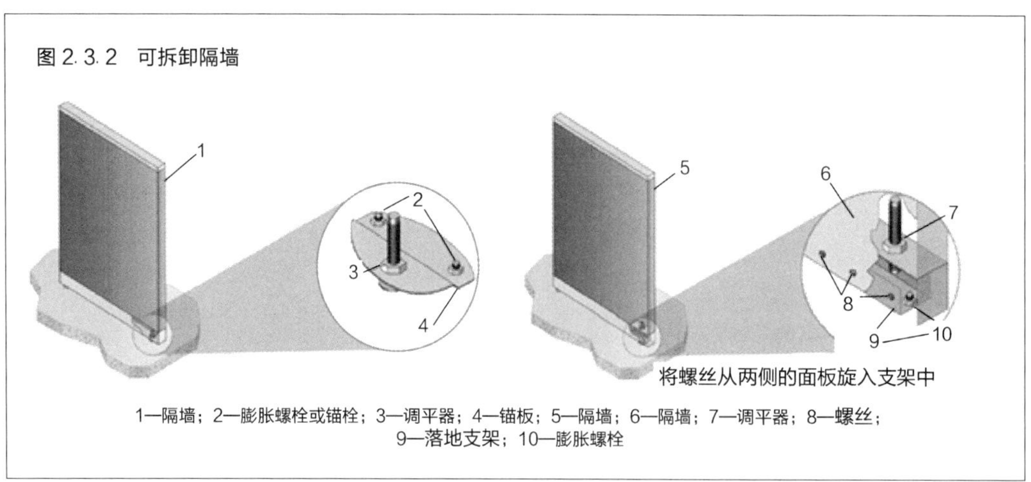

1—隔墙；2—膨胀螺栓或锚栓；3—调平器；4—锚板；5—隔墙；6—隔墙；7—调平器；8—螺丝；9—落地支架；10—膨胀螺栓

固定隔墙通过顶端和底部的固定或支撑来抵抗外力，借助滑动连接设计来降低面内变形量，但侧向有约束限制。FEMA　E-74 将隔墙分为重质隔墙、轻质隔墙和玻璃隔墙。重型隔墙为自承重，一般采用砌体材料与主体结构框架隔离；轻型隔墙由木材或金属龙骨作为构架，外面铺设胶泥板、板条和石膏板、木条。按照隔墙的高度可分为等层高的隔墙和低于层高的隔墙。等层高的重质隔墙固定方式见图 2.3.3，若隔墙用来支撑其他非结构构件，则设计时应保证角钢能抵抗外加荷载。低于层高的重质隔墙的固定方式见图 2.3.4。等层高的轻质隔墙的固定方式见图 2.3.5。低于层高的轻质隔墙的固定方式见图 2.3.6，当斜撑处距离 L 超过 6 in（1 in＝2.54 cm）时，可采用箱型支撑、对头拼接支撑等来替换一般斜撑。当隔墙用来支撑书架或其他非结构构件时，应保证斜撑能承受外加荷载。玻璃隔墙的固定方式见图 2.3.7。

图 2.3.3　等层高的重质隔墙　　图 2.3.4　低于层高的重质隔墙

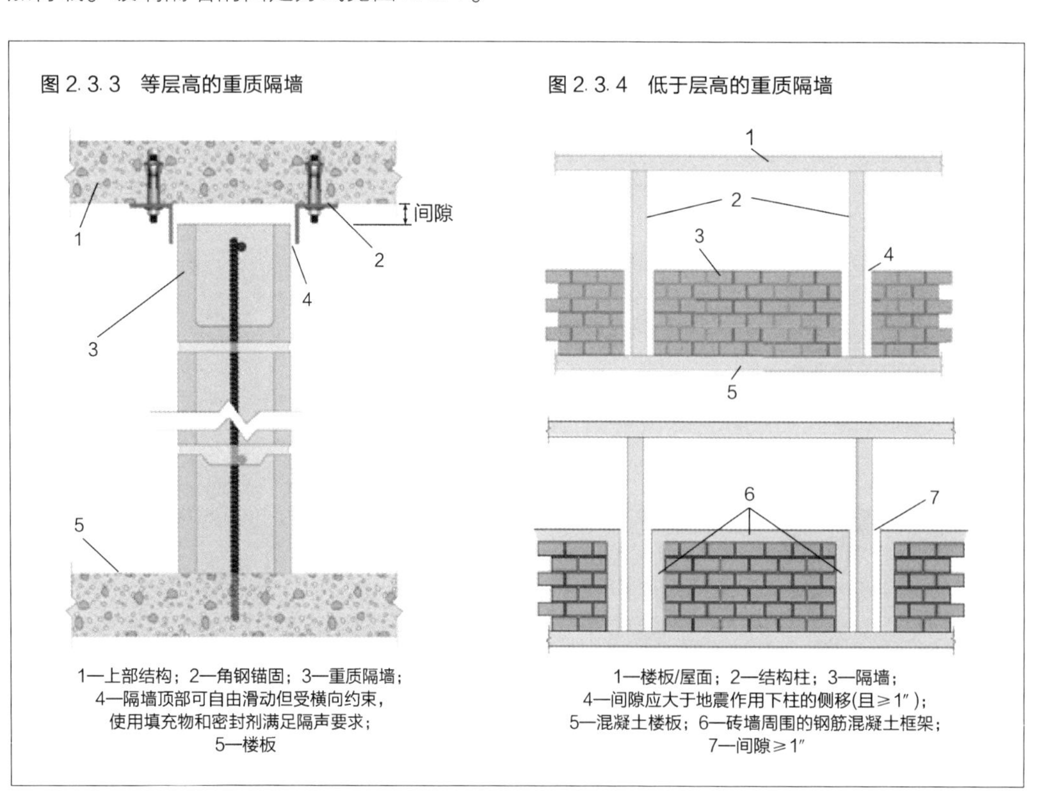

1—上部结构；2—角钢锚固；3—重质隔墙；4—隔墙顶部可自由滑动但受横向约束，使用填充物和密封剂满足隔声要求；5—楼板

1—楼板/屋面；2—结构柱；3—隔墙；4—间隙应大于地震作用下柱的侧移(且≥1″)；5—混凝土楼板；6—砖墙周围的钢筋混凝土框架；7—间隙≥1″

图 2.3.5　等层高的轻质隔墙

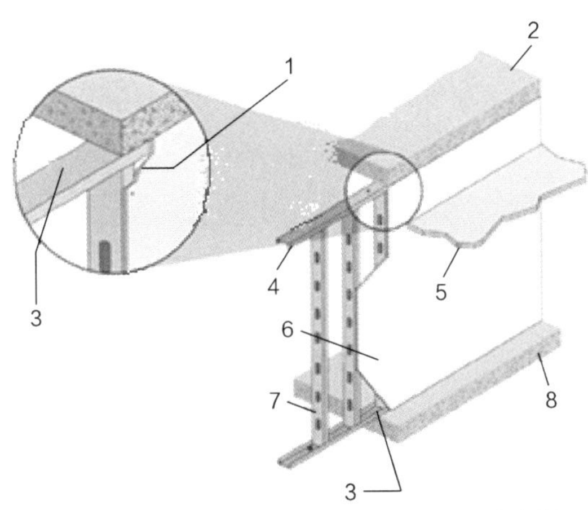

1—若石膏板延伸至楼板，则无需固定到轨道上；2—混凝土楼板；
3—用螺栓固定在混凝土构件上，或用螺钉固定在木构件上；
4—深腿开槽轨道；5—吊顶；6—石膏墙板；7—竖向龙骨；8—混凝土楼板

图 2.3.6　低于层高的轻质隔墙

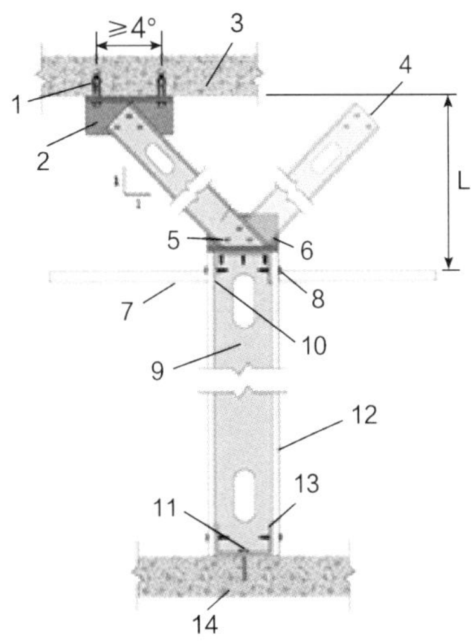

1—用螺栓固定在混凝土构件，或用螺钉固定在木构件上；
2—角钢；3—混凝土楼板；4—斜撑；5—金属螺丝钉；
6—角钢；7—吊顶；8—金属螺丝钉；9—轻钢龙骨；
10—连续的金属轨道；11—用螺栓固定在楼板上；
12—石膏板；13—金属轨道；14—混凝土楼板

图 2.3.7　玻璃隔墙

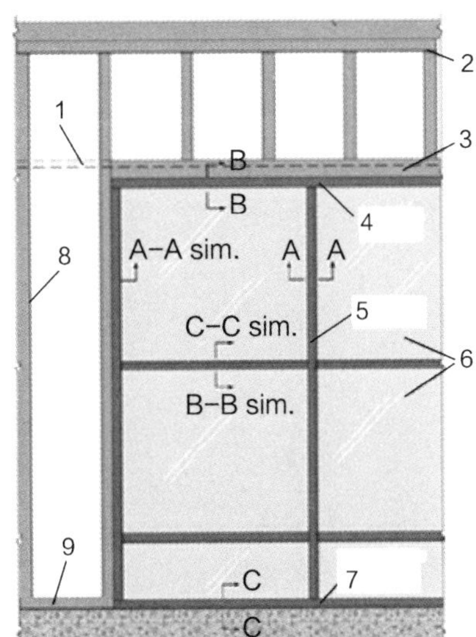

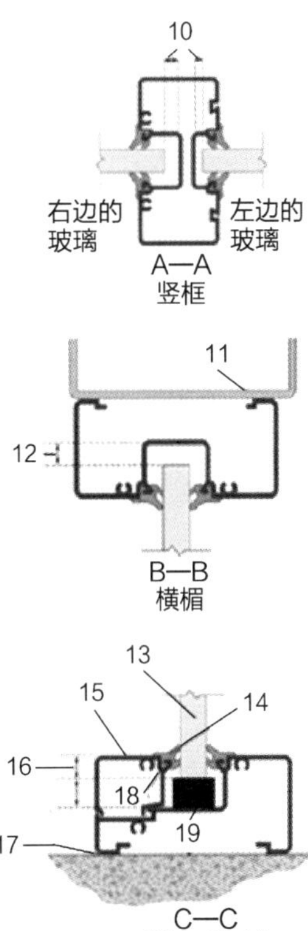

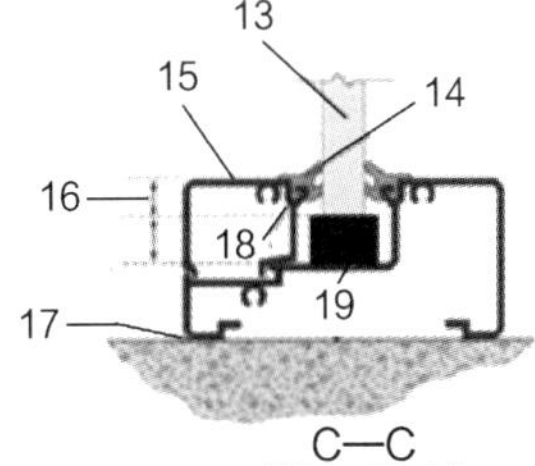

注：玻璃隔墙周围的非结构构件的设计须为其提供面内外约束，而不向玻璃传递荷载。

玻璃与框架之间的间隙取决于结构侧移。当隔墙与结构是相互独立的，则间隙可适当减小，参见相关规范。

采用安全玻璃（夹层玻璃、钢化玻璃等）将有效的减少地震中的灾害。

1—吊顶；2—滑槽；3—箱型梁顶部或过梁；4—横楣；5—竖框；6—将玻璃分成小块状；7—横梁或门槛；8—螺柱；
9—槽道；10—玻璃与框架之间的间隙；11—锚到上部的槽道；12—玻璃与框架之间的间隙；13—玻璃板；14—衬垫；
15—玻璃压条；16—玻璃咬合玻璃与框架之间的间隙；17—锚到楼板；18—凹槽；19—凹槽橡胶块

3）装饰面板的抗震构造措施

外墙的装饰面板有两种方式固定，黏附形式见图 2.3.8，锚固形式见图 2.3.9。室内装饰面板固定方式见图 2.3.10。

图 2.3.8　黏附形式

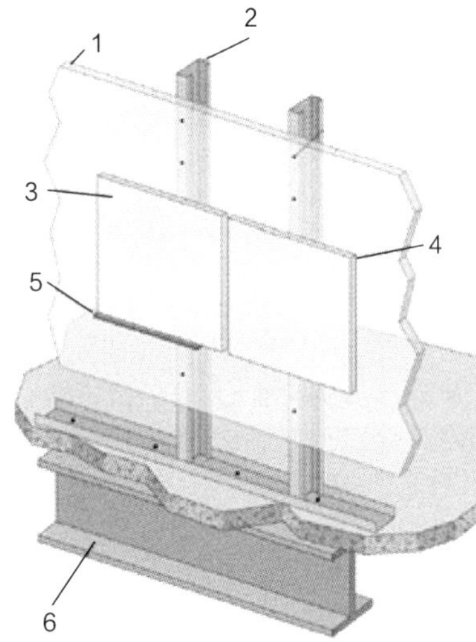

1—基板；2—轻钢龙骨墙体，限制基板的面外变形来防止黏合强度减弱；
3—装饰面板；4—黏合剂；5—锚固在墙上的水平支撑；
6—楼板骨架，限制竖向变形来防止基板扭曲

图 2.3.9　锚固形式

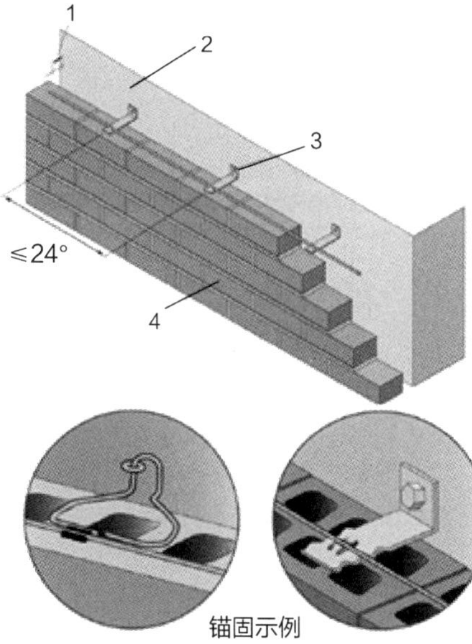

1—1°空隙——水泥砂浆；2—结构墙(钢筋混凝土、砌体等)；
3—抗腐蚀的锚固件；4—装饰材料(砖、石材或其他)

图 2.3.10 (a)　室内装饰面板的固定方式

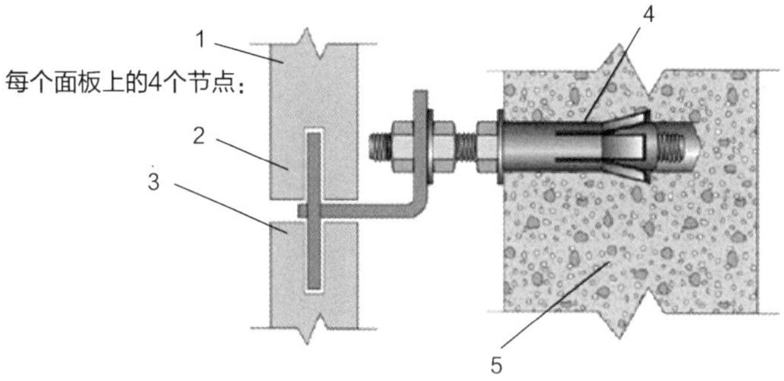

(a) 直接锚固到钢筋混凝土或加筋的砌体结构上

图 2.3.10 (b)　室内装饰面板的固定方式

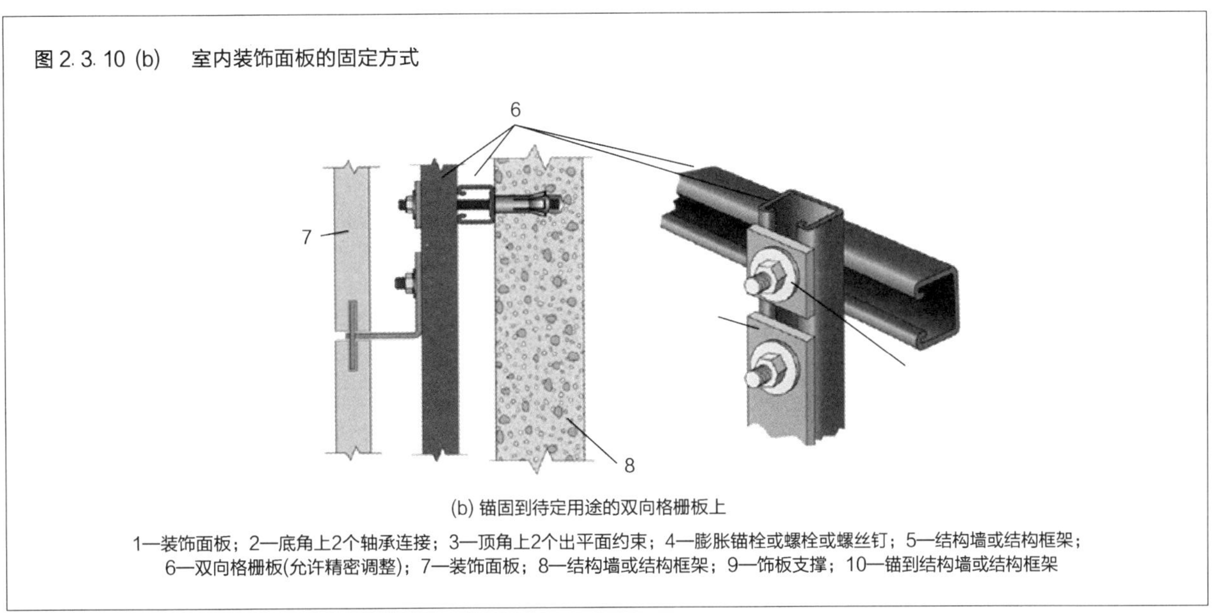

(b) 锚固到待定用途的双向格栅板上

1—装饰面板；2—底角上2个轴承连接；3—顶角上2个出平面约束；4—膨胀锚栓或螺栓或螺丝钉；5—结构墙或结构框架；6—双向格栅板(允许精密调整)；7—装饰面板；8—结构墙或结构框架；9—饰板支撑；10—锚到结构墙或结构框架

4）楼梯的抗震构造措施

为防止楼梯间破坏及破碎物阻挡踏步梯板，楼梯间隔墙应尽可能避免采用脆性材料。可将隔墙及休息平台等与楼板、墙体连成整体，避免地震时产生较大的相对运动。如图 2.3.11 所示，将楼梯一端固接，另一端采用滑动连接设计。也可采用图 2.3.12 的做法来适应层间位移。

图 2.3.11　落地式楼梯　　图 2.3.12　单跑楼梯

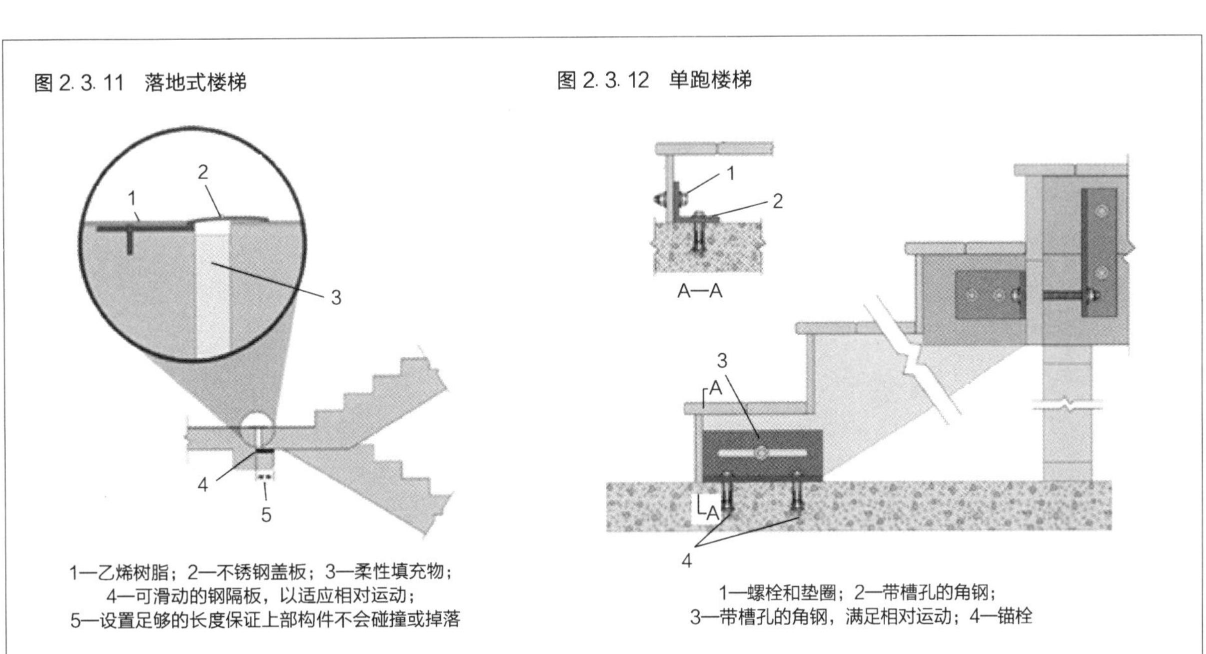

1—乙烯树脂；2—不锈钢盖板；3—柔性填充物；4—可滑动的钢隔板，以适应相对运动；5—设置足够的长度保证上部构件不会碰撞或掉落

1—螺栓和垫圈；2—带槽孔的角钢；3—带槽孔的角钢，满足相对运动；4—锚栓

5）吊顶的抗震构造措施

吊顶分为直接式和悬吊式两种。直接式为吊顶直接附在上层楼板底部。悬吊式分为实心型和嵌板式。典型的实心吊顶有石膏和板条抹灰，典型的嵌板型吊顶通常是在吊顶骨架上搁置多块预铸的轻质绝缘材料方板。

为防止地震时吊顶破坏，可在吊顶格构架的主要交汇处，设置可调节的竖向受压支杆，再用钢丝从不同方位将主要杆件和上部结构拉接，见图 2. 3. 13。在分割的吊顶边缘及其他不连续区域（如空调出风口等)，应使用角钢等作为加强措施，见图 2. 3. 14。

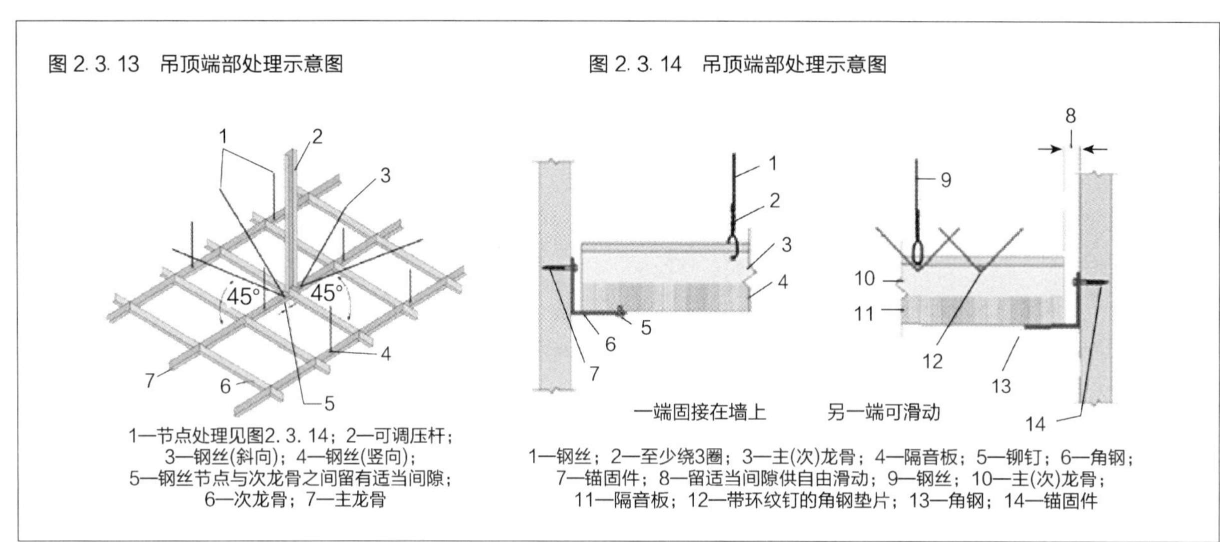

图 2. 3. 13　吊顶端部处理示意图

1—节点处理见图2. 3. 14；2—可调压杆；3—钢丝(斜向)；4—钢丝(竖向)；5—钢丝节点与次龙骨之间留有适当间隙；6—次龙骨；7—主龙骨

图 2. 3. 14　吊顶端部处理示意图

1—钢丝；2—至少绕3圈；3—主(次)龙骨；4—隔音板；5—铆钉；6—角钢；7—锚固件；8—留适当间隙供自由滑动；9—钢丝；10—主(次)龙骨；11—隔音板；12—带环纹钉的角钢垫片；13—角钢；14—锚固件

采用绳索悬挂式的吊顶必须和上部结构牢固连接，板条与槽沟要用金属线妥善连接，这是保障吊顶抗震性能的重要措施。

刚性的吊顶体系必须施加支撑，以抵抗正常情况下的竖向和横向运动。当采用石膏板吊顶时，使用钢板钉带时可以提高抗震性能。如果吊顶体系是不规则的（沿建筑高度变化、凹角等)，应采用螺栓、螺丝或焊接的方式与槽沟支座连接，凹角处要用刚性支撑。水平支撑的布置应考虑由于灯架或 HVAC 管道支架排列使吊顶不连续的问题。最好是在这些地方加设支撑杆件，使吊顶板连在一起。灯架和管道支架必须与吊顶牢靠连接。在胶泥板和石膏板吊顶中，要避免采用膨胀螺栓固定。

6）管道的抗震构造措施

医院中的管道系统包括输配电管线、空调冷却管线、蒸汽管线、污水管、医疗管线等。除了上述提到的一般管线的固定措施外，还有一些特殊管线在安装时需经过特殊处理，现分别针对各类管线作简要介绍。

(1) 医疗管道一般与卫生设备相连，设置在特定区域，并以区域阀或警报系统管理。由于其特殊用途，金属管道极易腐蚀，故将其固定前必须先用绝缘材料隔离。

(2) 包覆保温层的冷却管与蒸汽管等的固定方式分为三种：①若为硬质且非脆性的保温材料足以传递管线惯性力，可直接将管夹或吊钩包覆在保温层外，见图 2. 3. 15。②大部分保温材料均无法承受和传递管线的惯性力，一般建议先做抗震固定装置再铺设保温层，在支撑和管线相接处将保温层刮除。③大型隔热管道用吊架悬吊，见图 2. 3. 16。另外，可采用黏性阻尼器来卸能，见图 2. 3. 17。

图 2.3.15　通过预制支架连接到轻钢龙骨墙上

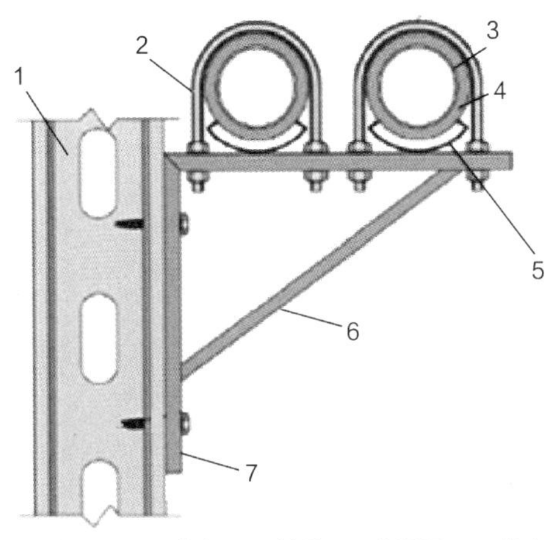

1—龙骨墙；2—管束；3—管道；4—保温层；5—鞍座
6—预制的三角支架；7—锚固到墙上

图 2.3.16　吊架固定的隔热管道

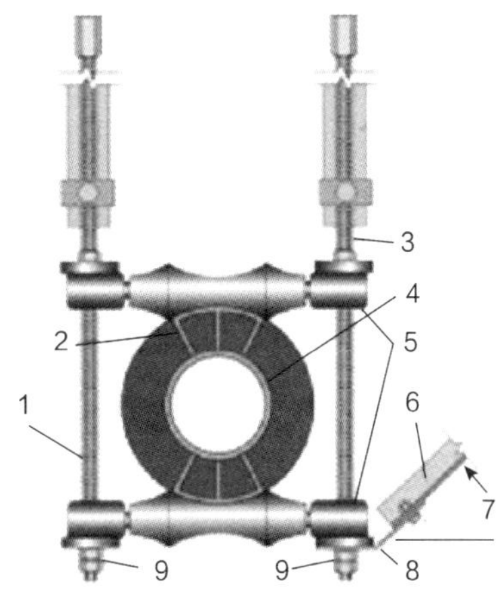

1—螺杆；2—鞍座；3—螺杆；4—隔热管道；5—套接构件；
6—横向支撑；7—45°±15°；8—托架；9—双螺帽固定

(3) 风管。空调风管由于截面面积较大，重量较轻，固定方式可分为金属带固定和吊架两类。如图 2.3.18 所示，风管大多以薄金属片制成，故最好能用螺丝固定风管与金属带或吊架。此外，风管通过结构伸缩缝及穿过楼板时应用软管以容纳相对位移量。

图 2.3.17　大型隔热管道的黏性阻尼器

(4) 输电管线。输电管线系统包括电缆、导线管与汇流排。电缆与汇流排大多以吊架作为垂直支撑（图 2.3.19)。多数电缆架质量小且柔软度高，不需要特别防震。有些长导线管没有适当的支撑，在地震时极易摇晃并影响邻近的设备。故管线与设备连接处可借助适当夹具，来防止因设备振动而引起的破坏。

图 2.3.18　风管的固定方式

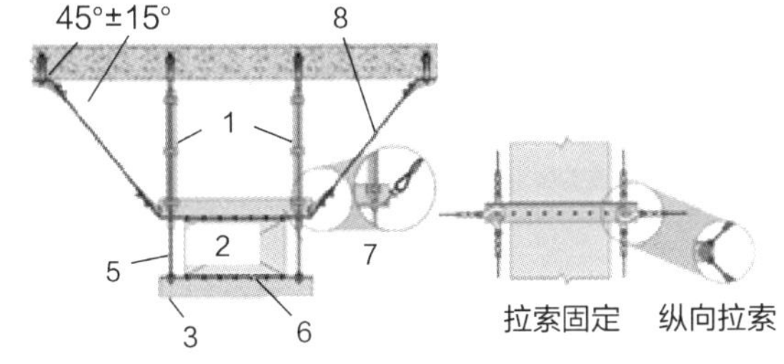

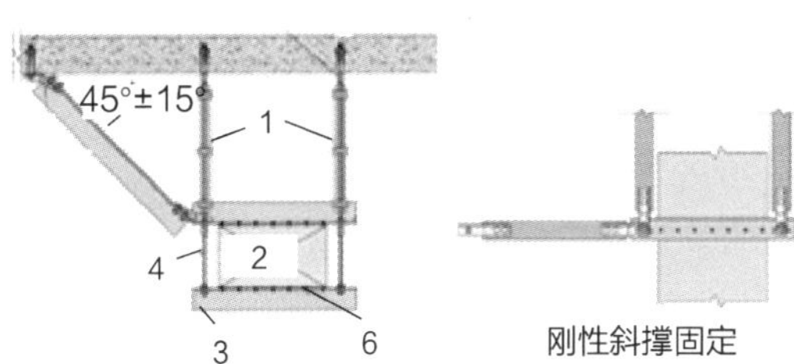

1—吊杆；2—风管；3—吊架；4—螺纹杆；5—支架螺纹杆；6—螺丝；7—支架；8—预拉伸的钢索

（5）消防管道。消防系统中，由于管道接头损坏和管道与建筑结构之间的位移差，通常会引起消防管道的破坏。支管和喷淋头与周围的构件（如硬吊顶）碰撞也会造成破坏。所以，对消防喷淋支管和较长的喷头设置防摆动支撑可以减轻这种破坏。在硬吊顶的喷淋头周边留出较大的空隙，可以防止因为管道运动使吊顶撞击喷淋头所造成的破坏。图 2.3.20 给出了安装在吊顶的自动喷洒灭火装置喷头的固定措施，美国相关规范中指出，中、强震区在洒水喷头穿越天花板处应保留 25 mm 的活动空间。

图 2.3.19　电力管线的复层吊架

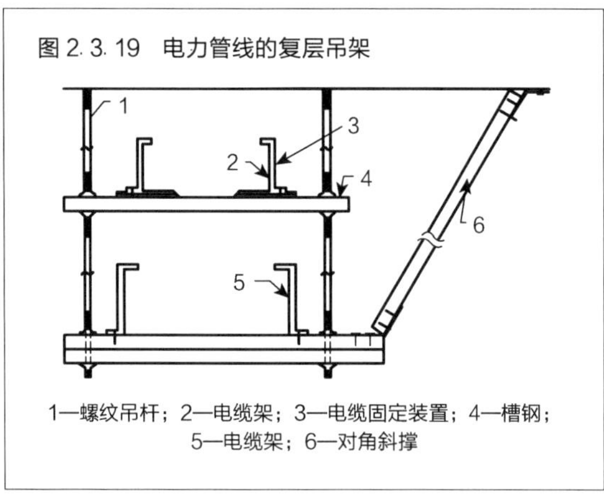

1—螺纹吊杆；2—电缆架；3—电缆固定装置；4—槽钢；5—电缆架；6—对角斜撑

此外，为防止管道的局部泄漏，输送有害物质的管道（图 2.3.21）外应再包覆一层密封管道，在支撑处应设置套筒。

图 2.3.20　自动喷洒灭火装置喷头的安装

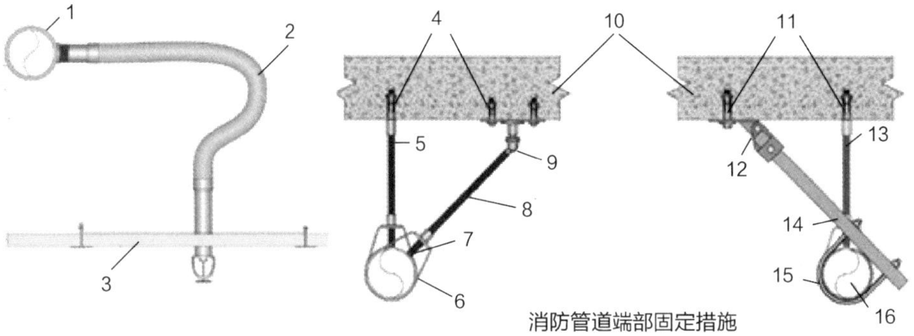

消防管道端部固定措施

1—喷水管；2—不锈钢波纹软管；3—吊顶；4—膨胀螺栓；5—螺纹杆；6—吊钩；7—延长杆承受管道的压力；8—螺纹杆；9—旋转接头；10—混凝土楼板；11—膨胀螺栓；12—可调连接装置；13—吊杆；14—斜撑；15—管束；16—支管

图 2.3.21　输送有害物质的管道

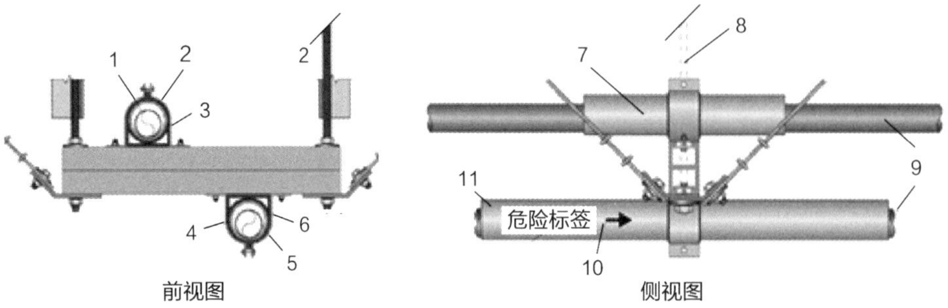

前视图　侧视图

危险标签

1—管道；2—支撑处的套筒；3—管束衬垫；4—连续的二次密封管道；5—管道；6—管束衬垫；7—支撑处的非连续套筒；8—吊杆；9—输送有害液体的管道；10—流动方向；11—连续的二次密封管道

7）设备的抗震构造措施

设备的抗震措施应根据设防烈度、建筑使用功能、房屋高度、结构类型和变形特征、附属设备所处的位置和运转要求等经综合分析后确定。

（1）安装在楼板——固接

此类设备包括直接固定（图 2.3.22）或借由支撑、基座等措施固定在楼板或屋顶结构的设备（图 2.3.23）。安装时应注意设备的固定处是否会损及其机电性或建筑功能。高宽比大的设备因倾倒力矩较大，可能在底部固定处会有过大的拉力。此时可将其固定到柱或邻墙，当设备在屋顶做锚固时要防止破坏防水层。

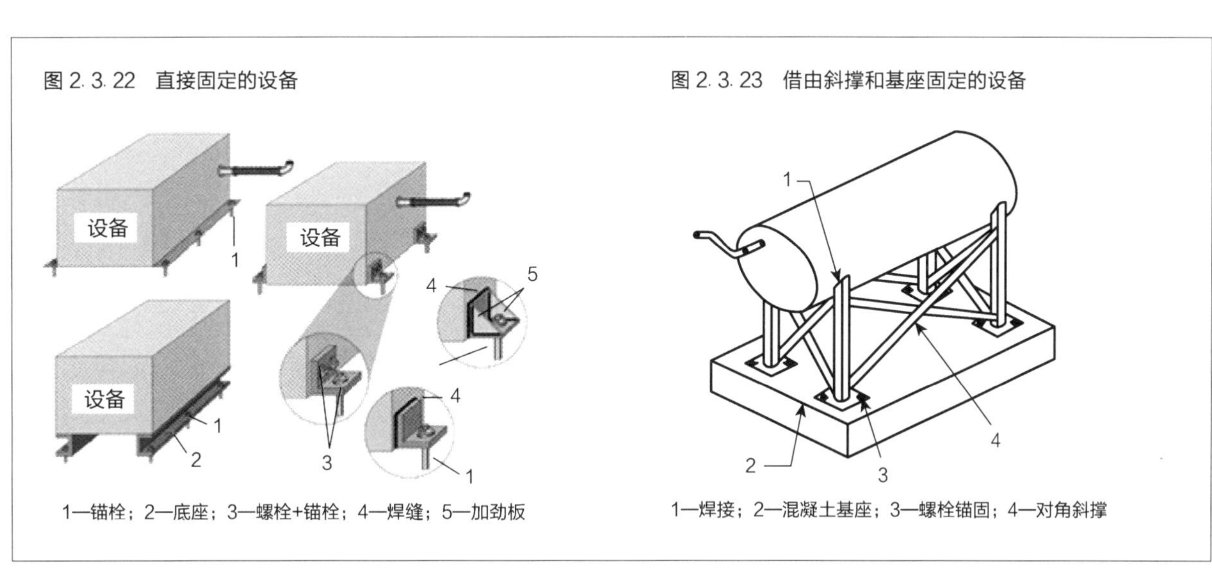

图 2.3.22　直接固定的设备

1—锚栓；2—底座；3—螺栓+锚栓；4—焊缝；5—加劲板

图 2.3.23　借由斜撑和基座固定的设备

1—焊接；2—混凝土基座；3—螺栓锚固；4—对角斜撑

（2）安装在楼板——隔振

带有转动或往复机构的设备（如泵、马达、压缩机等），可利用隔振支座将其安装在楼板上，见图 2.3.24。隔振支座可以使用抗剪橡胶、弹簧或气垫等，防止振动传给主体结构。加装隔振支座的设备应在每个水平方向设置防撞约束或缓冲器，必要时可加设防止倾覆的竖向约束。隔振套和约束应采用延性材料，在缓冲器和设备之间应加设适当厚度的黏弹性衬垫或类似材料，以限制冲击荷载。

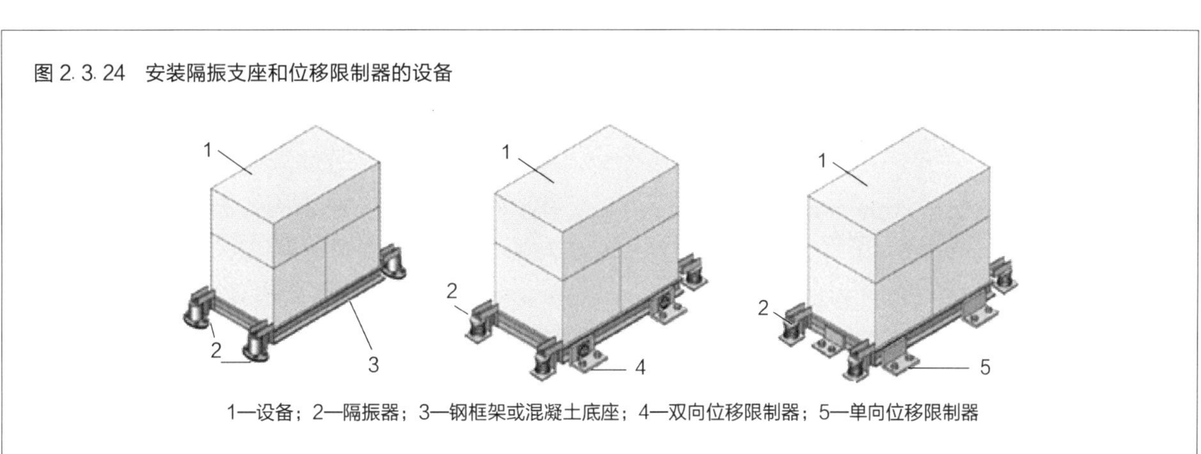

图 2.3.24　安装隔振支座和位移限制器的设备

1—设备；2—隔振器；3—钢框架或混凝土底座；4—双向位移限制器；5—单向位移限制器

需要注意的是由于隔振支座增加了设备的柔性，将改变设备的动力特性，其惯性力会被放大。如果隔振设计不合理，动力荷载和冲击荷载的作用将导致隔振装置失效，故隔振垫必须进行专门设计，以抵抗这些效应。用来支承设备的垫子要与主体结构连成整体，或适当配筋锚入结构楼板。

(3) 悬吊在墙、楼板——固接

此类设备包括空调、给水等系统中的悬吊设备。此外，部分医疗设备也悬吊在上方楼板，如悬吊式 X 光机或手术房照明灯等。可利用钢棒、角钢或钢缆做斜撑，每个方向至少应有两条斜撑，见图 2.3.25。强震作用时，斜撑的垂直分力传递给垂直吊杆，故垂直杆的设计应同时考虑竖向荷载与水平地震力的影响。按照设备的高度及位置，可支撑在墙上，或由上方楼板提供支撑杆。若设备放置在楼层高度大的空间，导致悬吊长度过大时，可额外架设两端固定在上方的楼板与底部楼板的垂直支撑构件，以支撑悬吊设备。

图 2.3.25 通过拉索或斜撑固定的设备

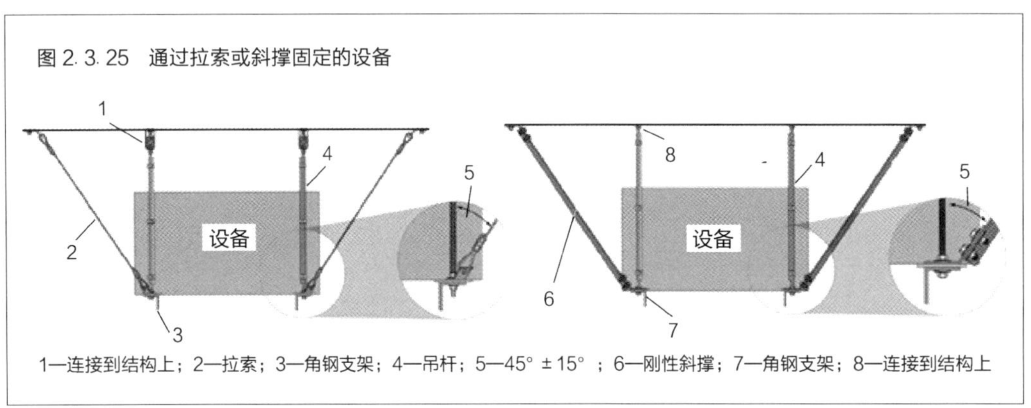

1—连接到结构上；2—拉索；3—角钢支架；4—吊杆；5—45° ± 15° ；6—刚性斜撑；7—角钢支架；8—连接到结构上

(4) 悬吊在墙、上方楼板——隔振

图 2.3.26 隔振器下方斜撑

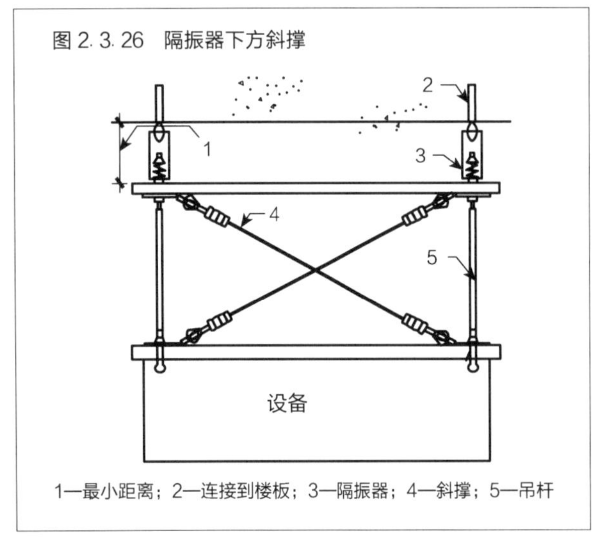

1—最小距离；2—连接到楼板；3—隔振器；4—斜撑；5—吊杆

此类设备包括小型送风机、风扇等日常运作时产生振动的悬吊设备，可通过隔振器减少或消除由设备传递给结构构件的振动。ATC51-2 建议悬吊长度超过 400 mm 时，应在隔振器下加设斜撑，见图 2.3.26。

(5) 可移动式非结构构件

小型重要医疗设备多为可移动式或放置在器材车上，如氧气罐、氮气储存器、点滴架、活动式 X 光机、麻醉机、婴儿保温箱、病患体温调节器、洗肾机、电击器以及病床等。可移动式设备固定在结构时，应用绳索或链栓暂时固定，其内部物品可用尼龙黏扣或弹性带固定。医院应配合多种可移动式设备的机动性，设置供其临时固定的钢柱与挂钩（图 2.3.27）。

图 2.3.27　可移动式非结构构件

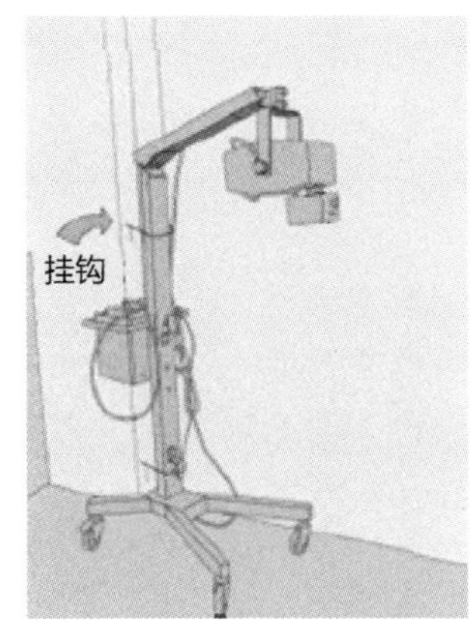

（a）可移动式 X 光机

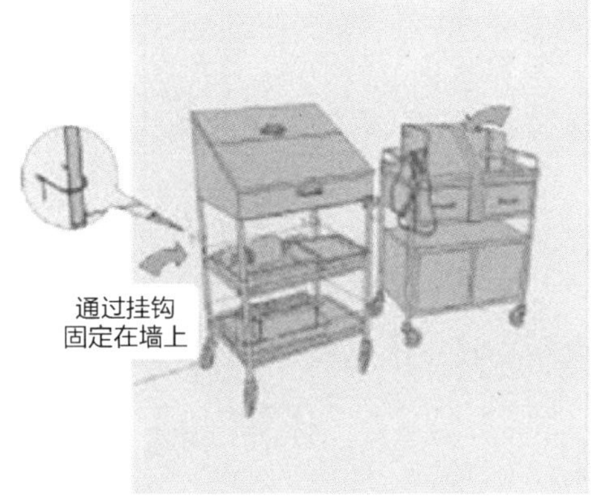

（b）医疗器材车

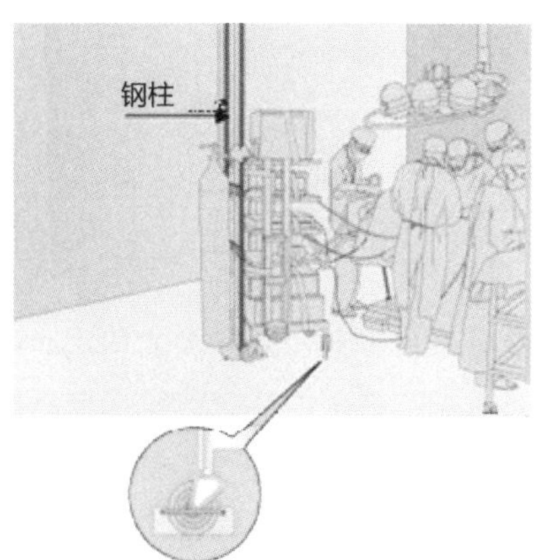

（c）手术房可装设钢柱固定设备

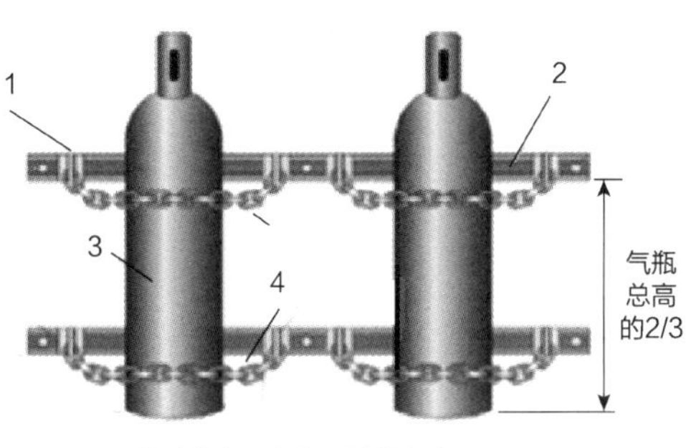

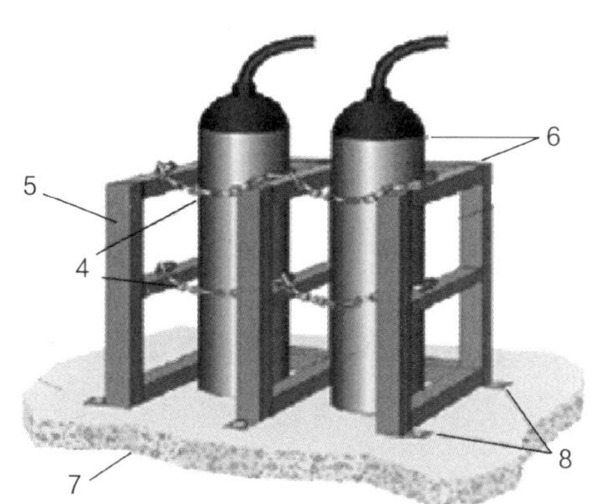

1—能快速解开的扣环；2—将支杆固定到墙上；3—高压气瓶；4—每个气瓶2条锁链；5—定制的钢支架；
6—合适的支架尺寸；7—楼板；8—锚栓

（d）高压气体罐

2.4 给水排水系统安全保障

综合医院包括门急诊楼、医技楼、病房楼等主要建筑，医院给水排水系统设计应首先遵循安全、卫生、适用、保护环境、管理便利、技术经济合理的原则，选择合理、完善、安全的给排水系统。

医院给水水压应稳定、可靠，各给水系统应保证以足够的水量和水压向所有用户不间断地供应符合卫生要求的用水。供水应充分利用市政压力，加压系统选用节能高效的设备，如高效水泵等；高层病房楼等建筑给水系统应合理进行竖向分区，每区供水压力不大于0.45 MPa；给水系统合理采取减压限流的节水措施，如：生活给水系统用水点处供水压力不大于0.2 MPa。

管材、管道附件及设备等供水设施的选取和运行不应对供水造成二次污染。有直饮水时，直饮水应采用独立的循环管网供水，并设置安全报警装置。使用非传统水源时，应有保证非传统水源的使用安全，防止误接、误用、误饮。

为避免室内重要物资和设备受潮引起的损失，应采取有效措施避免管道、阀门和设备的漏水、渗水或结露。

医院应设置完善的污水收集和污水排放等设施，并自行设置完善的污水处理设施，单独处理（分散处理）后排放至附近市政受纳管道，其水质应达到国家现行《医疗机构污染物排放标准》，并满足地方主管部门对排放的水质水量的要求方可排放。污水处理率应达到100%，达标排放率必须达到100%。医疗机构病区和非病区的污水、传染病区和非传染病区的污水应分别设置排水管道，不得将固体传染物、各种化学废液随意弃置或倾倒排入排水系统。

2.4.1 给水排水系统卫生、安全设计及措施

医院本身具有疾病传染、环境污染等潜在风险，因此在医院给水排水系统的设计中应特别关注防止给水输送产生回流污染，防止病员使用卫生器具产生交叉感染，防止排水系统渗漏污染，排水伸顶通气管防污染大气及灭菌的技术和措施等。

1. 给水输送的防回流污染技术

在给水系统中若设计不合理或没有采取有效的防回流措施，则会因回流现象的产生，造成给水系统的水质劣化，影响给水系统的卫生和安全使用。造成回流污染的原因分为两种情况：虹吸回流、背压回流。

1）虹吸回流

因供水系统供水端压力严重降低或出现负压（真空或部分真空）而引起的回流称为虹吸回流，其典型情况有：

- 管道在某一管段缩小管径，因文丘里效应产生负压。
- 水泵运行时在吸水管部位产生动态负压。
- 上层出水口淹没出流而在下层水嘴开启时出现倒流。
- 消毒器冷却时产生负压抽吸。

• 多个自闭式冲洗阀同时冲洗或由于其他原因导致上游流量突然增大，而又无有效限流措施时，产生负压抽吸现象。

• 外部给水管网爆管造成负压抽吸。

2）背压回流

因供水系统下游压力变化，导致用水端压力值大于供水端压力值而引起的回流称为背压回流，其典型情况有：

• 锅炉、水加热器等加热设备，因水温升高产生热膨胀而引起背压回流。

• 二次加压或位置提高引起背压回流。

• 第二水源引起背压回流。

3）在《建筑给水排水设计规范》GB 50015—2003（2009 年版）中参照国内外标准，将回流而造成危害程度分为低、中、高三个级别

• 低危险级：回流造成损害不至于危害公众健康，对生活饮用水在感官上造成不利影响；

• 中危险级：回流造成对公众健康有潜在损害；

• 高危险级：回流造成对公众生命和健康产生严重危害。

在《建筑给水排水设计规范》GB 50015—2003（2009 年版）附录 A 中列举了生活饮用水回流污染危害程度，其中与医院有关部分见表 2.4.1。

表 2.4.1　生活饮用水回流污染危害程度

生活饮用水与之连接场所、管道、设备		回流污染危害程度		
		低	中	高
化学、病理、动物试验室				√
医疗机构医疗器械清洗间				√
尸体解剖				√
其他有毒有害污染场所和设备				√
消防	消火栓系统		√	
	湿式喷淋系统、水喷雾灭火系统		√	
	简易喷淋系统	√		
	泡沫灭火系统			√
	软管卷盘		√	
	消防水箱（池）补水		√	
	消防水泵直接吸水		√	
中水、雨水等再生水水箱（池）补水			√	
生活饮用水水箱（池）补水		√		
小区生活饮用水引入管		√		
生活饮用水有温、有压容器		√		
叠压供水		√		
卫生器具、洗涤设备给水			√	
循环冷却水集水池等				√

（续表）

生活饮用水与之连接场所、管道、设备	回流污染危害程度		
	低	中	高
水景补水		√	
注入杀虫剂等药剂喷灌系统			√
无注入任何药剂的喷灌系统	√		
冲洗道路、汽车冲洗软管	√		
垃圾中转站冲洗给水栓			√

针对上述产生回流的原因和生活饮用水回流污染危害程度，在医院设计中应采取有效技术措施，防止回流产生，保障给水系统供水卫生、安全。

4）防回流措施应遵循的原则

• 尽量采用可靠性高、防回流效果好、价格合理的装置。

• 采用操作简便、方便维护管理的装置；不同种类的防回流污染装置，体积大小不一，构造及原理也各有不同，选用时应尽可能采用便于维护管理的装置。

• 应符合适用要求，不同种类的防回流污染装置适用于不同的场合，有的适用于压力管系统，有的适用于无压管系统；形式不同，要求各异，但都必须满足。

5）防回流措施

防止回流产生措施一般可采用空气隔断、倒流防止器、真空破坏器等措施和装置。

（1）空气隔断。空气隔断是最有效、最经济、也是最简便易行的措施，它能有效地防止虹吸回流和背压回流。卫生器具和用水设备、构筑物等的生活饮用水管配水件出水口不得被任何液体或杂质所淹没、高出承接用水容器溢流边缘。生活饮用水水池（箱）的进水管口的最低点应高出溢流边缘的最高点，保持一定空气间隙。

（2）减压型倒流防止器。减压型倒流防止器应由进水止回阀、出水止回阀和水力控制自动排水阀组成，一般水平安装在室外地坪上或室内，应考虑减压型倒流防止器防冻和安装处地面排水。

（3）非减压型倒流防止器。非减压型倒流防止器应由进水止回阀、出水止回阀和水力控制自动排水阀组成，但没有减压型倒流防止器的测试孔和减压腔，其可用于支管源头，规格为 DN15 和 DN20。一般水平安装，且宜在地坪上方安装并考虑其排水和防冻。

（4）真空破坏器。真空破坏器分为压力型真空破坏器、大气型真空破坏器、软管接头真空破坏器。压力型真空破坏器适用于连续液体的压力管道；大气型真空破坏器适用于不长期充水的配水支管；软管接头真空破坏器可用于有可能被软管接驳的水嘴或洒水栓等终端控制阀件处。

采用空气隔断的场合，如：生活饮用水水池（箱）的进水管口的最低点高出溢流边缘的空气间隙应等于进水管管径，但最小不应小于 25 mm。卫生器具和用水设备、构筑物等的生活饮用水管配件出水口应高出承接用水容器溢流边缘的最小空气间隙不得小于出水口直径的 2.5 倍。从生活饮用水管网向消防、中水和雨水回用水等其他用水的储水箱（池）补水时，其进水管最低点高出溢流边缘的空气间隙不应小于 150 mm。

采用倒流防止器、真空破坏器装置防止回流场合，在《建筑给水排水设计规范》

(GB 50015—2003，2009 年版）附录 A 中列出了生活饮用水防回流设施应根据回流污染程度选择，见表 2.4.2。

表 2.4.2　防回流设施选择

防回流设施	回流污染危害程度					
	低		中		高	
	虹吸回流	背压回流	虹吸回流	背压回流	虹吸回流	背压回流
空气间隙	√		√		√	
减压型倒流防止器	√	√	√	√	√	√
低阻力倒流防止器	√	√	√	√		
双止回阀倒流防止器		√				
压力型真空破坏器	√		√		√	
大气型真空破坏器	√					

在医院防止回流污染设计中，应注意污染区域或有关实验室等的给水管不得与用水设备直接相连，必须采取防止倒流污染的措施，防止回流污染生活饮用水。负压隔离病房给水管道应设置倒流防止器。给水系统供水管上的倒流防止器和阀门应设置在清洁区，不得设在污染区、半污染区或有关实验室等。给水管道应避开污染区、半污染区，当无法避开时，应采取防护措施。

2. 防止交叉感染的技术

医院本身具有疾病传染、环境污染等潜在风险，因此在医院给水排水系统的设计中应特别注意防止病人与病人之间、病人与工作人员之间、工作人员之间产生交叉感染，应加强防止交叉感染的技术措施，最大限度地避免医务人员和病人之间交叉感染。

(1) 为避免交叉连接导致污染的情况发生，防止淹没出流造成交叉连接而导致污染，必须防止生活饮用水管道和非生活饮用水管道误接。

(2) 公共厕所洗手间的设置位置应避免发生交叉感染的可能性。

(3) 严格控制通过接触交叉感染的措施如下：

• 卫生间应设前室，同时洗手盆应设置于前室，这样，人员洗手后就不会再有开门的动作；而如果洗手盆设置在厕所内，则人员洗手后需要再次开门，这无疑就增加了交叉感染的机会。

• 医疗建筑中医务人员、门急诊病人和办公人员使用的洗手盆和便器采用非手动开关是防止交叉感染的一条重要途径，可以采用感应式水嘴、感应式冲洗阀、液压脚踏式水嘴、液压脚踏式冲洗阀、肘式开关水嘴，等等。

• 在医院建筑中利用中水应慎之又慎。

(4) 净化区域（中心供应室、净化病房等）的设计应注意下列问题，并采取有效措施：

• 与净化区域无关的管道不宜穿越净化区域。

• 引入洁净区内的给排水支管宜暗敷。

• 洁净区内的管道外表面应采取防结露措施。防结露绝热材料的外表层应光滑，易于清洗，并不得对洁净区造成污染。在夏季由于室内温度较高，而给排水管内的温度相对较低，内外的温度差异造成管道外部产生结露，结露水聚集向下滴落，会产生污染甚至破坏净化区域的吊顶。

- 给排水支管穿越洁净区顶板、楼板、墙壁宜设置套管，管道和套管之间应密封，无法设置套管的部位应采取密闭措施。
- 管道的保温层表面应平整和光洁，不得有颗粒性物质脱落，并宜采用金属外壳保护。

3. 排水输送的防渗漏污染

由于医院本身具有疾病传染、环境污染等潜在风险，因此在医院排水系统的设计中应特别注意排水输送的防渗漏污染，防止交叉感染或破坏卫生环境。

排水输送的防渗漏污染的技术措施可以从以下几方面考虑：采用密闭性好的排水系统，保护排水系统的水封不被破坏，选用优质排水管材，采用可靠的连接方式。

(1) 真空排水系统是近年来引进国外的排水系统，根据使用分为室内真空排水系统和室外真空排水系统。室内真空排水系统由专用便器、真空切断阀、真空管、真空罐、真空泵、排水泵、排水管、冲洗水管、冲洗水控制阀等组成。利用真空泵抽吸排水使系统内保持 −0.035～−0.06 MPa 的负压，当真空切断阀打开时，在外界大气压与管内负压共同作用下，废弃物和同时冲下的冲洗水被迅速排走。冲走的污水沿真空管输送到真空罐，当罐内水位到达一定高度时排水泵自动开启将污水排走，到预定低水位时自动停泵，专用真空泵则根据真空度大小自动启停。室内真空排水系统的真空坐便器、污废水收集装置、真空地漏、真空罐及真空泵见图 2.4.1。

图 2.4.1　室内真空排水系统主要部件

该系统具有密封性能好、无返溢、不宜堵塞，耗水量小，冲洗效果好（因为是气水

混合冲洗）等优点。另外，真空排水系统是密闭系统，从而排除了透气管这一重要污染源，尤其适用于放射性废水收集、分离和处理。

(2) 在建筑排水系统中设置水封是一项使污、废水能顺利排出，避免有害气体逸入室内，从而避免污染室内环境，确保人身健康的一项有效措施。为防止排水管道系统内有害气体逸入室内，应在卫生器具的排水口，或卫生器具的构造内设置水封装置。水封装置可采用存水弯、水封井。存水弯可采用管式存水弯、筒式存水弯、瓶式存水弯、防虹吸存水弯、双通道存水弯、水封盒等。存水弯的水封深度不得小于 50 mm。水封装置应构造简单、性能稳定，能有效防止排水管道系统内有害气体逸入室内。

水封在排水系统中起到了非常重要的作用，应采取有效保护水封的措施，避免水封被破坏。水封被破坏的因素有：水封蒸发损失、负压破坏水封、正压破坏水封、自虹吸水封损失、惯性晃动而导致水封破坏、毛细作用水封损失以及排水管道内气压波动等。针对水封被破坏的因素，宜采取下列措施：

a. 防止因负压而导致水封破坏的措施：

• 加高水封深度，水封深度不得小于 50 mm，不大于 100 mm。

• 增强通气系统，减少排水管道中的压力波动。

• 依据排水系统的形式和排水立管道通水能力，合理选择排水立管和排水横管管径。

• 采用双通道存水弯或防虹吸存水弯。

• 不在连接偏置管的水平管段中接入排水支管。

b. 防止因正压喷溅而导致水封破坏的措施：

• 排水系统设置完善的通气系统。

• 在底层和排水立管转弯处的楼层单独排出。

• 在立管底部以上一定高度范围内不接入排水横支管。

• 排水支管宜在同侧接入排水立管（当必须在相对方向接入排水立管时，2 个横管的管内底高差不得小于 200 mm），或采用 90°四通接入。

c. 防止因自虹吸而导致水封破坏的措施：

• 排水系统设置完善的通气系统。

• 缩短存水弯排出管在竖直方向的长度。

• 加大水封深度至 100 mm。

• 采用底面较平坦、没有凹斗形的卫生器具。

• 卫生器具内设置自补水装置。

d. 防止因惯性晃动而导致水封破坏的措施：

• 排水系统设置完善的通气系统。

• 缩小排水口与存水弯的高差。

• 经常或定期使用卫生器具。

• 存水弯上加盖（密闭地漏）。

• 设置多通道地漏、多用地漏。

• 加大水封深度至 100 mm。

e. 防止因毛细作用而导致水封破坏的措施：

• 在卫生器具排水口处设置滤网式排水栓。

• 在卫生器具排水口下设置破碎装置。

(3) 防止排水输送渗漏应选用优质排水管材，采用可靠的连接方式。建筑排水管道有三类管材：金属管道、塑料管道和复合管道。

建筑金属排水管道具有强度高、寿命长、耐热、耐寒、隔声好、防火性能好的优点。在建筑排水系统中有悠久的使用历史。20 世纪 80 年代，我国研制出采用先进生产工艺的柔性接口排水铸铁管及管件，淘汰了翻砂浇筑的铸铁管道。柔性接口排水铸铁管因采用柔性连接方式，除前述金属管材的优点以外，还有良好的抗震性能。金属排水管道有柔性接口排水铸铁管、碳素钢管（焊接钢管、无缝钢管）、球墨铸铁管和不锈钢排水管及管件。

建筑塑料排水管道具有耐腐蚀、寿命长、方便施工的优点，其产品开发应用于 20 世纪 70 年代后期，是我国塑料管道在建筑工程中最早应用的工程范畴。2000 年 10 月10 日，当时的建设部、国家石化局、国家轻工局、国家建材局、国家石化集团，发布了关于印发《国家化学建材产业“十五”计划和 2010 年发展规划纲要》的通知（建科〔2000〕217 号），纲要提出：“化学建材的节能效益突出，并具有节约能源，保护生态环境；降低能耗、降低成本；提高建筑物功能与质量，施工方便等优越性能”，各种建筑塑料管道是“低碳建筑材料”，在正确设计、施工条件下，合理使用，使用寿命为 50 年以上。在建筑行业中使用建筑排水塑料管道已经很普遍。近期出现“沟槽式 HDPE 排水管道系统”，管道之间采用沟槽压环式柔性连接，其特征是利用三元乙丙橡胶圈内径和管道端口的外表面通过紧度公差配合，产生张力紧贴以及橡胶圈内部环形空囊产生内压，并用 ABS 材质制成的特制压环紧固定位，实现管件间三重密封，确保管道密封性和连接牢固，可耐正压 1.0 MPa、负压 0.1 MPa。采用沟槽式压环柔性连接方式，管材和管件可重复使用，每个连接点既是轴点又是维修口，都可以拆卸，可适应将来的灵活变化，节约资源，经济性好。沟槽式 HDPE 排水管道安装见图 2.4.2。

图 2.4.2　沟槽式 HDPE 排水管道安装

建筑排水复合管的应用迟于建筑排水金属管和建筑排水塑料管，应用范围和场所及工程案例也少于金属管和塑料管。其产品主要有涂塑钢管、衬塑钢管、涂塑铸铁管、钢塑复合管、加强型钢塑复合螺旋管等，具有金属管道和塑料管道的特点，其主要缺点是

生产工艺要求高，价格高于建筑塑料排水管和铸铁管。

医院排水水质含有酸碱性、放射性、病菌及低浓度的化学药剂等特点，从排水输送防渗漏污染，管材的技术性能、耐腐蚀、抗放射性、抗氧化且不滋生细菌角度，以及经济造价、施工安装方便考虑，常选用塑料排水管道和金属管道。适用于医院污废水排水系统常用塑料排水管材有硬聚氯乙烯（PVC-U）、氯化聚氯乙烯（PVC-C）、高密度聚乙烯（HDPE），常用金属排水管材有柔性接口排水铸铁管和球墨铸铁管。适用于医院污废水排水系统管道及连接方法见表 2.4.3。

表 2.4.3　排水管材及连接方法

连接方法	管道材料				
	PVC-U	PVC-C	HDPE	柔性接口排水铸铁管	球墨铸铁管
承插连接	√	√			
热熔连接			√		
沟槽连接			√		
承插式连接				√	√
法兰连接				√	√

当连续排水温度大于 40 ℃时，应选用耐腐蚀金属排水管或耐热塑料排水管，如柔性接口的机制排水铸铁管，氯化聚氯乙烯（PVC-C）、高密度聚乙烯（HDPE）塑料管材。

当用于放射医疗排水时，应首选用耐腐蚀金属排水管（含铅），或用铅皮包覆金属管，以减少辐射。

4. 排水通气管的防大气污染及灭菌技术研究

医疗机构（包括传染病医院）的生活和医疗废水排水系统目前大多采用重力输送，系统需设置连通室外大气的透气管来平衡系统内的压力，它是确保重力排水系统正常运行必不可少的条件。一方面透气管阴暗、潮湿，一旦受到病原微生物的污染，极易成为病原体滋生和繁殖的场所，另一方面传染病医院或其他医疗机构的污水中本身可能含有病原微生物。这些病原微生物在随污水下降的过程中，与上升的气流接触会形成含致病微生物的气溶胶，通过透气管扩散到周围环境中，排放的气体的主要成分为挥发性有机物、硫化氢、有机硫化物、氨等物质，且还会有大量的致病菌及细菌，透气管周围一定范围的人群或建筑会因此受到病原微生物的污染。已经证明金黄色葡萄球菌、肺炎克雷伯氏菌、结核杆菌、军团菌等致病菌，流感病毒、SARS 病毒等呼吸道病毒，以及真菌、立克次体等都可以通过气溶胶扩散感染人类。2003 年 SARS 期间，香港陶大花园同一居民楼里 321 个居民几乎在同一时间发病，通过粪便排泄管道产生的气溶胶传播是当时怀疑的主要传播途径之一。

为控制传染病传播，《传染病医院建筑施工及验收规范》中规定："负压隔离病房时传染病医院或传染科潜在污染最严重的区域，排水通气立管与其他区域通气立管应分别独立设置，不应合用。"为防止病原微生物通过排水通气管泄漏，要求通气管口应高出屋面不小于 2 m。排水立管不应在负压隔离病房设清扫口或检查口。

2007 年上海市疾病控制中心测试医院通气管细菌总数和种类，测试结果表明：①通气管口细菌总数在 3 000～4 000 个/m^3，且存在致病菌；②传染病医院比综合医院有差异(传染病医院透气管口金黄色葡萄球菌呈阳性)。测试结果证明在通气管口存在致病微生物。

因此，对污水排水系统透气管致病微生物污染状况调查研究及杀菌处理，为保护人民群众身体健康，具有重要的意义。

传染病医院设计要求排水通气管消毒处理，医院污水处理排气也应进行消毒处理。医院污水处理技术指南（环发〔2003〕197 号 2003-12-10 实施）中规定“组织气体进入管道定向流动到能阻截、过滤吸附、辐照或杀死病毒、细菌的设备中，经过有效处理后再排入大气”。

目前消毒常用技术主要有三种方式：紫外线、化学药剂和臭氧消毒。

1）紫外线消毒

紫外线属电磁波辐射，即非电离辐射，其穿透能力较弱，不如其他两种方式的杀菌力强。紫外线属杀菌射线，凡受微生物污染的物体表面、水、空气均可应用紫外线消毒。紫外线只能直射，易受物体遮挡，只能消毒照射物表面，存在消毒死角。仅在 1.5 m 直线距离内有效，低穿透性弱。紫外线对人体眼黏膜和皮肤均有刺激、烧伤作用，因此它的使用受到限制。

2）化学药剂

常用的化学消毒剂有：戊二醛、甲醛、过氧乙酸。使用化学消毒法时应注意以下情况：

• 使用溶液状态消毒剂，并且应使化学消毒剂与分泌物中的微生物直接接触，当消毒含有大量蛋白质的分泌物时应特别注意此点；

• 应使用足够浓度的消毒剂；

• 应作用足够时间；

• 应注意消毒剂能起作用的温度；

• 消毒剂对分泌物所附着的物品应该没有损坏作用。

3）臭氧消毒

（1）高效性：臭氧消毒不需要其他任何辅助材料和添加剂，达到全方位、快速、高效的消毒杀菌目的。另外，由于它的灭菌广谱性，既可以杀灭细菌繁殖体、芽孢、病毒、真菌和原虫孢体等多种微生物，还可以破坏肉毒杆菌和毒素及立克次氏体等，同时还具有很强的除霉、腥、臭等异味的功能。

（2）高洁性：臭氧在环境中可自然分解为氧，这是臭氧作为消毒灭菌剂的独特优点。臭氧利用空气中的氧气产生的，消毒氧化过程中，多余的氧原子（O）在 30 min 后又结合成为分子氧（O_2），不存在任何残留物质，解决了消毒剂消毒时，残留物的二次污染问题，同时省去了消毒结束后的再次清洁。

（3）方便性：可根据灭菌所需浓度及时间，自动设置臭氧灭菌设备的定时控制，操作使用方便。

（4）经济性：通过臭氧消毒灭菌在诸多制药行业 GMP 中的应用，以及医疗卫生单位的使用及运行比较，臭氧消毒方法与其他方法相比具有很大的经济效益和社会效益。

三种消毒方法比较见表 2. 4. 4。

表 2.4.4　三种消毒方法比较

比较项目	臭氧	紫外线	药剂熏蒸
需要处理时间（min）	5～10（甚至更短）	30～60	60
对细菌有效性	有	有	有
对病毒有效性	有	略有	有
运行费用	每天耗电 0.4 度	与臭氧类似	比臭氧、紫外线高
优　点	杀菌快，广谱杀菌消毒能力，消毒效率可达一般紫外消毒的 15 倍，无二次污染	杀菌效应较快，不用药剂	具有持久性的杀菌效力
其他功能	不仅可以对空气有效杀菌，还可以对污染物如甲醛、苯等高效去除，还可以去除灰尘、烟味等其他异味	无	无
缺　点	消毒不宜在人员长期停留的时间进行	无持续杀菌能力，紫外线只能直射，易受物体遮挡，只能消毒照射物表面，存在消毒死角。仅在 1.5 m 直线距离内有效，能量低穿透性弱。紫外线对人体眼黏膜和皮肤均有刺激、烧伤作用，消毒不宜在人员停留的时间进行	杀菌速度慢，而且运行费用贵。残留物剂量大，而且对人体有害

随着科学技术的发展，近期出现了 Nature Clean（简称 NC）纳米光子高效灭活装置。

图 2. 4. 3　NC 纳米光子高效灭活装置

NC 纳米光子技术是某公司专利技术，针对产生各类恶臭、异味废气领域研发的一种高效能新型工艺，NC 纳米光子高效灭活装置见图 2. 4. 3。

该设备体积小、占地面积少、能耗低、自控便捷。安装于排水通气管顶部，与排水通气管相连接，根据实际情况进行单级或多级串联、并联使用。一般在风量小、细菌浓度不高情况下可采用单级处理；当风量较大，细菌总数不高的情况下采用多级串联处理；当风量不大但细菌总数过高的情况下应采用并联处理。NC 纳米光子空气净化装置采用臭氧技术与先进纳米光子管技术，其技术新型、安全、低廉的特点在行业中具备极大的潜力，在恶臭气体处理行业中得到广泛的应用。

2. 4. 2　医疗污废水处理

医疗区污水主要是门诊、急诊、病房、治疗室、污洗间等处排出的一般污废水和传染病房、检验科、放射科排放的有毒有害废水、放射性同位素废水等特殊污废水。

医院中排放的污废水中含有病菌等大量有害物质，可能造成污染并有扩散疾病的危险。医院污废水应经过处理，执行《医疗机构水污染物排放标准》GB 18466—2005 的规定，达到排放标准以后方能排入城镇排水系统。医院排水系统应根据各不同区域排出的废水性质、浓度、水量等因素确定。医疗区与非医疗区的污废水应分流排放，严格医院内部卫生安全管理体系，严格控制和分离医院污水和污物，不得将医院产生污物随意弃置排入污水系统。非医疗区污废水可直接排入城市污水管道。

1. 医院特殊废水的来源与性质

（1）医院各部门的功能、设施和人员组成情况不同，产生污水的主要部门和设施有：诊疗室、化验室、病房、洗衣房、X 光照像洗印、动物房、同位素治疗诊断、手术室等排水；医院行政管理和医务人员排放的生活污水，食堂、单身宿舍、家属宿舍排水。不同部门科室产生的污水成分和水量各不相同，如重金属废水、含油废水、洗印废水、放射性废水等。而且不同性质医院产生的污水也有很大不同。医院废水污染因子有 COD、BOD5、SS、氨氮、总余氯、粪大肠菌群数、总汞、总银、总铬、六价铬、总 α、总 β。

（2）医院污水来源及成分复杂，含有病原性微生物、有毒、有害的物理化学污染物和放射性污染等，具有空间污染、急性传染和潜伏性传染等特征，不经有效处理会成为一条疫病扩散的重要途径，严重污染环境。

（3）医院污水受到粪便、传染性细菌和病毒等病原性微生物污染，具有传染性，可以诱发疾病或造成伤害。

（4）医院污水中含有酸、碱、悬浮固体、BOD、COD 和动植物油等有毒、有害物质。

（5）口腔科治疗、洗印和化验等过程产生的污水含有重金属、消毒剂、有机溶剂等，部分具有致癌、致畸或致突变性，危害人体健康并对环境有长远影响。

（6）放射性核素治疗室和诊断室的专用厕所排水含放射性污水，放射性同位素在衰变过程中产生 α-、β-和 γ-放射性，在人体内积累而危害人体健康。

（7）产生特殊废水的主要有下列区域：

• 传染病房和生物房等含菌污水单独进行预消毒处理。

• 放射治疗区域产生的放射性同位素废水。其主要来源是：病人服用放射性同位素（如 I^{131}，半衰期为 8.3 d）后产生的排泄物；清洗病人服用的药杯、注射器和同位素分装时的移液管等器皿所产生的放射性污水；倾倒多余剂量的放射性同位素。

• 放射科洗片区域产生的含银废水。在胶片洗印和加工过程中需要使用 10 多种化学药品，主要是显影剂、定影剂和漂白剂。在洗照片的定影液中还含有贵金属银，对水生物和人体具有很大的毒性。

• 口腔治疗区域产生的含重金属（汞）废水。金属汞主要来自各种口腔门诊，口腔科为了制造汞合金，汞的用量比较多。汞对环境危害极大，汞进入水体后会转换成极毒的有机汞（烷基汞），并且通过食物链富集浓缩。

• 检验室产生的含有机溶剂、酸、碱等废水。医院大多数检验项目或制作化学清洗剂时，经常使用大量的硝酸、硫酸、盐酸、过氯酸等，这些物质不仅对排水管道有腐蚀作用，而且与金属反应会产生氢气，浓度高的废液与水接触能产生放热反应，与氧化类的盐类接触可产生爆炸；另外由于废水的 pH 值发生变化，也会引起和促成其他化学物质的变化。

• 在血液、血清、细菌和化学检查分析中经常使用氰化钾、氰化钠、铁氰化钾等含氰化合物，由此产生含氰废水和废液，而氰化物有剧毒。

• 在病理、血液检查和化验等工作中常常使用重铬酸钾、三氧化铬，铬化合物中有三价铬和六价铬两种存在形式，六价铬的毒性大于三价铬，铬化合物对人畜机体有全身致毒作用，还具有致癌和致突变作用，是重点控制的水污染源之一。

医院各部门排水及主要污染物见表 2.4.5。

表 2.4.5　医院各部门排水情况及主要污染物

部门	污水类别	主要污染物						
		SS	COD_{cr}	BOD_5	病原体	重金属	化学品	放射性
普通病房	生活污水	△	△	△				
传染病房	含菌污水	△	△	△	△		△	
科研动物房	含菌污水	△	△	△	△		△	
放射科	洗印废水	△	△	△		△	△	
口腔科	含汞废水	△				△		
门诊部	生活污水	△	△	△			△	
肠道门诊	含菌污水	△	△	△	△			
手术室	含菌污水	△	△	△	△		△	
检验室	含菌污水	△	△	△	△	△	△	
洗衣房	洗衣污水	△	△	△			△	
汽车库	含油污水	△	△					
太平间	含菌污水	△	△	△	△			
同位素室	放射性废水	△	△	△				△
食堂	含油污水	△	△	△				
浴室	洗浴污水	△	△	△				
解剖室	含菌污水	△	△	△	△		△	

注：△表示有污染物。

由表可看出，医院废水中的主要污染物包括病原性微生物、有毒有害的物理化学污染物，根据污染类型的不同应采取对应的废水的处理技术。

2. 特殊废水的排水技术、设备管材的选用

针对不同的特殊废水，应采用适合使用的处理技术、处理设备和管道及附件。特殊污废水经相应的预处理后与一般污废水排入医院污水处理站，污水处理站采用一级或二级处理 + 消毒处理工艺。

(1) 检验科实验药剂含有酸碱性，同时有大量的有机溶剂，如只有酸、碱，则可用 U-PVC（硬聚氯乙烯）排水管黏结连接。但 U-PVC 管对某些有机溶剂抗腐蚀性较弱，如氯仿、二氯甲烷、二氯乙烯，此时可采用 GRP（玻璃增强热固性塑料或玻璃钢）管或 HDPE 管道。

(2) 含有放射性同位素的废水一般呈酸性，所有储存池、管道、闸阀等均应进行防酸处理或采用耐酸腐蚀材料，并应进行严格的防渗漏水处理，保证不渗不漏。流经放射性

衰变池的排水管道等应采用铅防护措施，排水管材应采用机制排水铸铁（含铅）管、不锈钢管或钢塑复合管外壁包覆铅皮。

3. 特殊废水的处理方法

医院有毒有害废水、医用放射性同位素污废水、含油废水应进行预处理，达到排放标准后排至医院内污水处理站进行深度处理。

（1）特殊废水的处理原则。

- 全过程控制原则。对医院污水产生、处理、排放的全过程进行控制。
- 减量化原则。严格医院内部卫生安全管理体系，在污水和污物发生源处进行严格控制和分离，医院内生活污水与病区污水分别收集，即源头控制、清污分流。
- 严禁将医院的污水和污物随意弃置排入下水道。
- 就地处理原则。为防止医院污水输送过程中的污染与危害，在医院必须就地处理。
- 分类原则。根据医院性质、规模、污水排放去向和地区差异对医院污水处理进行分类。

（2）医疗特殊废水在排入总污水处理站前均应进行必要的单独处理。

（3）传染病房的污、废水处理工艺应符合《传染病医院建筑设计规范》的要求，单独进行消毒处理后再排至总污水处理站。

（4）作为诊断及治疗用的放射性同位素，其特点是半衰期一般较短，毒性较低。放射性污、废水应单独收集，经衰变池处理达标后再行排放至医院污水处理站深化处理。目前处理该类废水的主要方法有储存衰变法、稀释法、离子交换法和推流储存衰变法。

（5）口腔科含汞废水应单独收集处理，处理方法有铁屑还原法、化学沉淀法、活性炭吸附法和离子交换法。

（6）显影液的含银废水一般出售给专门的银回收部门处理，银的回收方法有电解提银法、化学沉淀法、离子交换法和活性炭吸附法。

（7）对检验科等处分析化学采用的有腐蚀性的化学试剂应单独收集综合处理后再排入院区污水处理站。如酸性废水通常采用中和处理，如使用氢氧化钠、石灰作为中和剂，将其投入酸性废水中混合搅拌而达到中和目的，一般需控制 pH 值至 6～9 方可排放。

（8）对含氰废水应由专业单位单独收集进行处理。

（9）对含铬废水一般采用化学还原沉淀法，在酸性条件下，向废水中加入还原剂（亚硫酸钠、亚硫酸氢钠），将六价铬还原成三价铬，然后再加碱中和调节 pH 值至 8～9，使之形成氢氧化钙沉淀，出水中六价铬含量小于 0.5 mg/L。

（10）医院专用锅炉排放的污水、中心供应室的消毒凝结水等应单独收集并设置降温池或降温井。

（11）其他医疗设备或设施的排水管道应采用间接排水。

（12）来自医院厨房、汽车库的含油餐饮废水和车库油污水经隔油处理后，排入医院污水处理站进行处理。

4. 废水排放标准

医院废水排放标准执行现行国家标准《医疗机构水污染物排放标准》GB 18466—

2016，见表 2.4.6。

表 2.4.6　医疗机构水污染物排放标准 GB 18466—2016

序号	污染物		预处理标准	标准来源
1	粪大肠菌群数		5 000 MPN/L	《医疗机构水污染物排放标准》GB 18466—2005 中表 2“综合医疗机构和其他医疗机构水污染物排放限值（日均值）”标准
2	肠道致病菌		—	
3	肠道病毒		—	
4	pH		6~9	
5	化学需氧量（COD）	浓度	250 mg/L	
		最高允许排放负荷	250 g/床位	
6	生化需氧量（BOD）	浓度	100 mg/L	
		最高允许排放负荷	100 g/床位	
7	悬浮物（SS）	浓度	60	
		最高允许排放负荷	60 g/床位	
8	总余氯*		—	
9	总汞		0.05 mg/L	
10	总银		0.5 mg/L	
11	总铬		1.5 mg/L	
12	六价铬		0.5 mg/L	
13	总 α		1 Bq/L	
14	总 β		10 Bq/L	
15	氨氮		—	

污水处理站及化粪池污泥清掏前应进行监测，污泥执行《医疗机构水污染排放标准》GB 18466—2016 医疗机构污泥控制标准，见表 2.4.7。

表 2.4.7　医疗机构污泥控制标准

医疗机构类别	粪大肠菌群数（MPN/g）	肠道致病菌	肠道病毒	结核杆菌	蛔虫卵死亡率（%）
传染病医疗机构	≤100	不得检出	不得检出	—	>95
结核病医疗机构	≤100	—	—	不得检出	>95
综合医疗机构和其他医疗机构	≤100	—	—	—	>95

在医院污水处理过程中，大量悬浮在水中的有机、无机污染物和致病菌、病毒、寄生虫卵等沉淀分离出来形成污泥若不妥善消毒处理，任意排放或弃置，同样会污染环境，造成疾病传播和流行。污水处理站污泥送至有资质的危险废物处理中心进行集中处理。

2.4.3　特殊医疗区域消防措施

1. 医院建筑特殊区域消防设计的特点

随着时代的发展和科学技术水平的不断进步，医院建筑也在不断地演变、改造和扩充，尤其是近年来医疗技术的提高，新型医疗设备、设施的出现，对于医院设计的现代化要求很迫切，尤其如电子精密仪器、化学、物理、生物、电子计算机的应用，使医疗设施不断更新换代，向现代化、智能化方向发展。

由于医院病员集中，使用功能复杂，现代化设备、各种竖井管道集中布置，起火的意外因素很多，一旦发生火灾，病人的安全疏散及扑救灭火的困难程度要高于一般的建筑物。

1）消防设计有关的现行国家标准和地方标准

《建筑设计防火规范》GB 50016—2014；《消防给水及消火栓系统技术规范》GB 50974—2014；《自动喷水灭火系统设计规范》GB 50084—2017；《建筑灭火器配置设计规范》GB 50140—2015；《固定消防炮灭火系统设计规范》GB 50338—2003；《气体灭火系统设计规范》GB 50370—2005；《电子信息系统机房设计规范》GB 50174—2016；《大空间智能型主动喷水灭火系统技术规程》CECS 263—2009；《民用建筑水灭火系统设计规程》DGJ 08-94—2007；《细水雾灭火系统技术规范》GB 50898—2013。

2）医院火灾特殊性分析

(1) 贵重仪器室都有辐射防护的要求，这就给灭火系统的选择带来了局限性，中心药房、病历档案室等都需要有特殊的消防灭火措施，才能满足功能和消防的要求。

(2) 医院建筑主体一般都比较坚固，但内部设备与后装修材料多为易燃物，加之各种可燃及易燃气体管道在医院中的应用，增加了火灾的危害因素。且烟气流动的速度大大超过人员可能的疏散速度。这些不利因素造成火势猛、蔓延快。

(3) 医院中拥有大量的伤重病患者，这些病患者行动困难，有的根本不能行动，医院还有不少的贵重仪器，一旦发生火灾要迅速疏散转移也是一项很艰巨的工作。伤病员的疏散需要护士等其他人员的协助，有的患者正在手术、正在抢救或正在放射、输液等治疗，转移疏散起来更为困难。

(4) 伤亡数量和损失影响大。现代医院中大量使用塑料橡胶等化工类产品，加上氧气、氢气、煤气、一氧化碳气等各种各类的气体输送管道设备在医院中的运用，一旦失火就会产生大量有毒气体，加上一氧化碳和二氧化碳气体会形成毒性和窒息性很强的烟气，有的气体还会发生爆炸，等等。

(5) 医院建筑的电气设备复杂，除了各种照明灯外，还有各种医用设备、实验仪器、空调设备等，因此室内的电气线路铺设很复杂。

2. 医院特殊区域的消防设计

1）自动喷水灭火系统

中心药房区域需要设置自动喷水灭火系统，现代医院的中心药房（药库）的整体区域已经超过 100 m^2，故其区域的喷水强度、作用面积等均需要按照仓库的设计参数确定。

手术室、电子加速器室因其特殊的工艺要求，在整体式手术室内部没有设置喷头的条件，故只需在走道区域设置自动喷水灭火系统，在手术室、电子加速器室内部以加强报警为主要消防措施。

2）高压细水雾灭火系统

病历档案室、柴油发电机房等可采用高压细水雾灭火系统。在上海质子重离子医院有辐射的治疗仓内采用了高压细水雾灭火系统。

细水雾灭火系统是以水为介质，采用特殊喷头在特定的工作压力下喷洒细水雾灭火或控火的一种固定式灭火装置，具有高效、经济、环保、使用范围广等特点。

3）气体灭火系统

贵重仪器设备间（CT“电子计算机 X 射线断层扫描”、MRI“核磁共振成像”、SPECT“单光子计算机断层显像”、PET“正电子发射型计算机断层显像”、DSA“数字减影血管造影”、DR“数字 X 线摄影”）、大中型电子信息系统机房、地下变电站、消防控制中心等不宜用水灭火的房间，采用气体灭火系统，根据区域的大小可采用 IG541 灭火系统、IG100 灭火系统、FM200 灭火系统、S 型热气溶胶灭火系统，其中的贵重仪器设备间因为有防辐射的要求给泄压口的设置带来了局限，故该部位宜以 S 型热气溶胶灭火系统为首选灭火系统。

4）大空间智能化灭火装置

现代医院门诊部为了舒适、服务的需要，往往建有高大的共享空间，这些部位的建筑高度如果大于 18 m 即需要设置大空间智能型主动灭火系统，这是近年来我国科技人员独自研制开发的一种全新的喷水灭火系统。该系统采用的是自动探测及判定火源、启动系统、定位主动喷水灭火的灭火方式，与传统的采用由感温元件控制的被动灭火方式的闭式灭火系统以及手动或人工喷水灭火系统相比，具有以下优点：

- 具有人工智能，可主动探测寻找并早期发现判定火源。
- 可对火源的位置进行定点定位并报警。
- 可主动开启灭火系统定点定位喷水灭火。
- 可迅速扑灭早期火灾。
- 可持续喷水、主动停止喷水并可多次重复启闭。
- 适用空间高度范围广（灭火装置安装高度最高可达 25 m）。
- 安装方式灵活，不需贴顶安装，不需集热装置。
- 射水型灭火装置（自动扫描射水灭火装置及自动扫描射水高空水炮灭火装置）的射水水量集中，扑灭早期火灾效果好。
- 洒水型灭火装置（大空间智能灭火装置）的喷头洒水水滴颗粒大、对火场的穿透能力强、不易雾化等。
- 可对保护区域实施全方位连续监视。
- 该系统尤其适合于空间高度高、容积大、火场温度升温较慢，难以设置传统闭式自动喷水灭火系统的场所，如大剧院、音乐厅、会展中心、体育馆、宾馆、医院、写字楼的中庭、大卖场等。

5）建筑灭火器设计

按面积要求在不同的保护区域设置灭火装置，同时在重点区域设置灭火器及消防器材放置间，手提式磷酸铵盐干粉灭火器设置在成套消火栓箱的下部，在变配电站等电气用房内设置推车式磷酸铵盐干粉灭火器。

医院除特殊区域以外，其他区域应按现行国家标准和地方标准设计室外消火栓系统、室内消火栓系统、自动喷水灭火系统等。

2.5 室内空气品质的控制

医院是各类患者相对比较集中的地方，也是空气微生物污染的重要场所，医院内空气品质的优劣除了影响就医人员和医护人员的舒适性外，更是直接关系到院内感染率发生的高低。目前，全球院内感染患病率为 3%～20%，其中空气微生物引起的呼吸道感染就有 15%～20%。空调系统的任务就是通过对尘菌浓度、温度、湿度、气流、噪声、气味等指标的控制，为病人提供一个保证治疗、有利康复的良好空气环境。

2.5.1 各医疗区域空气品质的技术标准

1. 国内的医院空气品质标准

《医院洁净手术部建筑技术规范》BG 50333—2013 的空气品质标准见表 2.5.1。

表 2.5.1 空气品质标准

名称	室内压力	最小换气次数	最少手术自净时间	温度	相对湿度	最小新风量②
	—	次/h	min	℃	%	m^3/（h·m^2）
Ⅰ级洁净手术室和需要无菌操作的特殊用房	正	0.20～0.25①	10	≤27	40～60	
Ⅱ级洁净手术室	正	24	20	21～27	40～60	
Ⅲ级洁净手术室	正	18	20	22～25	35～60	
Ⅳ级洁净手术室	正	12	30	22～25	35～60	
体外循环室	正	12	—	21～27	≤60	
无菌敷料室	正	12	—	21～27	≤60	
未拆封器械、无菌药品、一次性物品和精密仪器存放室	正	10	—			
护士站	正	10	—	21～27	≤60	
预麻醉室	负	10	—	22～25	30～60	
手术室前室	正	8	—			
刷手间	负	8	—	21～27	≤65	
洁净区走廊	正	8	—	21～27	≤65	
恢复室	正	8	—	22～25	30～60	

注：1. 该断面风速是指集中送风区地面以上 1.2 m 截面的平均风速，眼科手术室截面平均风速应控制在 0.15～0.2 m/s。
2. 手术室新风量的取值，应根据有无麻醉或电刀等在手术过程中散发有害气体而增减。

《综合医院建筑设计规范》的洁净用房的分级标准见表 2.5.2。

表 2.5.2 《综合医院建筑设计规范》GB 51039—2014 洁净用房的分级标准（动态或静态）

等级	沉降法（浮游法）细菌最大平均浓度（个/30 min）Φ90 皿（个/m^3）	换气次数（次/h）	表面最大染菌密度（个/cm^2）	空气洁净度
Ⅰ	局部为 0.2（5）* 其他区域 0.4（10）	截面风速根据房间功能确定，在具体条文中给出	5	局部为 5 级， 其他区域 6 级
Ⅱ	1.5（50）	17～20	5	7 级，采用局部集中送风时，局部洁净度级别高一级
Ⅲ	4（150）	10～13	5	7 级，采用局部集中送风时，局部洁净度级别高一级
Ⅳ	6	8～10	5	8.5 级

注：局部集中送风时的标准。若全室为单向流时，局部标准应为全室标准。

2. 国外医院的一些标准

《日本医院空调设备设计与管理指南》的空气品质标准见表 2.5.3。

表 2.5.3 《日本医院空调设备设计与管理指南》HEAS-02-2004

洁净度级别	名称	概要	适用室（代表例）	最小换气次数（次/h）		室内压力	送风末端过滤器效率
				新风量	总风量		
Ⅰ	高洁净区域	要求层流方式的高洁净度区域	生物洁净手术室	5	—	P	DOP 计数法 99.97%
			易感染患者病房	2	15	P	
Ⅱ	洁净区域	要求低于Ⅰ级高洁净度区域，不必一定要层流方式	一般手术室	3	15	P	比色法 90% 以上（换算成 DOP65%）
Ⅲ	准洁净区域	要求洁净度比Ⅱ级稍低，而比一般区域要高的区域	早产儿室	3	10	P	比色法 80%以上
			膀胱镜，血管造影室	3	15	P	
			手术洗手池区	2	6	P	
			NICU，ICU，CCU	2	6	P	
			分娩室	2	6	P	
Ⅳ	一般洁净区域	原则上，在室内的患者没有开创状态的一般区域	一般病房	2	6	E	比色法 60%以上
			新生儿室	2	6	P	
			人工透析室	2	6	E	
			诊疗室	2	6	E	
			急救门诊	2	6	E	
			接待室	2	6	E	
			X 线摄影室	2	6	E	
			内窥镜室（消化道）	2	6	E	
			物理疗法室	2	6	E	
			一般检查室	2	6	E	
			材料部	2	6	E	
			手术室周边区域（恢复室）	2	6	E	
			配制室	2	6	E	
			制剂室	2	6	E	

（续表）

洁净度级别	名称	概要	适用室 （代表例）	最小换气次数（次/h）		室内压力	送风末端过滤器效率
				新风量	总风量		
V	污染管理区域	在室内处理有害物质，发生传染性物质，为防止向外渗漏，须维持负压	RI 管理区域各室	全排气	6	N	比色法 60%以上
			细菌检查室	2	6	N	
			病理检查室	2	12	N	
			隔离诊疗室	2	12	N	
			传染病隔离病房	2	12	N	
	防止污染扩散区域	发生厌恶臭气和粉尘等室内，为防止其向室外扩散，维持负压的区域	内窥镜室（气管）	全排气	12	N	—
			患者用厕所	—	10	N	
			使用敷料室	—	10	N	
			污物处理室	—	10	N	
			太平间	—	10	N	

注：P 为正压，E 为等压，N 为负压。

《日本医疗福利设备协会》的空气品质标准见表 2.5.4。

表 2.5.4 《日本医疗福利设备协会标准》

部门	室名	夏季		冬季		备注
		干球温度（℃）	相对湿度（%）	干球温度（℃）	相对湿度（%）	
住院部	病房	24～27	50～60	22～24	40～50	注意靠窗处的冷辐射和日照的影响
	护士站	24～27	50～60	20～22	40～50	
	茶室	26～27	50～60	21～22	40～50	
门诊部	诊查室	26～27	50～60	22～24	40～50	
	候诊室	26～27	50～60	21～22	40～50	
	门诊药房	25～26	50～55	20～22	40～50	
	急救手术室	23～26	50～60	23～26	45～60	
中央医疗部	手术室	23～26	50～60	22～26	45～60	须考虑调高温度的要求
	恢复室	24～26	50～60	23～25	45～55	
	ICU	24～26	50～60	23～25	45～55	
	分娩室	24～26	50～60	23～25	45～55	
	新生儿室、早产儿室	26～27	50～60	25～27	45～60	
	一般检查室	25～27	50～60	20～22	40～50	对设备产热宜有措施应采用辐射采暖
	X 线摄影室	26～27	50～60	24～25	40～50	
	控制室	25～26	50～60	20～22	40～50	
	水疗室	26～27	50～65	26～28	50～65	
	解剖室	24～26	45～55	20～22	40～50	
供给部	厨房	依照医院膳食系统的设计管理指南				局部采用空调注意辐射热的影响
	盥洗室（作业周边区）	30 以下	70 以下	15 以下	40 以下	
	材料储存室	25～26～27	50～60	20～22	45～50～55	

（续表）

部门	室名	夏季		冬季		备注
		干球温度（℃）	相对湿度（%）	干球温度（℃）	相对湿度（%）	
管理部	管理事务部	26～27	50～60	20～22	40～50	
	办公室	26～27	50～60	20～22	40～50	
	会议室	26～27	50～60	20～22	40～50	
	中央监视室	26～27	50～60	21～22	40～50	

美国 ANSI/ASHRAE/ASHE 标准对于空气品质标准见表 2.5.5。

表 2.5.5 美国 ANSI/ASHRAE/ASHE 标准 170—2008 关于空气标准设计参数的规定

房间功能	与临室的压力关系	最小新风换气次数	最小换气次数	将所有排风直排到室外	用室内设备自循环	相对湿度（%）	设计温度（℃）
手术区与危重区域							
B、C 级手术室	P	4	20	—	否	20	20～24
手术/膀胱内窥检查室	P	4	20	—	否	20	20～24
分娩室（剖宫产）	P	4	20	—	否	20	20～24
次无菌辅助区	—	2	6	—	否		
恢复室	—	2	6	—	否	30～60	21～24
危症/重症监护区	P	2	6	—	否	30～60	21～24
创伤重症监护室（烧伤）	P	2	6	—	否	40～60	21～24
新生儿重症监护室	P	2	6	—	否	30～60	22～26
治疗室	—	2	6	—	—	30～60	21～24
外伤病房（危症或休克）	P	3	15	—	否	30～60	21～24
医疗/麻醉气体储藏室	N	—	8	是	—	—	—
激光眼科室	P	3	15	—	否	30～60	21～24
ER 候诊室	N	2	12	是	—	最大 65	21～24
治疗类选室	N	2	12	是	—	最大 65	21～24
ER 净化	N	2	12	是	否	—	—
X 光候诊室	N	2	12	是	—	最大 65	21～24
A 级手术室	P	3	15	—	否	30～60	21～24
住院病患护理							
病房	—	2	6	—	—	最大 60	21～24
洗手间	N	—	10	是	否	—	—
新生儿护理室	—	2	6	—	否	30～60	22～26
保护性环境室	P	2	12	—	否	最大 60	21～24
空气传染隔离病房	N	2	12	是	否	最大 60	21～24
空气传染隔离病房前室	—	—	10	是	否	—	—
候产、分娩、恢复、产后护理	—	2	6	—	—	最大 60	21～24
走廊	—	—	2	—	—	—	—
专业护理区							

（续表）

房间功能	与临室的压力关系	最小新风换气次数	最小换气次数	将所有排风直排到室外	用室内设备自循环	相对湿度（%）	设计温度（℃）
居室	—	2	2	—	—	—	21～24
聚会、活动、餐饮室	—	4	4	—	—	—	21～24
理疗室	N	2	6	—	—	—	21～24
职业治疗室	—	2	6	—	—	—	21～24
浴室	N	—	10	是	—	—	21～24
辅助区							
放射区							
X 光室（诊疗）	—	2	6	—	—	最大 60	22～26
X 光室（手术、特护和导管插入）	P	3	15	—	否	最大 60	21～24
暗室	N	2	10	是	否	—	—
普通实验室	N	2	6	—	否	—	21～24
细菌学实验室	N	2	6	是	否	—	21～24
生化实验室	N	2	6	—	否	—	21～24
细胞学实验室	N	2	6	是	否	—	21～24
实验室玻璃清洗	N	2	10	是	否	—	—
组织学实验室	N	2	6	是	否	—	21～24
微生物学实验室	N	2	6	是	否	—	21～24
核药物实验室	N	2	6	是	否	—	21～24
病理实验室	N	2	6	是	否	—	21～24
血清学实验室	N	2	6	是	否	—	21～24
实验室消毒	N	2	10	是	否	—	21～24
媒介传播实验室	P	2	4	—	否	—	21～24
验尸间	N	2	12	是	否	—	21～24
无冷冻停尸间	N	—	10	是	否	—	21～24
配药室	P	2	4	—	—	—	—
诊断治疗区							
支气管内窥镜检查室、集痰室、中央行政区	N	2	12	是	否	—	20～23
检查室	—	2	6	—	—	最大 60	21～24
药物治疗室	p	2	4	—	—	最大 60	21～24
治疗室	—	2	6	—	—	最大 60	21～24
水疗	N	2	6	—	—	—	22～27
物理治疗室	N	2	6	—	—	最大 65	22～27
消毒							
器械消毒室	N	—	10	是	否	—	—
药品和手术供给中心							
污染间或已清毒间	N	2	6	是	否	—	22～26
洁净工作室	P	2	4	—	否	30～60	22～26

（续表）

房间功能	与临室的压力关系	最小新风换气次数	最小换气次数	将所有排风直排到室外	用室内设备自循环	相对湿度（%）	设计温度（℃）
消毒储物间	P	2	4	—	—	30～60	22～26
服务区							
食品制备中心	—	2	10	是	否	—	22～26
器皿清洗间	N	—	10	是	否	—	—
伙食储藏间	—	—	2	—	否	—	22～26
普通洗熨间	N	2	10	是	否	—	—
污染被褥排架及储藏室	N	—	10	是	否	—	—
洁净被褥储藏室	P	—	2	—	—	—	22～26
被褥和垃圾抛弃间	N	—	10	是	否	—	—
便盆间	N	—	10	是	否	—	—
浴室	N	—	10	是	否	—	22～26
辅助区							
污染工作室或污染物存放室	N	2	10	是	否	—	22～26
洁净工作室或洁具存放室	P	2	4	—	—	—	—
内窥镜清洗间	N	2	10	是	否	—	—
有毒物质储藏间	N	2	10	是	否	—	—

注：1.《美国 ANSI/ASHRAE/ASHE 标准》170—2008 中的规定和附录等都在已在《美国医疗保健设施设计与建设指南》2010 版中罗列。

2. P为正压，E为等压，N为负压。

表 2.5.6 为美国采暖制冷与空调工程师协会给出的医院各部门适用空调方式。

表 2.5.6 美国采暖制冷与空调工程师协会（ASHRAE）给出的医院各部门适用空调方式

功能区域	暖通空调系统形式
重症护理	单风道、定风量、末端再热
	双风道、定风量、变风量末端再热
计算机房、通信室、核磁共振	单元式系统（分散式空气调节系统）
门诊部	单风道、定风量、末端再热
	双风道、定风量
	多区空调
	变风量、再热系统
	变风量、带风机箱的单风道系统
	辐射板
行政	单风道、定风量、末端再热
	双风道、定风量
	多区空调
	变风量、再热系统
	变风量、双风道
	变风量、带风机箱的单风道系统
	风机盘管（仅限于非门诊区域）
	辐射板

（续表）

功能区域	暖通空调系统形式
门诊服务区（消毒、中心供应、食物供应）	单风道、定风量、末端再热
	双风道、定风量
	多区空调
	变风量、再热系统
	双风道系统
	辐射板
病人护理区	单风道、定风量、末端再热
	双风道、定风量
	多区空调
	变风量、再热系统
	双风道系统
	辐射板
实验室	单风道、定风量、末端再热
	双风道、定风量
	多区空调
	变风量、再热系统
	辐射板

DEUTSCHE NORM 德国标准的空气品质标准见表 2. 5. 7。

表 2. 5. 7　DEUTSCHE NORM 德国标准 DIN1946-4（2008 年 12 月）

房间用途	要求	措施
1　手术科室	总排风量＜总送风量； 为了保证单向流，手术科的窗户均不能为可开启式的（除了用于疏散和防烟目的）	
1. 1　所有手术房间	在非手术时间内，这些房间应该降低室外新风以及循环空气的流动，任何冷却和除湿系统都应该关闭，过多的新风应该直接通过门缝渗入相邻的房间，此新风作为送风的一部分	新风量≥1 200 m^3/h，剩余部分为手术室循环空气，送风温度为 19～26 ℃，可调节； 三级过滤； 悬挂式吊顶能够保证相对于手术室处于负压状态； 排风末端采用纤维隔板
$Ⅰ_a$级别的手术室	约为 3. 2 m × 3. 2 m 低湍流（LTF）气流通过整个受保护区域，如有可能，须在地板上方约 2. 10 m 处送风口周围安装稳流装置； 全年有可能供暖，用热辐射面保证	附加条件的循环风量要能充分混合室外新风； 允许的系统声强级≤48 dB，在手术室中心，FFL 上方 1. 8 m 处实测； 在房间使用时调节室内供暖，这样排风的温度就不会低于送风温度
$Ⅰ_b$级别的手术室	湍流混合式或置换流； 在特殊的场合下，连接Ⅱ级走廊的入口； 推荐使用带有气闸功能的前室； 排风末端装置带有纤维隔板	允许的系统声强级≤48 dB，在手术室中心，FFL 上方 1. 8 m 处实测

（续表）

房间用途	要求	措施
1.2　其余房间：Ⅱ级房间	手术室相邻房间的送风都是由手术室以及用于储存无菌物体的房间的漏风提供的； 为了抵消不利的室内外工况，有必要使用辅助新风	两级空气过滤； 新风量 40 m^3/（h·人）
1.3　复苏室，手术科部的内部或外部		两级空气过滤； 新风量 40 m^3/（h·人）； 使用气态麻醉剂的场所：100 m^3/(h·人)， 房间温度 22～26 ℃
1.4　有菌工作室	相对于走廊要处于负压状态； 房间换气次数要与热湿和气味负荷相适应	两级空气过滤； 新风量≥40 m^3/（h·人）
1.5　处置室	相对于走廊处于负压状态	
2　检查室和处理室		
2.1　次级介入手术室，治疗室（有创口）例如内窥镜检查法（胃炎镜检查，结肠镜检查，内窥镜逆行胰胆管造影），紧急治疗，较大伤口治疗和换药		新风量≥40 m^3/（h·人）； 使用气态麻醉剂的场所：100 m^3/(h·人)， 房间温度 22～26 ℃
2.2　治疗室（无创口）例如超声波检测，心电图，脑电图，肌电图		新风量≥40 m^3/（h·人）
2.3　放射疗法以及 X 射线诊断	取决于冷热负荷以及使用的设备	新风量≥40 m^3/（h·人）； 必要时，需要考虑到辐射防护的需求（空气过滤器）
2.4　物理治疗水浴，奇诺理疗浴，游泳池		同 VDI2089 第一部分
3　重症监护室	至少要保证心脏病，神经外科以及新生患者的房间的温度保持稳定	
3.1　病房（重症监护室）		新风量 40 m^3/（h·人）； 或者＞100 m^3/（h·人）； 房间温度 22～26 ℃，相对湿度 30%～60%
3.2　隔离室，包括接待室（重症监护）	见本表 5.3，特殊情况参见本表 5.1 和 5.2	新风量 40 m^3/（h·人）； 或者＞100 m^3/（h·人）； 房间温度 22～26 ℃，相对湿度 30%～60%
3.3　其他房间，走廊（重症监护）		新风量 40 m^3/（h·人）
4　供应品以及垃圾处理区域		
4.1　（集中的）医疗用品消毒单元	新风量取决于热负荷，感染水平，人员数量	
4.2　病床以及被褥处理，洗衣房	新风量取决于热负荷；感染水平与人员数量	房间温度≤22 ℃
本表 2.1 到 2.4，3.1 到 3.3，4.2 和 4.3 部分所涉及的房间若有可开启的窗户，则有必要使用防虫纱窗		

（续表）

房间用途	要求	措施
5　隔离治疗室	隔离病人可能是具有传染性的或易受感染的	病房的前室作为气闸室（大概 10 m²）；新风量＞100 m³/（h·人）
5.1　传染病患者的病房	保护所有工作人员及探访者不受感染病患者的影响（例如：患有多重抗药性结核病，水痘的患者）	有关气闸室的送风和排风以及负压平衡；相对于相邻的走廊区域，气闸室要保持负压；必要时，按照 DIN EN1822-1 有关隔离病房排风的设置要求，采用 H13 的高效过滤器
5.2　易被感染的病人的房间	保护易被感染的病人（例如免疫功能不全的病人，烧伤或骨髓/器官移植病人）不受感染（主要风险为空气传播的霉菌孢子）	按照 DIN EN779 末端过滤器至少为 F9，必要时按照 DIN EN1822-1，送风装置采用 H13 的高效过滤器；特殊场合采用低紊流度气流送风装置；相对于病房，气闸室要保持负压；相对于相邻的走廊区域，气闸室保持正压
5.3　同为传染与易被感染的患者病房	房间内的通风系统要合乎感染病患者或者易被感染的患者	相对于气闸室，隔离病房保持正压；相对于其他所有的相邻房间，气闸室保持负压；特殊情况：新风和/或排风装置安装高效过滤器

2.5.2　空气品质控制的技术手段

1. 病房部分空气品质控制要求及措施

1）病房区域空气品质控制的要求及措施，见表 2.5.8。

表 2.5.8　病房区域空气品质控制要求及技术措施

科室	要求及技术措施
普通病区	普通病区的病房应能开窗（有纱窗）通风
	当有条件设置普通空调时，温度 20～27 ℃，相对湿度 30%～60%；应有新风供应和排风，并尽量减小系统规模
	病区的换药室、处置室、配餐室、污物室、污洗室、公共卫生间等，应设排风，排风换气次数宜为 10～15 次/h
传染病用负压隔离病房	温度 20～27 ℃，相对湿度 40%～60%
	负压隔离病房宜采用全新风直流式空调系统。最小换气次数应为 12 次/h
	负压隔离病房送风口应设置在房间上部，排风口应设置在房间下部，房间排风口底部距地面不应小于 100 mm
	负压隔离病房的送风应经过粗效、中效、亚高效过滤器三级处理；排风应经过高效过滤器过滤处理后排放
	负压隔离病房排风的高效空气过滤器应安装在房间排风口处
	每间负压隔离病房的送、排风管上应设置密闭阀
	负压隔离病房的通风系统在过滤器终阻力时的送排风量，应能保证各区压力梯度要求；有条件时，可在送、排风系统上设置定风量装置

（续表）

科室	要求及技术措施
传染病用负压隔离病房	负压隔离病房送排风系统的过滤器宜设压差检测与报警装置
	负压隔离病房应设置压差传感器
	负压隔离病房与其相邻、相通的缓冲间、走廊压差，应保持不小于 5 Pa 的负压差
	病房卫生间排风不宜通过共用竖井排风，应结合病房排风统一设计
血液病房	治疗期血液病房应选用Ⅰ级洁净用房，恢复期血液病房宜选用不低于Ⅱ级洁净用房，应采用上送下回的气流组织方式；Ⅰ级病房包括病床骨髓移植病房应按医疗要求选用Ⅰ、Ⅱ级洁净用房，一般应采用上送下回的气流组织方式；Ⅰ级病房应在包括病床在内的患者活动区域上方设置垂直单向流，其送风口面积不小于 6 m²，并应采用两侧下回风的气流组织；层高不允许时可采用水平单向流，患者活动区应布置在气流上游，床头应在送风侧
	各病房应采用独立的双风机并联、互为备用的净化空调系统，24 h 运行
	送风应采用调速装置，至少设两档风速。患者活动或进行治疗时，工作区截面风速不应低于 0. 20 m/s，患者休息时不应低于 0. 12 m/s；室内温度冬季不宜低于 22 ℃，相对湿度不宜低于 45%。夏季不宜高于 27 ℃，相对湿度不宜高于 60%
	与相邻并相通房间应保持 5 Pa 的正压
烧伤病房	重度（含）以上烧伤患者的病房应采用在病床上方集中布置送风风口，送风面积应为病床外的四条周边各延长 30 cm 或以上，应按Ⅲ级洁净用房设计计算，有特殊需要时可按Ⅱ级洁净用房设计计算；其辅助用房和重度烧伤以下烧伤患者的病房可分散设置送风口，宜按Ⅳ级洁净用房设计计算
	各病房净化空调系统应设备用送风机，并应确保 24 h 不间断运行；应能根据治疗过程要求调节温度、湿度
	对于多床一室的Ⅳ级烧伤病房，每张病床均不应处于其他病床的下风侧。温度 24～26 ℃，相对湿度 40%～60%
	重度（含）以上烧伤患者的病房宜设独立空调系统，室内温湿度可按治疗过程要求进行调节；温度最高可调至 32 ℃，湿度最高可调至 90%
	与相邻并相通房间应保持 5 Pa 的正压
	病区内的浴室、卫生间等应设置排风装置，同时应设置与排风机相连锁的密闭风阀
	病房噪声不应大于 45 dB（A）
过敏性哮喘病病房	哮喘病病房宜按洁净用房设计
	温湿度应相对稳定，全年维持 25 ℃ ± 1 ℃，50% ± 5%；对邻室应保持 + 5 Pa 正压
	病房噪声不应大于 45 dB（A）
重症护理单元（ICU）	温度在冬季不宜低于 24 ℃，夏季不宜高于 27 ℃
	采用普通空调系统时，宜采用连续运行，相对湿度宜为 40%～65%；宜采用上送下回的气流组织，送风气流不宜直接吹向头部。每张病床均不应处于其他病床的下风侧；排风（或回风）口应设在病床的附近
	采用洁净用房的宜用Ⅳ级标准设计，宜设置独立的净化空调系统，病房对走廊或走廊对外界宜维持不小于 5 Pa 的正压
	对于新生儿重症监护（NICU）单元、术后重症护理单元等可提高洁净级别
产科	分娩室以及准备室、淋浴室、恢复室等相关房间设空调系统时，应能 24 h 连续运行
	分娩室宜采用新风空调系统
	新生儿室室内温度全年宜保持 22～26 ℃，早产儿室、新生儿重症监护（NICU）和免疫缺陷新生儿室，室内温度全年保持 24～26 ℃，噪声不宜大于 45 dB（A）
	早产儿室、新生儿重症监护（NICU）和免疫缺陷新生儿室宜为Ⅲ级洁净用房

2）病房空气品质控制技术手段

（1）普通病房空调系统形式。

• 局部式空调机组体积小、安装容易、控制灵活方便，省去了送、回风管道，不用设置集中冷、热源，且初投资低。但是，局部式空调虽然达到了降温除湿的目的，但不能有效地净化室内空气。灰尘是细菌的主要附着物，房间空调器的空气过滤器过于简陋，捕集灰尘的能力较差，再加上过滤器常常疏于清理，积满了灰尘。且房间空调器中的换热盘管通常是在湿工况下工作的，换热器下的集水盘积满了凝结水，会使大量进入空调器的灰尘和细菌贴附在换热器表面和集水盘内，空调器的温度合适，为微生物迅速地大量繁殖创造了良好的营养和温湿度条件。因此，局部式空调空调器不但不能提高室内空气品质，相反增加了室内菌落数，再加上室内比较封闭，既无新风供给，又无有组织的排风，不仅室内异味难以清除，还会使患者觉得胸闷气短，头晕嗜睡，并会使细菌向外扩散。

• 全空气系统包括定风量系统和变风量系统，是通过一台空气处理机组向多个房间送风的系统，为了节省运行能耗，采用部分回风进行循环处理的方式。从空气品质和环境安全方面看，这种方式存在最大的隐患在于回风再利用和再循环。产生于各房间的烟尘、臭味，以及可能出现的病菌、病毒，通过回风重新均匀地送回相连的各个房间，导致各种交叉污染，因此需要在空调箱内设置必要的消毒过滤装置，以满足卫生要求。空气系统可以严格控制室内温度和室内相对湿度；可以有效采取消声和隔声措施；在过渡季节可以利用全新风，进而节能；但是风管系统占用空间大，单独调节能力差，系统初投资大。在美国普遍使用这种系统。

• 变制冷剂流量空调系统是一种一台室外机组带动多台室内机组的空调形式。室内机组类型和规格多样，能够适应不同格局的室内空间，可以根据室内温度控制进入室内机组冷媒的状态和流量，进而控制空调房间的温度。室外机组可以布置在屋顶上，不占用地下空间，也不影响建筑物的外观。缺点是新风靠自然的方式补充，空气品质不好，如果要改善空气品质，需要另外设计一套新风系统。变制冷剂流量空调系统初投资较高，但是由于它可以根据楼层或科室等独立设置，而且还可以根据医院的建设进度和资金情况逐步安装，所以在中小型医院中使用率较高。

• 风机盘管加新风系统在近年来医院病房中最为广泛使用。由于室内回风由各自的风机盘管控制，故各病房之间空调互不干扰，防止串味和交叉感染，且各病房室内温度独立可调。但是，盘管处易产生凝结水，在合适的温度下易导致细菌繁殖，使室内空气品质较低。与全空气系统相比，风机盘管加新风系统节省空间，各个区域温度可以独立控制，运行费用比全空气系统较低，但是机组分散到各个房间，有噪声问题，维护管理不方便，过渡季节不能够采用全新风运行，且在湿负荷较大的地方，除湿比较困难。

• 独立新风系统由处理显热的系统和处理潜热的系统组成。消除余热的末端可以是干盘管和辐射板等多种形式，供水温度高于室内空气的露点温度，因而不存在结露问题，根除了滋生细菌的温床，改善室内空气品质。因为没有回风系统，处理潜热的新风系统同时承担改善室内空气品质的任务。新风机组采用低温送风温差，室内采用无风道的显冷设备，因此提高整个建筑的层高，但是夏季室内温度和湿度一般低于常规空调系统。为了防止新风送风口结露，保证室内合理的换气次数，避免低温空气下落导致吹风感发生，必须采用诱导比较大的诱导风口。该系统由于投资较大，新风机组占用的机房面积也较大，目前在医院中的使用十分有限。

(2) 隔离病房空调系统形式。

隔离病房空调设计必须有对空气传播微粒控制、稀释并直接排到室外的措施。通风设计中有两个主要的原则：对周围所有空维持负压；房间内的空气分布形式要有利于控制传染性微生物的空气传播。隔离病房一般采用全新风直流系统，原则上要求设置独立的空调送风和机械排风，室内有 6 次/h 以上的换气次数并且要求能够 24 h 连续运行，在隔离病房内不宜设置风机盘管机组等室内循环机组。排风系统应在末端风机入口处设置满足要求的空气过滤器。直流式系统运行能耗较大。

(3) 特殊病房的空调系统形式：

特殊病房包括集中加强监护单元（Intensive Care Unit，ICU），产科病房和洁净无菌病房三类。

• ICU 的空调系统有洁净要求，一次回风全空气系统是比较普遍的空调形式。顶部送风，下部侧墙回风，在室内避免使用变频风机或室内空调器，以免影响室内设备的灵敏度。

• 产科病房由待产、分娩、产休和婴儿室四个部分组成，待产和产休室与普通病房没有区别，但对有子痫病的产妇要进行隔离，注意隔音，需要独立排风。分娩病房应该设置独立的全空气循环机组，净化级别不应低于 10 000 级，并考虑全新风运行的可能性。在不能长期维持运行的分娩室，应设置辅助冷热源，以适应迅速降温或升温的要求。夏季可以考虑分体式空调，冬季可以采用电热器。婴儿室的供暖时间很长，应该采用独立的供暖系统，以保证室内温度维持在 25 ℃，可以采用独立的热泵机组或分体式空调，通风系统要求过滤，一般设置中效过滤器。

• 洁净无菌病房的功能是控制感染，保护患者免受所有可能空气传播的传染性微生物的传染，一般采用全空气系统垂直单向流或水平单向流的气流方式。洁净用房的空调系统设计主要包括气流流向控制、气压控制、气流组织分布和过滤器要求等方面。

2. 其他功能房间空气品质控制的要求及措施

其他功能房间空气品质控制的要求及措施，见表 2.5.9。

表 2.5.9　其他功能房间空气品质控制的要求及技术措施

科室	要求及措施
急诊部	急诊部门当采用空调系统时，应采用独立系统，可 24 h 连续运行；温度宜在 18～26 ℃
	急诊隔离区的空调系统宜独立设置，其回风应有中效（含）以上的过滤器，并应有排风系统；当与其他诊室为同一空调系统时，应单独排风，不应系统回风，与相邻并相通的区域应保持不小于 5 Pa 的负压
病区洗涤机室、内窥镜清洗消毒室、干燥机室、公用厕所、处置室、污物室、换药室、配膳间	应设排风，排气口的布置不应使局部空气滞留。排风量为 10～15 次/h 换气，应能 24 h 运行；且夜间可以设定小风量运行

（续表）

科室	要求及措施
解剖室、标本制作室、太平间	非传染病尸体解剖室、标本制作室须进行充分的通风换气，应采用专用解剖台或在室内均匀布置下排风口，排风应直接排至室外
	解剖室的空调应采用全新风独立系统，可配合采用专用排风解剖台
	当标本制作室和保管室为同一空调系统时，应能根据各室的温度条件独立控制
	太平间应有足够的通风；设机械排风时应维持负压
检验科、病理科、实验室	负荷密度大，生化检测设备多，空调运行时段灵活，宜采用多联机空调系统
	应有单独排风系统
	采用普通空调时，室内冬季温度不宜低于 22 ℃，夏季不宜高于 26 ℃；室内相对湿度冬季不宜低于 30%，夏季不宜高于 65%
	根据实验对象确定是否采用洁净用房
	涉及危险微生物气溶胶操作的应在生物安全实验室中进行
生殖学中心	生殖学中心的体外受精实验室，应按Ⅰ级洁净用房设计，并应采用局部集中送风或洁净工作台
	取卵室应按Ⅱ级洁净用房设计，并采用局部集中送风或洁净工作台
	体外受精实验室和取卵室的噪声均不应大于 45 dB（A）
	冷冻室、工作室、洁净走廊等其他洁净辅助用房可按Ⅳ级洁净用房设计，并应采用局部集中送风
检查室	电生理科、超声科、纤维内窥镜等科室，宜设置独立的普通空调系统
	心血管造影室的操作区宜为Ⅲ级洁净用房。洁净走廊应低于操作间一级；与相邻并相通房间应保持 5 Pa 的正压；辅助用房应采用普通空调
	放射科的检查室、控制室和机械间的空调系统和排风系统应符合下列要求：应根据设备需要选择空调系统；当采用半集中式空调系统时，不应在机器上方设置任何风机盘管机组等末端装置及其冷凝水管；放射科的检查室、控制室和暗室应设排风系统，自动洗片机排风应采用防腐蚀的风管；排风管上应设止回阀；在有射线屏蔽的房间，对于穿墙后的风管和配管，应采取不小于墙壁铅当量的屏蔽措施
治疗操作室	当采用一般空调时，温度 22～26 ℃，相对湿度 40%～60%。当在操作区局部设净化区时，宜不低于Ⅲ级，对邻室保持不小于 5 Pa 的正压
	心脏导管治疗室、导管室、无菌敷料室均应不低于Ⅳ级空气洁净度设计，温度 22～26 ℃，相对湿度 40%～60%，噪声≤55 dB（A）
	热伤处置室宜按Ⅳ级空气洁净度设计，温度 24～27 ℃，相对湿度≤60%，噪声≤60 dB（A）
	听力检查室宜设置集中式空调系统，应采取消声减振措施，且噪声≤30 dB（A）；无声要求高的检测，可采取暂时停止空调、隔断气流等措施
	核磁共振室（MR）宜采用独立的恒温恒湿空调系统，室内温度应为 22 ℃ ±2 ℃，相对湿度应为 60% ± 10%；扫描间内应采用非磁性、屏蔽电磁波的风口，任何磁性管线不应穿越；核磁共振机的液氦冷却系统应设置单独的排气系统，并应直接连接到核磁共振机的室外排风管；管道应采用非磁性材料，管径不应小于 250 mm
	核医学科所有核辐射风险的用房宜采用独立的恒温恒湿空调系统，扫描间温度应为 22 ℃ ±2 ℃，且 1 h 内的温度变化不大于 3 ℃。扫描间相对湿度 60% ± 10%；其他房间可采用普通空调，但排风应按国家现行标准《临床核医学卫生防护标准》GBZ 120 和《医用放射性废弃物管理卫生防护标准》GBZ 133 的规定处理
	新风空调机内应设置粗效和中效以上两级空气过滤器。如当排气超过排放浓度上限定值时，应在排气侧使用高效过滤器
	放射性同位素治疗用房的空调系统，应根据放射性同位素种类与使用条件确定，宜采用全新风空调方式；放射性同位素管理区域内，相对于管理区域外应保持负压，排气风管宜采用氯乙烯衬里风管，并应在排风系统中设置气密性阀门；应在净化处理装置的排气侧设置风机，应保持排风管内负压，排风机后于空调系统关闭。当储藏室、废物保管室储藏放射性同位素时，应 24 h 排换气

（续表）

科室	要求及措施
中心（消毒）供应站	中心（消毒）供应站应保持有序梯度压差和定向气流，定向气流应经灭菌区流向去污区；无菌存放区对相邻并相通房间正压不低于 5 Pa，去污区对相邻并相通房间和室外均应维持不低于 5 Pa 的负压
	无菌存放区宜应按Ⅳ级洁净用房设计，应采用独立的净化空调系统；高压灭菌器应设置局部通风，低温灭菌室（如环氧乙烷气体消毒器）应有独立排风系统，温度冬季不宜低于 18 ℃，夏季不宜高于 24 ℃；室内相对湿度冬季不宜低于 30%，夏季不宜高于 60%
	去污区应设置独立局部排风，总排风量不应低于负压所要求的差值风量。去污区内的回风应设置不低于中效的空气过滤器
	采用普通空调的区域冬季温度不宜低于 18 ℃，夏季温度不宜高于 26 ℃

表 2. 5. 10 为《民用建筑供暖通风与空气调节设计规范》中规定的医院各功能房间新风换气次数。

表 2. 5. 10 《民用建筑供暖通风与空气调节设计规范》GB 50736—2012 规定的医院建筑新风换气次数

功能房间	每小时换气次数
门诊室	2
急诊室	2
配药室	5
放射室	2
病房	2

3. 医院中常用的空气抗菌手段

1）紫外线法

紫外线是一种比可见光波长还短的光线，对微生物细胞有明显的致死作用，对病毒、毒素和霉类也有灭活作用。但是紫外线要保证杀菌效果就必须达到一定的照射剂量，即紫外线光源的照射强度和照射时间的乘积。当照射剂量不足时，不但不能杀死微生物，还可能导致微生物发生变异。回风管中安装紫外线灯管消毒，由于风速很大，很难达到消毒要求的照射剂量，且因为紫外线会损伤人体的皮肤和眼结膜，所以没有特殊要求的情况下不应在机组内安装紫外线灯等消毒装置。

2）过滤除菌法

空气过滤主要是通过物理阻隔的方式将空气中的浮游粒子截留在局部位置上，防止微生物粒子随气流进入室内形成危害。由于细菌不能独立存活，必须依附在较大的浮游颗粒上，特别是有机颗粒上，通过过滤器对这些载有微生物的粒子进行过滤后就可达到除去细菌的目的。病毒不能够在无生命的环境下存活，往往寄生在细菌的体内完成其自身的 DNA 转录和翻译作用。对细菌进行灭活后，病毒也即死亡。过滤除菌是最成熟，最可靠，也是最经济的方法。净化空调系统是解决微生物污染的最有效的手段。

3）臭氧法

臭氧具有强氧化性，极易分解，性质很不稳定。它的杀菌效果很可观，通常有三种灭菌形式：①氧化分解细菌内部葡萄糖分解所需的酶；②直接与细菌病毒作用，破坏它们内部的细胞器、DNA 和 RNA，使细菌的新陈代谢受到破坏，导致细菌死亡；③破坏细胞膜等组织，侵入细胞内，作用于膜外的蛋白质和膜内的脂多糖，这样细菌在巨大的渗透压作用下，发生自溶现象而死亡。但是臭氧对材料具有腐蚀性，对人体具有危害作用，在臭氧浓度较高时，会强烈刺激机体的黏膜组织，引起支气管和肺部的炎症甚至导致水肿等病变。

4）静电法

静电杀菌是利用高压电场使周围的空气电离，产生的正、负电荷吸附在浮游粒子上使微粒带电，带电粒子吸附在积尘表面，使微生物致死。一般放电电晕有两种，一种正电晕，一种负电晕。正电晕的放电电压较低，效率也较低，但产生的臭氧和氮氧化物较少，一般用于进风的空调机组；而负电晕的电压较高，杀菌和除尘效率也很高，但产生的臭氧和氮氧化物也多，常用于排风。洁净用房不得使用静电空气净化装置作为房间送风末端。

5）等离子体法

等离子体属于一种聚合态物质，拥有的高能电子同空气中的分子碰撞会产生一系列的基元物质化反应，在反应过程中会产生多种活性自由基和生态氧。活性自由基可以有效破坏各种病毒和细菌中的核酸、蛋白质，使其不能进行正常的新陈代谢和生物合成直至死亡。而生态氧能迅速将多种高分子异味气体分解或部分还原为低分子无害物质。另外等离子物体的凝并作用还可以对小至微米量级的细微颗粒物进行有效的收集，从而达到取出可吸入颗粒物的作用，因此等离子空气净化器具有超强除尘、强力杀菌、消除异味、无须更换净化材料、使用寿命长等突出优点。由于采用放电形式产生等离子体，会产生臭氧。

6）光催化法

光触媒的主要成分是纳米级的二氧化钛。二氧化钛在紫外线照射后，内部电子被激发，形成活性氧类的超氧化物和羟基原子团，有光分解、光灭菌和光除臭三种功效。光分解是将空气中的甲醛、苯等各种有机物、氮氧化物、硫氧化物以及氨等氧化、还原成为无害物质；光灭菌可以破坏细菌的细胞膜和固化病毒的蛋白质，抑制病毒的活性，并捕捉、杀除空气中的浮游细菌；光脱臭可将硫化氢、三甲胺、体臭及烟味去除，光催化的脱臭效果是活性炭的 150 倍。可放在新风进口和回风口过滤器后面。光触媒具有能耗低、操作简单、反应条件温和、可减少二次污染以及可连续工作的优点。

2.6 医用气体及燃气供应安全性保障

目前我国的医用气体主要用于病人预防、诊断、治疗，或驱动外科手术工具等。其中主要医用气体包括医疗压缩空气、器械压缩空气、医用氮气、医用氧气、医用氧化亚氮、医用氧化亚氮/氧气混合气、医用二氧化碳、医用二氧化碳/氧气混合气、医用氦/氧混合气、麻醉或呼吸废气排放等。

2.6.1 各类医用气体供应的区域及技术标准

1. 医用气体种类、使用场所及终端组件处的参数

医用气体种类、使用场所及终端组件处的参数详见表 2.6.1。

表 2.6.1 医用气体终端组件处的参数

医用气体种类	使用场所	额定压力（kPa）	典型使用流量（L/min）	设计流量（L/min）
医疗空气	手术室	400	20	40
	重症病房、新生儿、高护病房	400	60	80
	其他病房床位	400	10	20
器械空气医用氮气	骨科、神经外科手术室	800	350	350
医用真空	大手术	40（真空压力）	15～80	80
	小手术、所有病房床位	40（真空压力）	15～40	40
医用氧气	手术室和用氧化亚氮进行麻醉的用点	400	6～10	100
	所有其他病房用点	400	6	10
医用氧化亚氮	手术、产科、所有病房用点	400	6～10	15
医用氧化亚氮/氧气混合气	待产、分娩、恢复、产后、家庭化产房（LDRP）用点	400（350）	10～20	275
	所有其他需要的病房床位	400（350）	6～15	20
医用二氧化碳	手术室、造影室、腹腔检查用点	400	6	20
医用二氧化碳/氧气混合气	重症病房、所有其他需要的床位	400（350）	6～15	20
医用氦/氧混合气	重症病房	400（350）	40	100
麻醉或呼吸废气排放	手术室、麻醉室、重症监护室（ICU）用点	15（真空压力）	50～80	50～80

2）医用气体适用的技术标准

医用气体适用的技术标准主要有：《建筑设计防火规范》GB 50016—2014；《工业金属管道设计规范》GB 50316；《压缩空气站设计规范》GB 50029；《氧气站设计规范》GB 50030；《综合医院建筑设计规范》GB 51039；《医用气体工程技术规范》GB 5075；《医院洁净手术部建筑技术规范》GB 50333；《医用中心吸引系统通用技术条件》YY/Y 0186—94；《医用中心供氧系统通用技术条件》YY/Y 0187—94；《医用气体和真空用无缝铜管》

YS/T 650；《流体输送用不锈钢无缝钢管》GB/T 14976；《铜管接头 第 1 部分：钎焊式管件》GB/T 11618.1；《安全阀安全技术监察规程》TSG ZF001；《减压阀 一般要求》GB/T 12244；《压力管道规范 工业管道 第 3 部分：设计和计算》GB/T 20801.3。

2.6.2 医用气体安全保障的技术手段

医用气体系统设计安全保障必须到达四个基本原则：供气的一致性（同种气体使用，保证互换）；供气的唯一性（不同气体使用保证不可互换，每种医用气体由一个独立系统提供，互相之间没有任何交叉连接）；供气的连续性（气体供应不可间断）；供气的质量性（在任何情况下，气源所提供的医用气体必须符合质量标准）。

医用气体系统由源与汇、管道与附件、系统监测报警、供应末端设施组成。

1. 医用气体源与汇对建筑及构筑的要求

表 2.6.2 为医用气体源与汇对建筑及构筑的要求。

表 2.6.2 医用气体源与汇对建筑及构筑的要求

医用气体站房名称	设置的位置要求	站房的要求	与建筑物、构筑物的防火间距	备注
医用压缩空气站房	1. 宜设置在单体内地下、半地下及一层空间； 2. 宜独立设置，靠近所需负荷	1. 对围墙采取隔震措施； 2. 站房内应采取通风或空调措施，站房内环境温度不应超过相关设备的允许温度		机房及外部噪声应符合现行国家标准《声环境质量标准》GB 3096 以及医疗工艺对噪声与震动的规定
医用真空汇泵房、牙科专用真空汇泵房、麻醉废气排放泵房	1. 宜设置在单体内地下、半地下及一层空间； 2. 宜独立设置，靠近所需负荷	1. 对围墙采取隔震措施； 2. 站房内应采取通风或空调措施，站房内环境温度不应超过相关设备的允许温度		机房及外部噪声应符合现行国家标准《声环境质量标准》GB 3096 以及医疗工艺对噪声与震动的规定
医用液氧贮罐站	应设置在总体的开阔地上	1. 罐区单罐容积不应大于 5 m^3，总容积不宜大于 20 m^3； 2. 应设置防火围堰，围堰的有效容积不应小于围堰最大液氧贮罐的容积，且高度不应低于 0.9 m； 3. 医用液氧贮罐和输送设备的液体接口下方周围 5 m 范围内地面应为不燃材料，在机动输送设备下方的不燃材料地面不应小于车辆的全长； 4. 氧气储罐及医用液氧贮罐本体应设置标识和警示标志，周围应设置安全标识；	1. 离开医院内道路：3 m； 2. 离开一、二级建筑物墙壁或突出部分 10 m； 3. 离开三、四级建筑物墙壁或突出部分 15 m； 4. 离开医院变电站 12 m； 5. 离开独立车库、地下车库出入口、排水沟 15 m； 6. 离开公共集会场所、生命支持区域 15 m； 7. 离开燃煤锅炉房 30 m； 8. 离开一般架空电力线≥1.5 倍电杆高度 9. 离开民用建筑 18 m	医用液氧贮罐与医疗卫生机构外建筑之间的防火间距应符合现行国家标准《建筑设计防火规范》GB 50016、《医用气体工程技术规范》GB 50751 及《氧气站设计规范》GB 50030 的有关规定

（续表）

医用气体站房名称	设置的位置要求	站房的要求	与建筑物、构筑物的防火间距	备注
医用液氧贮罐站	应设置在总体的开阔地上	5. 医疗卫生机构液氧贮罐处的实体围墙高度不应低于 2.5 m；当围墙外为道路或开阔地时，贮罐与实体围墙的间距不应小于 1 m；围墙外为建筑物、构筑物时，贮罐与实体围墙的间距不应 5 m； 6. 液氧储罐周围 5.0 m 范围内不应有可燃物和设置沥青路面		
医用气体汇流排间	1. 医用气体汇流排间不应与医用空气压缩机、真空汇或医用分子筛制氧机设置在同一房间内； 2. 不应布置在地下空间或半地下空间，储存库内不得有地沟、暗道，库房内应设置良好的通风、干燥措施； 3. 库内气瓶应按品种各自分实瓶区、空瓶区布置，并应设置明显的区域标记和防倾倒措施； 4. 瓶库内应防止阳光直射，严禁明火	1. 输送氧气含量超过 23.5% 的医用气体汇流排间，当供气量不超过 60 m^3/h 时请参见《氧气站设计规范》GB 50030 的有关规定，可设置在耐火等级不低于三级的建筑内，但应靠外墙布置，并应采用耐火极限不低于 2.0 h 的墙和甲级防火门与建筑物的其他部分隔开。输氧量超过 60 m^3/h 时，汇流排间的耐火等级不应低于二级，应靠外墙布置，并采用耐火等级不低于 2.0 h 的不燃烧体无门、窗、洞的隔墙与其他房间隔开。 2. 医用气体汇流排间设置机械通风和事故通风，与气体浓度报警装置联动；并设置紧急切断阀供事故时紧急切断		应符合现行国家标准《建筑设计防火规范》GB 50016、《医用气体工程技术规范》GB 50751 及《氧气站设计规范》GB 50030 的有关规定

注：当面向液氧贮罐的建筑外墙为防火墙时，液氧贮罐与一、二级建筑物墙壁或突出部分的防火间距不应小于 5.0 m，与三、四级建筑物墙壁或突出部分的防火间距不应小于 7.5 m。

2. 源与汇设计安全保障技术手段

供气源与汇设计主要包括医疗空气供应源；氧气供应源；医用氮气、医用二氧化碳、医用氧化亚氮、医用混合气体供应源；真空汇；麻醉或呼吸废气排放系统。

(1) 医疗空气供应源主要分为医疗空气供应源、器械空气供应源、牙科空气供应源，一般供应生命支持区域作为呼吸机和动力用气体，其供应的间断有可能会导致严重的医疗事故，因此供应源的动力供应必须有备用和可靠的保障，且不能用于非医用用途。如系统不能用全无油的压缩机时必须设置活性炭过滤器，这样可以有效减少对体弱病人的刺激和不利影响。

(2) 氧气供应源主要分为医用液氧储罐氧气供应源、医用氧气钢瓶汇流排供应源、医用分子筛制氧机供应源。液氧储罐不宜少于2个，并应能切换使用，且同时设置安全阀和防爆膜等安全措施，当液氧输送和供应的管路上两个阀门之间的管段有可能积存液氧时，必须设置超压泄放装置。氧气钢瓶汇流排作为主气源时应能自动切换使用，且要采取防错接措施。医用分子筛制氧机要设置氧浓度及水分、一氧化碳杂质含量实时在线检测、监控和报警装置，且不能将医用分子筛制氧机产生气体充入高压气瓶。

(3) 医用氮气、医用二氧化碳、医用氧化亚氮、医用混合气体供应源

各种医用气体汇流排在电力中断或控制电路故障时，应能持续供气。医用二氧化碳、医用氧化亚氮气体供应源汇排流，不得出现气体供应结冰情况。医用二氧化碳、医用氧化亚氮气体供应源汇流排在供气量达到一定程度时会有气体结冰情况出现，如不采取措施会影响气体的正常供应，造成严重后果。应充分考虑气体供应量及环境温度的条件，一般应在汇流排机构上进行特殊设计，如安装加热装置等。

(4) 真空汇

医用真空不得用于三级、四级生物安全实验室及放射性污染场所，否则易产生交叉感染和污染。医用真空汇在单一故障状态时，应能连续工作。如手术室中的真空中断有可能会造成严重的医疗事故。

(5) 麻醉或呼吸废气排放系统

麻醉废气排放系统及使用的润滑剂、密封剂，应采用与氧气、氧化亚氮、卤化麻醉剂不发生化学反应的材料。由于麻醉废气中往往含醚类化合物以及助燃气体氧气，真空泵的润滑油与氧化亚氮及氧气在高温环境下会增加火灾的危险，排放系统的材料若与之发生化学反应会造成不可预料的严重后果。

3. 管道与附件设计安全保障技术手段

1) 管道

管道应敷设在专用管井内，不能与可燃、腐蚀性的气体或液体、蒸汽、电气、空调风管等共用管井。医疗房间内的管道应做等电位接地，医用气体的汇流排、切换装置、各减压出口、安全放散口和输送管道应作防静电接地，管道与支吊架的接触应作绝缘处理，支架应采用不燃烧材料制作并经防腐处理。

2) 附件

除设计真空压力低于27 kPa的真空管道外，医用气体的管材均应采用无缝铜管或无缝不锈钢管；减压装置应包含安全阀的双路形式，与医用气体接触的阀门、密封元件、过滤器等管道或附件，其材料与相应的气体不得产生有火灾危险、毒性或腐蚀性危害的物质。所以，压缩医用气体管材及附件均应严格进行脱脂，减压阀、安全阀应采用经过脱脂处理的铜或不锈钢材质，安全阀应采用密闭型全启式。

4. 系统监测报警设计安全保障技术手段

安装医用气体系统监测和报警装置是医院生命线的重要保证系统，它有四个不同的目的：①临床资料信号，显示是否为正常状态；②操作警报，通知技术人员在一个供应

系统中有一个或多个供应源不能继续使用，需采取必要行动；③紧急操作警报，显示在管道内有异常压力，并通知技术人员立即作出反应；④紧急临床警报，显示在管道内存在异常压力，通知技术人员和临床人员立即作出反应。

报警装置可分成三种形式。①气源报警：压缩医用气体供气源压力超过允许压力上限和额定压力欠压 15%时，或真空汇压力低于 48 kPa 时应启动报警。②区域报警：对于重症监护、麻醉室及其重要生命支持区域的压缩医用气体工作压力超出额定压力±20%时，或真空系统压力低于 37 kPa 时应启动报警。③就地报警：主供应压缩机和真空泵故障停机，液环压缩机内部水分离器高水位和储气罐内部高液位时，应启动报警。

5. 供应末端设施设计安全保障技术手段

医用供应装置内医用气体管道的环境温度不得超过 50 ℃，医用气体软管的环境温度不得超过 40 ℃。医用供应装置管道泄漏应满足：①压缩医用气体管道内承压为额定压力，且真空管道承压 0.4 MPa 时，泄漏率不得超过 0.296 mL/ min（或 0.03 kPa・L/min）乘以连接到该管道的终端数量；②麻醉废气排放管道在最大和最小操作压力条件下，泄漏均不应超过 2.96 mL/min（相当于 0.3 kPa・L/min）乘以此管道的终端数量；③液体管道内承压为额定压力 1.5 倍的测试气体压力时，泄漏率不得超过 0.296 mL/min（或 0.03 kPa・L/min）乘以连接到该管道的终端数量。

2.6.3 医院天然气用气安全保障

医院天然气主要涉及两种压力等级供气：中压管网和低压管网。其中，中压管网供原动机、锅炉等设备用气，低压管网供厨房设备用气。

1. 医院天然气的压力级制及技术标准

1）医院天然气的压力级制

医院天然气的压力级制见表 2.6.3。

表 2.6.3 医院天然气的压力级制

名　称		压力（Mpa）
中压燃气管道	A	0.2<P≤0.4
	B	0.01≤P≤0.2
低压燃气管道		P<0.01

2）天然气管道设计适用的技术标准

天然气管道设计适用的技术标准主要包括：《城镇燃气设计规范》GB 50028；《城镇燃气技术规范》GB 50494；《锅炉房设计规范》GB 50041；《锅炉安全技术监察规程》TSG G0001；《城市煤气、天然气管道工程技术规程》DGJ 08-10；《燃气直燃型吸收式冷热水机组工程技术规程》DGJ 08-1974；《分布式供能系统工程技术规程》DGJ 08-115；《燃气冷热电联供工程技术规范》GB 51131。

2. 天然气管道设计安全保障技术手段

(1) 燃气引入管不得敷设在发电间、配电间、变电室、空调机房、通风机房、计算机房、电缆沟、暖气沟、烟道和进风道、垃圾道、卫生间、易燃或易爆品的仓库和有腐蚀性介质的房间等地方。

(2) 燃气引入管宜设在使用燃气的房间或燃气表间内。

(3) 燃气引入管宜沿外墙地面上穿墙引入。室外露明管段的上端弯曲处应加不小于DN15清扫用三通和丝堵，并做防腐处理。引入管可埋地穿过建筑物外墙或基础引入室内。当引入管穿过墙或基础进入建筑物后应在短距离内出室内地面，不得在室内地面下水平敷设。

(4) 燃气引入管穿过建筑物基础、墙或管沟时，均应设置在套管中，并应考虑沉降的影响，必要时应采取补偿措施。套管与基础、墙或管沟等之间的间隙应填实，其厚度应为被穿过结构的整个厚度。套管与燃气引入管之间的间隙应采用柔性防腐、防水材料密封。

(5) 天然气放散管设计压力应与主管道一致，并同时进行严密性试验；不同压力级别系统的放散管应分别设置；放散口应设置在高出所在地面3.0 m以上的安全部位，并予以固定。

(6) 地下室、半地下室、设备层和地上密闭房间敷设燃气管道时，应符合下列要求：①净高不宜小于2.2 m；②应有良好的通风设施，房间换气次数不得小于3次/h；并应有独立的事故机械通风设施，其换气次数不应小于6次/h；③应有固定的防爆照明设备；④应采用非燃烧体实体墙，与电话间、变配电室、修理间、储藏室、休息室隔开；⑤应设置燃气监控设施，探头应安装在所检测气体最容易泄漏（如焊缝）及最容易聚集（如角落）的地方，每7.5 m设置一路；⑥当燃气管道与其他管道平行敷设时，应敷设在其他管道的外侧；⑦地下室内燃气管道末端应设放散管，并应引出地上，放散管的出口位置应保证吹扫放散时的安全和卫生要求。

(7) 在进行地下室燃气管道设计时，应考虑到各个防火分区用气点的分布。燃气管道不得穿过防火墙或防火卷帘。

(8) 燃气管道末端应设安全泄压阀放散管，其管口应接到地面安全处，高出地面高度不应小于3 m。

3. 天然气管道系统监测报警设计安全保障技术手段

(1) 天然气管道入室前均应设置紧急切断阀，紧急切断阀与室内燃气泄漏报警器及送排风机联锁，紧急切断阀应能自动关闭，手工开启，并应有安全防护措施。

(2) 天然气管道应在消防控制中心设有显示报警器工作状态、各点报警、故障信号、紧急切断阀启闭状态、排风机运行状态的装置。中压天然气管道经过和使用的场所，设置独立的强制机械送排风和事故排风系统。

(3) 天然气管道（包括机房内）应设置性能可靠的可燃气体报警器和紧急切断阀。报警器应能满足当燃气泄漏浓度达到爆炸下限25%时能报警的要求，并在报警持续1 min后，能使紧急切断阀切断气源（报警和紧急切断系统应有备用电源）。

4. 管材选择与施工质量验收安全保障技术手段

1）管材选择与施工质量验收适用的技术标准

管材选择与施工质量验收适用的技术标准主要包括：《城镇燃气设计规范》GB 50028；《城市煤气、天然气管道工程技术规程》DGJ08－10；《聚乙烯燃气管道工程技术规程》CJJ 63；《低压流体输送用焊接钢管》GB/T 3091；《输送流体用无缝钢管》GB/T8 163。

2）管材选择与施工质量验收安全保障技术手段

（1）低压燃气管道应选用热镀锌钢管（热浸镀锌），中压燃气管道宜选用 20 号送流体用无缝钢管。

（2）管材、管件及阀门、阀件的公称压力应按提高一个压力等级进行设计。

（3）燃气管连接方式应采用焊接，并且管道固定焊缝 100%进行射线照相检验，活动焊缝 20%进行射线照相检验，其质量不得低于Ⅲ级。

（4）管道安装完毕需进行管道强度试验和严密性试验，要求如下：

• 强度试验：强度试验压力应为设计压力的 1.5 倍且不得低于 0.1 MPa；在低压燃气管道系统达到试验压力时，稳压不少于 0.5 h 后，应用发泡剂检查所有接头，无渗漏、压力计量装置无压力降为合格；在中压燃气管道系统达到试验压力时，稳压不少于 0.5 h 后，应用发泡剂检查所有接头，无渗漏、压力计量装置无压力降为合格；或稳压不少于 1 h，观察压力计量装置无压力降为合格；当中压以上燃气管道系统达到试验压力时，应在达到试验压力的 50%时不少于15 min，应用发泡剂检查所有接头，无渗漏方可继续缓慢升压至试验压力并稳压不少于1 h后，压力计量装置无压力降为合格。

• 严密性试验：严密性试验应在强度试验合格后进行。在低压燃气管道系统，试验压力为设计压力且不得低于 5 kPa。在试验压力下，居民用户应稳压不少于 15 min，商业和工业用户应稳压不少于 30 min，并用发泡剂检查全部连接头，无渗漏、压力计量装置无压力降为合格；中压及以上管道系统，试验压力为设计压力且不得低于 0.1 MPa。在试验压力下，稳压不得少于 2 h，并用发泡剂检查全部连接头，无渗漏、压力计量装置无压力降为合格。

2.7 供电系统安全保障

医院供电系统的安全保障研究涉及以下方面：医院供电系统的设计原则；医疗区域配电系统设置特点；医疗设备的配电原则；配电系统的接地系统设置原则；电气设备的选择和安装；不同设备的用电切换时间；医院谐波问题；医院谐波源分析；医院配电系统谐波研究；医院谐波治理措施。

2.7.1 各医疗区域、医疗设备对供电系统安全性要求与技术措施

1. 医院供电系统的一般技术要求

（1）医院电气设备工作场所可分为三个区。0区：无需与患者身体接触的电气装置工作的场所；1区：需要与患者体表、体内（2区部位除外）接触的电气装置工作的场所；2区：需要与患者体内（主要指心脏或接近心脏部位）接触的电气装置工作的场所。

（2）医疗场所常用集中式配电系统；医用IT系统；医用局部等电位；SELV：不接地特低电压电路；接地特低电压电路。

（3）医疗场所禁止采用TN-C接地系统。

（4）医疗场所的分类与医务人员、医疗组织有关。据IEC60364-5-55，不同医疗场所与设备要求自动恢复供电的标准不同，具体见表2.7.1。

表2.7.1 医疗安全设施等级与类别的分配示例

医疗场所以及设备	类别			自动恢复供电时间		
	0	1	2	$t \leqslant 0.5$ s	0.5 s $< t \leqslant$ 15 s	$t > 15$ s
门诊诊室、门诊检验	√					√
门诊治疗		√				√
急诊诊室、急诊检验	√				√	
抢救室（门诊手术室）			√d	√a	√	
急诊观察室、处置室		√			√	
手术室			√	√a	√	
术前准备室、术后复苏室、麻醉室		√		√a	√	
护士站、麻醉师办公室、石膏室、冰冻切片室、敷料制作室、消毒敷料	√				√	
病房		√				√
血液病房的净化室、产房、早产儿室、烧伤病房		√		√a	√	
婴儿室		√			√	
心脏监护治疗室			√	√a	√	
监护治疗室（心脏以外）		√		√a	√	
血液透析室		√		√a	√	
心电图、脑电图、子宫电图室		√			√	

（续表）

医疗场所以及设备	类别			自动恢复供电时间		
	0	1	2	$t \leqslant 0.5$ s	0.5 s $< t \leqslant 15$ s	$t > 15$ s
内窥镜检查		√b			√b	
内窥镜手术				√a	√	
泌尿科		√b			√b	
放射诊断治疗室		√			√	
导管介入室			√d	√a	√	
血管照影检查室			√d	√a	√	
核磁共振造影室		√			√	
物理治疗室		√				√
水疗室		√				√
大型生化仪器				√		
一般仪器					√	
扫描间、γ 相机、服药、注射		√			√a	
试剂培制、储源室、分装室、功能测试室、实验室、计量室	√				√	
贮血	√				√	
配血、发血	√					√
取材、制片、镜检					√	
病理解剖						√
贵重药品冷库						√c
空气压缩、真空吸引、麻醉、空气净化机组、氧气供应系统					√	
消防电梯、排烟系统、中央监控系统、火灾警报以及灭火系统					√	
中心（消毒）供应室					√	
太平柜、焚烧炉、锅炉房						√c

注：1. a 指照明及生命支持电气设备。
2. b 指不包括手术床。
3. c 指恢复供电时间可在 15 s 以上，但需要持续提供电力。
4. d 指患者 2.5 m 范围内的电气设备。

2. 配电系统

(1) 根据医疗场所的分类进行供配电系统设计。

急诊部、监护病房、手术室、抢救室、血液透析室、分娩室、婴儿室、病理切片分析、加速器、伽马刀、核磁共振室、介入治疗用 CT 及 X 光机扫描室、血库、高压氧舱、医用培养箱、冰箱、恒温箱等的设备用电、百级洁净度手术室空调系统用电、血液病房烧伤病房的空气净化机组、重症呼吸道感染区的通风系统用电、其他医院指定的部分医用设施等用电，及大楼的消防电源（包括消防泵、喷淋泵、正压排烟风机、消防电梯、消防中心用电、应急和疏散照明等）、安保中心、通信主机房的用电及部分医用电梯等为一级负荷。其中重要手术室、重症监护等涉及患者生命安全的设备（如呼吸机等）及照明用电为一级负荷中特别重要负荷。一般手术室空调系统用电、诊断用 CT 及 X 光机用电、空气压缩机组、真空吸引机组、客梯电力及高级病房、肢体伤残康复病房照明用电为二级负荷。

(2) 应急电源及切换。

医用场所配电系统的设计与安装应便于电源从主电网自动切换到应急电源系统。

设置的自备应急柴油发电组，应保证消防设备（包括消防电梯、消防泵、喷淋泵、排烟风机、正压风机、防火卷帘门、应急照明、疏散指示照明、消防中心电源等）及重要手术室、重症监护等涉及患者生命安全的设备（如呼吸机等）及照明等用电设备的供电可靠性。若两路电源同时故障，要求立即启动发电机组并于 15 s 内送电（或要求当一路电源故障时启动发电机组，当第二路故障时，机组立即送电）。

当设置多台发电机并机时，如 1 台发电机负荷达 70% 以上（可调），另一台自启动跟踪并机发电；如 2 台负荷下降至 30% 以下（可调）时，第一台发电机延时退出，由单台机组发电，使机组始终处于最佳运行状态，并合理节能。机组应与市电系统联锁，不得与其并列运行，当市电恢复时，机组应自动退出工作并延时停机。

高压侧母线不联络，低压 0.4 kV 侧采取单母线分段加手动联络方式，电气加机械联锁，平时分列运行。当一路电源失电时，另一路电源可带 100% 的一级负荷和二级负荷。一、二级负荷采用两路电源供电，其中消防负荷采用两路电源供电末端自动切换。消防泵、消防电梯等消防设备及特别重要设备的供电均设置双电源末端自动切换设备。

(3) 设置变配电系统继电保护装置。

• 高压开关柜采用微电脑式多功能继电保护器进行继电保护。

• 3 kV 变压器高压侧采用三相过流、速断、单相接地保护、差动保护及变压器超温报警。10 kV 变压器高压侧采用三相过流、速断、单相接地保护及变压器超温报警。

• 变压器低压侧总开关（断路器）拟采用智能保护器。

(4) 设置电能计量装置和电气火灾监控系统。

• 在变电所高压配电室设置量电柜，高供高量方式量电。可按供电局要求在低压侧设置一批分表按不同电价计费，按建设方要求设置电能计量系统，供内部核算。

• 在电力监控系统中配置具有漏电检测功能的仪表及相关设备，实时地将漏电故障报至电力监控中心，同时报至消防中心。

• 在大楼内每层的照明、电力、空调、消防等总开关处探测漏电电流，当剩余电流≥250 mA 时发出声光报警信号，报出故障线路地址，监视故障点的变化。

• 当探测到剩余电流≥500 mA 时切断漏电线路上的电源（双电源箱的重要电源仅报警，不切断）。

• 存储各种故障和操作试验信号，信号存储时间不少于 12 个月。

• 系统应能显示上述报警信号及开关状态，并显示电源状态。

(5) 供配电系统对二次回路的基本要求。

• 选择性：系统发生故障时，保护装置应有选择地切断故障部分，非故障部分继续运行。

• 快速性：在短路时，能快速切除故障并达到如下目标：①缩小故障范围，减少短路电流引起的破坏；②减少对电路的影响；③提高系统的稳定性。

• 灵敏性：继电保护装置对保护设备可能发生的故障能够灵敏地感受和灵敏地作出反应。保护装置的灵敏性以灵敏系数衡量。

• 可靠性：对各种故障和不正常的运行方式，应保证可靠动作，不误动也不拒动，即有足够的可靠性。

(6) 抑制谐波

• 拟在变压器出线侧总开关及大功率谐波源设备所在回路设置具有谐波检测功能的仪表，来检测与监视谐波情况。

• 限制使用谐波源。

• 尽量避免使用会产生较大谐波源的设备，必要时采用自带谐波抑制装置的设备。

• 在电力电容器补偿柜中串接适当配比的电抗器来抑制谐波。

• 采用 DYn-11 接线绕组的配电变压器，以阻断 $3n$ 次谐波对上级电网的影响。

• 对大功率的 UPS、变频调速设备等回路加装有源滤波器以减少谐波对电网及设备的影响。

• 对重要弱电设备配电线路采用专线配电。

(7) 设置电力监控系统。

• 配置变配电电能监控系统，形成具有开放式、网络化、单元化、组态化的电力节能控制模式，实现对建筑物变配电系统节能、安全、高效的综合管理。

• 系统应通过配置硬件和软件，实现测量并显示设备的状态参数，设置并控制设备分合闸，可提供运行报表及计算、统计、分析等功能。

• 系统应根据建筑物变配电系统运行记录，具有管理分析当前和过去运行过程、对现场进行节能控制的负载管理功能。

• 系统应具有根据计算和预测工具，实行优化操作参数并组合，实现设备优化使用。

(8) 各设备科室对电源质量的要求不同，需要采用净化电源的设备科室宜采用单元净化系统，满足工艺及设备条件。若设备科室的技术能力强，能够提供对电源质量的详细要求，设计人员应对要求进行综合评估。若现有的供电方案的电源质量不能满足其要求，则需要采取电源净化措施，以满足设备科室的用电需求。

(9) 一级负荷均需采用双电源供电并设自动转换开关（ATS）；直线加速器、伽马刀、大型 X 光机、核磁共振、CT 机（包括 ECT 机）等大型医疗设备的电源均需由变电所专路供给。

(10) 放射科、核医学科、功能检查室、检验科等部门的医疗装备电源，应分别设置切断电源的总闸刀，以便于在发生紧急状况时，及时切断电源。

(11) 大型医疗设备的电源系统应满足设备对电源内阻的要求。

3. 安全保护

(1) 接地形式采用 TN-S 系统，要求接地电阻不大于 1 Ω。室外景观照明等采用局部 TT 系统，要求接地电阻不大于 4 Ω。在手术室及其他一些重要场所（2 类医疗场所）采用 IT 系统作为低压配电系统的接地形式以确保这些场所的用电安全。

(2) 电气设备工作场所 1 区和 2 区使用 SELV 和 PELV 时，设备额定电压不应超过交流 25V 或者直流 60V，并应采取绝缘保护。

(3) 电气设备工作场所 2 区设备的外露导电部分应做医用局部等电位联结。

(4) 防止间接触电保护的断电保护。

(5) 在 1 区和 2 区：IT，TN，TT 系统，接触电压 U 不应超过 25 V。TN 系统最大分断时间 230 V 为 0.2 s，400 V 为 0.05 s。IT 系统中性点不配出，最大分断时间 230 V 为 0.2 s。

(6) TN 系统。在 2 区采用额定剩余电流不超过 30 mA 的 RCD 仅用在以下回路中：①手术台供电回路；②X 射线装置回路；③额定容量超过 5 kVA 的大型设备的回路；④非危急的电气设备回路。

(7) TT 系统。1 区和 2 区适用 TN 系统的要求，而且必须采用 RCD。

(8) 医用 IT 系统。2 区在使用的维持患者生命、外科手术和其他位于患者周围的电气装置均应采用医用 IT 系统。每个功能房间，至少安装一个医用 IT 系统。IT 系统应符合下列基本要求：

• 在 IT 系统中，所有带电部分应对地绝缘，或配电变压器中性点应通过足够大的阻抗接地。电气设备外露可导电部分可单独接地或成组接地。

• 电气设备的外露可导电部分应通过保护导体或保护接地母线、总接地端子与接地极连接。

• IT 系统必须装设绝缘监视及接地故障报警或显示装置。

• 在无特殊要求的情况下，IT 系统不宜引出中性导体。

• IT 系统中包括中性导体在内的任何带电部分严禁直接接地。IT 系统中的电源系统对地应保持良好的绝缘状态。

(9) 医用 IT 系统必须配置绝缘监视系统，并具有如下要求：

• 内部阻抗大于等于 100 kΩ。

• 测量电压不超过直流 25 V。

• 引入的电流，即使在故障条件下，不应大于 1 mA。

• 当电阻减少到 50 kΩ 时能够显示，并备有试验设施。

• 每一个医疗 IT 系统，具有显示工作状态的信号灯。声光警报装置应安装在便于永久性监视的场所。

• 医疗隔离变压器需要过载和过温的监视。

(10) 医用局部等电位联结。

• 在 1 区、2 区的医用局部等电位联结导体应当接到等电位联结母线板上，使患者周围的场所不同电位的部分电位达到平衡。

• 2 区在电源插座的保护线与安装设备或外露导电部分和等电位板之间的导体的电阻(包括联结部分的电阻) 不应超过 0.2 Ω。

• 医用局部等电位导体应安装在医疗设施的附近，每个分配柜中剩余的等电位连接点提供给辅助等电位联结导体与保护接地线联结。这样的联结应该是明显可见的，而且是可以独立断开的。

4. 电气设备的选择与安装

(1) 医用 IT 系统隔离变压器。

• 医用 IT 系统通常采用单相变压器，其额定容量不应低于 0.5 kVA，且不超过 10 kVA。

• 隔离变压器应尽量靠近医疗场所安装，并防止与人们无意的接触。

• 隔离变压器二次侧的额定电压不应超过 250 V。

• 当隔离变压器处于额定容量和额定频率下空载运行时，流向外壳或大地的漏电流不应超过 0.5 mA。

• 如果要求三相负载经过系统，必须提供三相变压器，其线电压不超过 250 V。

(2) 断路器。

在 1 区和 2 区需要安装剩余电流保护器，应仅选择 A 类或 B 类。

(3) 2 区配电系统的保护应设置短路保护。隔离变压器的一次侧与二次侧都不允许使用过载保护。

(4) 2 区 IT 系统的插座回路，每组插座宜设置独立的过载报警。

(5) 在 1 区和 2 区中，至少提供两路不同的电源为灯具供电。

(6) 为了尽量减少易燃气体着火爆炸的危险，电气装置距离医疗气体释放口至少 0.2 m。

5. 应急电源系统

1) 应急电源的类别

应急电源分类详见表 2.7.2。

表 2.7.2 应急电源的分类

0 级 （不间断）	不间断自动供电
0.15 级（极短时间隔）	0.15 s 之内自动恢复有效供电
0.5 级（短时间隔）	0.5 s 之内自动恢复有效供电
15 级（中等间隔）	15 s 之内自动恢复有效供电
大于 15 级（长时间隔）	大于 15 s 后自动恢复有效供电

注：1. 医疗电气设备提供一个不间断电源是必要的，应配备微机控制。
 2. 对安全设施进行分类提高了供电的安全性和可靠性。

1 区和 2 区如果在一个或几个导体上的电压以大于标准电压 10%的值下降时，应急电源应采取自动供电。

2) 应急电源的详细要求

(1) 切换时间≤0.5 s 的电源：专用安全电源应该能够维持手术室照明和其他重要的设备工作。电源恢复供给不超过 0.5 s。

(2) 切换时间≤15 s 的电源：当导体上的电压以大于标准电压 10%的值下降时，设备在 15 s 内可以和能维持 3～24 h 的供电安全电源联结。

(3) 切换时间＞15 s 的电源：要求设备在故障时能通过自动或手动切换到能持续供电至少 3～24 h 的安全电源。

3) 应急照明

电源发生故障时，对以下的场所应能提供必要的最低照度，而且切换时间不超过 15 s：疏散指示照明；开关，控制以及公共设施的供电；重要的房间，每个房间至少有一个由安全电源供电的灯具；在 1 区每个房间至少有一个由安全电源供电的灯具；在 2 区安全电源至少能提供 50%的亮度。

其他设施需要切换时间不超过 15 s 安全电源供电的设施包括：消防电梯；防排烟系

统；中央控制系统；在2区起重要作用的医疗电气设备；空气压缩、空气洁净、麻醉、监视等相关的医疗电气设备；火灾报警以及消防系统。

2.7.2 医院供配电系统的电能质量及谐波治理

1. 谐波

1）谐波的概念

基波（分量）指一个周期内傅里叶级数的一次分量。谐波（分量）指一个周期内傅里叶级数中次数高于1的分量。谐波次数指谐波频率与基波频率的整数比。第 n 次谐波比指第 n 次谐波方均根值与基波方均根值之比。谐波含量指从一个交变量中减去其基波分量后得到的量。基波系数指基波分量与其所属交变量的方均根之比。

2）谐波的危害

（1）谐振：在配电网中同时使用容性和感性设备分别在阻抗特别大或特别小的情况下，会导致串联或并联谐振。阻抗的变化将改变电网的电流和电压。

（2）谐波导致损耗增大，包括：电路中的损耗；异步电动机中的损耗；变压器中的损耗；电容器中的损耗。

（3）设备过载。

• 发电机：因为谐波电流会引起附加损耗，所以为非线性负荷供电的发电机一定会降低输出能力。当非线性负荷占负荷的30%时，发电机输出能力降低约10%。因此需要增大发电机的容量。

• 不间断电源系统UPS：计算机系统产生的电流有很高的尖峰因数，只考虑电流有效值计算UPS的容量可能不能满足尖峰电流的需要，并可能导致过载。

• 变压器：为电子负荷供电的变压器，根据所带负荷引起谐波电流畸变率，若采用常规变压器，需要降容使用。

• 电容器：根据标准，电容器中的电流有效值不能超过额定电流的1.3倍，由于谐波电流的存在，需要调整电容器的大小。

• 中性线：由于三相谐波电流叠加矢量和不为零，增加了中性线电流有效值，为保障正常供电，需要增加中性线截面。

（4）电源电压的畸变会干扰下列敏感设备的工作：调节装置；计算机硬件；监控装置（保护继电器）；电话信号畸变。

（5）经济影响：电能损耗；签约费用增加；设备扩容；减少设备的使用寿命；误跳闸和电气系统停电。

3）医院的谐波问题

近年来，现代化的医疗系统采用越来越先进的电子设备，产生谐波的设备类型及数量也在急剧增长，并将继续增长。谐波干扰已成为现代电气工程设计和研究人员在设计过程中必须考虑的问题。一方面这是因为当前电子技术正朝着高频、高速、高灵敏度、高可靠性、多功能、小型化方向发展，导致了现代电子设备产生和接受电磁干扰的概率大大增加；另一方面，随着电力电子装置本身功率容量和功率密度的不断增大，电网及其周围的电磁环境遭受的污染（包括谐波干扰）也日益严重。所以谐波干扰已造成许多电子设备与系统波形严重畸变。

医院建筑除了其他公共建筑中常用的荧光灯、电梯、变频水泵等非线性用电设备外，还存在大量的医疗用电设备，如：X光机、CT机、核磁共振机等，这些大型医疗器械给现代医疗提供巨大的帮助。同时，这些设备内安装了容量较大的开关电源，使用工况也较复杂，给配电系统带来了谐波污染。医院同时还存在着大量精密灵敏的医疗器械，它们对电源质量的要求很高。在某些医院，灵敏仪器会经历计算机死机和元件故障，医疗设备监视器产生扰动，影响了设备的正常运行。

医院是保障人民健康和生命的重要场所，其配电系统可靠性要求很高，医疗设备的准确性要求也很高。在配电系统设计阶段，都有很好的方案来保障医院设备的可靠供电，但是往往忽略了供电的质量问题。谐波含量高的配电系统，会给设备带来损害。首先，配电系统谐波污染会导致医院建筑的配电系统的监控装置发生较高的故障率，影响配电系统的安全可靠运行。其次，医院建筑内大量的弱电系统设备，如建筑物设备管理系统、安全防范系统、远程医疗系统、医院电视监护系统等，这些系统都有各自的通信系统，谐波的存在可能对这些系统的通信产生影响。最后，医院建筑内存在大量的医疗辅助设备，如各种分析仪器与成像设备等，它们对电能质量要求较高，谐波污染严重的配电系统会导致这些设备的突然死机等故障出现。以上系统或者设备的故障，都可能导致严重后果，甚至危及生命。

4）研究医院配电系统谐波的意义

首先，了解医院配电系统的谐波状况。通过医院配电系统的谐波测试分析，得到医院配电系统的谐波测试数据，经过分析整理，得到配电系统变压器、大型医疗器械、电梯和照明干线等的电流、电压谐波频谱。

其次，指导医院配电系统设计人员的工程设计。通过对医院配电系统谐波的了解，得出一些有价值的工程经验算法，指导医院配电系统设计人员在设计阶段考虑谐波问题，并提出相应抑制措施，将谐波问题控制在设计阶段，在医院投入使用前，解决谐波问题。

最后，为某些医院医疗仪器出现的故障分析提供参考。现在运行的大多医院中，敏感的医疗仪器出现问题后，往往不是简单的医疗仪器本身的问题，电源的谐波污染也是可能的一个主要原因。通过研究医院配电系统的谐波，可以给医疗仪器维护人员提供技术参考，协助他们提出更合理的解决方案。

研究医院配电系统的谐波有重要的经济效益和社会效益。医院建筑内的医疗设备价格昂贵，维护费用也较高。研究医院配电系统的谐波状况，可以在医院配电系统出现谐波污染的前面，采取措施，防止谐波污染损坏设备，降低建设设备维护费用，有较好的经济效益。谐波污染不仅给设备带来损害，也会给医院的医生和病人带来严重影响。当谐波污染导致医疗仪器故障或者损害时，会延迟医生的诊断判断，延误病人的治疗。研究医院配电系统的谐波，可以了解医院配电系统谐波的分布，较早地采取措施，预防谐波给医疗仪器带来的故障，不增加医生的判断时间，不加重病人的痛苦，有较好的社会效益。

2. 医院建筑中典型谐波源分析

1）变压器

变压器励磁电流的谐波含有率和它的铁芯饱和程度直接相关。正常运行时，电压接近额定值，铁芯工作在轻度饱和范围，此时谐波不大。但在一些特殊运行方式，如夜间轻负荷期间，运行电压偏高，导致铁芯饱和程度较严重，励磁电流占总负荷电流的比重变大，谐波增大。

2）荧光灯

荧光灯的伏安特性呈严重非线性，会引起严重的谐波电流，其中 3 次谐波含量最高。

3）变频器

变频器主要应用于低速、大容量的交流调速场所。目前，常用的变频器一般采用普通晶闸管构成的桥式电路或 12 相电路，利用电网电压进行换相，通过相位控制的方法得到所需的正弦电压输出波形。由于采用相位控制，变频器的输入端需要提供滞后的无功电流，致使系统的输入功率因数较低。另外，由于输入电流受到输出波形的调制，使输入电流不仅含有一般整流电路中的特征谐波，而且含有输出频率有关的谐波，使得整个输入电流的频谱非常复杂。一般变频器的容量较大，因此其谐波和无功功率对电网的影响不容忽视。

3）谐波治理措施

（1）*K* 系数变压器。

选择合适的变压器联结方式可以减少谐波。三角形联结的变压器隔断了 3 次倍数谐波的流通，既保护电源侧，也保护负载侧。谐波电流损害额定频率下运行的标准变压器。选择超大的中性线导体和降低变压器的额定出力只是一种短期的解决方法。*K* 系数变压器是专门设计的可以承受谐波的变压器，其特点如下：①低于正常的磁通密度，因此可以承受由谐波电流引起的过电压；②在一次和二次绕组的每匝线圈上使用了电磁屏蔽，从而减弱了较高频率的谐波；③配置了一条中性线，其规格是相导体的 2 倍，以解决 3 次倍数谐波引起的中性线电流增加问题；④绕组被设计成由多个较小尺寸的平行导体组成，从而减少了高次谐波下的集肤效应；⑤采用绝缘和换位导体以减少损耗。

如果 *K* 系数超过 4，就必须使用 *K* 系数变压器或者减低一般变压器的额定出力，也可以采用一般变压器降容使用，还可根据谐波源负荷占变压器的负荷比例，按图 2. 7. 1 来粗略估计降容系数，当不作计算时，普通配电变压器的负载率不宜高于 75%。

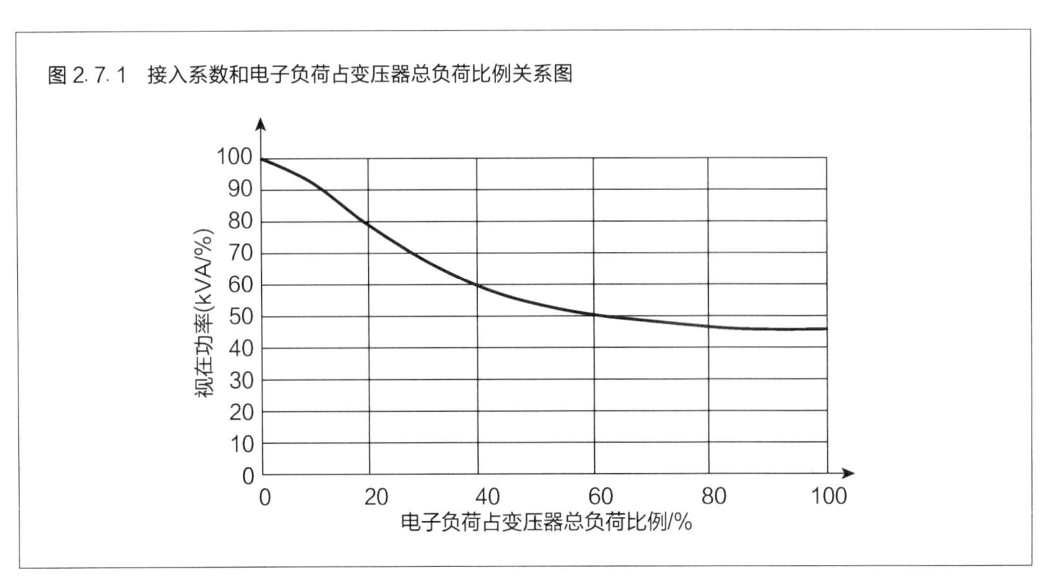

(2) 电容器串接调谐电抗器。

更换电容器的安装位置改变了电源到电容器之间的感性电抗，从而避免了与电源之间的并联谐振。改变电容器组的无功出力可以改变谐振频率。

电容器可以设计用来滤除某一谐波，只需串接调谐电抗器，并使其在调谐频率下的感性电抗值等于容性电抗值。通过添加串联电抗器使电容器组滤除 n 次谐波。

在确定电抗器容量时，应使实际调谐频率小于理论调谐频率（即希望抑制的谐波频率），以避免发生系统的局部谐振。还应考虑一定裕度，因为当电容器使用时间较长后，其介质材料退化，会导致电容值下降，引起谐振频率的升高。

(3) 进线侧串接电抗器。

对高频含量很大的谐波源，在进线侧串接电抗器，可以增加高频阻抗，减少高频电流注入电网。一般适宜于将电源作为电流源的负载设备。

(4) 装设隔离变压器。

对于大容量冲击设备，例如 X 光机、核磁共振等，为防止它们所产生的谐波影响电网上其他对谐波敏感的设备，通过配电侧装设隔离变压器（三角/星接线方式）的方式，将大部分 3 倍次数谐波隔离。

(5) 装设滤波器。

滤波器分为无源滤波器和有源滤波器。

无源滤波器包括串联调谐滤波器、双带通滤波器和阻尼滤波器。其中，双带通滤波器由一个主电容器、一个主电抗器和一个调谐装置串联组成，调谐装置由一个调谐电容器和一个调谐电抗器并联而成，这种滤波器的阻抗在两个调谐频率下达到低值。阻尼滤波器可分为 1 阶、2 阶和 3 阶的滤波器，但常用的是 2 阶的。一个 2 阶的阻尼滤波器由一个电容器、一个电抗器与一个电抗器的并联组合串联而成，它在一个较宽的频率范围内呈现低阻抗。当用来消除高次谐波（17 次以上）时，阻尼滤波器被称为高通滤波器，即在高频率时呈现低阻抗，而在低频率时呈现为高阻抗，因而低频分量不能通过。

有源滤波器是一种用于动态抑制谐波、补偿无功的新型电力电子装置，它能对大小和频率都变化的谐波以及变化的无功功率进行补偿，其应用可克服 LC 滤波器等传统的谐波抑制和无功补偿方法的缺点。

有源滤波器的补偿容量计算：$S_A = 3EI_c$。有源滤波器的容量与补偿电路大小有关，因而与补偿对象的容量及补偿的目的有关；主电路中的器件的直流电压 Uc 与 E 之间的关系因不同产品而不同。当有源滤波器只补偿谐波时，有 $I_c = I_h$。假如补偿对象为三相桥式整流器，其 $I_h = 0.25\% I_l$，故此时有源滤波器的容量 S_A 约为补偿对象的 25%。

并联有源滤波器是将有源滤波器的主电路与负载并联接入电网的补偿方式，是目前应用最多的一种。它可以只补偿谐波；只补偿无功功率；补偿三相不对称电流；补偿供电电压波动；也可以是以上任意组合，可以实现的功能最为灵活。但是由于交流电源的基波电压直接施加到变流器上，且补偿电流基本由变流提供，故要求变流器具有较大的容量。谐波补偿效果与稳定性之间的矛盾是检测电源谐波电流控制方式的主要缺点。

串联有源滤波器是将有源滤波器作为电压源串接在电源和谐波源之间。串联型有源滤波器与并联有源滤波器不同，主要用于补偿可看作电压源的谐波源，串联型滤波器输出补偿电压，抵消负载产生的谐波电压，使供电电压波形成为正弦波。串联与并联可以看作是对偶的关系。串联型有源滤波器的一个主要特点就是作为受控电压源工作。

并联型有源滤波器具有多方面的功能，但主要侧重于对负载侧电流所引起的谐波、无功和负序等补偿，而串联型有源滤波器则侧重于对电压谐波补偿，两种有源滤波器都具有一定的局限性。串并联复合型有源滤波器既能够补偿负载侧的谐波，也能补偿电网侧引起的谐波问题，既能补偿电流谐波，也能补偿电压谐波以及各种电压质量问题。

4）谐波抑制装置的装设位置

(1) *K* 系数变压器：建筑物变电所内，需要有大量谐波源配电的变压器。

(2) 电容器串接调谐电抗器：一般装设在变电所或大功率设备的无功功率补偿电容器内。

(3) 进线端串接电抗器：将电源作为电流源的谐波源，高次谐波含量较大，装设在进线侧。

(4) 装设隔离变压器：较大的冲击谐波源，在电源进线处设置。

(5) 滤波器：装设在谐波源的前端或者谐波源组的配电前端。

2.8 医院噪声控制

医院是病人就诊、治疗、检查、康复的场所，安静有序的医疗环境可以让病人及医护人员得到生理及心理的舒适感受。医院中的噪声会使病人的情绪变得焦虑，影响住院病人的睡眠，长期处于噪声会对人体的心血管、神经、消化系统造成损伤；噪音环境下医护人员容易感到烦躁、注意力不集中，可能影响其工作状态。除此之外，就医院内部对声学环境有特殊要求的空间，例如测听室，噪音可能影响其检查结果准确性。所以，改善医院的声环境，对医院噪声进行有效的控制，对于病人的康复以及医护人员的工作效率有着正面的影响作用。

2.8.1 建筑噪声控制

1. 建筑噪声的来源

医院噪声主要来自建筑物外部环境噪声，例如交通噪声；内部环境噪声，包括电梯机房及井道噪声、大型医技设施运行噪声（体外震波碎石室、核磁共振等）、设备机组及设备管道噪声等。

2. 噪声控制标准

《民用建筑隔声设计规范》GB 50118—2010 中针对医院主要房间允许噪声级、隔墙及楼板空气声隔声、楼板撞击声隔声等给出了明确的声环境控制标准及要求（表 2.8.1—表 2.8.3）。

表 2.8.1 室内允许噪声级

房间名称	允许噪声级（A 声级，dB）			
	高要求标准		低限标准	
	昼间	夜间	昼间	夜间
病房、医护人员休息	≤40	≤35①	≤45	≤40
各类重症监护室	≤40	≤35	≤45	≤40
诊室	≤40		≤45	
手术室、分娩室	≤40		≤45	
洁净手术室	—		≤50	
人工生殖中心净化区	—		≤40	
听力测听室	—		≤25②	
化验室、分析实验室	—		≤40	
入口大厅、候诊厅	≤50		≤55	

注：1. 对特殊要求的病房，室内允许噪声级应小于或等于 30 dB。

2. 表中听力测听室允许噪声级的数值，适用于采用纯音气导和骨导听阈测听法的听力测听室。采用声场测听法的听力测听室的允许噪声级另有规定。

表 2.8.2　各类房间隔墙、楼板的空气声隔声标准

构件名称	空气声隔声单值评价量＋频谱修正量	高要求标准（dB）	低限标准（dB）
病房与产生噪声的房间之间的隔墙、楼板	计权隔声量＋交通噪声频谱修正量 R_w+C_{tr}	＞55	＞50
手术室与产生噪声的房间之间的隔墙、楼板	计权隔声量＋交通噪声频谱修正量 R_w+C_{tr}	＞50	＞45
病房之间及病房、手术室与普通房间之间的隔墙、楼板	计权隔声量＋粉红噪声频谱修正量 R_w+C	＞50	＞45
诊室之间的隔墙、楼板	计权隔声量＋粉红噪声频谱修正量 R_w+C	＞45	＞40
听力测听室的隔墙、楼板	计权隔声量＋粉红噪声频谱修正量 R_w+C	—	＞50
体外震波碎石室、核磁共振室的隔墙、楼板	计权隔声量＋交通噪声频谱修正量 R_w+C_{tr}	—	＞50

表 2.8.3　各类房间与上层房间之间楼板的撞击声隔声标准

构件名称	撞击声隔声单值评价量	高要求标准（dB）	低限标准（dB）
病房、手术室与上层房间之间的楼板	计权规范化撞击声压级 $L_{n,w}$（实验室测量）	＜65	＜75
	计权标准化撞击声压级 $L'_{nT,w}$（现场测量）	⩽65	⩽75
听力测听室与上层房间之间的楼板	计权标准化撞击声压级 $L'_{nT,w}$（现场测量）	—	⩽60

注：当确有困难时，可允许上层为普通房间的病房、手术室顶部楼板的撞击声隔声单值评价量小于或等于85 dB，但在楼板结构上应预留改善的可能条件。

3. 控制噪声的措施

1）噪声源控制

（1）外部环境噪声控制

医院外部的噪声源主要指医院地块周边的交通噪声，例如地块贴邻城市主干道、高架等。病房是病人日常起居的场所，也是对环境安静程度有较高要求的部分，在医院总平面布局设计时，病房楼应避免沿交通干道布置，否则应采取降噪处理措施，例如可以通过临街布置公共走廊；外墙、外窗或外幕墙设计提高隔声标准；适当控制建筑物与交通干道的距离等来确保住院病人休憩的安静环境。

此外，医院的主要出入口是车流汇集处，容易产生噪声的干扰。在医院出入口规划、交通流线组织设计时，应注意与城市道路的关系，合理组织各种流线交通，避免阻塞，也可利用景观设计的手法选择合适树种，达到隔噪、降噪的目的。

（2）内部环境噪声控制

医院内部的噪声源控制主要针对机电设备机组、大型医技设备以及电梯井道噪声。

医院医疗气体站、冷冻机房、柴油发电机房、锅炉房等有噪声的大型机房建议自成一区，减少对周边医疗使用区域的影响。

电梯井道、体外震波碎石室、核磁共振等有振动或强噪声设备的房间不宜比邻病房、诊室、手术室、ICU重症监护室、内窥镜房间、LDR产房、测听室等要求安静的房间。当电梯井道与其他有隔声要求房间相邻时，电梯机房的墙面和吊顶须做吸声处理。当电梯井道与隔声要求较高的房间相邻时，电梯井道与房间之间加设隔声墙体或设置双墙提高隔声性能。产生噪声的机房门窗应选用隔声门窗。

2）医院特殊空间噪声控制

医院是人员汇集的场所，尤其是入口大厅、挂号大厅、候诊厅等聚集了大量的病人和医护人员，建议建筑装饰设计时对墙面、吊顶采取相应的吸声处理措施，控制其室内500～1 000 Hz混响时间不大于2 s，为医疗提供安静的环境。

医院的护理单元也是噪声控制的重点区域，为病人提供安静健康的声学环境有利于其在住院期间的休养质量，直接影响病人的康复。护士站及护理单元的走道是噪声频发地带，建议选用吸声性能好的吊顶及弹性地材。

测听室是医院中对声环境要求最高的功能空间，根据表2.8.1，其室内允许噪声级应小于25 dB，应做全浮筑房中房设计，并在房间入口设置声闸。

（3）材料与构造措施

医院噪声控制的材料与构造措施，主要分为吸声、隔声、隔振三方面。在室内声环境装饰材料的选择与构造设计过程中，需要综合考虑材料的性能，包括吸声性能、装饰性、易清洁性、耐火性等多方面，根据具体空间选择其合适的材料及构造方式。

① 吸声

医院室内常用的墙面和吊顶的吸声材料为矿棉装饰吸音板、穿孔石膏板、穿孔金属板、纤维增强水泥穿孔吸声板等。例如矿棉吸音板是以矿棉为主要原材料，加入适量的配料黏结剂及附加剂，经造型设计、烘干、表面切割处理而成的装饰材料，多应用于医院走道、房间的吊顶。穿孔石膏吸音板是指有贯通于石膏板正面和背面的圆柱形孔眼，在石膏板背面粘贴具有透气性的背覆材料和能吸收入射声能的吸声材料等组合而成，可应用于大厅等公共空间的吊顶及墙面，兼具美观与吸声性能。

② 隔音

医院内部隔墙的选型应满足相应功能区域之间空气声的隔声标准。目前医院内隔墙多选用轻质混凝土砌块或石膏板轻质隔墙。例如双面双层12 mm厚防火纸面石膏板墙内填50 mm厚玻璃棉75系列轻钢龙骨隔墙的计权隔声量可达51 dB，耐火极限2 h。当局部墙体构造无法满足隔声标准时，可以考虑在墙面增设减震隔声板，提高墙体的整体隔声能力。

病房之间的隔墙应有良好的隔声性能以减少相邻病室病人之间的活动影响，建议适当提高设计标准。当嵌入墙体的医疗带以及其他配套设施造成墙体隔声性能降低时，应采取有效隔声构造措施。

③ 隔振

管道、设备隔振是设计重点，详见设备篇2.8.3—2.8.4。

此外，楼板撞击声控制也是设计师应予以关注的内容，由于通常医院设计中使用的钢筋混凝土楼板对隔绝撞击明显不足，120 mm 厚的钢筋混凝土撞击声压级在 80 dB 以上，达不到撞击声隔声标准，建议可以通过合理的面层构造设计来改善楼板的撞击声隔声性能。例如在 120 mm 厚的钢筋混凝土楼板上选用厚 3 mm 以上的 PVC 卷材，可以达到表 2.8.3 中楼板的撞击声隔声标准低限值（<75 dB）的要求。此外，在经济允许的情况下，也可以考虑在病房、手术室、测听室上层楼板上铺设减震垫。

2.8.2 给排水系统噪声的来源

1. 噪声的来源

医院噪声除了应考虑到各建筑物的噪声外，对给排水专业而言主要来自水泵房、气体机房等有振动源的场所。

给水水泵噪声来源于电动机、水泵、联轴器和水泵运行时的振动。水泵停泵时产生的水锤，导致水泵、管道发生振动产生噪声。水泵运行时的振动产生固体传声。

排水噪声来源流水噪声，水流与管壁及空气摩擦或对管道产生冲击引起振动而产生噪声，见图 2.8.1；当使用卫生器具时也会产生噪声，影响病员休息。

图 2.8.1 排水管道噪声示意图

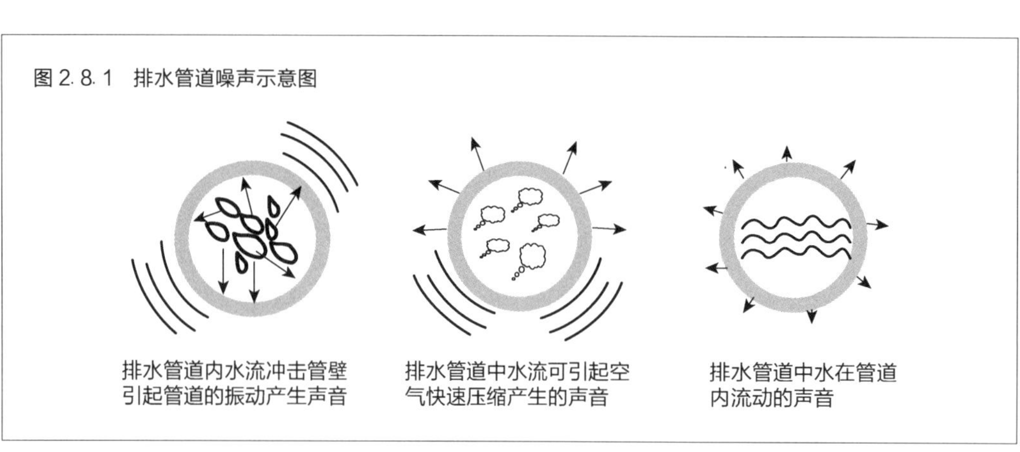

2. 控制噪声的措施

在现行国家标准《民用建筑隔声设计规范》GB 50118—2010 第五章医院建筑中明确指出：“综合医院的锅炉房、水泵房，不宜设在病房大楼内，并应距离病房 10 m 以上。如必须设在病房楼内时，应自成一区，并采取可靠的隔振隔声措施。”“医疗技术部的手术室上部，不宜设置有振动源的机电设备；如设计上难于避免时，应采取隔振措施。”“听力测听室的上部或邻室，不应设置有振动或强噪声设备的房间。”

为了避免和减少噪声，能使病员有一个安静、舒适就医和住院的环境，水泵房、气体机房的设置地方尤为重要。这些有噪声和振动的机房最好选择在室外独立的房间，或远离病房楼的地下室，病房、手术室、听力室的上下层、毗邻房间最好不布置有振动源的机房。

此外，选择低噪声的水泵机组是必要的，其噪声应符合《民用建筑隔声设计规范》GB 50118—2010 医院建筑的相关标准。具体技术措施如下：

- 选择低转速（1 450 转/min）水泵、屏蔽泵或其他有消音作用的低噪声水泵等。

• 在水泵出水管道上安装缓闭止回阀、水锤消除器，消除水锤作用，消除噪声。

• 采用变频启动、停止水泵运行，使水泵缓慢启动和缓慢停止，可有效降低水泵启停时的噪声。

• 在水泵机组吸水管、出水管应设置橡胶或金属的柔性接头。水泵机组的基础应设置隔振装置。管道支架、吊架和穿墙、穿楼板处应设置防止固体传声的弹性支吊架。

• 进水池的水管压力宜控制在 0. 15 MPa，或在保证安全措施的前提下采用淹没式进水，但是要注意采用防止回流污染的措施，如设真空破坏器。

• 水管井应尽可能不布置在靠病房一侧。

• 医院有安静要求处给水管的流速建议控制在 0. 8～1. 0 m/s，压力不宜过大。

针对排水噪声产生的原因，相对应有下列技术措施：

• 改善排水系统通气条件及改进排水流态。如：采用器具通气、环形透气管、专用通气管，平衡了排水立管内的正负气压，减少气塞现象；采用内壁螺旋纹构造、排水横支管与立管连接处的三通采用偏心三通，使排水横支管内水流在进入立管前改变方向，使水流贴管壁流动，减小水流对管壁的冲击，提高通气能力，从而降低噪声。

• 选用同层排水系统。同层排水系统是一项卫生间内卫生洁具的器具排水管和排水支管不穿越楼板，在同层解决排水管道连接、敷设，并接入排水立管的专用技术，具有卫生间布置灵活、排水噪声小、楼上使用卫生器具排水的流水噪声不干扰下层病人休息的特点。

• 选用低排水噪声的排水管材及降低排水管材的排水噪声。水流冲击不同材质的管材上产生的噪声是不同的，不同材质的管材隔声性能不同，因此排水管材质对排水噪声影响很大。建议选用球墨铸铁排水管，因其管壁材料密度大，阻隔声音的性能优异，据实验测量噪声一般可以控制在 45 dB 以下；选用带消音功能的塑料排水管，如消音 HDPE 排水管材；为增强隔声效果，可在排水管道的外壁包覆隔声材料，或在管道井内壁粘贴隔音吸声材料。

• 合理选择敷设排水立管的位置，排水立管敷设位置远离病人床位。

• 合理选择坐便器，坐便器的噪声大小，取决于水路设计的合理性，良好的水路设计可以最大限度地降低冲水时的噪声，设计人员在选择坐便器时，可以根据建筑本身的定位，对坐便器区别选择。

• 给水、排水管道穿墙、穿楼板处管道外壁和与洞口之间填充弹性材料。管道支吊架应考虑隔振要求，宜在外壁与卡环之间衬垫厚度不小于 5 mm 的橡胶或其他弹性材料。对隔振要求高的地方应采用隔振支架。

2. 8. 3 配电系统噪声控制

1. 噪声的来源

1）变电站的噪声

变电站的噪声包括变压器本体的噪声和辅助设备的噪声。

本体的噪声主要为变压器噪声，而变压器噪声主要来自变压器本体和冷却系统。磁致伸缩引起的铁心振动，使铁心随励磁频率的变化作周期性振动，通过垫脚和基础传递给箱体和附件，激励周围空气而产生发出噪声。另外，负载电流产生的漏磁，引起绕组、油箱壁的振动，产生的噪声以波的形式向四周传播。

辅助设备的噪声主要来自冷却风变压器本体振动，有时也可能通过变压器、接头及其装配零件等传递，加剧其振动，加大其辐射的噪声。

2）发电机房的噪声

发电机组噪声主要由空气动力性噪声、燃烧噪声和机械噪声组成，其中空气动力性噪声包括排气噪声和进气噪声。空气动力性噪声是发电机组噪声组成中主要的成分之一，属于宽频噪声，噪声峰值一般出现在排气周期性基频及其谐波处；燃烧噪声频率较低，分布频率为 250～2 000 Hz；机械噪声是发电机零部件在相对运动时，相互撞击并激发结构振动所产生的，以活塞撞击、曲轴共振和齿轮机构的振动响应为主，频率较低，基频约 31.5 Hz。

2. 变电站降噪措施

首先，应选择安装低噪声的设备。在这个基础上，对于变电站噪声仍无法达标的，或者进一步降低设备噪声所需成本较高时，应考虑采用切断噪声传播途径为主的降噪措施。具体降噪方法可采用消声、隔声和吸声等措施，应根据变电站噪声预测分析超标的具体情况，选择经济可行的降噪处理措施，并经噪声预测分析复核。

室内布置的变压器在本体噪声控制之外，应主要通过完善隔声间（即变压器室）设计的方法来控制噪声传播途径，以达到降低噪声的目的。关键是做好变压器室墙体、隔声门窗及进出风口的设计。隔声间的隔声效果不仅取决于各种隔声材料，还取决于变压器室的密封性，一般可取得 10～30 dB 的降噪效果。变压器应优先采用本体与散热器分开布置的方式，变压器室进出风口的位置应尽量避开噪声敏感目标，通风风机采用屋顶高位布置。当变压器采用本体与散热器一体布置的方式时，变压器室需采用机械通风，如通风风量大，进出风口必须进行消声处理，风机也需同步进行降噪处理。当变压器采用本体与散热器分开布置的方式时，变压器室的通风量大幅减小，进出风口尺寸和风机容量与噪声水平大幅降低，进风口须进行消声处理，出风口和风机可视情况进行降噪处理。必要时，可考虑在变压器室设置吸声材料或构件，以降低变压器室的混响噪声。

1）隔声

隔声是通过材料、构件或结构来隔绝空气传播噪声的方法，常见的形式有隔声罩、隔声间和隔声屏。隔声罩和隔声间是采用将噪声源封闭起来的方式，而隔声屏为敞开式。变电站常见的隔声罩形式有风机箱等，变压器室等同隔声间。隔声罩和隔声间的隔声效果不仅取决于隔声材料的隔声量，而且取决于其密封性。对于变压器室，为了达到好的隔声效果，门窗应尽量少，且尺寸尽可能小，或者采用双层的隔声门窗。对于隔声屏，则应尽可能地靠近噪声源或噪声受体。

2）消声

消声是利用具有吸声内衬或特殊结构形式的气流管道来降低噪声的方法，这种既能让气流通过又能降低噪声的设备称消声器。消声器根据消声原理的不同，有阻性、抗性、复合和排气放空四种类型，各类型消声器依据结构的不同又可细分为多种形式。为了减小变电站室内声源及风机噪声向室外的传播，对于房间的进出通风口可采用消声器进行消声。主变压器（电抗器）进（出）风口的消声器宜采用阻抗复合消声器，既可以降低主变压器产生的中低频噪声，又可以减小通风风机的中高频噪声。通风风机的噪声以中高频为主，宜采用阻性消声器。一般普通进气消声百叶的消声量为 5～15 dB，普通出风口消声器的消声量为 15～30 dB。

3）吸声

吸声是利用声波通过媒质或入射到媒质分界面上时声能的减少来降低噪声的方法。只有当室内混响声较强时，吸声降噪效果才明显。吸声材料（结构）按其材料结构状况可分为多孔吸声材料、共振吸声结构和特殊吸声结构。通过对噪声源室内墙面和顶棚设置吸声材料，能一定程度降低室内的噪声水平，通常情况下吸声处理所能降低的噪声量为 3～8 dB。

4）隔振

变电站内的隔振主要是积极隔振，即利用隔振器以降低因机器本身的扰力作用引起的机器支承结构或地基的振动。对变电站内主要的振动噪声源如变压器、电抗器和风机等应采取隔振措施。常用的隔振器材有钢圆柱螺旋弹簧隔振器、橡胶隔振器（垫）、机床隔振器、全金属钢丝绳隔振器、空气弹簧、海绵隔振垫、软木板、玻璃纤维、弹性吊架和管道补偿软连接装置等。

5）散热措施

采取降噪措施将变压器室的四边封闭，变压器所产生的热量散发会有困难，影响变电所的安全运行。因此，解决好变压器室的散热问题成为噪声治理的关键。

3. 发电机房的降噪措施

1）噪声控制原则

（1）按照发电机的各项参数并结合实际情况和用户要求设计安装噪声治理装置，保证良好的治理效果。

（2）所用材料寿命长，无二次污染，维护简便。

（3）噪声治理装置性能达到声学要求标准，并可多次拆装。

（4）机房改装后不影响原有设备的正常运行。

2）噪声控制措施

发电机房噪声主要集中在发电机上方、进排风口和顶部排烟处。根据噪声源的主要特性和分布频率，可采用以下治理措施：发电机房加隔声罩；隔声罩进出门洞安装声闸间；机房进、排风口加装进排风消声器；在机房顶部排烟口处安装排烟消声器。

（1）隔声罩的设计。

隔声罩包括吊顶和墙板。为防止钢板在声波的作用下引起共振和“吻合效应”形成隔声低谷而使隔声性能下降，顶板的骨架龙骨分格焊接。吸声吊顶的面板采用冲孔喷塑铝板，内填绝缘、防火吸声布以及高性能吸声材料。吸声墙板采用钢板为隔声面板，内喷阻尼漆，防止声波与墙面撞击。内面板采用冲孔喷塑铝板，内填适当厚度的吸声材料。机房两侧安装隔声门两套。所填吸声材料的吸声系数 $a \geqslant 0.9$，并满足防火、防潮及耐腐蚀等需求。吸声吊顶和吸声墙板的各个接缝处采用特殊材料进行密封。可在吸声墙板上安装隔声窗。

(2) 声闸间的设计。

在隔声门的外侧各安装一套声闸间，并配带一套平开隔声门。声闸间与机房采用搭扣连接，便于拆装。声闸间的结构基本同隔声罩。声闸间与隔声罩组合的隔声量可达25～35 dB (A)。

(3) 进排风口的消声处理。

为保证发电机组所需的进气量和排气量，必须在发电机房上设置进风口，并安装进风消声器，在发电机风扇处安装排风消声器，可采用特制的阻抗型复合式消声器，一般可使排气噪声降低40～60 dB (A)，阻抗复合消声器的工作原理是，当排气进入消声器，把总压降分散在若干穿孔的结构上，使压力降至大气压力，进一步在扩张通道内降低流速，经阻隔板结构排向大气，使噪声降低到允许的范围。

(4) 顶部排烟口的消声处理。

排烟消声器采用圆筒阻抗复合式消声器，根据排烟口声音的声压级确定内部消声装置的结构及位置，外部采用3 mm厚优质冷轧板制作，表面刷调温漆一道及面漆一道。消声器长度为2 m，消声量≥30 dB (A)。

(5) 轴流风机的降噪处理。

机房隔声处理之后，闭式水冷发电机组停机时机房内的高温不能及时下降。为了保证发电机组正常运行，发电机房墙壁上需安装一定数量的轴流风机进行通风。轴流风机的风量一方面要满足机房散热要求，另一方面要满足机组运行时的耗气量要求。因此可采用FBT型防爆、防腐、低噪声轴流风机，再配以阻性片式消声器。轴流风机风量及台数根据发电机房所需的进、排风风量进行选择。

(6) 机组隔振。

发电机组安装前，必须实测附近地面的振动情况，如果振感明显，则先要对发电机组进行隔振处理。

(7) 墙面贴降噪材料。

岩棉空间吸声体是一种组合成型结构材料，形状为扁平的矩形板，其基本结构由包裹在外部的防火饰面布和包裹在内部的支撑骨架及岩棉毡组成。岩棉是一种很好的吸声材料，具有质轻、阻燃、防蛀、热导率低、耐温达300～400 ℃、耐腐蚀、化学稳定性强、吸声性能好等特点。具体措施详见建筑降噪相关章节。

2.8.4 暖通空调系统噪声控制

1. 暖通空调系统噪声的来源

暖通空调系统噪声来自室外和室内两部分。对于暖通空调系统来说，室外部分的噪声源主要来自冷却塔、空调室外机组、风冷空调主机、各类风机。室内部分主要来自空调室内机组、各类空气处理机组、冷水机组、各类锅炉、各类风机和水泵，同时送风管内风速和送风口风速过大也会产生二次噪声。

2. 控制噪声的措施

根据国家规范中对医院各类房间的噪声要求，在医院设计中，暖通空调专业中所涉及的水泵等设备除应满足给排水专业的要求之外，其他设备还应考虑下列措施：

- 冷却塔、空调风冷主机、空调室外机组和各类风机应设置在对周边环境影响较小的屋面，同时应做好减振、消声措施，以使环境噪声满足规范的要求。
- 冷、热源机房宜设于建筑的地下室或其他对周边房间噪声影响较小的地点，或单独建设。
- 分散于各层设置的通风空调机房，不宜与对振动和噪声要求较高的房间相邻。
- 做好各类机房的隔声和吸声。
- 选用高效、低噪声的设备。
- 合理布置管道、控制好管内介质的流速和出风口风速。
- 合理考虑振动设备的减震设计和风道系统的消声设计。

华山医院临床医学中心大堂内景

第 3 章　医院的高效运营

3.1 大型医用设备配置计划

3.1.1 定义及涉及范围

由于技术的持续更新和多学科的综合应用，不断改变着临床医学的技术水准，以往习惯上所用的“医疗器械”已经远远不能指代器械、仪器、设备、装置等繁杂的内容，在实践中已经逐渐用“医学装备”替代了“医疗器械”。在《医学技术装备从书》等专业书籍中也已明确定义。

按照通用的定义，医学装备是指用于医学领域并具有显著专业特征的物资和装置的统称。其主要包括有医疗器械、仪器、设备、实验装置、器具、材料等以及相关软件。

一般将医院的医学装备分为三大类：诊断设备类、治疗设备类及辅助设备类。

• 诊断设备分为 8 类：X 射线诊断设备、功能检查设备及超声诊断设备、核医学设备、内窥镜检查设备、实验诊断设备、五官科检查设备及病理诊断设备。

• 治疗设备可分为 10 类：病房护理设备、手术设备、放射治疗设备、核医学治疗设备、理疗设备、激光设备、低温冷冻治疗设备、透析治疗设备、急救设备及其他治疗设备。

• 辅助设备包括消毒灭菌设备、制冷设备、中心吸引及供氧系统、空调设备、制药机械设备、血库设备、医用数据处理设备、医用摄影录像设备等。

1994 年卫生部在其发布的《医疗机构基本标准》中规定了各级医院应配备的基本设备如下：一级综合医院：基本设备 19 类；二级综合医院：基本设备 45 类；三级综合医院：基本设备 68 类。

2017 年国家卫计委下发了最新的《医疗机构基本标准（试行）》，三级综合医院基本设备变化为约 70 类。

在医学装备中投资较大，运行成本较高的医用设备，可归入大型医用设备。在卫生部 2004 年发布的《大型医用设备配置与使用管理办法》和 2013 年《新型大型医用设备配置管理规定》中，定义大型医用设备“是指列入国务院卫生行政部门管理品目的医用设备，以及尚未列入管理品目、省级区域内首次配置的整套单价在 500 万元人民币以上的医用设备。”

3.1.2 大型医用设备配置的政策规定

在《大型医用设备配置与使用管理办法》中，大型医用设备管理品目分为甲、乙两类。资金投入量大、运行成本高、使用技术复杂、对卫生费用增长影响大的为甲类大型医用设备，由国务院卫生行政部门管理。管理品目中的其他大型医用设备为乙类大型医用设备，由省级卫生行政部门管理。大型医用设备的管理实行配置规划和配置证制度。

2008 年，卫生部颁布的《甲类大型医用设备配置审批工作制度（暂行）》中，定义了甲类大型医用设备包括正电子发射计算机断层扫描仪（PET/CT）、伽马射线立体定位治疗系统（伽马刀）、医用电子回旋加速治疗系统（MM50）、质子治疗系统以及其他在区域内首次配置的单价在 500 万元以上的医用设备等。

国务院的《“十三五”深化医药卫生体制改革规划》，中明确，甲类大型设备由国家卫计委集中采购，大型医用设备配置许可已由非行政许可调整为行政许可。

在 2009—2011 年卫生部的《乙类大型医用设备阶梯配置指导意见》中明确了 X 线计算机断层扫描仪（CT）、医用核磁共振成像设备（MRI）和医用直线加速器（LA）三类为乙类大型医用设备，并对相关的阶梯配置工作提出了指导意见。

在 2011—2015 年的《全国乙类大型医用设备配置规划》中，卫生部对各省市 2011—2015 年乙类大型医用设备配置规划进行了评审并下达了核准的配置规划控制数。

在浙江、上海等经济发达地区的相关配置规划中，定义了五类医用设备为乙类大型医用设备分别是：X 线电子计算机断层扫描仪（CT）、医用核磁共振成像设备（MRI）、800 mA 以上数字减影血管造影 X 线机（DSA）、单光子发射型电子计算机断层扫描仪（SPECT）及医用电子直线加速器（LA）。

3.1.3 大型医疗设备配置现状分析

我国自改革开放以来，国民经济得到长期持续的快速发展，医疗行业也发生了巨大的变化，进步有目共睹。随着人民生活水平的不断提高、生活工作节奏的加快和压力的不断增加，国人的疾病情况相比 30 年前已经发生了改变，特别是城市中的疾病结构情况已越来越向西方国家城市靠拢。例如上海目前恶性肿瘤的总体发病率和死亡率约是欧美发达国家和地区的 2/3 和 3/4，在世界范围内处中等水平，在我国处较高水平。在上海近年的疾病死亡原因中，前两位分别是循环系统疾病和肿瘤疾病。

面对社会的巨大变化，我国医学装备现状却不尽如人意。装备的地区差别大、大小医院的差距大，既有经济发展不平衡的因素，也有医疗政策导向、制度设计不完善的因素。因此在国家相关部门为主导的新的工作指导方向中，明确指出，大型医用设备配置规划是区域卫生规划的一项重要内容。

我国医学装备现状还体现在配置量的迅速增长。根据卫生部网站资料，我国第一台 CT 于 1978 年引进，1987 年增加到 170 台，到 1993 年达 1 300 台，到 2000 年已超过 4 200 台；1985 年我国开始进口 MRI，1993 年达 200 多台，到 2000 年已达到 950 余台。从全国 14 000 余个县及县以上医院的年报汇总数字也可以看出我国自 1996 年以后大型医用设备的装备情况：核磁共振 2000 年的数量是 1996 年的 2.67 倍，CT 2000 年的数量是 1996 年的 1.67 倍，是 1993 年的 3.27 倍，800 mA 及以上的 X 光机 2000 年的数量是 1996 年的 1.62 倍，肾透析仪为 1.82 倍，彩超为 2.10 倍，在 4 年时间里装备数量几乎都翻了一番。

很多地区增长迅速超过了配置标准，形成了供大于求的局面，这表明设备的现有规模和数量已经超越了当地的社会经济发展水平和医疗服务需求水平。同时医院普遍热衷于购买一些赚钱的大型设备，而忽视有疗效但经济效益低的小型设备。据卫生部统计信息中心 2003 年对全国 14 000 多家医院统计，全国共有 5 000 台 CT，拥有率超过 30%，700 多台核磁共振，拥有率近 5%。大型医疗设备引进数量多，但利用率较低，全国 CT 利用率仅为 38%，核磁共振利用率仅 4.3%。

3.1.4 大型医疗设备配置与医院整体发展战略的匹配原则

根据《大型医用设备配置与使用管理办法》，配置大型医用设备必须适合我国国情、符合区域卫生规划原则，充分兼顾技术的先进性、适宜性和可及性，实现区域卫生资源共享，不断提高设备使用率。

在2009—2011年《乙类大型医用设备阶梯配置指导意见》中明确，医疗机构配置大型医用设备机型应当根据医疗机构的功能定位、医疗技术水平、服务量、学科发展和群众健康需求等因素按阶梯逐级有序对应配置。大型医用设备按高低阶梯分型为科学研究型、临床科研型和临床实用型3类。《指导意见》同时对具体分型进行了明确。

从实际方便操作的角度出发，大型医疗设备配置与医院发展应遵循经济性、适用性和适度考虑发展原则。经济性指与经济发展水平相适应；适用性指与医疗需求水平相适应；适度考虑发展原则指与经济发展和医疗需求的趋势相适应。

3.1.5 综合医院大型医疗设备配置数量标准及技术参数

在大型医疗设备配置数量标准上，世界卫生组织曾提出了每百万人应配置2～3台远距离放疗设备的建议。在《“十三五”大型医用设备配置规划》中，大型医用设备配置的主要思路是，以优化资源配置和控制医疗费用不合理增长为重点，统筹规划大型医用设备配置，提高资源配置效率；引导医疗机构合理配置功能适用、技术适宜、节能环保的设备，支持建立区域性医学影像中心，促进资源共享；新增配置鼓励优先考虑国产设备；建立完善监督评价机制，充分发挥社会团体的作用，加强行业自律和相互监督。

1. 伽马射线头部立体定向放射治疗系统

在2007年3月卫生部发改委联合下发的《伽马射线头部立体定向放射治疗系统配置规划》中，提出2007—2010年中国头部伽马刀配置总量要控制在60台以内。在该规划中明确了具体测算公式：

$$\text{全国配置总量} = \sum 31\text{省区市配置数量} \tag{3-1}$$

$$\text{各省区市配置数量} = (\text{人口数} \times \text{发病率} \times \text{适合头部伽马刀治疗的病人比例} \times \text{选择头部伽马刀治疗的病人比例}) \div \text{头部伽马刀年标准工作量} \times \text{经济调整系数} \times \text{卫生资源调整系数} \tag{3-2}$$

$$\text{经济调整系数} = \text{各省区市人均 GDP} \div \text{全国人均 GDP} \tag{3-3}$$

$$\text{卫生资源调整系数} = \text{各省区市每千人口床位数} \div \text{全国每千人口床位数} \tag{3-4}$$

2. 正电子发射型断层扫描仪（PET-CT）

卫生部到2010年底已累计审批PET-CT配置110台。全国31个省（区市）中，除青海和西藏外，均已配置。PET-CT 配置水平为每百万人口 0.2 台。在《2011—2015 年全国正电子发射型断层扫描仪（PET-CT）配置规划》（下文简称《配置规划》）中明确，到 2015 年底，全国总体规划配置 270 台，2011—2015 年全国规划新增配置 160 台（含社会资本举办医疗机构配置 30 台）。已装备 PET-CT 且年平均检查量低于 1 200 例的区域原则上不得申请新增配置。

PET-CT 是当今分子影像最先进的诊断手段之一，按照功能分为临床研究型（指 PET 配装 64 排/层及以上 CT）和临床应用型（指 PET、PET 配装 64 排/层以下 CT）2 类。《配置规划》引导医疗机构合理配置适宜档次机型，并明确 PET-CT 检查阳性率标准为不低于 70%。

PET-CT 作为核医学科的主要影像设备常与回旋加速器制药区接近，或单独设置放射性药物进出流线。由于需要区分放射区及非放射区、病人区及医护区、放射药品及普通物品流线等多项流程关系，在平面布置时需结合总体布局妥善处理，见图 3.1.1 和图 3.1.2。

图 3.1.1　核医学科流程关系图

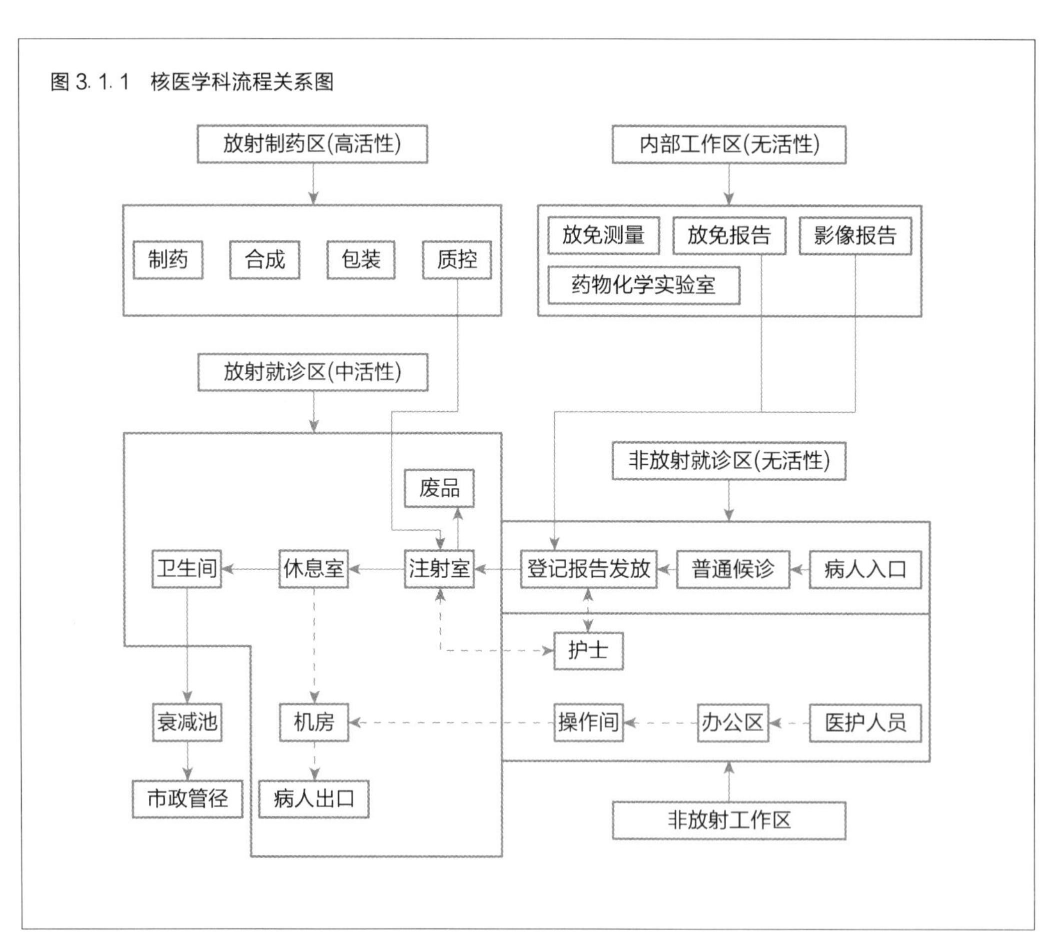

图 3.1.2 核医学科布局案例

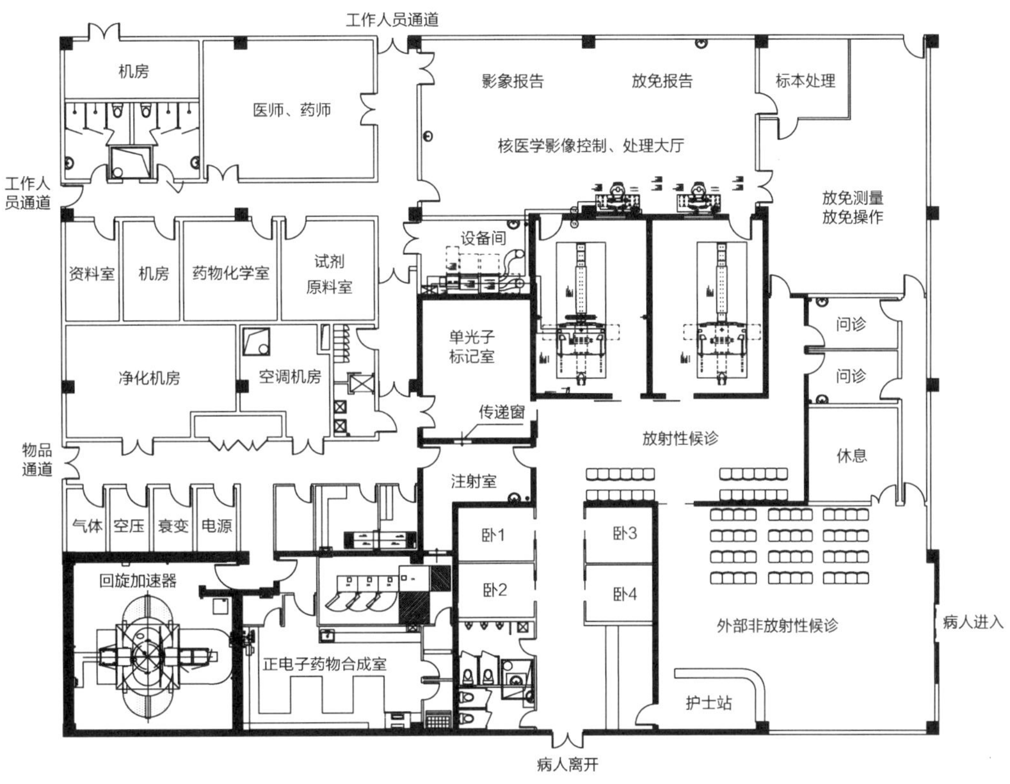

表 3.1.1 为部分厂家核医学科典型设备型号对基建的要求。

表 3.1.1 部分厂家核医学科典型设备型号基建要求一览表（单位：m）

		西门子	飞利浦	GE
PET-CT	检查室	8.50×6.00	7.40×4.40	8.40×5.00
	操作室	6.00×4.00	4.40×2.50	3.00×5.00
	设备室	4.00×3.00	—	—
	净高	大于 2.40	大于 2.60	2.80
SPET-CT	检查室	5.50×4.50	6.00×4.50	6.50×5.00
	操作室	4.50×4.00	4.50×3.00	5.00×3.00
	净高	大于 2.40	大于 2.75	2.80
回旋加速器	机房	7.00×7.30	—	7.50×7.00
	控制站	1.80×1.80	—	3.00×3.00
	净高	工作高度 3.34 吊顶 3.00	—	4.00

PET 以正电子核素标记人体代谢物为显像剂。PET-CT 是整合 PET 及 CT 在一台机器

上组成一个完整的显像系统，可同时获得 CT 解剖图像及 PET 功能代谢图像。目前最常用的 PET 显像剂为 18F 标记的 FDG（氟化脱氧葡萄糖）。PET-CT 布局详见图 3. 1. 3。

图 3. 1. 3　PET-CT 典型平面图

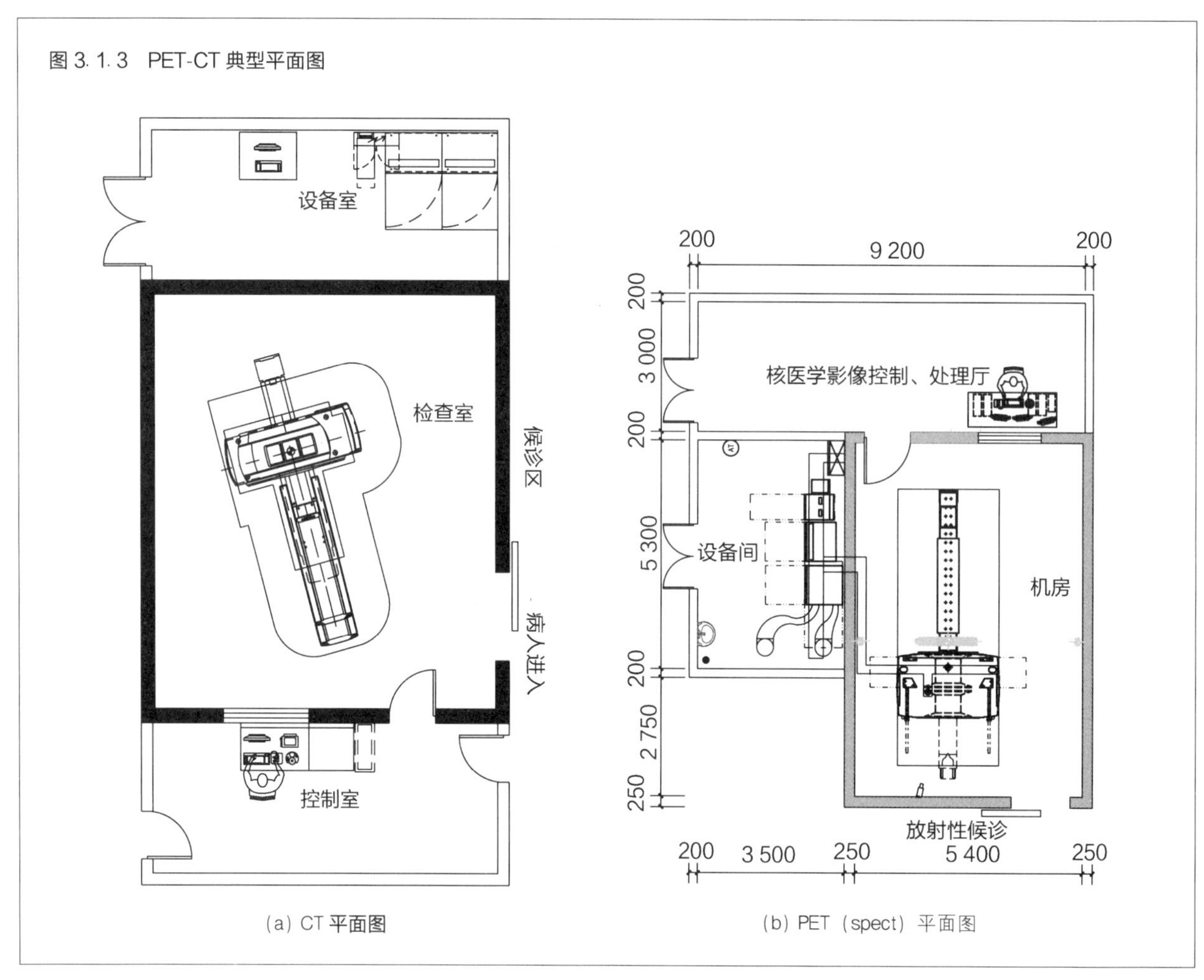

(a) CT 平面图　(b) PET（spect）平面图

回旋加速器作为 PET 的放射性同位素供给系统，在自动化控制下能够产生正电子放射同位素以及一系列化学复合物，广泛用于核医学的药物生产。由于药物生产是一个系统工程，平面布局需要密切契合工作流程。其主要房间包括药房、配药房、质量控制区、清洁区、回旋加速器室、气瓶室、办公室和仓库。图 3. 1. 4 为回旋加速器制药区的典型平面。

3. 医用电子回旋加速治疗系统（MM50）

医用电子回旋加速治疗系统（MM50）是采用循环式加速产生 MV 级射线的肿瘤定向放射治疗仪。其最高射线强度可达 50 MV，远高于直线加速器的 15 MV 射线。其工作原理和直线加速器基本一致，在屏蔽措施和安全措施上有非常高的相似性，但由于射线能量更高，因此对屏蔽和安全的要求也更高。MM50 系统产生的束流可供多个放射治疗室使用，可用于配置在大型放疗中心。

图 3.1.4　回旋加速器制药区布局面

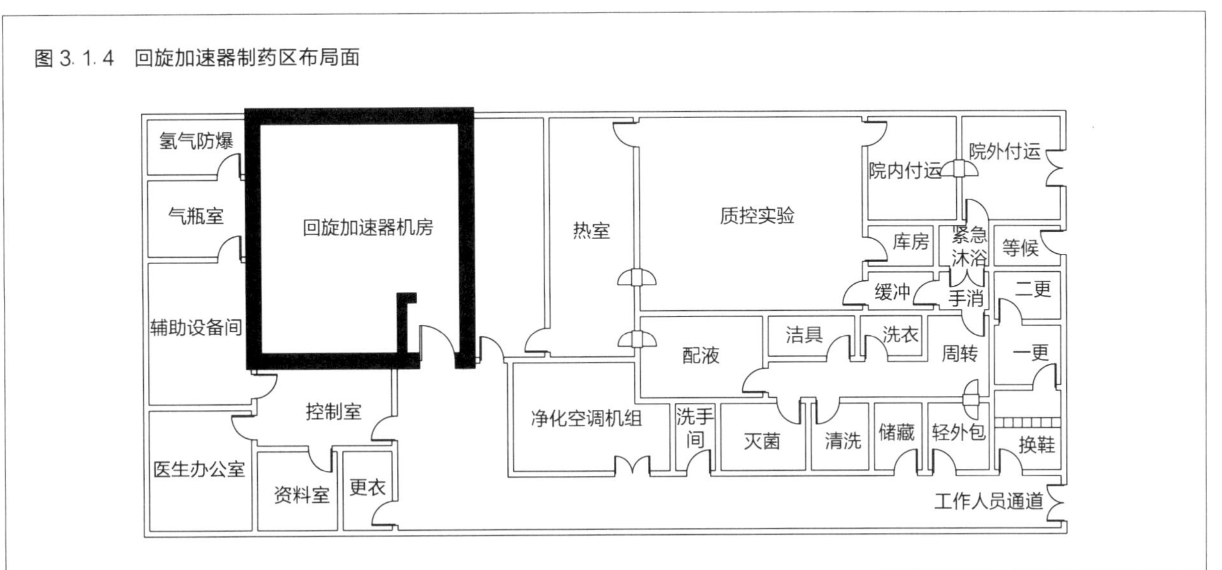

4. 质子治疗系统及其他

在《“十二五”甲类大型医用设备配置规划》征求意见稿中明确了当时阶段为追踪新技术，可适当配置少量质子治疗系统，以开展临床应用和基础研究工作，当时阶段仍以发展传统高能光子治疗为宜，在对国内装备质子/重离子治疗系统应用情况做出综合评估以前，暂不审批新增配置。

在 2017 年国家卫生健康委员会主管大型医疗设备审批负责人的公开表态中，明确表达质子和重离子设备需要配置证审批。并说明了大型医院设备必须获得配置证的法规依据。其中最重要的依据就是 2017 年 5 月公布的国务院关于修改《医疗器械监督管理条例》的决定（国务院令第 680 号）。同时表明，公立医院和民营医院的配置比例为 8∶2。

质子和重离子放疗系统的治疗原理是利用质子/重离子加速后的巨大能量，穿透人体组织到达并杀灭肿瘤细胞，以达到治疗的目的。它与常规放疗相比，具有能量高、穿透力强、保护正常细胞组织及杀灭放疗抗性肿瘤细胞等优点，是目前国际上最新进的一种肿瘤治疗方法。由于质子和重离子的发生及应用工艺要求非常复杂，该治疗系统的建设是一个巨大的综合工程。根据国际离子治疗协作组（PTCOG）发布的截至 2013 年 12 月数据，世界范围内正在运营和建造的质子、重离子中心共 48 个，其中美国 13 个，日本 12 个，德国 5 个。上海肿瘤医院已进口一套质子和重离子系统，目前已投入运营三年；瑞金医院正与上海中科院共同研发质子装置；据 2016 年的不完全统计，中国目前共有 40 多家医院申请建设质子治疗中心，为世界之首。

质子和重离子放疗系统的布局见图 3.1.5。

图 3.1.5　质子和重离子放疗系统轴侧剖切示意图

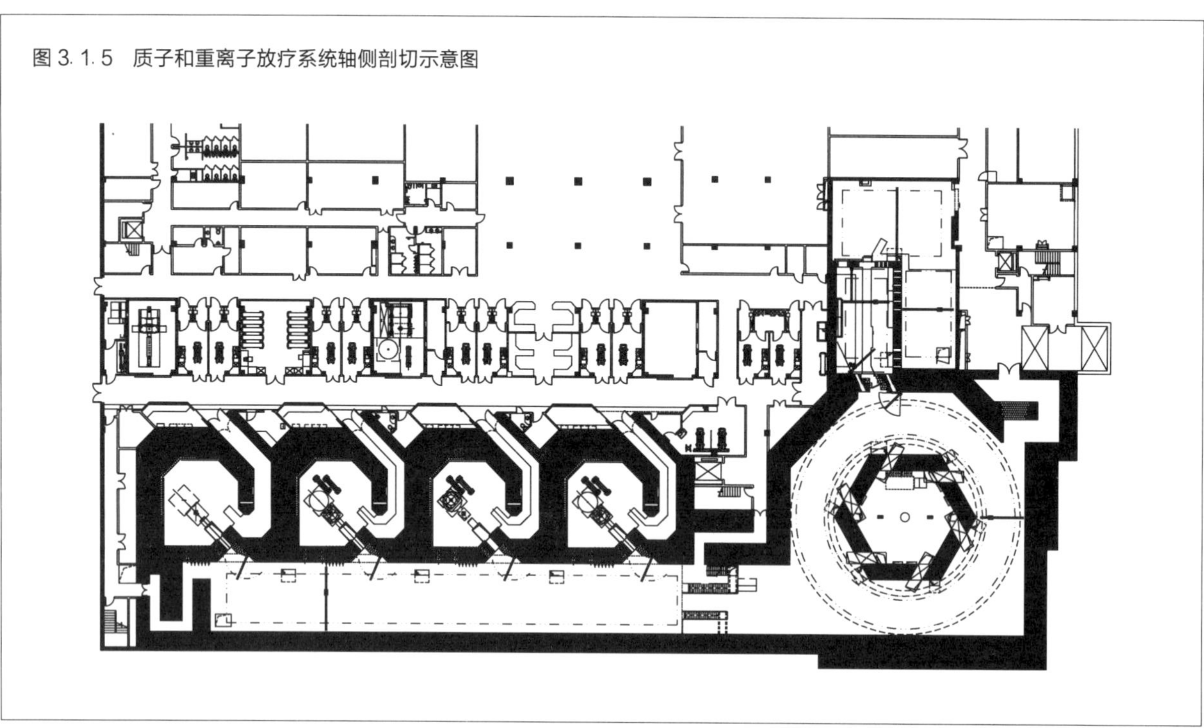

5. 乙类大型医疗设备配置数量计算

对于综合医院中乙类大型医疗设备配置数量计算，我国在 2000 年也出台规定了几种大型医用设备的配置标准，其中 CT 为 2.0 台/百万人口，MRI 为 0.3 台/百万人。通行的做法是分析实际使用中的一些技术指标，判断出目前设备的配置量和使用状况，结合医院未来规划，合理预测人群对设备的检查需求的增长速度级及预设设备合理的年检查人次，提出大型医用设备的配置使用计划。

常用的评价指标介绍如下：

• 年开机利用率 = 设备年检查人次 × 人均占机时间/日均开机时间 × 年实际开机天数

• 年时间利用率 = 设备年检查人次 × 人均占机时间/年可能开机天数

• 年能力利用率 = 设备年检查人次/日最大工作量 × 年可能开机天数

• 年有效利用率 = 年利用时数 × 检出阳性率/年标准利用时数

• 管理状况指标：设备额定工作时数、自设备到货至开始使用日数、设备完好率、年停机日数。

• 服务量指标：年检查人次、日均检查人次、人均占机时间、年均开机天数、日均开机时间。

6. X 线计算机断层扫描仪（CT）技术参数

CT 是用 X 线束对人体某部一定厚度的层面进行扫描，进行图像重建形成数字图像的检查方法。CT 设备主要包括扫描设备、计算机系统和图像显示和存储系统三部分。扫描方式有平移/旋转、旋转/旋转、旋转/固定、螺旋 CT 扫描（spiral CT scan）。可三维重建，注射造影剂作血管造影，可得 CT 血管造影（CT Angiography，CTA）。

由于CT设备尺寸较大，应注意在控制室可清晰观察到正在接受检查的病人。设备主机较重，需考虑楼板承重。表3.1.2为CT机房常规的基建要求。图3.1.6为CT机房的典型平面。

表3.1.2 CT机房建议基建数据（单位：m）

CT机房基建	开间×进深	备注
检查室	6.50×6.00×2.80（高）	六面墙体防护处理
控制室	6.00×3.00	活动吊顶
检查室门	不小于1.20×2.10	防辐射专业门窗
观察窗	不小于1.20×0.90	防辐射专业门窗
控制室门	0.90×2.10	
设备室	4.00×2.50	考虑室外机组位置

注：屋顶应做活动吊顶，便于检修；墙、地面装修应便于清洗和消毒。

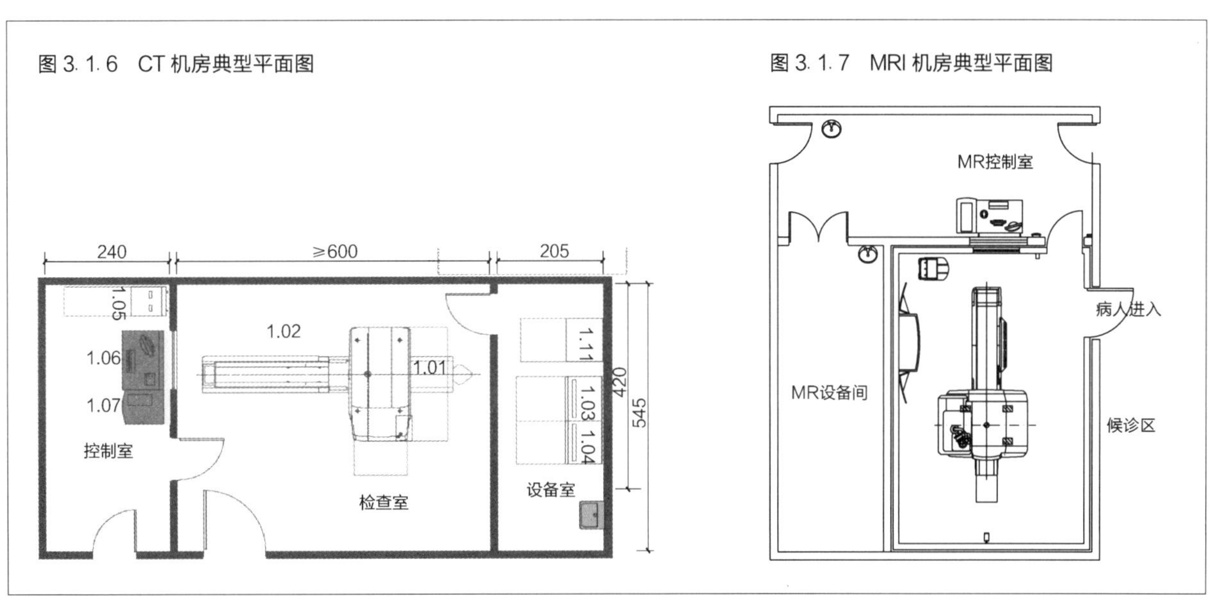

图3.1.6 CT机房典型平面图

图3.1.7 MRI机房典型平面图

7. 医用核磁共振成像设备（MRI）技术参数

MRI是一种生物磁自旋成像技术。在外加磁场内，经射频脉冲激后产生信号，检测并输入计算机处理转换后在屏幕上显示图像。

由于检查室内有强大的磁场，体内有金属物者严禁作核磁共振检查。在核磁共振检查室门外，应有红色或黄色的醒目标志注明。由于钛金属不受磁场的吸引，体内有钛金属类固定物的病人检查时是安全的，也不会对核磁共振的图像产生干扰。

MRI不是用X射线而是利用核磁共振现象从人体中获得电磁信号，因此针对MRI的电磁屏蔽主要起到抑制电磁干扰作用：限制内部辐射的电磁能量泄漏及防止外来辐射干扰进入。屏蔽体表面应导电连续，并不能有穿透屏蔽体的导体。屏蔽材料以金属为主，如铝、铜、锌铁钢及合金等。不同部分结合处的不导电缝隙可采用电磁密封衬垫。

由于磁频不可被完全屏蔽，MRI 机房不应与其他大型设备机房相邻。

表 3. 1. 3 为 MRI 机房的常规基建要求。图 3. 1. 7 为 MRI 机房的平面布局示例。

表 3. 1. 3　MRI 机房建议基建数据（单位：m）

MRI 机房基建	开间×进深	备注
检查室	6. 50×4. 00×3. 00 h；3 t	六面墙体屏蔽处理
控制室	3. 00×2. 00×2. 50（高）； 3. 00×5. 00×2. 60（高）	活动吊顶
检查室门	不小于 1. 20×2. 10	防辐射专业门窗
观察窗	1. 80×1. 20；1. 50×0. 90	防辐射专业门窗
控制室门	0. 90×2. 10	
设备室	3. 00×2. 00×2. 50；3. 20×5. 00×2. 60 h	考虑室外机组位置

8. 800 mA 以上数字减影血管造影 X 线机（DSA）技术参数

DSA 数字减影血管造影机是一种大型影像设备，是电子计算机与常规 X 线血管造影相结合的一种新的检查方法。血管造影技术是向血液中注射显影剂，使血管在 X 射线照射下能被显示出来。血管造影的影像通过数字化处理，把不需要的组织影像删除掉，只保留血管影像，这种技术称为数字减影技术。利用该设备可以开展多种疾病的介入诊断与治疗手术。DSA 设备可通过三种方式进行安装，即单 C 落地、单 C 吊顶和双 C 落地吊顶。房间要求净化级别，需专业公司进行施工。按照最新的相关规范，DSA 使用流程应按照手术室流程控制。

表 3. 1. 4 为 DSA 机房的常规基建要求。图 3. 1. 8 为 DSA 机房的平面布局示例。

表 3. 1. 4　DSA 机房建议基建数据（单位：m）

DSA 机房基建	开间×进深	备注
检查室	8. 50×8. 00×3. 00（高）；6. 50×5. 90×3. 00（高）； 7. 52×5. 90×2. 71（高）；	六面墙体防护处理
控制室	8. 00×2. 90；6. 00×3. 00；5. 90×2. 90；	活动吊顶
检查室门	不小于 1. 20×2. 10	防辐射专业门窗
观察窗	1. 80×1. 20；1. 50×0. 90	防辐射专业门窗
控制室门	0. 90×2. 10	
设备室	8. 00×2. 00；5. 90×2. 00；5. 90×2. 30	

注：屋顶应做活动吊顶，便于检修；墙、地面装修应便于清洗和消毒。

9. 单光子发射型电子计算机断层扫描仪（SPET-CT）技术参数

作为核医学科的另一种主要影像设备，SPET-CT（Single-Photon Emission Computed Tomography）又称为单光子发射计算机断层扫描技术。常用的放射性药物有碘 123、锝 99、氙 133、铊 201 和氟 18。其分辨率和灵敏度明显低于 PET。使用流程与 PET 接近。

图 3.1.8　DSA 平面图

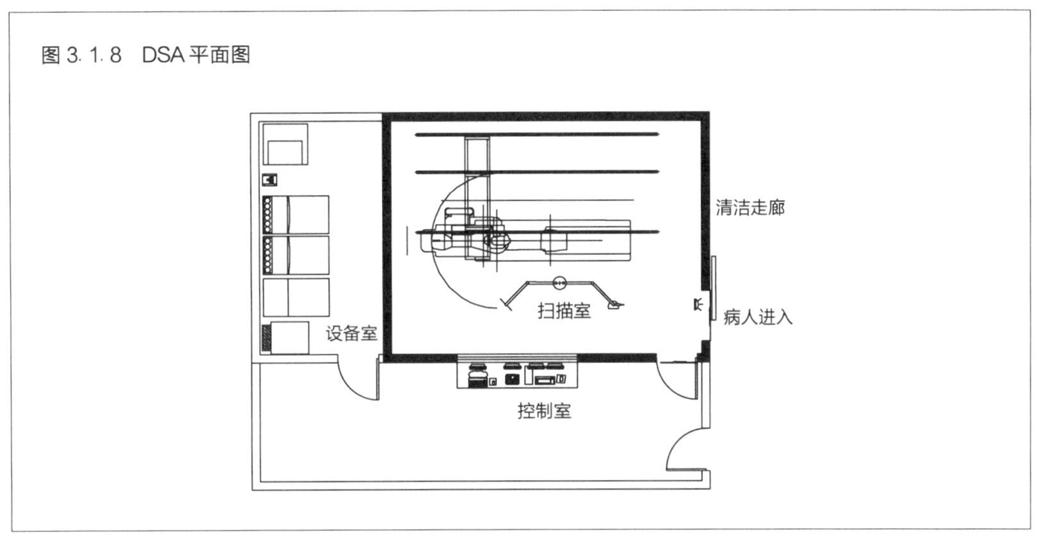

10. 医用电子直线加速器（LA）技术参数

医用电子直线加速器是一种用来对肿瘤进行放射治疗的粒子加速器装置。目前在放射治疗中使用最多的是电子直线加速器，广泛用于各类肿瘤的术前术后治疗。电子直线加速器机房常用基建数据见表 3.1.5。

电子直线加速器典型平剖面见图 3.1.9。

图 3.1.9　电子直线加速器机房平剖面图

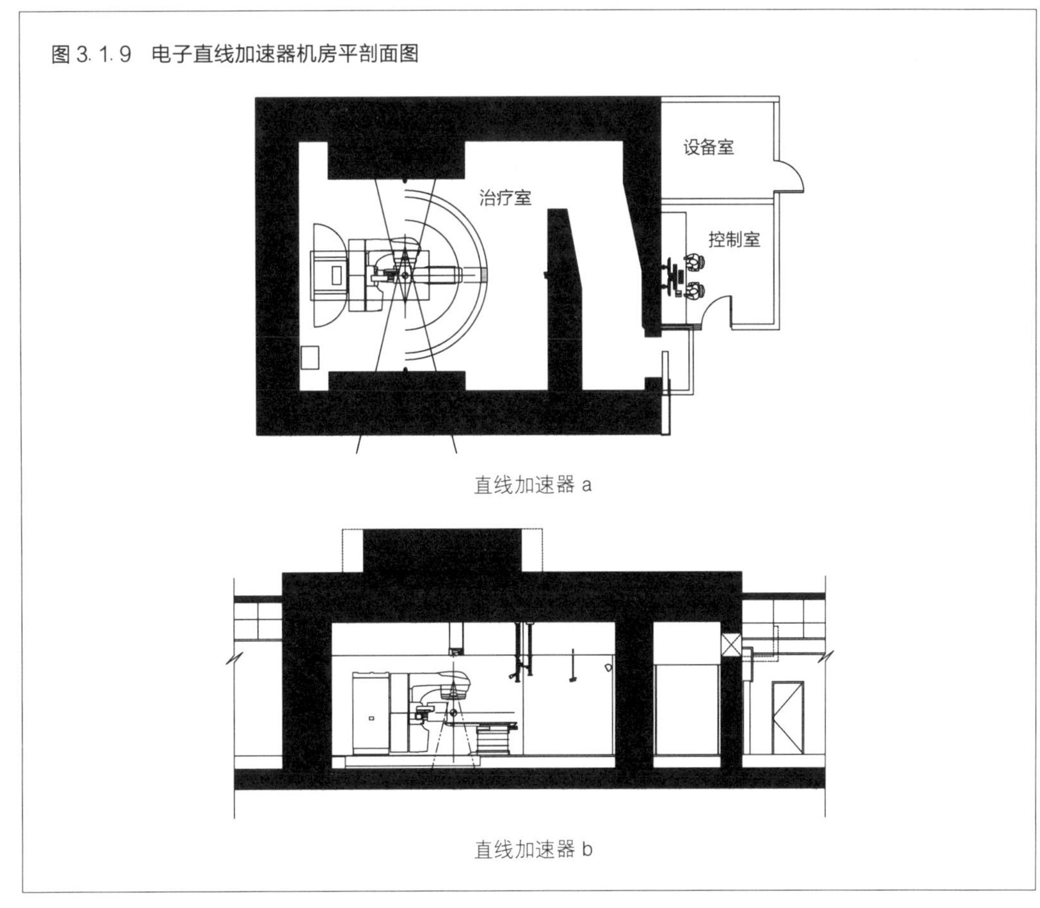

表 3.1.5　电子直线加速器机房建议基建数据(单位:m)

LA 机房基建	开间×进深	备注
主机房	8.80×6.40×3.00（高）; 结构高度 4.00 m	六面墙体防护处理; 迷道不小于 2 m 宽
控制室	3.00×4.00×2.80（高）;	活动吊顶
主机房门	不小于净 1.40×2.10	防辐射专业门窗
控制室门	0.90×2.10	
设备室	3.00×4.00×2.80（高）;	考虑室外机组位置

3.2 主要医疗功能区域建筑空间尺度标准

随着近年来1 000床以上规模的超大型医院不断涌现，结合国内外综合医院的建设和管理经验，认真做好医院项目的前期准备，确定医院项目的合理规划及相应的医疗工艺流程，科学地编制医院规划设计任务书，对我国医院建设的发展有着深远的影响。医疗建筑作为一个长期建设的过程，在总体规划阶段应充分考虑到分步实施的可行性。总体规划和分步实施统筹兼顾，分步实施应保证每期建设的完整性及分期建设的延续性，最终达到总体规划的目标。

根据医院的建设规模、管理模式和科室设置要求，对医院项目建设进行科学的控制，是医院发展来自内因和外因综合的必然要求，也是医院建设中一个不可缺少的重要环节。

医院规划设计任务书的核心内容主要包括医疗功能区域建筑空间尺度和标准规模等的确定。

以下以1 000床规模的综合医院主要功能区域规划设计任务书为例，可对类似规模医院的建设有所参考帮助。

1 000床综合医院的各部分建筑面积及设置比例见表3.2.1，门诊科室、日门诊量人次与病房床位设置比例见表3.2.2，各功能区域使用面积规划见表3.2.3，门、急诊部门使用面积分配见表3.2.4，医技科室使用面积分配见表3.2.5，住院部使用面积分配见表3.2.6，计入规模床位配置见表3.2.7，不计入规模床位配置见表3.2.8，行政管理中心区域面积分配见表3.2.9，科研教学区域面积分配见表3.2.10，院内生活区域面积分配见表3.2.11，后勤保障区域面积分配见表3.2.12，以急诊部门面积分配为例见表3.2.13。

表3.2.1 1 000床综合医院各部分建筑面积及设置比例表

部门名称	标准要求比例（%）	案例选用比例（%）	案例建筑面积（m²）	备注
急诊部门	3.0	4.0	4 000	1) 已含单列医疗用房10 000 m²，未包括：地下车库、科研教学、制剂、康复和健康体检设施；2) 综合医院建议按床均建筑面积120 m²/床的建设标准设计；3) 专科医院可按床均建筑面积110 m²/床的建设标准设计
门诊部门	15	18	18 000	
住院部门	39	44	44 000	
医技部门	27	24	24 000	
保障系统	8.0	6.0	6 000	
行政管理	4.0	2.5	2 500	
院内生活	4.0	1.5	1 500	
合计	100	100	100 000 ↑	
床均建筑面积	90	100～120	—	

注：根据《综合医院建设标准》（建标110—2008），医疗区各功能区域实际所需建筑面积可根据功能需要作相应调整。

表 3.2.2　1 000 床综合医院门诊科室、日门诊量人次、病房床位设置比例表

门诊分科人次比例			病房床位分配比例			
科别	比例（%）	人次（人）	科别	要求比例（%）	推荐比例（%）	预计床位（张）
内科	28	840	内科	30	32	320
外科	25	750	外科	25	24	240
妇科	15	450	妇科	8	8	80
产科	3	90	产科	6	4	40
儿科	8	240	儿科	6	8	80
眼/耳鼻喉/口腔科	10	300	眼/耳鼻喉/口腔科	12	8	80
中医科	5	150	中医科	6	8	80
其他	6	180	其他	7	8	80
合计	100	3 000	合计	100	100	1 000

注：根据《综合医院建筑设计规范》GB51039—2014，医疗区门诊量、床位需求数量可根据历年统计数据或实际需要作相应调整。

表 3.2.3　1 000 床综合医院各功能区域使用面积规划一览表

部门名称	区域名称	运营能力	设置标准	数量	使用面积（m^2）	建筑面积（m^2）	备注
急诊部	急诊急救	300 人次/日	8 m^2/人次	300 人次	2 400	3 333	按 10% 日门诊量预计，约 300 人次/日
门诊部	共用部分	3 000 人次/诊	1.44 m^2/人次	3 000 人次	4 322	15 000	按 3 000 人次/诊，平均每间诊室约 35 人次
	门诊区	3 000 人次/诊	48 m^2/间	116 间	5 568		86 间 1.35（含 VIP、感染门诊等空间）
住院部	出入院				570	36 667	
	护理单元	1 000 床	22 m^2/床	26 单元	22 000		床均建筑面积 33～40 m^2/床
	ICU	40 床（不计）	33 m^2/床	2 单元	1 320		按 2%～5%计，床均建筑面积 46～60 m^2/床
	产房	8 床（不计）	48 m^2/间	8 间	384		含待产、辅房等设施
	NICU	22 床（不计）			280		与产房相邻或设于儿科
医技科室	检验科				1 185	20 000	
	病理科				421		
	停尸房				152		按总床位 1%～2% 计设置所需停尸柜
	输血科				259		
	功能检查				805		
	内窥镜室				562		
	放射科		125 m^2/台	14 台	1 746		未包括 DSA 介入治疗，建筑面积 310 m^2/套
	核医学				589		含 ECT 未含 PET-CT，建筑面积 300 m^2/套

（续表）

部门名称	区域名称	运营能力	设置标准	数量	使用面积（m^2）	建筑面积（m^2）	备注
医技科室	放射治疗				808	20 000	含两台直线加速器和模拟定位等治疗用房
	中心供应		0.9 m^2/床	1 000 床	905		按 0.8～1.0 m^2/床使用面积标准设置
	手术中心		100 m^2/间	20 间	1 958		设置 20 间手术室
	理疗科				415		
	血液透析		25 m^2/床	30	738		按 400 m^2/10 床建筑面积标准设置
	药剂科				2 685		含静脉配置，未包括制剂中心约 3 500 m^2
	营养食堂		1 m^2/床	1 000 床	1 040		按 1.0 m^2/床使用面积标准设置
	设备科				694		
保障系统	能源中心				2 200	5 000	含锅炉房、冷冻机房、变配电、水泵房等
	洗衣房				395		建议社会化服务
	总务库房				735		
	总务修理				500		
	通信				280		电话总机室含计算机房
	门卫传达				130		含门卫、室外厕所等设施
	废物收集				160		含污水处理、生活和医疗垃圾收集用房
行政部	办公用房		4～6 m^2/人	200 人	1 700	2 083	含图书馆和中小型会议室等
院内生活	职工食堂				1 000	1 250	可与营养食堂贴邻建造
合计	58 906（合计使用面积）					83 333	未含教学科研、车库、制剂、康复、体检
总建筑面积＝合计建筑面积 * 面积换算系数 *K*1 *						100 000	面积换算系数 *K*1＝1.2

注：*K*1 面积换算系数为区域外公共空间及机电用房面积系数，取值 1.2。

表 3.2.4　1 000 床综合医院门、急诊部门使用面积分配表

区域名称	诊室数量（间）	使用面积（m^2）	建筑面积（m^2）	备注
1. 急诊部		2 400	3 333	面积换算系数 *K*2* ＝1.39
1）公共空间		300		急诊挂号收费、药房和公共区域
2）急诊区	10	946		10 间诊室、化验、医技治疗等用房
3）急救区		1 234		急诊手术和抢救室、急诊观察和 EICU
2. 门诊部		9 890	15 000	面积换算系数 *K*2* ＝1.52
1）公共空间		4 322		含公共设施、门诊治疗医技和门诊手术
公共区域		2 582		门诊药房、挂号收费和公共区域等
门诊治疗		948		包括门诊输液、注射等

（续表）

区域名称	诊室数量（间）	使用面积（m²）	建筑面积（m²）	备注
门诊手术		792		4 间门诊手术
2）门诊科室	116	5 568		各科诊室，共 116 间，按 35 人次/间计
内科	22	450		
外科	20	725		
泌尿外科	3	435		
儿科	13	411		
妇产科	11	535		
眼科	4	415		
耳鼻喉科	5	469		
口腔科	4	390		
皮肤科等	8	404		
中医科	5	154		
康复科	1	556		
血液科	2	115		
肿瘤科	3			
感染科	5	259		
专家门诊	10	250		
合计		12 290	18 333	面积换算系数 $K2^*=1.49$

注：K2 面积换算系数为区域内交通、机电用房及结构墙体面积系数，可根据不同区域、不同功能需求选用不同数值。

表 3.2.5　1 000 床综合医院医技科室使用面积分配表

区域名称	使用面积（m²）	建筑面积（m²）	备注
检验科	1 185		
病理科	421		
尸体解剖（太平间）	152		按 1%～2% 床位数比例设置
输血科	259		
超声及功能检查	805		
消化内窥镜科	562		
放射科（影像诊断）	1 746		未含 DSA 建筑面积 310 m²/套
核医学科	589		未含 PET－CT 建筑面积 300 m²/套
放射治疗科	808		含两套直线加速器模拟定位等用房
中心供应	905		按床均 0.8～1.0 m² 使用面积标准设置
手术中心	1 958		设手术室 20 间
理疗科	415		
血液透析	738		建筑面积 400 m²/10 床标准（30 床）
药剂科	2 685		未包括制剂中心约 3 500 m²
营养食堂	1 040		按 1 000 床住院病人标准设计
医疗设备科	694		
合计	14 962	20 000	面积换算系数 $K2^*=1.34$

表 3.2.6　1 000 床综合医院住院部使用面积分配表

区域名称	使用面积（m^2）	建筑面积（m^2）	备注
出入院登记	570		
护理单元	* 18 000～22 000		26 单元按床均建筑面积 33～40 m^2设计
ICU	1 040～1 320		2 单元按床均建筑面积 46～60 m^2设计
产房	384		含待产辅房等设施，8 间产房，48m^2/间
新生儿 NICU	280		22 床，与产房相邻或设于儿科病区
合计	* 20 274～24 554	* 30 208～36 667	面积换算系数 $K2^*$ = 1.49

注：* 表示取床均建筑面积下限时的使用面积和建筑面积值。

表 3.2.7　1 000 床综合医院计入规模床位配置一览表

区域名称	预计床位数（床）	护理单元（个）	备注
神经内科	40	1	
呼吸科	40	1	
心内科	40	1	
消化科	40	1	
肾病科、皮肤科	40	1	
内分泌、风湿病科	40	1	
感染性疾病科	60	2	大于 20 床感染科病区应单独设置
儿科	80	2	包括 NICU/PICU
中医康复	80	2	
肿瘤、血液科	40	1	
神经外科	40	1	
心胸外科	40	1	
普外科	40	1	
骨外科	40	1	
泌尿外科	40	1	
整形、微创外科	40	1	
妇科	80	2	
产科	40	1	
眼/耳鼻喉/口腔科	80	2	
ICU/CCU	40	2	未计入总床位
VIP 病房	60	2	
合计	1 000	28	

表 3.2.8　1 000 床综合医院不计入规模床位配置一览表

区域名称	预分配床位数（床）	合计数量（床）	备注
急诊（急诊留观和监护病床）	20 + 8	28	其中 8 床为急诊 EICU
ICU/CCU	20 + 20	40	宜按总床位 2%～3% 比例设置
产房	8	8	待产床位
透析中心	30	30	含隔离透析和腹透的床位
合计非编制床位		106	

表 3.2.9 行政管理中心区域建筑面积分配表

区域名称	预计建筑面积（m²）	标准所需建筑面积（m²）	备注
办公用房	1 600	2 559	
计算机房	—	57	与通信机房贴邻设置
图书馆	900	984	
合计	2 500	3 600	

表 3.2.10 科研教学区域建筑面积分配表

区域名称	预计建筑面积（m²）	设计标准	备注
教学用房	3 600	10 m²/人	含 800 人报告厅、阶梯教室
科研用房	6 400	32 m²/人	包括约 200 人的科研实验用房
合计	10 000		

表 3.2.11 院内生活区域建筑面积分配表

区域名称	预计建筑面积（m²）	标准所需建筑面积（m²）	备注
职工食堂	1 500	1 876	可与营养食堂邻近设置
浴室	—	277	与洗衣房、锅炉房贴邻设置
单身宿舍	—	1 477	根据需要设置
合计	1 500	3 600	

表 3.2.12 后勤保障区域建筑面积分配表

区域名称	预计建筑面积（m²）	标准所需建筑面积（m²）	备注
能源中心	3 000	3 078	含锅炉房、空调冷冻、变配电、水泵房等
太平间	—	253	按 1%～2% 床位数比例设置已计入医技区
洗衣房	534	847	宜结合社会力量，适当少设或多设
总务库房	1 000	1 620	加强周转，减少库存
通讯	380	384	
传达室	90	90	室外单设
室外厕所	90	90	室外附设
总务修理	680	666	
污水处理	126	126	地上及地下建构筑物
废弃物收集	100	46	包括医疗垃圾和生活垃圾存放
合计	6 000	7 200	

表 3.2.13　1 000 床综合医院急诊部门使用面积分配表

区域名称	空间名称	房间名称	空间大小（m²）	数量（间）	使用面积（m²）	备注
急诊急救厅	公共空间（300）	挂号收费	50	1	50	急诊量：300 人次/天
		急诊药房	90	3	90	
		综合大厅	160	1	160	
急诊区	医疗用房（816）	诊室	24	10	240	各科及预留用房
		洗胃室	15	1	15	
		急诊化验	150	1	150	
		B 超、值班	24	1	24	
		放射、值班	45	1	45	
		控制室	20	1	20	
		心电、值班	24	1	24	
		输液	250	1	250	可与门诊合设
		治疗处置	18＋12	1	30	
		护士站	18	1	18	
	辅助用房（130）	值班、更衣	24	2	48	
		库房	12	1	12	
		污洗室	18	1	18	
		医生厕所	8	2	16	
		病人厕所	18	2	36	
急救区	医疗用房（1 046 m²）	抢救室	60	2	120	抢救床≮30 m²/床
		手术室	36	2	72	
		器械准备	18	1	18	
		治疗处置	18	2	36	分有菌无菌两间
		观察室			720	按 2.5%～5% 计
		EICU				EICU≮12 m²/床
		石膏库房	30	1	30	
		清创换药	50	1	50	
	辅助用房（108 m²）	库房	12	1	12	可与急诊区合设
		办公室	12	1	12	
		值班、更衣	24	3	72	
		污洗室	12	1	12	
合计使用面积			2 400			

3.3 医院空调系统的高效运行

对于医院来说，供暖、蒸气供应、生活热水、空调用电的消耗占总能源的 70% 以上，因此准确合理地计算空调负荷，使医院空调系统高效运行是一项重要工作。

3.3.1 医院建筑计算负荷特性的分析

1. 医疗建筑空调负荷的特点

与一般的公共建筑相比，医疗建筑的空调负荷有以下一些特点。

1）各个部门使用时间不同

医院建筑功能复杂，门诊、急诊、手术、医技、病房和后勤等各部门的使用时间不相同。病房楼、门急诊楼、医技楼等为季节性空调负荷。而洁净手术室、无菌病房和重症监护病房等是全年空调负荷。后勤办公区、门诊区均为 8 小时工作制，而急诊区、手术区、ICU 及住院区均为 24 小时工作制，一些医疗设备介入检查区（如 CT，MRI，DSA，X 光，B 超等）则需要提供早期的供冷供热。

2）空调运行时间长，逐时负荷变化大

医院建筑空调系统的运行时间比较长。医院通常全年全天无休。同时随着病人源的多少变化，医院内人流高低峰差别很大，逐时负荷相应相差较大，空调负荷特性呈现夜晚负荷较低，白天负荷较高的显著特点。

3）普遍存在空调内区

单体建筑涵盖一所医院的几乎全部功能，内部布局非常复杂，常形成大面积建筑内区，这部分房间的空调负荷不受室外气候干扰，只存在人员、照明和设备的长期负荷，形成了空调内区。特别是内区的检验科、治疗室等一些房间设备发热量较大，而且全年基本稳定。冬季，这些房间还存在空调冷负荷。由于这些房间还会有异味产生，需要增加排风量，也会造成空调负荷的增加。

4）控制参数要求不同

医院的空调系统既要满足室内温湿度的要求，还兼有控制医院感染的职责，如：手术室、ICU 等靠大量的送风维持正压和稀释细菌浓度；检验科、生物安全柜等靠大量的排风维持负压和防止感染；传染科、解剖室等要求全新风运行。所以，医院的空调新风、排风量均超过一般公共建筑。新风负荷已成为医院最大的负荷。大型的诊疗设备、新型的医疗设施、大型计算机系统、一些生物洁净室系统的风机等发热，也已成为不可忽视的空调负荷。

2. 不同功能区域的空调负荷特点

医院建筑内部存在着两类差异较大的室内空调环境：一是量大面广的一般科室，如普通病房和诊室等，只需满足季节性舒适度的空调；二是数量相对较少的、有洁净无菌与严格的温湿度控制要求的功能区域，其中有些高科技医疗、诊断大型设备常常要求环境恒温恒湿控制。以下分别为医技、门急诊、手术区等区域的空调负荷特点。

1）门急诊

门急诊部人员较密集，滞留时间相对较长。据调查发现医院某些部位的实际人员密度值远高于设计预设值，特别是急诊室、急症观察室、候诊室、门诊区未被划定为候诊区的走廊等。在同等门诊量的医院中又以儿童医院的实际人员密度最大。因此，人员和新风负荷是空调负荷的最主要组成部分，一般占到总负荷的 50% 以上，甚至高达 60%。

门诊部门人员流动性大，人员密度在不同季节，一天中的不同时间有较大的波动。据统计，门诊人员的高峰值一般出现在上午 9:00～10:00；急诊人员的高峰值一般出现在晚上 18:00～22:00。

2）手术区

手术室处于内区，照明和人员发热变化较小，医疗设备的发热量较大，并且使用情况多变，热负荷变化较大。手术室中人员聚集在手术台周围，发湿量集中、变化较小。经上述分析可认为，手术期间的负荷特点是因为热负荷变化较大，而湿负荷比较稳定，从而引起室内温湿度比变动较大。因此，手术室净化空调系统制冷量配备可以考虑高峰热（冷）负荷，但系统设置更需要考虑热湿比的变化。

为了满足手术室环境要求，手术室的空气处理过程存在着巨大的再热负荷，再热负荷是手术室工艺性空调系统与普通舒适性空调系统的主要差别之一。现代化的综合医院规模较大，手术室的数量较多，其巨大的再热负荷在医疗建筑的空调负荷中占着很大的比重，再热负荷约占净化空调系统冷负荷的 30%～50%。

3）医技区域

医技区域由于医用设备的特殊性，其设备冷负荷要远远大于普通医用房间，这就决定了空调设计除了按常规考虑围护结构、人员、灯光等负荷，更应该仔细核对设备负荷，必须重点考察设备的发热量来计算冷负荷。

在医疗建筑中，大型医疗设备散热（例如 X 光，CT，MRI，DSA 等检验设备）、实验区的通风柜、生物安全柜等特殊医疗工艺通风需求、手术室医疗工艺空调需求、人员密度等都对空调负荷计算有着很大的影响。因此，在医疗建筑的空调负荷计算中，除了与普通公共建筑相同的维护结构负荷、人体负荷、照明负荷、新风负荷外，还要考虑医疗建筑中以上几个方面的特殊负荷。

3.3.2 医院空调系统的比较

1. 医院空调冷热源及系统划分

为保证医院各房间的温湿度、洁净度要求，应比选出能兼顾节能减排的冷热源系统方案。空调系统节能不应只偏重于冷源侧而忽视末端，只有全面节能才是一个节能的系统。医院空调系统的设置要考虑安全，满足病患需求，及符合医疗工艺要求。

1）常规冷源空调系统

（1）技术简介及特点

对于常规冷源来说，常见的有电动压缩式机组和溴化锂吸收式机组。电动压缩式机组，包括涡旋式、往复式、螺杆式及离心式机组。溴化锂吸收式机组，包括热水型、蒸汽型及直燃型。

一般来说，活塞式、涡旋式制冷机的单机制冷量较小，且其能效比（性能系数）也较差，不适合作为空调系统的集中冷源。离心式、螺杆式制冷机的单机制冷量较大，且其能效比（性能系数）也较好，适合作为空调系统的集中冷源。螺杆式制冷机的低负荷调节性能较好，离心式制冷机的性能系数最高，但其低负荷调节性能较差。

溴化锂吸收式制冷机，根据其驱动热源的供应方式可分为蒸汽（热水）型和直燃型两类。在市政条件允许和经济分析合理的情况下，可考虑采用蒸汽（热水）型或直燃型溴化锂吸收式冷（热）水机组。一般来说，较适合利用发电厂或热电联产的余热蒸汽（热水）源，不宜采用商业市政供应的蒸汽（热水）源，更不宜采用专配锅炉为驱动热源供应蒸汽（热水）型冷水机组的形式。

(2) 系统设计原则

对于中小型医疗建筑，宜采用多台螺杆式制冷机均分的配置方式，数量一般以 2～4 台为宜。

对于大中型医疗建筑，则尽量采用效率更高的离心式制冷机。由于医疗建筑通常会有较小负荷的空调运行情况，为保证系统的低负荷调节性能，一般在选用离心式制冷机的时候另外搭配 1～2 台螺杆式制冷机，其配置方式为“N＋1”或“N＋2”。“N”为多台离心式制冷机，数量一般以 2～3 台为好。“1”是指 1 台螺杆式制冷机，其制冷能力为离心式制冷机的 50%左右。如果采用 1 台螺杆式制冷机的额定制冷量偏大时，可采用 2 台螺杆式制冷机，其单台制冷能力为离心式制冷机的 25%左右，一般额定制冷量可控制在 1 400 kW 以内。

就目前的技术而言，还可以考虑变频式离心冷水机组。该种制冷机，即能扩大机组的部分负荷运行范围，又能达到良好的节能效果。在中小型医疗建筑中，可采用多台离心式制冷机均分的配置方式，其中一台为变频式离心冷水机组。在大中型医疗建筑中，考虑到单机容量和投资成本的因素，一般还是采用“N＋1”或“N＋2”的配置方式，“N”为常规定频离心式制冷机，“1”或“2”为螺杆式制冷机。

(3) 蓄冷空调系统

空调蓄冷技术，是在电力负荷很低的夜间用电低谷期，采用制冷机制冷，利用蓄冷介质的显热或潜热特性，用一定方式将冷量存储起来。在电力负荷较高的白天，也就是用电高峰期，把存储的冷量释放出来，以满足建筑物空调或生产工艺的需要。应用蓄冷空调技术的意义在于：①削峰填谷、平衡电力负荷；②改善发电机组效率，减少环境污染；③减少装机容量，节省空调用户的电力花费；④改善制冷机组运行效率；⑤蓄冷空调系统特别适用于负荷比较集中、变化较大的场合；⑥应用蓄冷空调技术，可扩大空调区域的使用面积；⑦适合于应急设备所处的环境，如医院计算机房等。蓄冷系统大致可分为水蓄冷及冰蓄冷空调系统。

(4) 水蓄冷系统

水蓄冷系统以空调用的冷水机组作为制冷设备，以保温槽作为蓄冷设备，空调主机在用电低谷时间将冷水蓄存起来，空调运行时将蓄存的冷水抽出使用。水蓄冷是利用水的温差进行蓄冷，可直接与常规空调系统匹配，无需其他专门设备。但这种系统只能储存水的显热，不能储存显热，因此需要较大体积的蓄冷槽。

水蓄冷主要有如下优点：①设备的选择性和可用性范围广；②适用于常规供冷系统的改造；③蓄冷放冷时冷冻水温度相似，冷水机组在这两种运行工况下均能维持额定容量和效率；④可以利用消防水池、原有蓄水设施或建筑物地下室作为蓄冷容器来降低初投资；⑤可以实现蓄热和蓄冷的双重功能；⑥设备控制方式与常规空调相似，技术要求低，维修方便。

水蓄冷的不足之处如下：①水蓄冷密度低，需要较大的空间，使用受到空间条件的限制；②蓄冷槽体积较大，表面散热损失也相应增加，需要增加保温层；③蓄冷槽内不同温度的冷冻水容易混合，会影响蓄冷效率，使蓄存的冷冻水可用能量减少；④开放式蓄冷槽内的水与空气接触易滋生菌藻，管路易锈蚀，需增加水处理费用。

根据医院空调冷负荷的特点和医院所在地区的分时峰、谷电价状况，水蓄冷系统一般可分为：全蓄冷、负荷均衡蓄冷、用电需求限制蓄冷三种形式，设计时遵循以下原则：①设计日尖峰负荷远大于平均负荷，且条件允许时，可采用完全蓄冷形式；②设计日尖峰负荷与平均负荷相差不大时，可采用部分蓄冷形式；③完全蓄冷系统的投资较高，占地面积较大，一般不宜采用。④如果完全蓄冷的经济效益与社会效益都好，且条件允许时，应该提倡完全蓄冷；⑤部分蓄冷系统的初期投资与常规空调系统相差不大，运行费用大幅度下降，水蓄冷形式应该推广采用。

(5) 冰蓄冷系统

蓄冰装置可以提供较低的空调供水温度，有利于提高空调供回水温差，以减少配管尺寸和水泵电耗。

冰蓄冷的主要优点如下：①蓄能高，密度大，蓄冷温度几乎恒定，单位容积的蓄冷量大，体积只有水蓄冷的几十分之一；②便于储存，对蓄冷槽的要求较低，占用的空间小，容易做成标准化、系列化的标准设备；③冰蓄冷槽可就地制造，为广泛应用创造了有利条件；④特别适用于应急设备所处的环境，如：医院、计算机房、军事设施等。

冰蓄冷的不足之处如下：①制冷机组的蒸发温度降低（要达到 −5～ − 10 ℃），使压缩机性能系数（COP）减小；②冰蓄冷空调系统的设备与管路复杂，用冰蓄冷低温送风会导致空气中的水分凝结，送到空调区空气量不足并产生空气倒灌现象；③对于现有的常规空调系统改造为蓄冷空调的系统，若用冰蓄冷困难较大，因为制冷主机工况变化太大，空调末端设备（风机盘管）也不适应，保温层厚度不符合要求等；④空调蓄冷系统的一次性投资比常规空调系统要高。

应根据医院空调冷负荷的特点和医院所在地区的分时峰、谷电价状况，在方案设计前期进行经济技术分析，选择合理的运行、控制策略，选择成熟、合理的冰蓄冷装置，对于蓄冷系统进行整体优化。

2）直接膨胀空调

(1) 技术简介及特点

直接膨胀式空气调节系统是一个以制冷剂为输送介质，由制冷压缩机、电子膨胀阀、其他阀件（附件）以及一系列管路构成的环状管网系统。系统室外机包括室外侧换热器、压缩机、风机和其他制冷附件；室内机包括风机、电子膨胀阀和直接蒸发式换热器等附件。

目前使用较多的变制冷剂流量多联分体式空调，是指一台室外空气源制冷或热泵机组配置多台室内机，通过改变制冷剂流量适应各房间负荷变化的直接膨胀式空气调节系统。变制冷剂流量多联分体式空调的基本单元是一台室外机连接多台室内机，每台室内机可以自由地运转/停运，或群组或集中控制。后来在单台室外机运行的基础上，又发展出多台室外机并联系统，可以连接更多的室内机。众多的室内机同样可以自由地运转/停运，或群组或集中控制。

(2) 系统优缺点

直接膨胀式空调系统，安装方便，使用灵活。适用于夏热冬冷地区峰值负荷不大，负荷变化率较大的中小型建筑，对于多个房间在使用时间上有较大的差异，要求各房间能独立使用及调节的情况更适用。空调系统全年运行时，宜采用热泵式机组，当同时需要供冷和供热时，宜选择热回收机组。变制冷剂流量多连分体式空调系统的优点如下：安装管路简单、节省空间、设计简单、布置灵活、部分负荷情况下能效比高、节能性好、运行成本低、运行管理方便、维护简单、分户计量、分期建设。缺点如下：初投资较高，对建筑设计有要求，特别对于高层建筑，在设计时必须考虑系统的安装范围，室外机的安装位置。新风与湿度处理能力相对较差。

3) 常规热源系统

(1) 技术简介及特点

空调用热源有蒸汽和高温热水两类，来源有市政热网、燃气（油）锅炉、电锅炉。

当有市政热网供应的蒸汽或高温热水时，只需设置气（水）—水热交换器即可，采用多台均分的配置方式，数量一般以 2～3 台为好。

当没有市政热网供热时，一般采用燃气（油）锅炉作为空调热源。根据锅炉供应热媒介质的不同，分为蒸汽锅炉和热水锅炉两类。由蒸汽锅炉或热水锅炉产生的蒸汽或高温热水作为一次热源，通过气（水）—水热交换器换热后再用于空调系统。

(2) 系统设计原则

考虑到锅炉的运行效率和操作维护，应尽量避免采用蒸汽锅炉，而应该采用热水锅炉。为使系统简化，在选用热水锅炉时建议采用自带换热器的热水锅炉，可不必再设水—水热交换器，空调水系统直接接驳其换热器的进出口即可使用。

对于自带换热器的热水锅炉，根据其一次侧热媒的压力情况可分为有压锅炉和常压或真空相变锅炉。考虑到锅炉的安全和操作维护，应尽量避免采用有压热水锅炉，而应该采用常压或真空相变锅炉。设计时，同样采用多台均分的配置方式，数量一般以 2～3 台为好。

空调热源还可以采用电锅炉。《公共建筑节能设计标准》GB 50189—2015 对采用电锅炉作为空调热源有严格的条件限定，应用时必须采用电锅炉加水蓄热的形式。当项目处于电力充足、供电政策支持和电价优惠地区或无市政热网和燃气源，用煤、油等燃料受环保和消防严格限制时，并经技术经济比较合适时方可实施。一般在空调冷源采用了水蓄冷的情况下，由于已经设置了蓄冷水箱，在冬季可转换为蓄热水箱，相对较适合采用电锅炉加水蓄热的形式作为空调热源。

当空调系统的冷源采用空气（地）源热泵型冷（热）水机组、直燃型溴化锂吸收式冷（热）水机组、直接蒸发式的分体空调或直接蒸发式变制冷剂流量空调系统时，由于设备本身即可制冷也可制热，故无需再另外设置热源。

2. 医疗建筑空调水系统划分原则

医疗建筑的空调冷热水应采用闭式循环水系统。空调水系统的定压和膨胀可采用高位膨胀水箱方式。为了减少腐蚀，也可采用密闭式膨胀罐定压方式或补水泵变频定压方式，使水系统全封闭。

考虑到医疗建筑的使用特点，宜采用分区两管制或四管制的空调水系统；当建筑物较小且功能单一，所有区域同时在夏季供冷、冬季供热时，可采用两管制的空调水系统。

空调冷水的供回水温差不应小于6℃。在保证技术可靠、经济合理的前提下，宜尽量加大冷热水的供回水温差，降低水系统的输配能耗，但应注意流量减少对空调末端设备水力失衡的控制措施。

当管路系统较小，末端支管环路阻力占负荷侧干管环路阻力的2/3～4/5时，可采用异程系统。当末端支管环路阻力较小，而负荷侧干管环路较长，且其阻力占的比例较大时，宜采用同程系统。如采用异程系统，则需配置必要的水力平衡装置。

中小型和功能单一的医疗建筑可采用冷热源侧定流量的一次泵系统，利用压差旁通阀控制系统变流量运行。在大中型医疗建筑中，系统较大、阻力较高，且各环路负荷特性或阻力相差悬殊时，宜采用在冷热源和负荷侧分别设置一级泵和二级泵的二次泵系统，一级泵定流量运行、二级泵变流量运行。当冷热水采用两管制系统，热水输配能耗相对较小时，可采用冷水二次泵、热水一次泵的组合方式。

由于医疗建筑通常会有较小负荷的空调运行情况，为保证系统的低负荷调节性能，一般不宜采用冷源侧变流量的一次泵变流量系统。

当冷热水采用分区两管制或四管制系统时，由于空调系统需同时提供冷热源，故不宜采用空气（地）源热泵型冷热水机组或两管制直燃型溴化锂吸收式冷热水机组。如必须采用空气（地）源热泵型冷热水机组，则应设置多台，并分别配置冷热水循环泵，而且机组的配管需做到可合可分，从而保证夏季集中供冷、冬季集中供热和过渡季节分别供冷供热的使用要求。直燃型溴化锂吸收式冷热水机组则必须采用可同时供冷供热的四管制机型，同样冷热水循环泵需分别配置。

对于手术、医技、全年发热设备用房等个别区域的备用独立冷热源，一般采用空气（地）源热泵型冷（热）水机组，其空调水系统有两种配置方式。一种是将独立冷热源的水管直接接至该区域已有的集中空调水系统的分支环路，通过环路阀门的切换来确定整个区域使用集中冷热源还是独立冷热源。另一种方式是在该区域的所有空调末端设备中均另外加设一套换热盘管，该换热盘管只是与独立冷热源接驳，而使用集中冷热源的换热盘管仍然保留，这样可以做到每个空调末端设备自由确定使用集中冷热源还是独立冷热源。

3.3.3 特殊医疗用房空调系统

1. 手术室

1）概述

近年来医院建设迅速发展，各地新建、改建了大量各等级的专科和综合性医院，建成立了许多较现代化的洁净手术室。由于洁净手术室的特殊性，这也使得它成为医院典型的高能耗部门。

2）洁净手术室建筑现状

新建的洁净手术室基本上是按照《医院洁净手术部建筑技术规范》GB 50333—2013设计，通常采用双走廊平面布局，外围的清洁走廊使得手术室基本不含外围护结构，洁净手术室和洁净走廊及辅房处于建筑物的内区。

3）洁净手术室空调基本负荷分析

对于内区空调负荷，其设备、照明和人员热负荷常年占绝大部分比重，即使在冬季也往往需要制冷。为了达到《医院洁净手术室建筑技术规范》中的房间温湿度要求，基本采用四管制的空调形式，以保证将手术室温湿度控制在规范所规定的区间；在夏季通常采用空调箱一次回风的送风形式，即使用低温的冷冻水通过换热盘管将空气进行降温（先经低温的冷冻水除湿），然后为了保证送风温湿度，采用再加热的方式，把空气加热到送风状态点，进行送风。在冬季手术室使用前，室内热负荷很小，需要进行加热，在正常手术时随着热负荷的加大，空调系统又需要切换到供冷、供热同时存在的工况，因此洁净手术室一年四季处于制冷、制热、再加热这种特殊状况。

2. 医疗设备用房空调系统

在大型综合医院中，一般配置许多大型医疗设备进行人体检查、治疗，这些医疗设备分布在放射诊断科、核医学科、放疗科和影像科。大型医疗设备一般包括 CT、ECT、MRI、DR、DSA、直线加速器、光波刀、伽马刀、回旋加速器等。这些大型医疗设备为精密电子设备，发热量大，对环境温湿度、洁净度均有一定的要求，运行时间相对较长，选用空调系统时应考虑节能和可靠性的要求。

1）医疗设备布局及空调要求

（1）CT。

CT 即电子计算机 X 射线断层扫描技术，CT 包括扫描部分、计算机系统、图像显示与记录系统和中央控制台，典型的 CT 机房平面布置见图 3.3.1。主要设备如扫描部分放置在扫描间内，扫描设备发热量大，且存在电离辐射，需要进行辐射防护。计算机系统、图像显示和存储系统控制间设置在控制间内。扫描间和控制间的温湿度要求及参考散热量见表 3.3.1。

图 3.3.1　CT 机房平面布置

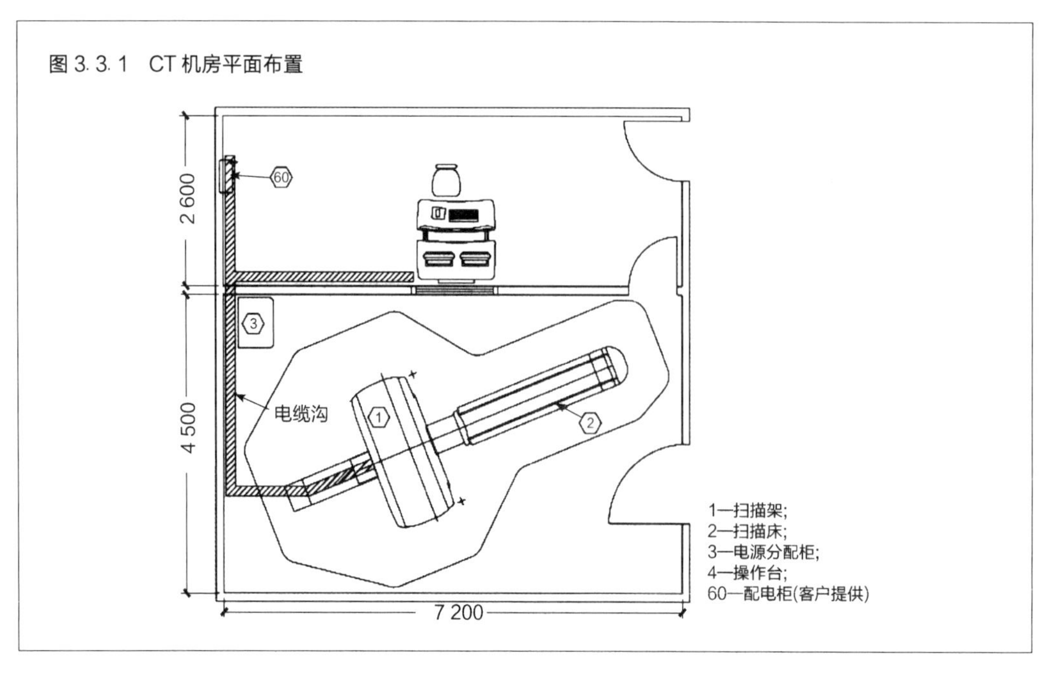

表 3.3.1　CT 机房温湿度要求及散热量见下表：

CT 机房	温度（℃）	温度变化率（℃/h）	湿度（%）	湿度变化率（%/h）	散热量（kW）
扫描间	22	≤3	30～60	≤5	13.8
控制间	24	≤3	30～60	≤5	2.6

注：不同品牌的 CT 设备散热量亦不同，上表中散热量数据仅供参考。

扫描间需要对湿度进行控制，并建议采用不低于 G4 级别的过滤器进行灰尘过滤。

(2) ECT。

ECT 即发射单光子计算机断层扫描仪，是一种利用放射性核素的检查方法。ECT 分为 SPE-CT 和 PET-CT，典型的 ECT 机房平面布置见图 3.3.2。主要设备如扫描部分放置在扫描间内，扫描设备发热量大，且需要辐射防护。计算机系统、图像显示和存储系统控制间设置在控制间内，扫描间和控制间的温湿度要求及参考散热量见表 3.3.2 和表 3.3.3。

图 3.3.2　ECT 平面布置

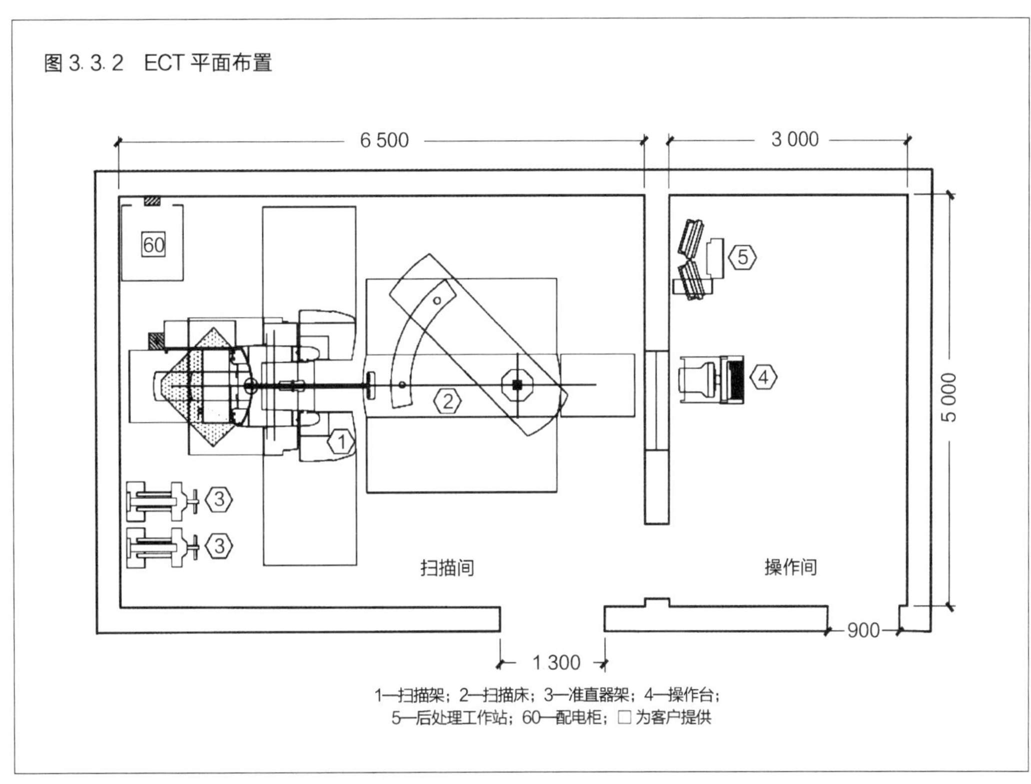

1—扫描架；2—扫描床；3—准直器架；4—操作台；
5—后处理工作站；60—配电柜；□ 为客户提供

表 3.3.2　PET-CT 温湿度要求及散热量

PET-CT 机房	温度（℃）	温度变化率（℃/h）	湿度（%）	湿度变化率（%/h）	散热量（kW）
扫描间	22	≤3	30～60	≤5	18.35
控制间	24	≤3	30～60	≤5	3.32

表 3.3.3 SPE-CT 温湿度要求及散热量

SPE-CT 机房	温度（℃）	温度变化率（℃/h）	湿度（%）	湿度变化率（%/h）	散热量（kW）
扫描间	22	≤3	40～70	≤5	2.62
操作间	24	≤3	40～70	≤5	0.53

注：不同品牌的设备散热量亦不同，上表中散热量数据仅供参考。

扫描间需要对湿度进行控制，并建议采用不低于 G4 级别的过滤器进行灰尘过滤。SPE-CT 设备的晶体探测器对湿度要求非常严格，一般要求在扫描间配备专用的抽湿设备。

(3) MRI。

MRI 即核磁共振成像技术，是一种生物磁自旋成像技术。核磁共振医疗系统包括磁体间、控制室和设备间，磁体及扫描床均设置在磁体间内，计算机及监控系统放置于控制室内，配电系统、冷却系统设置于设备间内。典型的 MRI 机房平面布置见图 3.3.3，各房间的温湿度要求及参考散热量见表 3.3.4。

图 3.3.3 MRI 机房平面布置图

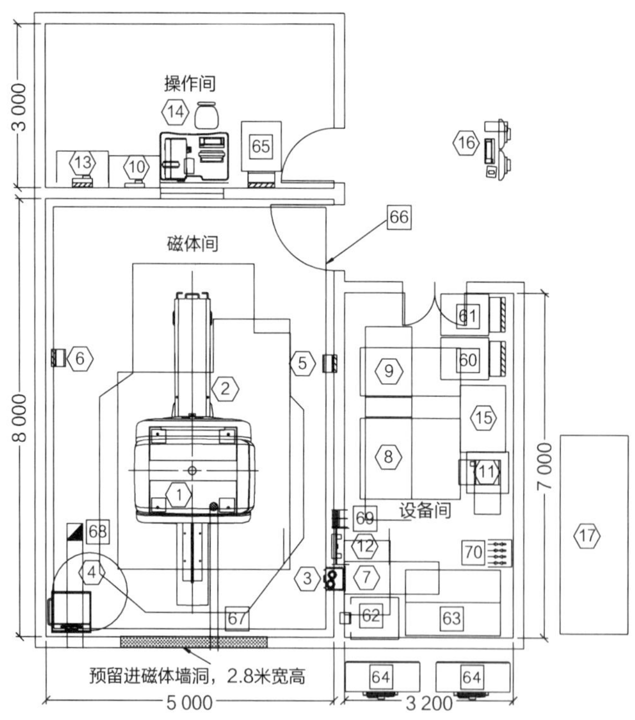

1—磁体；2—扫描床；3—风机；4—水模架；5—紧急退磁装置；6—氧气含量传感器；7—传导柜；8—电源梯度射频柜；9—热交换柜；10—磁体监视器；11—氦压缩机；12—传导板；13—氧气含量监视器；14—操作台；15—稳压柜；16—工作站(选件)；17—室外水冷机；60—主配电柜P1；61—辅助配电柜P2；62—交直流变压器；63—机房专用空调；64—空调室外机；65—直流照明控制面板；66—屏蔽体、门、窗等；67—失超管；68—紧急排风管；69—滤波箱；70—上下水；□—为客户提供

表 3.3.4 MRI 机房温湿度要求及散热量

MRI 机房	温度（℃）	温度变化率（℃/h）	湿度（%）	湿度变化率（%/h）	散热量（kW）
磁体间	22	≤3	30～60	≤5	3.4
操作间	24	≤3	30～75	≤5	1.45
设备间	≤32	≤3	30～75	≤5	22.4

注：所有房间温度梯度应严格控制在 3 ℃以内。不同品牌的 MRI 设备散热量亦不同，上表的散热量数据仅供参考。

磁体间不能安装空调机组，需安装独用的上送上回的风管系统，且单独控制；设备间一般安装下送风、上回风空调系统；配置机房专用空调（建议双压缩机），需考虑未来设备升级时的散热要求。

MRI 通风要求如下：失超管管径一般为 203 mm，管内温度最低可到 −268 ℃，排放口建议高出地面 3.66 m，或高出屋面 0.9 m。紧急排风系统，排风量大于 2 040 m^3/h，或按 12 次换气次数计算，排风口应位于磁体上方吊顶上。

(4) DR。

DR 即直接数字化 X 射线摄影系统。DR 由检查室和控制室组成，X 射线摄影系统及配电柜均放置于检查室内，控制室设有计算机设备。典型的 DR 机房平面布置见图 3.3.4，各房间的温湿度要求及参考散热量见表 3.3.5。

图 3.3.4 DR 机房平面布置图

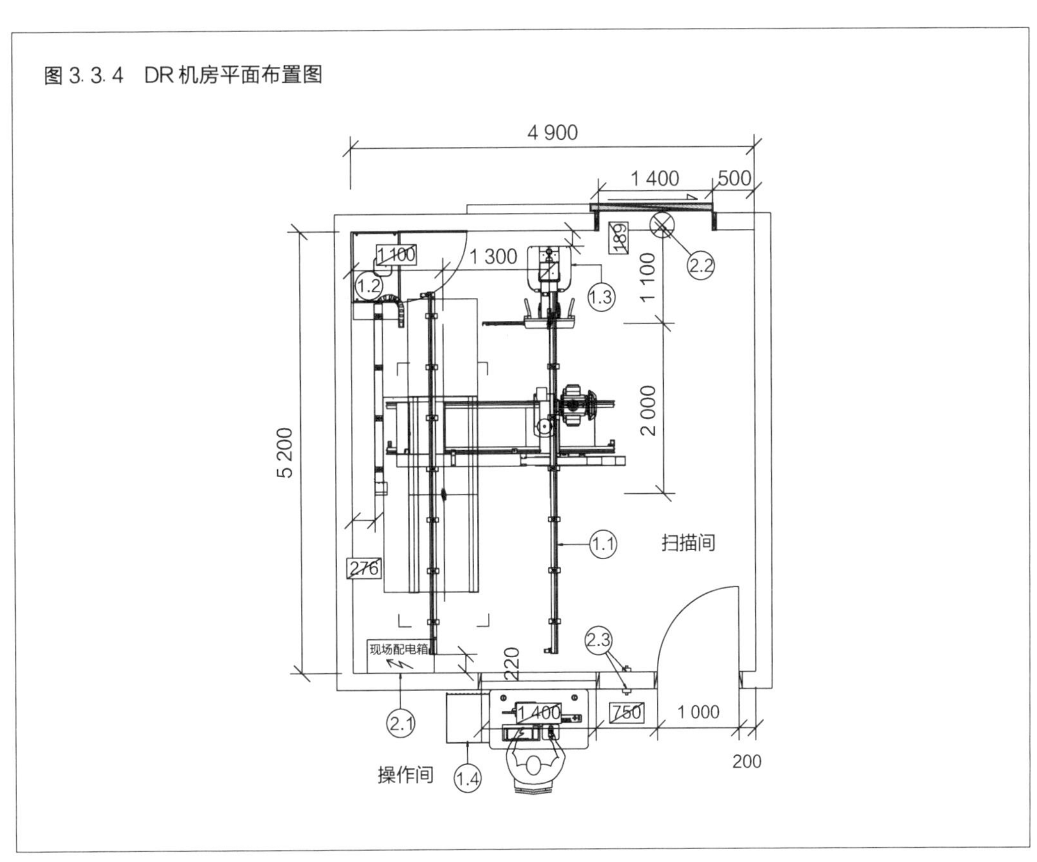

表 3.3.5　DR 机房温湿度要求及散热量

DR 机房	温度（℃）	温度变化率（℃/h）	湿度（%）	湿度变化率（%/h）	散热量（kW）
检查室	22	≤8	30～75	≤8	1.85
控制室	24	≤8	30～75	≤8	0.4

注：不同品牌的设备散热量亦不同，上表的散热量数据仅供参考。

(5) DSA。

DSA 即数字减影血管造影技术（Digital Subtraction Angiography），是一种新的 X 线成像系统。DSA 设有扫描间、控制室和设备室。扫描间内设有扫描床，控制室内设有计算机、控制台和监视器，设备室内设有配电系统和水冷机。典型的 DSA 机房平面布置见图 3.3.5，各房间的温湿度要求及参考散热量见表 3.3.6。

图 3.3.5　DSA 机房平面布置图

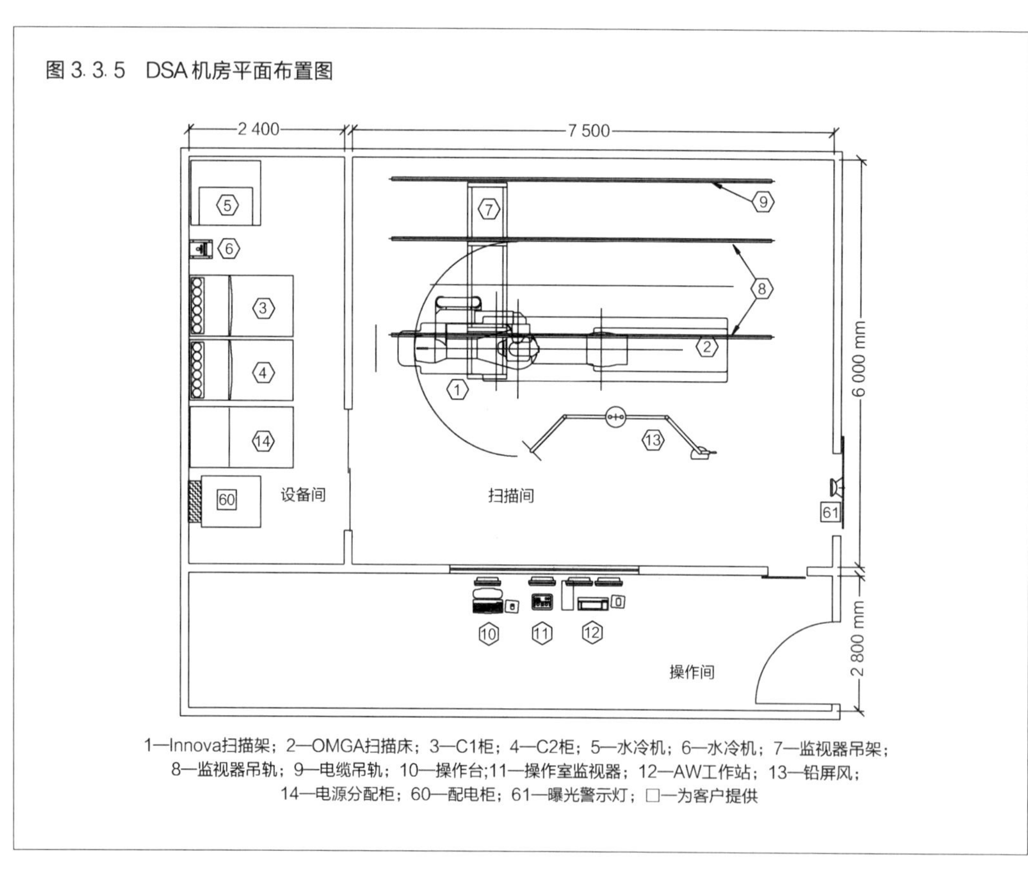

1—Innova扫描架；2—OMGA扫描床；3—C1柜；4—C2柜；5—水冷机；6—水冷机；7—监视器吊架；8—监视器吊轨；9—电缆吊轨；10—操作台；11—操作室监视器；12—AW工作站；13—铅屏风；14—电源分配柜；60—配电柜；61—曝光警示灯；□—为客户提供

表 3.3.6　DSA 机房温湿度要求及散热量

DSA 机房	温度（℃）	温度变化率（℃/h）	湿度（%）	湿度变化率（%/h）	散热量（kW）
扫描间	22	≤8	30～75	≤8	1.87
操作间	24	≤8	30～75	≤8	1.0
设备间	≤32	≤8	30～75	≤8	9.75

注：不同品牌的设备散热量亦不同，上表的散热量数据仅供参考。当 DSA 兼作介入治疗及手术用途时，要求净化达到Ⅲ级，空调系统需按净化空调系统进行设计。

(6) 直线加速器、光波刀、伽马刀。

直线加速器、光波刀、伽马刀均是用于癌症放射治疗的大型医疗设备。主要设备放置于治疗间内，治疗间需满足放射性防护的要求，并采用迷宫式走道。其配电设备及水冷却设备放置在设备间内，水冷却设备分为整体式和分体式，整体式的蒸发器和冷凝器组合在一起，冷凝器散热在设备间内，分体式的冷凝器放置于室外。计算机、控制台、监视器放置于控制室内。典型的直线加速器机房平面布置见图 3.3.6，各房间的温湿度要求及参考散热量见表 3.3.7。

图 3.3.6 直线加速器机房平面布置

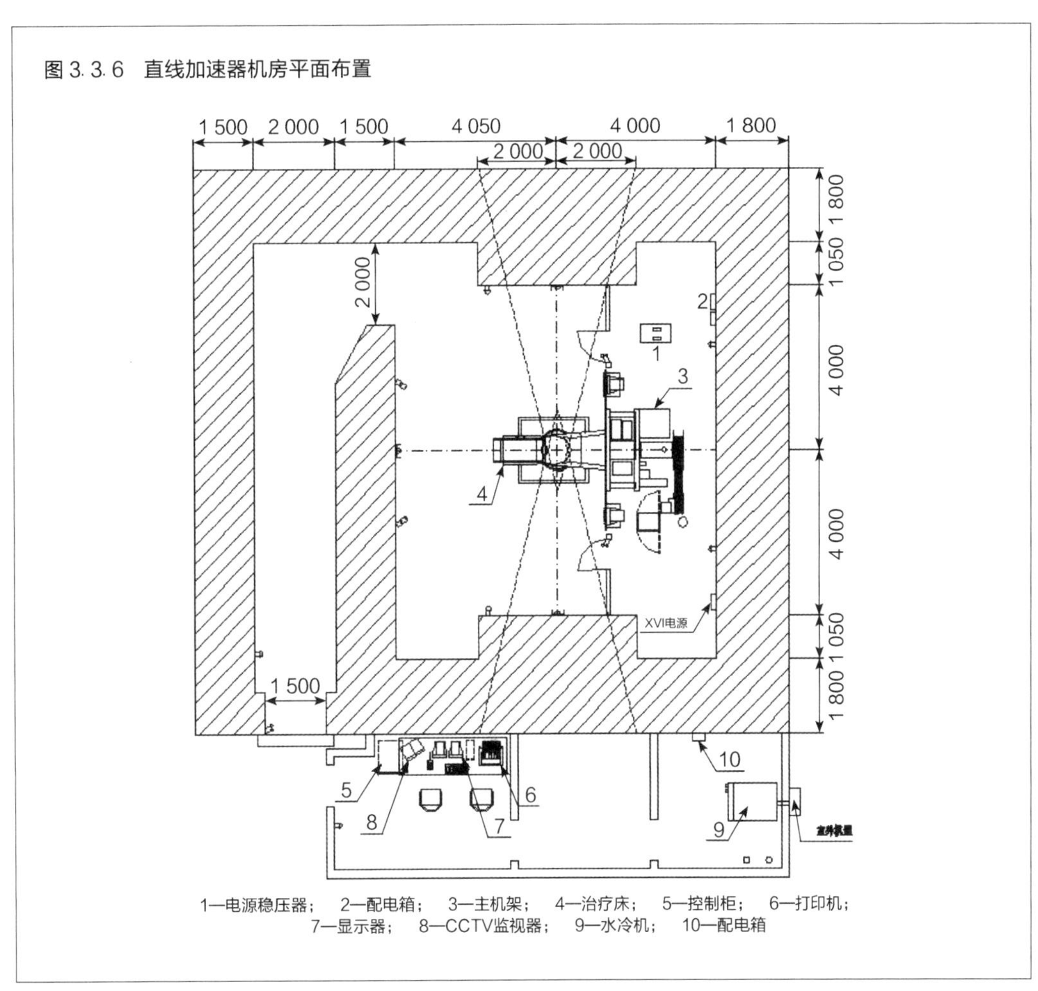

1—电源稳压器； 2—配电箱； 3—主机架； 4—治疗床； 5—控制柜； 6—打印机；
7—显示器； 8—CCTV监视器； 9—水冷机； 10—配电箱

表 3.3.7 直线加速器、光波刀、伽马刀温湿度要求及散热量

机房	温度（℃）	温度变化率（℃/h）	湿度（%）	湿度变化率（%/h）	散热量（kW）	换气次数（次）
治疗室	22	≤3	30～70	≤5	5	12
控制室	24	≤3	30～70	≤5	2	
设备间	5～40				15	

注：不同品牌的设备散热量亦不同，上表的散热量数据仅供参考。

直线加速器治疗室的空调通风常规要求如下：①室内通风系统进风口需要有除尘过滤装置，隔断板前后均需一组送、排风口和空调口（机房后共有 2 个进风口和 2 个出风口）；②治疗室的通风道应妥善安排，避免放射泄露，气道应与防护迷路墙或顶棚呈 45°折线形式通出；治疗室的空调系统独立分开；③机房内用户隔断板前后均应设置空调风口，若采用柜式空调，则共需两台柜机，隔断前后各一台（机房后部 3～5 P，机房前部 5P）；④加速器冷却系统采用分体式水冷机或整体式水冷机，水冷机室外机与水冷机主机的距离不应超过 30 m。水冷机室外机与水冷机主机的高度差向上不超过 20 m，向下不超过 5 m。

（7）回旋加速器。

回旋加速器全称为放射性同位素供给系统。回旋加速器在运行时产生高温、高电压、强电流、强磁场和高能射线，需要采取放射性防护措施。

回旋加速器一般由以下几个系统组成：磁场系统、真空系统、射频系统、离子源系统、束流提取系统、靶系统和冷却系统。其中冷却系统包括水冷却系统和氦冷却系统。真空系统全天 24 小时运行。机房周边，一般设置有控制室、设备间、热室、质控室等。典型的回旋加速器机房平面布置见图 3.3.7，各房间的温湿度要求及参考散热量见表 3.3.8。

图 3.3.7　回旋加速器机房平面布置图

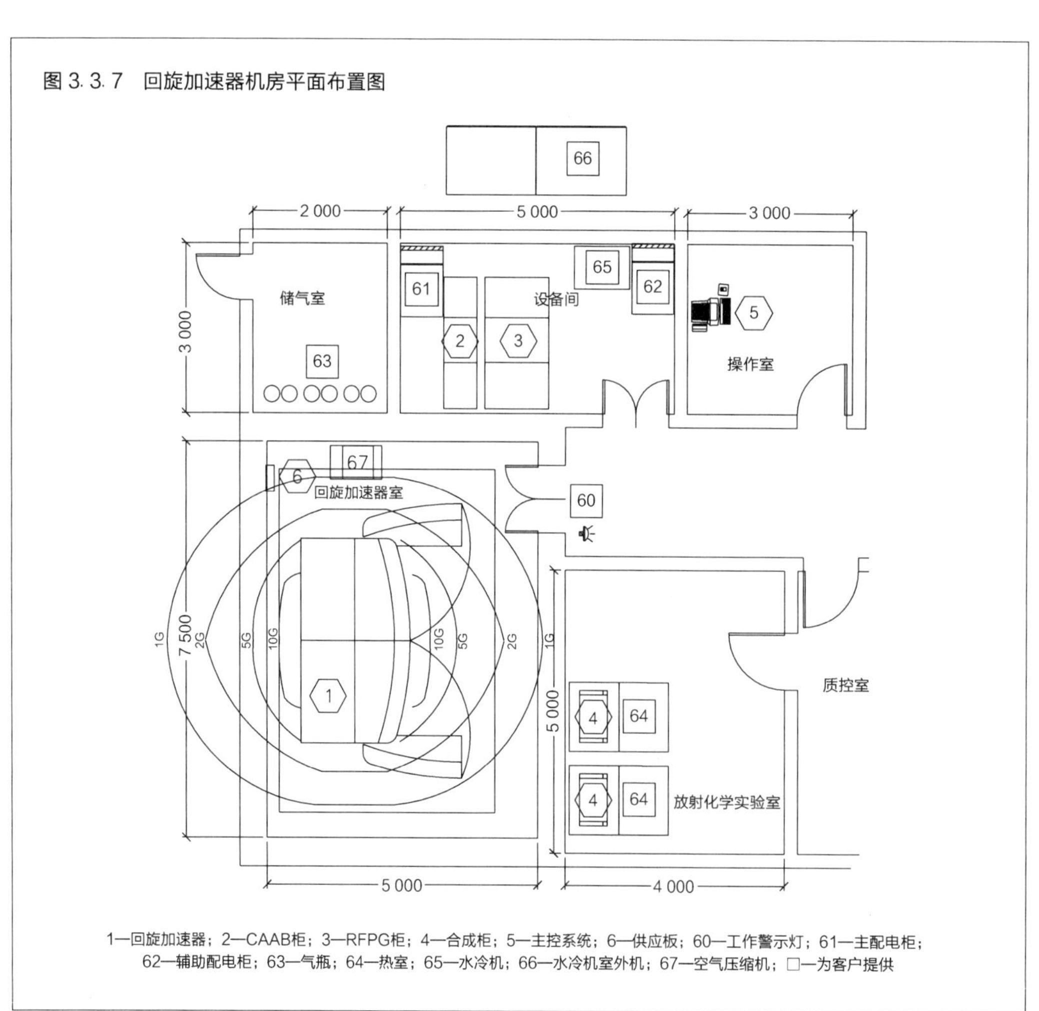

1—回旋加速器；2—CAAB柜；3—RFPG柜；4—合成柜；5—主控系统；6—供应板；60—工作警示灯；61—主配电柜；62—辅助配电柜；63—气瓶；64—热室；65—水冷机；66—水冷机室外机；67—空气压缩机；□—为客户提供

表 3.3.8 温湿度要求及散热量

回旋加速器机房	温度（℃）	温度变化率（℃/h）	湿度（%）	湿度变化率（%/h）	散热量（kW）	压力控制（MPa）
回旋加速器室	22	≤3	30～60	≤5	2	－15
放射化学实验室	24	≤3	30～60	≤5	1	－15
设备间	25	≤3	30～60	≤5	3	
操作间	24	≤3	30～60	≤5	1	

回旋加速器采用水冷却系统，冷却能力为 40 kW，水温 11～13 ℃，最大承压 0.6 MPa，换热器压降 0.05 MPa。

(8) 钼靶（乳腺机）。

钼靶（乳腺机）主要由扫描架、操作台、计算机组成，扫描架设置在扫描间内，操作台、计算机放置于控制室内。典型的机房平面布置见图 3.3.8，各房间的温湿度要求及参考散热量见表 3.3.9。

图 3.3.8 钼靶机房平面布置图

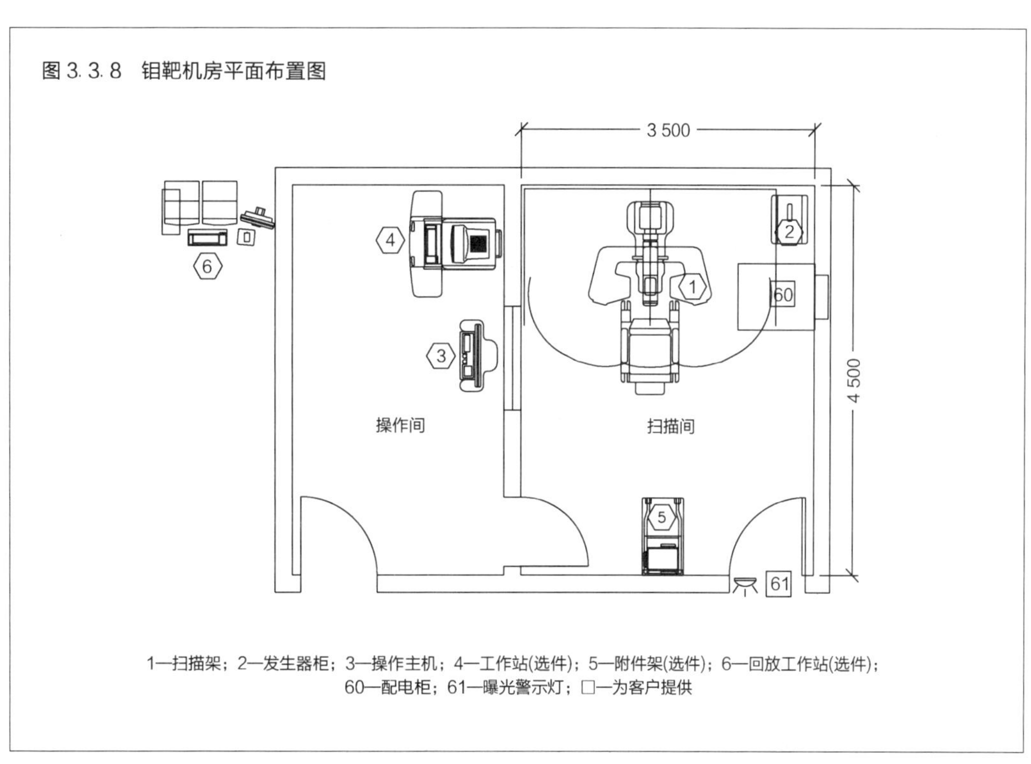

1—扫描架；2—发生器柜；3—操作主机；4—工作站(选件)；5—附件架(选件)；6—回放工作站(选件)；60—配电柜；61—曝光警示灯；□—为客户提供

表 3.3.9 钼靶（乳腺机）机房温湿度要求及散热量

钼靶机房	温度（℃）	温度变化率（℃/h）	湿度（%）	湿度变化率（%/h）	散热量（kW）
检查室	24	≤4	30～75	≤10	3
控制室	24		30～75		0.4

注：不同品牌的设备散热量亦不同，上表中散热量数据仅供参考。

(9) 肠胃机。

肠胃机用于消化道、胆道、泌尿道以及下肢静脉等多种造影；也可用于在透视下进行骨折整复、取异物等。扫描床设于扫描间内，操作台放置于操作间。典型的机房平面布置见图 3.3.9，各房间的温湿度要求及参考散热量见表 3.3.10。

2) 常用空调系统

医疗设备区域常用的空调方式有：分体空调、多联机空调、恒温恒湿空调、水—空气空调系统。

图 3.3.9 肠胃机机房平面布置

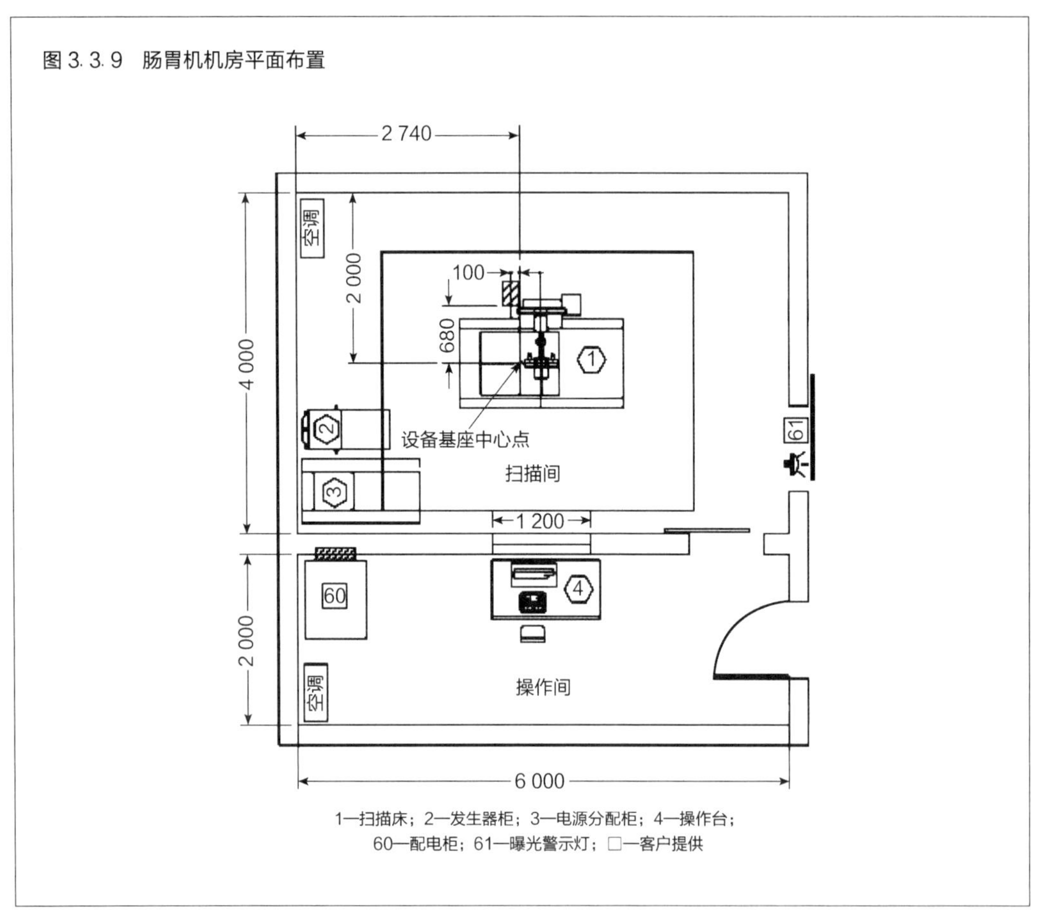

1—扫描床；2—发生器柜；3—电源分配柜；4—操作台；
60—配电柜；61—曝光警示灯；□—客户提供

表 3.3.10 肠胃机机房温湿度要求及散热量

肠胃机机房	温度（℃）	温度变化率（℃/h）	湿度（%）	湿度变化率（%/h）	散热量（kW）
检查室	24	≤4	30～75	≤10	5.5
控制室	24		30～75		0.4

注：不同品牌的设备散热量亦不同，上表的散热量数据仅供参考。

(1) 分体空调。

由于家用分体空调室内外机之间的连接管道一般在 10 m 左右，因而较少在医疗设备机房内使用，除非可以解决室内外机之间的距离问题。商用分体空调室内外机连接管道最长可达 50 m，适用的范围更大。

其主要特点如下：①只能控制室内的温度，难以控制室内的湿度，需要配置除湿机；②室内机有冷凝水产生，换热器易滋生细菌；③室内机一般采用尼龙网过滤，过滤级别低，室内空气品质一般；④使用灵活，可以独立控制；⑤维护管理方便；投资比较低。

分体空调适用于投资有限的小型建筑，并且使用区域对室内空气品质无要求。

(2) 多联机空调系统。

多联机系统目前在中小型建筑和部分公共建筑中得到日益广泛的应用。室内外机连接管道最长可达 150 m，室内外机高差可达 50 m 以上。各种品牌的室外机均可实现变制冷剂流量运行，单体容量范围较大，一般为 8～66 P，室内机的形式一般为挂壁式、天花板内藏风管式、落地式和天花板嵌入式，可供选择的形式较多，可满足装饰的要求。

多联机空调主要特点为：①可控制室内的温度，难以控制室内的湿度，需要配置除湿机；②室内机有冷凝水产生，换热器易滋生细菌；③室内机一般采用尼龙网过滤，过滤级别低，室内空气品质一般；④室内外机距离及高差较大；⑤使用灵活，可以独立控制；⑥维护管理方便；⑦室内机占用空间较少；⑧投资比较高；⑨室外机变制冷剂流量，运行能耗低。

多联机空调系统适用于建筑体量较大、室内外机较远的建筑，并且使用区域对室内空气品质无要求。

(3) 恒温恒湿空调系统。

机组采用智能化的控制模式，可实现对机组制冷、除湿、加热、加湿等功能，从而达到对室内环境温、湿度的精确控制，室内温湿度波动小，温度精度达 ±1 ℃，湿度精度 ±5%。机组一般放置在专用机房内，通过风管与空调区域连接。空调机组形式一般分为：冷却水型、风冷却型、冷冻水型、乙二醇冷却型。

冷却水型系统需要配置冷却塔、冷却水循环泵、水处理系统、输送管路，室内机配置压缩机、G4 过滤器、电加热、电加湿等功能。冷却水型系统能效比高，一套冷却水系统可连接多套恒温恒湿机组。适用于需恒温恒湿机组多的建筑。

风冷却型机组由一台室内机和一台室外冷凝器组成，室内外机之间通过铜管连接。室内机配置压缩机、G4 过滤器、电加热、电加湿等功能。室内外机之间的高差一般控制在 15 m 左右，当室内外机之间落差太大时，由于回油困难的问题，不能采用风冷型，而需改为乙二醇冷却型。

冷水型系统需要制冷冷源、冷水循环泵、水处理系统、输送管路等，室内机配置有变冷器、G4 过滤器、电加热、电加湿等功能。冷水型系统适用于具有全年 24 小时供冷的系统。

乙二醇冷却型工作原理与冷却水型大致相同，不同的是乙二醇冷却型的室外冷却设备为风冷冷凝器，冷凝器与室外寒冷及内机之间的换热介质为乙二醇，避免冬季循环水结冰的现象。该型系统适用于严寒地区。

恒温恒湿空调的特点是：①温度、湿度控制精度高；②经过 G4 过滤器过滤，空气含尘量得到控制；③室内空气品质好；④用于发热量大且以显热为主的场所，可独立控制；⑤投资最高；⑥水冷却型的运行费用较低，风冷与乙二醇冷却的较高，冷水型的运行费用与制冷系统形式相关。

(4) 水-空气空调系统。

利用中央空调系统作为冷热源，采用水-空气换热空调设备如风机盘管或空调箱进行空气处理。风机盘管安装在空调房间的吊顶内，有凝结水产生，盘管表面易滋生细菌，水管需进入室内，易产生漏水问题，因而很少在重要区域使用。空调箱一般配置有冷热盘管、中效过滤器、加湿器、风机，其处理风量较大，噪声较大，一般安装在专用机房内，通过送回风管将处理好的空气送至空调区域，并回到空调箱。定风量空调箱只能根据一个回风温度进行温度控制，因而一般只能用于一个大面积的空间，较少用于多个房间。由于各房间独用的变风量末端装置可控制其服务房间的温度，变风量空调系统可用于多个房间，但室内的湿度难以进行控制。各房间共用一个空气处理系统，因此各房间的空气是相通的，适用于各房间内的空气无异味、无交叉感染危害的情况。

水-空气空调系统的特点是：①空调温湿度控制精度低；②空气过滤效果好；③空气品质相对高；④空调系统运行时间受限制，不能独立运行；⑤投资低；⑥运行费用与制冷系统形式相关。

3) 医疗设备区域空调方式选择

大型医疗设备自动化程度很高，采用了较多精密电子元器件，对环境温湿度及洁净度均有一定的要求，在运行时发热量大，需要全年供冷，有些设备如 MRI、直线加速器、回旋加速器等要求连续不间断供冷。各种品牌对医疗设备的空调要求差别不大，均要求降温除湿，只是发热量有些不同。

(1) 直线加速器。

医用直线加速器在特定的条件下，会产生可被检测出来的臭氧，为使臭氧低于可被检测出的水平，根据房间的尺寸及空气循环效率的不同，每小时应进行 4～6 次的换气。

医用直线加速器运行时间较长，一般从早上 7 点至晚上 12 点（如上海胸科医院），甚至有的从早上 7 点运行到第二天早上 3 点（如上海肿瘤医院）。为便于防辐射控制，医用直线加速器大多布置在地下室，其空调负荷以设备散热为主，受室外气温影响小，地下室围护结构水汽渗透致使散湿量稍大，对湿度要求较高。直线加速器要求供冷系统具有较高的可靠性，如空调供冷系统不能工作，则加速器会因室内温度的升高而停止工作，因此建议设置空调设备备份。

目前在运行的直线加速器机房，有采用分体柜式空调的，也有采用多联机空调系统的，为了除湿需另外配置除湿机，这两种运行效果均有所欠缺。采用带双压缩机的恒温恒湿空调机组，将有效地控制房间内的温湿度，提高室内的空气品质。恒温恒湿空调机组一般安装在直线加速器设备机房内。

由于直线加速器治疗室的防辐射要求，治疗室以及迷道的围护结构都采用很厚的混凝土，进出治疗室的风管需经迷道由治疗室门上方进出治疗室。

治疗室内空机气应维持负压，以确保治疗室内辐射空气不外泄。

(2) MRI 核磁共振设备。

MRI 核磁共振设备对房间的温度控制要求较高，且都要求所有房间的温度梯度（例如从磁体底部到顶部）应严格控制在 3 ℃以内。各设备供应商均要求采用恒温恒湿空调机组，对磁体间和控制室进行温湿度控制，而且恒温恒湿空调机组的选用应考虑备用，如选用双压缩机型等。安装磁体冷却机组的设备房要求有 24 小时空调，以保证冷却机组的正常运行。

由于核磁共振设备的永磁磁体会产生强磁场，故需对磁体间进行磁屏蔽，风管不能直接穿越磁体间，需经过专门的波导接入，而且永磁磁体对温度的变化极其敏感，故空调管道的进风口在水平方向上要远离磁体中心点至少 1.5 m 以上，以确保空调进风不会直吹到磁体上。

(3) 回旋加速器。

回旋加速器的散热主要通过设备自带的闭式冷却水系统排至室外，散入室内的热量已经不多。由于加速器对温湿度的要求，一般采用独立的恒温恒湿空调系统，为节约投资，有时采用一套多联机作为备份。控制室大多采用多联机空调系统。设备间主要放置冷却系统，需要设置单冷空调进行降温，以保障加速器冷却系统的正常运行。

新风换气次数宜为每小时 3～4 次，为了满足放射性物质的防护要求，回旋加速器室需要保持 15～20 Pa 负压，可采用每小时 5～6 次来计算排风量，排风系统需单独设计，排风经中效或亚高效过滤器和活性炭吸附装置后高空排放。另外，回旋加速器在运转时，特殊情况下会有少量带有微量放射性物质的气体排放，多数厂家提供的风量为 850 m^3/h，需要单独设置废气排风系统，此系统也需要过滤和吸附后高空排放。

对于不带自屏蔽的回旋加速器室必须设置迷道，为减小放射性物质泄漏，风管最好从迷道入口处穿入。

回旋加速器产生短寿命核素后通过专用管道传输至热室进行药物合成。由于药物为体内静脉注射液，药物制备的布局和实施要符合国家食品和药品监督管理局的 GMP 要求，需达到Ⅲ级净化要求，人流和物流通道设置要合理，洁净区内各房间压力梯度要合理。

热室的净化区包括合成室、质控室、无菌室等，需设置单独的全空气净化空调系统，可利用集中冷热源。净化空调机组设置粗效、中效和亚高效过滤器，经过表冷、加热、再热、加湿等热湿处理后，通过高效送风口送入室内，送风量可按换气次数每小时 17～20 次计算，新风量可按 3 小时计算。房间的排风系统宜单独设置，排风口设置在房间的下部，排风经过中效过滤和活性炭吸附后高空排放。

(4) CT，PET-CT，ECT。

CT，PET-CT，ECT 医疗用房布置基本相同，包括扫描间、操作间。大多数医院均采用多联机空调，出于可靠性考虑，室内机一般布置 2 台，分属于不同的室外机组，另外再配置移动式除湿机，在过渡季节进行除湿。

(5) DSA。

DSA 包括扫描间、控制室和设备间，大多数医院均采用多联机空调，出于可靠性考虑，室内机一般布置 2 台，分属于不同的室外机组，另外再配置移动式除湿机，在过渡季节进行除湿。设备间需配置单冷空调。当 DSA 兼作介入治疗及手术用途时，要求净化达到Ⅲ级，空调系统需按净化空调系统进行设计。

(6) DR、钼靶、肠胃机。

医疗用房基本相同，包括检查室和操作间，操作间可以共用。大多数医院均采用多联机空调，另外再配置移动式除湿机，在过渡季节进行除湿。

3.4 数字化医院

绿色医院的信息化、智能化及数字化主要由 IBMS（智能建筑管理系统）、HIS（医院信息系统）、医疗机电设备及医院建筑节能等四个部分组成，如图 3.4.1 所示。

图 3.4.1 绿色智慧医院结构图

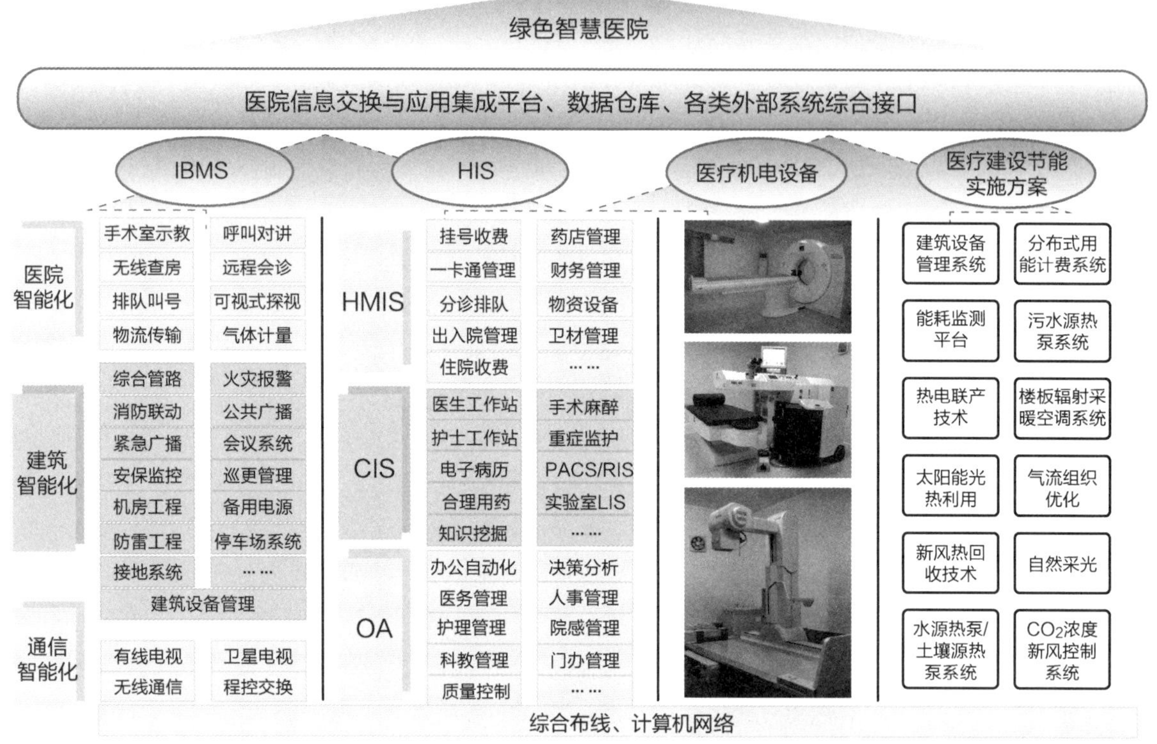

本节主要对 IBMS（智能楼宇管理系统）及医院建筑节能这两部分内容展开研究分析。

3.4.1 绿色数字化医院的发展现状

欧美发达国家从 20 世纪 90 年代初开始探索数字化绿色医院建设问题，至今已建成一批初具规模的数字化绿色医院，以专科医院为多。在亚洲，日本、韩国的医院数字化水平相对较高。国内医院数字化进程起步相对较晚，现有的几万个医疗单位，仅有少数初步建立了医院管理信息化（HIS）系统，真正应用起来的就更少。

总体来说，目前我国数字化绿色医院建筑主要产品由外商提供，重大项目系统集成也主要由国外大公司承担，国内厂家生产出的产品质量还赶不上时代的潮流，不能满足用户的需求．国内数字化绿色医院建设到目前为止还处在比较初级的阶段，缺乏国家统一的标准和规范；绿色医院建筑建设还有赖于国民经济的发展和国民总体素质的提高，智能化系统还不完善；另一方面政府各部门的支持力度不足，没有制定统一规划和相关法规。由此可见，要真正实现绿色医院建筑，在我国仍需走相当长的一段路。

3.4.2 IBMS（智能建筑管理系统）的适用性

1. 概　述

智慧医院系统集成平台主要是与建筑相关的系统综合性平台，将暖通中央空调、智慧化、供配电及相关机电系统统一纳入平台中管理，以实现统一监控、统一控制、统一管理的目标。

根据《智能建筑设计标准》的要求，医院智能化集成系统主要由医院智能化系统、建筑智能化系统及通信智能化系统所组成。如表 3.4.1 所示。

表 3.4.1　医院智能化集成系统构成

医院智能化集成系统				综合性医院	专科医院	特殊病医院
				○	○	○
医院智能化系统	数字化医院统一视频服务平台			○	○	○
	病房呼叫及可视对讲系统			●	●	●
	诊疗仪器机房屏蔽系统			○	○	○
	时钟系统（子母钟）			●	●	●
	远程教学及会诊系统			●	●	●
	手术室集中控制系统			●	○	○
	手术示教系统			●	●	●
	RFID 无线定位系统			○	○	○
	自动药房管理系统			○	○	○
	医疗应急指挥系统			○	—	—
	排队叫号系统			●	●	●
建筑智能化系统	建筑设备管理系统			●	●	●
	安全防范系统	闭路电视监控系统		●	●	●
		入侵报警系统		●	●	●
		电子巡查管理系统		●	●	●
		一卡通管理系统	出入口控制子系统	●	●	●
			汽车库（场）管理子系统	○	○	○
			考勤子系统	○	○	○
			消费子系统	○	○	○
			系统数据中心	○	○	○
	多功能电子会议系统			○	○	○
	信息发布及查询系统			○	○	○
	能量计费系统			●	●	●
	防雷接地系统			●	●	●
	机房工程			●	●	●
通信智能化系统	综合布线系统			●	●	●
	计算机网络系统			●	●	●
	数字程控交换系统			●	●	●
	卫星及有线电视系统			●	○	○
	有线广播系统			●	●	●

注：○宜配置，●应配置。

2. 医院智能化系统的组成

1）数字化医院统一视频服务平台

（1）系统概述。

数字化医院统一视频服务平台利用网络技术、多媒体技术、互动技术，采用 IT 业主流的系统架构，进行医院资讯、服务的多样化显示与播放，融合现代化的医院建筑、优美的环境、微笑的服务，为医院提供了数字化的展示、沟通、服务平台，集成 HIS、PACS 等多个系统，构筑数字化、智能化医院，在完美的媒体体验中满足患者对医院信息和服务需求，提升医院的品牌与形象。

数字化医院统一视频服务平台实现对信息、服务的编辑、制作、传输，在门诊大厅、候诊区、收费窗口等公共区域、病房区、办公区等地通过液晶显示屏进行信息内容的显示及服务的提供。

数字化医院双向信息交互系统界面见图 3.4.2。

图 3.4.2　数字化医院双向信息交互系统界面

（2）系统构成。

数字化医院统一视频服务平台由病房信息服务系统、公共区域信息服务系统和监控系统组成。

2）病房呼叫及可视对讲系统

（1）系统概述。

营造良好的设施、幽雅的就医环境、提供优质的医疗服务已成为医院运营必不可少的手段。为了提高医院护理水平，减轻护士的劳动强度，提高病员的舒适程度，在医院病房设置病房呼叫及窗口对讲系统。

（2）系统功能。

系统按护理单元划分，作为护士站值班人员与住院病人之间直接、可靠的信息联络。在收费、挂号窗口处，为了使工作人员与病人之间能沟通交谈，设有线对讲机，可与病人隔着玻璃对话的可视对讲（探视对讲）。

• 病房呼叫系统。在每个护理单元设医用呼叫对讲系统，对讲主机设在护士站，对讲分机安装在病房综合医疗带上，并在病房卫生间内设对讲分机（防水型），在病房走廊上方设有显示挂屏，在每个病房门上方设有呼叫门灯，使护士很方便处理呼叫。在 ICU 等重症病房设置点位，可有利于护士在夜间突发情况发生时可及时呼叫值班医生进行抢救，能大大减低医患纠纷发生的概率。

• 可视对讲系统。医院 ICU IP 网络可视对讲系统（双向可视对讲、全数字、ICU 系列）专用于 ICU 重病房病人与家属之间的探视对讲，也适用于其他需要隔离探视对讲场所，如传染病房等。

• 输液区无线呼叫系统。值班医护人员配备无线分机，随时接收并显示病人的呼叫信息。病人呼叫时移动式系统主机自动将呼叫数据通过无线电波发射给医护人员随身携带的无线分机，方便、快捷。

(3) 系统定位及选型。

对于大型医院，病房呼叫系统可作为整个医院 HIS 系统管理的一部分，电脑数据库能够与 HIS 数据进行交换，硬件设备要求系统安全可靠，能够分区管理、故障隔离，避免局部故障对整个系统的影响，并能方便故障定位。

(4) 系统结构图。

病房呼叫及可视对讲系统结构如图 3.4.3 所示。

图 3.4.3　病房呼叫及可视对讲系统结构

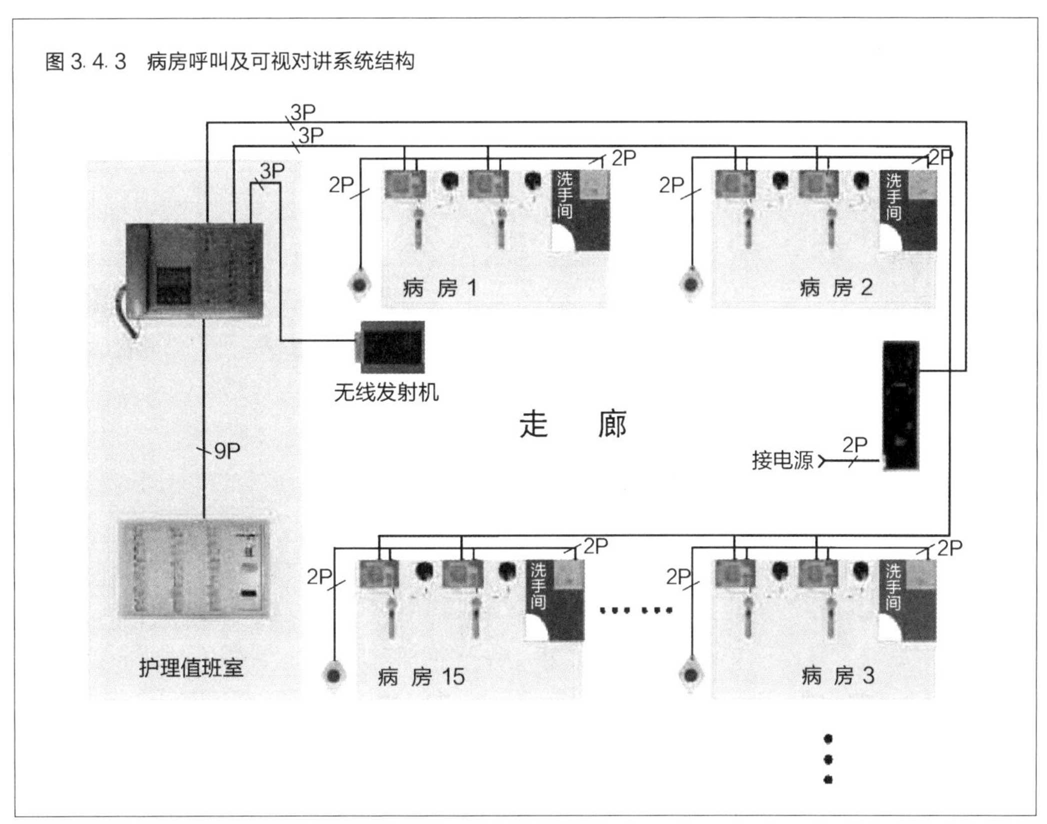

3) 诊疗仪器机房屏蔽系统

(1) 系统概述。

随着移动通信的迅速发展，手机已经成为人们必不可少的通信工具，手机给人们带来方便、快捷的同时它也有着很高的变频和射频辐射。这种突变的辐射信号，轻者干扰周围的精密仪器设备的正常工作，如在医院，会影响到心脏起搏器、心电图记录仪等一系列精密的仪器，导致医生诊断失误。重者会产生静电火花，引爆可燃气体，对安全造成重大的威胁。因此，必须对诊疗仪器机房进行辐射屏蔽。

(2) 系统功能。

手机信号屏蔽器能在指定的范围内形成表态屏蔽磁场，使移动电话在指定范围内无法打出和接入，使移动电话（包括中国电信、中国联通及各种小灵通）在指定范围内无法打出和接入，也就无法形成突变的辐射信号，从而达到强制性禁用移动电话的目的，为医院诊疗仪器的安全提供了保障。

（3）系统选型。

因目前各主流设备厂家均自带屏蔽功能设备，如（CT，MRI，超声，内窥镜等），所以本系统建设频率不高。

4）时钟系统（子母钟）

（1）系统概述。

由于医疗单位的特殊性，为达到其内部各部门的配合，时间的统一是非常重要的。

时间要由钟表来提供，因此钟表的准确率十分重要。但现今普通的钟表误差率均在分级，这样的误差率对于人们普通的工作需求是可以满足的，对于医院这样的建筑，要向其内部的医生、护士、患者及其家属提供准确的对时，自身对时间的准确率也有极高的要求，根据医院的性质，要求公共区域的时间必须准确、统一。因此，时间的准确率和同步性对于该医院来说十分重要。

（2）系统功能。

根据医院的建筑特点及各功能单位的分布，各子钟分别设于病房楼、医技楼、体检中心及各群楼的走廊及候诊大厅等公共场所，采用高亮度LED数字式子钟，两面显示。子钟时间实时跟踪母钟时间，实时刷新，在计算机监控系统中可以实时看到每个子钟显示的时间、卫星信号接收情况，以及主、备母钟的时间和运行状况。

（3）系统设计。

医院中心母钟定时以RS485/RS422接口方式向子钟和其他需要校时的相关系统发送标准校时信号，以消除子钟和其他弱电系统产生的走时累积误差，使整个医院（或网内）时间显示与时钟系统时间同步，为医院广大医护人员和就医人员提供统一的、标准的时间信息，从而实现整个院区采用统一的时间标准。中心母钟可自动对闰年、闰月的时间进行调整，显示并输出任意时区的时间。时钟系统由卫星接收转换系统、中心母钟、监控计算机和子钟组成。

（4）系统定位及选型。

子母钟系统设备定位，应结合当今世界最先进的计时系统技术与从事数十年计时产品设计制造的经验，要求系统功能采用智能模块化设计，它与同类产品相比，具有操作简单，安装方便（用户可自行安装），运行可靠，使用寿命长，性能价格比优等特点，在国内外同类产品中处于先进水平。

5）远程教学及会诊系统

（1）系统概述。

远程教学及会诊系统是借助计算机网络和远程通信技术，实现跨地区间提供医学信息和服务，达到远距离诊治疾病目的的一系列医疗活动。远程医疗是医院信息化建设的重要组成本部分，在我国医疗资源分布严重不均的现实国情下，小医院需要通过远程医疗来提高诊疗能力；大医院需要通过远程医疗来更好发挥医院和专家的水平以服务广大患者；医疗卫生的主管部门则希望通过医院信息化建设用远程医疗的手段来改变诊断能力分布不均的现状。

（2）系统功能。

为边远地区患者提供专家级服务；用于远程培训，改善基层医务工作者的继续教育条件；整合医院医疗资源，发展会员医院，获取经济效益；减轻病人异地寻医费用负担，吸引病人就诊，获取经济效益。

远程教学及会诊系统以计算机和网络通信为基础，实现对医学资料和远程视频、音频信息的传输、存储、查询、比较、显示及共享。医生和病人可以通过视频进行安全、快速的交流，病人和医生在网上及时的交流，使医生更好地了解病人的病情发展状况和发病时的表现；病历和 X 光片等资料通过双流技术实现会诊时的实时传输；多家医院的专家对一例病例进行远程会诊等。

(3) 系统设计。

系统包括远程诊断、专家会诊、信息服务、在线检查和远程交流等几个主要部分，具体由以下九个功能组成：视音频通讯功能；摄像机切换功能；电子文档演示功能；网络资源访问功能；静态图文传输功能；电子白板传输功能；多媒体演示功能；会议记录功能；局域网共享会议。

(4) 系统定位及选型。

远程教学及会诊系统应稳定性高、可靠性高，整个系统支持在线诊断、升级、更换，不易受病毒侵扰；性能优秀，系统支持 QoS，同时支持 H. 323/H. 320/SIP 等多种标准；满足远程会诊的视频要求，同时在外科手术室还可以通过移动高清车的高清摄像头，实现手术现场远程会诊、录像；易管理、易操作，系统支持友好中文界面；可以方便地召开与管理会议，可以在线管理整个系统；功能丰富，医疗卫生系统的视频会议系统有多种不同的应用，如：专家会诊、远程培训、医院探视、行业会议、疫情应急指挥、远程诊断以及交互式公众教育，等等。

(5) 系统结构图。

远程教学及会诊系统结构详见图 3. 4. 4。

图 3. 4. 4　远程教学及会诊系统结构

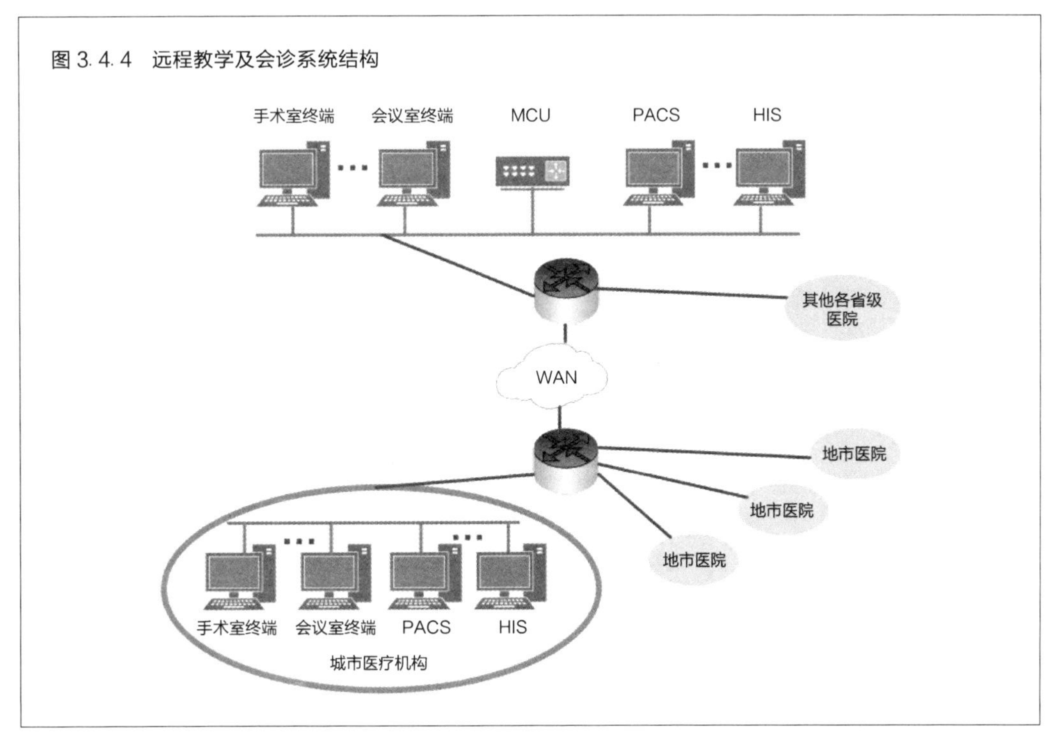

6）手术室集中控制系统

（1）系统概述。

随着先进医疗设备的不断更新，光电技术、电脑资讯等高科技的发展，外科手术可以创造出更多的医学奇迹。手术室作为医院工作的核心场所，其效率的提高、流程的改善、感染的控制，一直受到高度关注。在手术过程中，通过计算机科学中的总线技术来实现对手术室内周边设备（微创外科手术设备、高频设备、手术灯、手术床无影灯、照明灯等开关控制、麻醉计时、手术计时控制、群呼/专呼控制、背景音乐控制等）的控制，从而实现对手术过程的实时完整记录和管理，利用网络多媒体通信系统实现手术室与外部环境进行信息交换（如：通过 DICOM、HL7 对 PACE、HIS 系统资源进行整合，达到无缝链接，进行远程医疗活动等）。

手术室采用的智能集中控制系统后，手术室的任何可控设备如 R232 及红外控制设备，都可能被串联起来，可以按照个性化的需要装配，所有设备的功能可以在无菌区域或消毒区域内集中控制，由医生和护士方便地用同一个显示屏统一控制，而所有参数在术中都可以在屏幕上进行监控。该系统可以通过触摸屏操作或通过声控系统控制。采用集中控制模式优化手术操作过程和控制方式。

（2）系统功能。

医院手术科室是医院中最重要也比较特殊的区域之一，手术室使用的智能集中控制系统，便于医务人员在手术过程中就地读取手术室内温度、湿度、风机状态，显示空调机组运行状态和故障报警，改变温/湿度的设定值和控制空调机组的运行/停止，该系统还能集中对医用气体压力的监测，无影灯、照明灯等开关控制、麻醉计时、手术计时控制、群呼/专呼控制、背景音乐控制等功能，还可通过互联网实现远程监测和管理。

（3）系统设计。

在传统手术室中实施手术，术中对设备参数的调整会经常穿越无菌区在消毒区域内才得以实现；术中对所有设备的控制一定要通过设备的控制面板逐一调整才能得以实现；手术医生在术中对设备调整的指令一定要有巡回护士配合才能得以实现；对手术台设备的调整、复位一定需通过台车移动位置才能实现；设备台车的使用、手术观摩人员的增加在术中占据了无菌区有限的使用空间；所有在传统手术室中的不便利，在手术室智能集中控制系统解决方案均可以实现优化手术操作过程和控制方式。

手术室的医护人员能进行以下操作：

• 通过吊塔集中供应手术所需的气体、电源，把相关内窥镜及电外科设备整合管理，实现所有的电缆和管路都是内置的，保证设备安全工作；同时使得系统的安装、养护更容易，保证整体布局外观的完美性和洁净效果；一体化的设计使得手术过程标准化、减少设备的损耗和手术连台时间，提高手术室的使用率。

• 通过吊臂吊塔对设备的整合，实现在无菌区内控制手术室设备（系统须具有兼容性和扩展性）、手术录影和视频转播；

• 用面板控制方式启动和关闭录影，遥控全摄像机的动作和音箱的音量；

• 用电子粉笔在触摸屏上标注与远程、异地同时进行交流；

• 可以用无线麦克风与外界进行对话，并且可以任意选择 2 路摄像送往外界，并与世界各地任何医院进行视频双向的可视通话；

• 可用麦克风在触摸屏上拨号与外界电话通话；

• 可以在触摸屏上操作将任一视频信号显示在任何系统的显示器上。

(4) 系统定位及选型。

手术室内集中控制系统必须具备兼容性，必须是真正意义上的开放式的系统。同时，随着医疗水平的发展，会不断增添新的设备，系统需具有无限的扩展性，可以随着医疗技术的不断发展而扩展。

7) 手术示教系统

(1) 系统概述

在现代化医院的临床教学中，手术示教已经成为一个重要的教学研究手段，其基本目的是将高清晰的医学影像传输到示教室或报告厅的大屏幕显示设备上并以高清晰的方式还原显示，同时示教室或报告厅可以与手术室的医生进行语音对话，达到教学观摩或学术讨论之目的。

手术示教系统是医疗技能培训和医疗技术交流的技术平台，通过手术示教系统，使在不进入现场的情况下就能观察到治疗、手术现场的情况，及听取专家的讲解。同时主刀医师可以通过图像和对讲单元与会议室、胸科、外科、内科以及示教室等的专家进行现场手术的讨论和交流，利于手术过程中的沟通。

(2) 系统功能

手术过程实时网络直播（现场转播）：在信息中心放置示教视频点播/录像服务器(考虑到设备的维护及数据的安全)，使手术过程完整地保留下来，利用现有医院内部局域网络和工作站电脑，实现各手术室、科室示教室、病区工作站及相关部门的工作电脑通过授权观看现场网络直（转）播。

• 实况录像、网络点播：将各手术室现场手术过程进行数字化录像，存储在示教视频点播/录像服务器中，既可将重要的手术存档备份，又可供因工作繁忙没有看到直播的员工，事后在自己的工作电脑上进行网络点播，观看录像；

• 对手术全过程进行录制文件导出操作，为医疗学术研究、教学、存档提供了非常真实的资料；

• 典型手术学术交流及专家手术示教的高清视像回放；

• 医师进修、学生实习的高清教学素材；

• 提高医师业务水平和自我评估；

• 手术存档，避免医疗纠纷；

• 病人家属观摩，可以满足病人家属观看手术过程的需求，特别是产妇生产过程。

8) RFID 无线定位系统

无线定位系统由管理工作站、读写器、电子标签等组成。用户可以根据自己定位需要，随时通过计算机系统来确定标签的位置，对于不在规定区域的电子标签能够实时报警。医院无线定位系统可应用于病人自动识别、新生儿自动识别与定位、贵重医疗设备和移动设施的防盗管理、重要物品的库存管理等。

(1) 病人自动识别。

对传染病人等特殊病人可以应用无线定位技术进行快速自动识别和行动约束。通过给传染病人佩戴无线定位装置，可以实时监控这些病人当前的位置，一旦病人离开隔离区域，系统将立即报警，提醒管理人员规劝病人回到隔离区内，防止病毒扩散。

(2) 新生儿自动识别与定位。

医院产科病房的婴儿识别管理一直是个难题，常有错抱婴儿的事故发生。通过新生儿自动识别与定位装置，新生儿从一出生，护士就给婴儿带上全球唯一识别的腕带。通过读取设备可以随时核对婴儿身份，保证不会发生错抱或者被私自抱离规定区域，直到母婴出院才取下腕带，保证在院期间婴儿安全。

(3) 贵重医疗设备和移动设施的防盗管理。

医院拥有大量的贵重医疗设备，还有大量的移动设备。给这些设备装上无线定位装置后，这些设备就置和无线网络的保护之下了，一旦设备离开了保护区域，系统会立刻报警提醒，将设备丢失风险降到最低的同时也降低了日常管理成本。

(4) 重要物品的库存管理。

无线定位系统应用于无菌病房、药库、制剂室、总务库房等仓库的库存管理。

9) 自动药房管理系统

自动药房管理系统可满足药房对药品管理安全有效的需求，通过包药机包装带有条形码的药品，从药房到病房，达到药品分派更安全更有效，药物被充分利用和避免可能发生的错误。

10) 医疗应急指挥系统

医院由于其行业特殊性，需要对一些重大的公共卫生突发事件或重大的医疗保障事件进行快速响应。因此，在医院建立一套应对事故灾难、公共卫生等方面的应急指挥中心，与上级主管部门或相关管理机构的应急指挥中心联网，形成统一指挥、功能齐全、反应灵敏、运转高效的立体应急体系，可以提高医院保障公共安全和处置突发事件的能力。

11) 排队叫号系统

(1) 系统概述。

当今各行各业的信息化、智能化建设越来越广泛，整个社会对各个行业的办事效率的要求越来越高，尤其是服务性行业，既要满足被服务人的服务需求，又要提高服务质量，提高服务效率，例如医院门诊等，现在的病人不仅仅要求医院满足业务上的需要，还要求医院尽量减少病人的等待时间，而医院本身由于竞争的需要，也要求提高本身的办事效率，提高本身服务的形象，而这些窗口服务的排队现象在所难免，为了在排队时减少办事人的办事时间，为病人看病创造一个良好的环境，通过护士站、医生站电脑中的控制软件模块实现诊区护士及门诊医生对候诊病人的有力控制，使排队叫号与实际就诊情况紧密结合、操作灵活、高度自动化。同时提供强大的门急诊管理、统计及指挥功能。

(2) 系统功能。

- 门诊类型就诊排队管理（1 次或 2 次候诊模式）
- 就诊缴费与取药排队管理
- 输液（补液）室排队管理
- 检验工作/医技检查排队管理
- 医院病员就诊排队管理实时信息查询
- 医院病员就诊服务统计分析

(3) 工作流程。

门急诊就诊工作流程图（采用二次候诊模式），见图 3.4.5。

图 3.4.5　门急诊就诊工作流程图

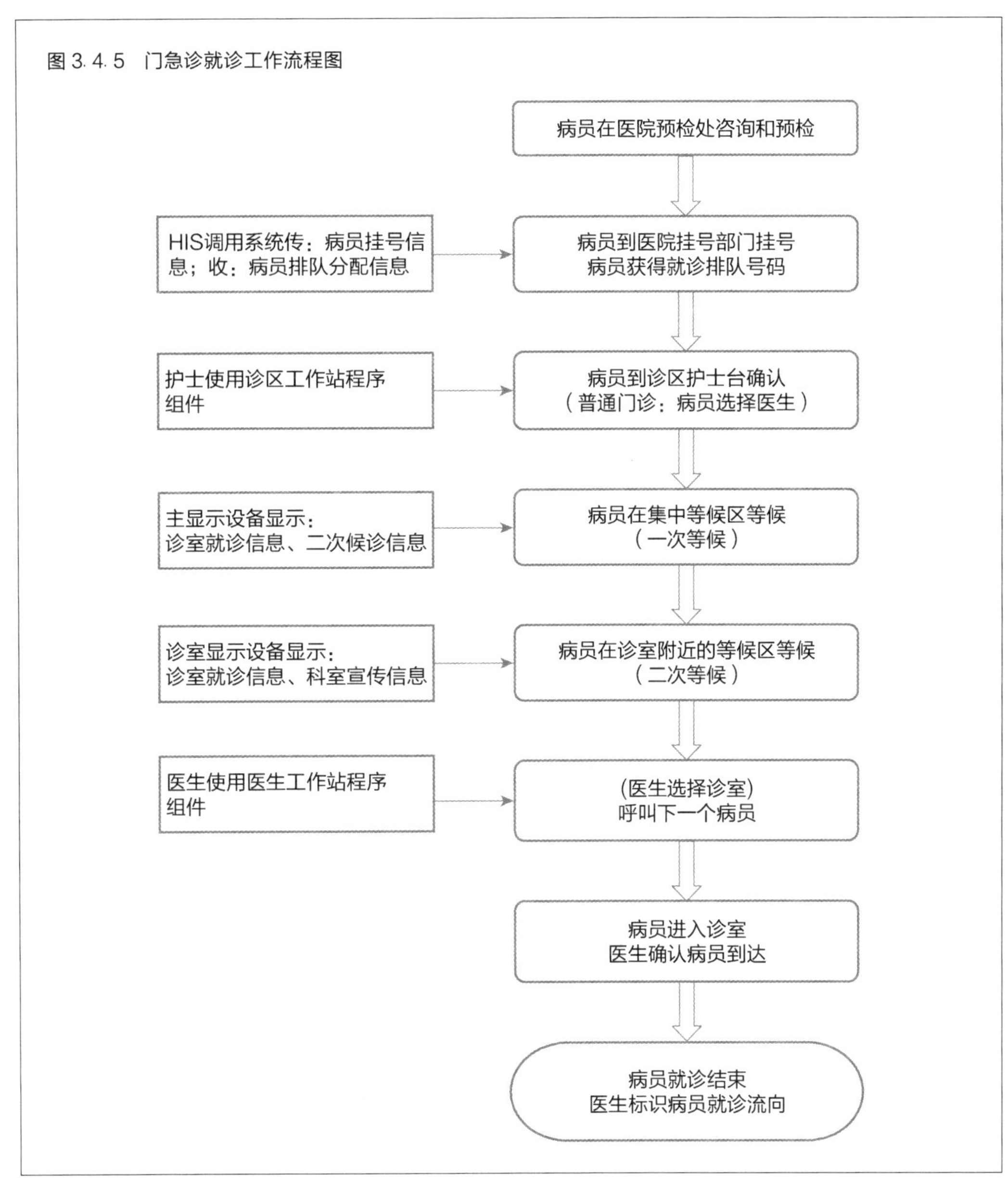

3. 建筑智能化系统的组成

1) 建筑设备管理系统

(1) 系统概述。

现代化综合性建筑内设置有大量的空调、冷热源、通风、给排水、变配电、照明、电梯等建筑设备，这些设备分布广，需要实时监视与控制的参数也有成千上万个，这就造成了运行操作与管理的困难，使用者对于建筑物中生活条件与环境的舒适性、生存空间的安全性、设施服务的完善性、管理组织的严密性等指标日益提高，这样更给这些设备的运行带来了更高的复杂性，使用人工对其设备进行操作、控制、管理不仅需要大量的人力资源，而且对于工艺要求复杂的设备不易控制其稳定、安全的运行，而且医院手术室、重症监护室等位置对于洁净度也有严格的规定，因此采用建筑设备管理系统已是必然采用的管理手段。

(2) 系统功能。

建筑设备管理系统具有五个作用：第一节约能源；第二管理高效；第三便于维护保养；第四安全可靠；第五环境舒适，并可与其他系统实现系统集成。

(3) 系统设计。

系统主要由楼宇自控工作站、分布在各设备间的直接数字控制器（DDC）、通信线路、各种传感器和执行机构组成。具有适应最佳启停、工作循环、自动调节等能源管理功能，每个监控点应设置自动处理和设备安全保护功能。各个DDC控制器的输出/输入控制点有15%的余量。操作环境采用Windows 2000。系统为管理人员提供图形化操作方法，设计控制程序，编制符合现场综合要求的应用控制程序，具有动态图联锁功能。中央站停止运行，不影响各DDC之间的功能和设备运行。系统易于扩展和兼容。可以在工作站编程及在线传输软件到控制器不需到现场更改，不需要停机，从而减少不必要的延误，整个系统采用统一的编程语言，方便使用、学习、维护。

① BMS系统。

BMS系统基于以太网络，采用（C/S）或（B/S）的结构模式。开放的系统网关接口。楼宇自控系统、安防系统、消防系统、智能一卡通系统、公共广播系统、电子显示屏系统、视讯服务系统、物业及设施管理系统等，集成到同一计算机软件和硬件平台下。

② 冷冻站及热源系统。

对冷冻站及热源系统的运行工况进行监视、控制、测量与记录。

③ 空气处理系统。

对空气处理设备的运行工况进行监视、控制、测量与记录。

④ 新风机系统。

对新风机的运行工况进行监视、控制、测量与记录。送、排风系统对送、排风设备的运行工况进行监视、控制与记录。给排水监控系统对给排水系统的给排水设备、饮水设备及污水处理设备等的运行工况进行监视、测量、控制、记录。

⑤ 供配电监测系统。

对供配电系统、变配电设备、应急电源设备、直流电源设备等进行监视、测量、记录。

⑥ 照明监控系统。

对照明设备进行监视、控制，并记录运行情况。

⑦ 电梯监测系统。

对电梯的运行状况进行监视。

⑧ 公共安全系统。

对安全防范系统及智能一卡通系统进行监视和联动。

⑨ 手术室洁净空调监测系统。

此系统单独设置设备管理系统，建议故障状态反馈给建筑设备监控系统。对手术室洁净空调机组的运行状况进行监视。

⑩ 其他监测系统。

对其他系统（如太阳能系统、中心供氧系统的压力装置、负压吸引系统的压力装置等）的运行状况进行监视。

(4) 系统定位。

建筑设备管理系统采用总线结构，集散型控制方式，这种控制方式在国内乃至国际上都是最为先进的，它充分实现了集中管理、分散控制，减少故障风险，提高可靠性的国际理念，具有动态联锁功能，系统易于扩展和兼容。

系统结构图见图 3. 4. 6。

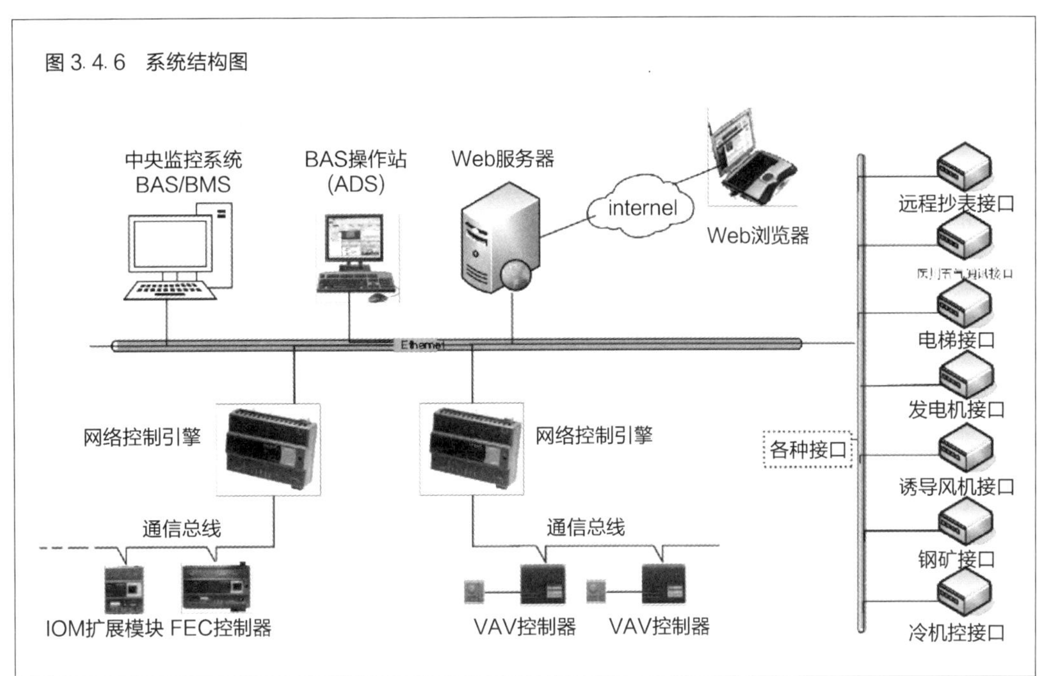

图 3.4.6　系统结构图

2) 安全防范系统

(1) 系统概述。

安全防范系统是医院建设的重要组成部分，也是医院安全、智能化管理的体现，对于监督医院医疗水准，提高医务人员办公效率，保护医务人员的人身安全及医院财产，具有重要意义。

根据《智能建筑设计标准》GB 50134—2015 和《安全防范工程技术规范》GB 50348—2004 及相关国家和公共安全行业标准规范的要求，确定本工程风险等级，按照风险等级设计满足整体纵深防护和局部纵深防护标准。安全技术防范系统设计及各子系统的配置根据“以防为主、打防并举”和“人防、技防、物防相结合，探测、延迟、反应相协调”的原则，实施整体纵深防护和局部纵深防护；安全防范系统的综合管理控制模式，按照集成深度与广度的不同，可以分为分散式、组合式、集成式三种，集成式是越来越被人们认识和接受的高标准模式，通过采用集成式管理控制模式，使各子系统联动，实现全系统的自动化集中监控与管理。

(2) 系统功能。

医院大楼安全防范系统的目的是保证医院职工、患者人身安全、财产安全等，能够对可能发生的事情进行事先预防、警报，已经发生的事件进行事后分析、查证。

图像信息最能准确地说明和全面地反映情况，正如通常所说的“百闻不如一见”。视频安防监控利用即时的显示并能即刻远距离传输活动景物图像，应用在医院这种人员流动大且人员复杂的场合作为安全防范的一种手段，可以大大减少保安人员的数量，忠实可靠且对发生的事件可以进行记录和查证。

电子巡更系统实现医院内巡更路线的设定，督查和统计巡更人员的到位时间，不到位记录及提示，可以大大提高保安巡查人员的积极性和主动性，杜绝脱岗问题的发生，是人防和技防相结合安防理念的一种体现。

采用红外、微波自动探测技术，对医院内的药库、地下室出入口、药局、挂号、收费房间等进行无人时的设防，对进入设防区域的不法分子确认报警并提供准确位置，保安人员可以第一时间发现并处理，保证这些区域的财产物品的安全。

(3) 系统设计。

本安防系统主要包括：视频监控系统子系统、防盗报警子系统、巡更子系统组成。

视频监控系统子系统包括：控制显示设备、传输部分（各种信号、电源线缆等）、前端设备（摄像机等）。

防盗报警子系统包括：控制显示设备（报警主机、报警键盘）、传输部分（各种信号、电源线缆等）、前端设备（各种报警探测器等）。

巡更子系统包括：管理电脑、巡更器、巡更信息点等。

① 视频监控系统。

视频监控系统是通过在某些地点安装摄像头等视频采集设备对现场进行拍摄监控，然后通过一定的传输网络将视频采集设备采集到的视频信号传送到指定的监控中心，监控中心通过人工监控或者将视频信号存储到存储设备上对现场进行视频监控。

视频监控系统对医院楼内各重要进出口通道，人行楼梯，主要技术区域、重要非技术区域，电梯前厅、轿厢及医院周界进行电视图像监视，监视图像传送到大楼监控中心。监控中心对整个医院进行实时图像的监控和记录，使保安管理人员充分了解医院内的情况和动态。授权用户可以通过网络浏览监控图像，以及调用历史监控图像资料。电梯摄像机充分考虑抗干扰问题。

安全防范系统的视频监控设备以 IP 为基础，前端数字编码器将摄像机摄入的图像信号转换为 IP 网络信号，传输到远端监控中心。监控中心将通过数字解码器组成带有矩阵切换控制功能的数字视频矩阵，控制前端的摄像机，控制矩阵图像上电视墙，同时将上传的视频图像实时保存到存储设备上。

采用 IP 融合监控可以提供标准、开放的协议，灵活的 IP 网络统一承载、存储图像可靠、后续调度灵活等特点满足综合医院监控的目前需求以及将来扩展。

视频监控系统分为前端监控设备，包括云台、护罩、摄像机、支架、镜头、解码器等设备。后端监控设备，包括视频监控主机、数字视频矩阵、监视器等设备。

前端监控设备的功能有：摄像机采集视频信号或者图像。云台控制摄像机的转动，调整监视范围。镜头可以调整摄像机的焦距，从而起到调整图像的清晰度和图像的远近。解码器是接收控制主机的控制信号，对云台和镜头进行控制，以达到控制云台的运动方向以及控制镜头的焦距，从而保证监控中心对现场可以进行全方位的实时监控。

后端监控设备的功能有：视频监控主机负责对前端监控设备发送指令，获取前端监控设备反馈的一些参数，从而达到控制前端监控设备的作用，监视器则是用来显示视频信号的设备。

② 入侵报警子系统。

入侵报警系统是防范非法入侵行为的报警系统。该系统内的设计均考虑了各种复杂情况对系统造成的影响，并加入算法和处理器实现软硬件补偿，从而准确地区分各种人为入侵行为。

监控范围：医院的药房、药库、财务室、实验室等处，入侵探测可选用壁挂、吸顶，具体情况根据现场情况设置；在接待台、护士站、挂号、收款、财务室、医疗纠纷室及有人员值守的药房、实验室等处应该设置手动报警装置；在检验室有放射线及储藏放射源的房间，应该设置门磁报警；在公共食堂出入通道宜设置医生白服、护士服及护工服报警装置。

系统结构：报警采用独立报警主机，与闭路监视系统共同实现安全防范管理的需求。防盗报警系统由红外探头（前端）、防盗主机（控制）、键盘（显示纪录编程）、供电（变压器备用电池）四部分组成。主机要求应是具有兼容通信协议的设备均可以直接与监控控制主机联网。红外探头确认后的报警信号送达控制主机，发出报警信号。同时联动发送报警信号到闭路监控，控制主机自动启动调用相应摄像机并把图像切换到主监视器上，供保安人员使用。整个系统为星型与总线型结合的有线结构，防盗主机为中心节点，每一个监控点与闭路电视监视系统联动。报警主机能够实现对各监控点的单点布防和撤防，通过信号及供电线路与主机连接。报警警号和报警频闪灯用于报警信号的显示或提示。系统应能按时间、区域部位任意设防或撤防。能对运行状态和信号传输线路进行检测，能及时发出故障报警和指示故障。系统应能显示报警部位和有关报警数据，并能记录和提供联动控制接口信号。

③ 电子巡查管理子系统。

作为现代医院的安全保证措施，巡更系统必不可少。巡更系统主要用于安保人员的巡逻管理，通过在设定的路径设立巡视点，确保保安值班人员能够按照顺序和时间、地点巡视，同时，保证定时与巡逻人员联系，保障人身安全，及时发现问题。采用巡更系统，不仅可以很好地对重点防范部位进行控制和记录，还可以提高管理的科学性，同时提高安全保证，这也是对其他安防系统的一种补充辅助手段。

监控范围：实验室、非医疗办公区域；楼内各层楼梯间、走廊处设置离线式巡更点，主要功能是震慑犯罪分子。

系统结构：选用无线巡更系统，安装灵活，造价低廉。巡更点内埋在墙内，外部粘贴无源发光标贴以便识别，巡更系统与门禁系统共用工作站管理电脑。

④ 控制中心。

除中央区域做主显示外，其余显示器应采用画面分割的方式将所有摄像机画面显示出来。硬盘录像机的录像时间宜保存 15 天。

目前最为流行的是网络型视频监控系统，网络型闭路电视监控系统主要应用于对图像和声音进行长时间录像、录音、远程监视和控制的场合。它采用一体化的设计，在单板上集成了视、音频采集、压缩、存储、网络传送、多路云台控制、报警检测等功能，保证了系统的高集成度和高可靠性。它提供了多种网络接口，使用 TCP/IP 网络协议，可实现同局域网、广域网的连接，使用户无论身在何处只要通过网络连接，就能获得被监控区域的监控和录像，系统操作简便，易于维护，应用广泛。

系统结构见图 3.4.7。

图 3.4.7　系统结构图

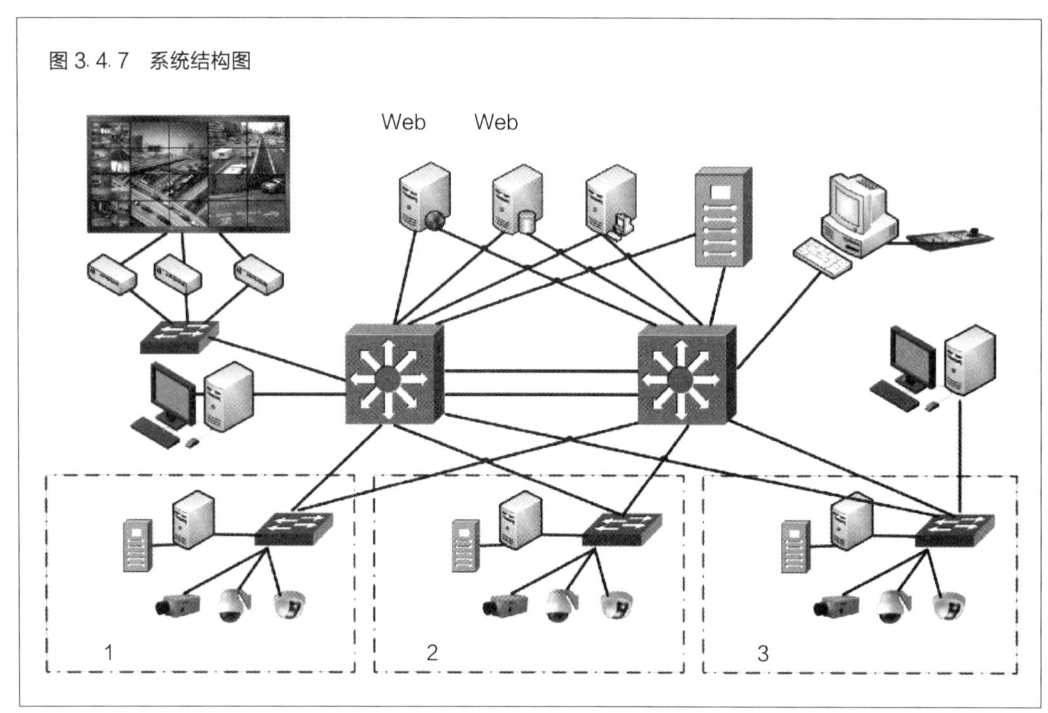

3) 医院一卡通管理系统

(1) 系统概述。

信息化是现代化医院发展的必然要求。实践证明，医院智能“一卡通”管理系统正是这样一种应该优先发展的系统。

为了进一步提高医院整体水平和医疗服务质量，提升医院的管理层次，减少医院的行政成本，方便员工的生活与消费，为医院设计在全院范围内采用非接触式射频卡技术，实施“一卡通”工程。

(2) 系统功能。

“一卡通”系统既满足医院现代化管理的需要，又满足员工、病人、照看病人的亲属以及其他访客的多种需求，其电子管理功能块将使医院实现电子化管理，提高工作效率，加强院务管理；其电子认证功能将使大家享受“一卡在手，通行全院”的便利。

“医院一卡通”系统采用 485 总线方式或基于 IP 方式。涵盖员工、病人等各种持卡人在医院工作生活的方方面面，包括人员信息管理、饭堂就餐、病人订餐、门禁通道、停车场管理、考勤管理和查询管理等，既是持卡人信息管理的载体，也是医院后勤服务的重要设施。

(3) 系统设计。

系统集成是建筑智能化系统的关键所在，它应具有总体信息的汇集和对各类信息的综合管理功能。基于系统集成理念，智能“一卡通”系统之门禁、考勤、消费、诊疗查询、停车场系统等是智能化重要的组成部分，它是利用现代电子技术设备，通过使用同一张卡片实现多种系统应用，具有门禁、消费、停车场管理等作用。其应用将营造一个良好有序的工作环境。

① 出入口控制子系统。

在医院门诊楼里设置门禁系统是为了满足大楼安全管理的需要，主要用来对人员流动和秩序进行监视以降低风险，提高安全的层次。使保安中心管理人员实时了解各区的情况和人员流向，关键设备及重要部位的全面直观的实时安全监视，是保证大楼安全运行的重要手段。

对于本医院门诊楼的门禁管理系统来说，使用门禁系统主要出于安全角度考虑，希望知道某个区域某个房间在一定的时间范围内进出的人员，这一点对于大楼人员进出管理尤为重要。具有对人员进出授权、记录、查询、统计、防盗、报警等多种功能。既方便内部人员按权限自由出入，又杜绝外来人员随意进出重要区域，提高安全防范能力。

本工程主要设置两种门禁，通道门禁和办公室门禁。通道门禁在医院上班时间均为开启状态，在下班时需要刷卡开门，并且需要与消防联动，一旦有火警所有通道门打开。办公室门禁任何时间均需刷卡进出。

监控范围：医院内部走廊内设置通道门禁，在医院上下班时均需要刷卡开门，并且需要与消防联动，一旦有火警所有通道门打开。办公室门禁需要在重要区域设置门禁，任何时间均需刷卡进出。如高干病房、领导办公室，手术区通道、挂号收款、药局、监护中心，无菌病房、计算机房、交换机房、示教室、实验室、器材室、药品库、血库等。

系统结构：根据医院的结构及功能，门禁系统采用在线式结构。

门禁子系统主要由：工作站（计算机）、通信卡（NCU）、控制器、读卡器、电控锁，管理软件等组成。

② 汽车库（场）管理子系统。

智能 IC 卡停车场管理系统是一种现代化停车场车辆收费及设备自动化管理系统，是将停车场完全置于计算机管理下的高科技机电一体化产品。它主要是针对建设智能化大厦、医院、小区的管理需要，以方便、安全为目标，以大厦、小区内业主及其他人员为主要服务对象，以达到停车用户进出方便、快捷、安全，物业公司管理科学高效、服务优质文明的目的。

停车场工作站采用 TCP/IP 网络连接，工作站与出入口控制器采用 RS485 连接。本系统将机械、电子计算机和自动控制等技术有机结合起来。可在脱机状态下实现：自动识别卡内身份、自动开启与关闭闸机、自动储存记录、自动核算费用、自动 LED 屏信息提示等功能，是将车库管理完全置于计算机管理下的高科技机电一体化系统产品。

停车场系统可由工作站、控制机、通信卡、车牌识别系统、车位引导系统、满位指示、管理软件等组成。

③ 考勤子系统。

采用智能考勤管理系统，只需要将考勤卡在考勤机的感应区域内轻轻一晃即可完成考勤登记，快捷简单。强大的数据库管理功能，减轻考勤统计工作的劳动强度，提高考勤统计的准确度，同时也避免了各种人为因素造成的考勤记录失真。

在医院医护人员通勤口或电梯厅入口处设置考勤机作为考勤点，只对后勤及办公室工作人员的出勤情况进行统计。

④ 消费子系统。

消费群体划分为职工与病患两种。职工消费系统数据库与院内财务系统进行数据交换，反映职工当日、当月消费数值，可进行个人账户的管理；病患消费数据与院内出入院管理系统进行数据交换，能够如实反映病患在院期间的消费金额。

⑤ 系统数据中心。

“一卡通”各子系统门禁、考勤、消费、停车场等信息资料上传到“一卡通”服务器，服务器连接到 LAN 与其他系统联网集成。

出入口控制与 CCTV、消防联动。

电子消费（个人账户）与 HIS 内出入院管理之间的联系。

(4) 系统定位及选型。

针对医院数字化医院整体规划、层次结构，借鉴其他医院在信息化建设及实践的经验，结合医院一卡通建设的具体需求、设计原则，从整体架构的角度出发，我们认为：医院一卡通系统是整个数字化医院建设中很重要的一个系统，一卡通项目建设将遵照数字化医院规范和标准，并在数字化医院基础架构上结合医务人员统一身份认证、医院综合信息查询的建设，支持并带动后续应用系统的开发运行，方便用户随时了解自己的情况和周围的信息，从而带动全院信息化、规范化管理的进程，为医院管理提供决策支持。

4) 多功能电子会议系统

(1) 系统概述。

建成一座以医疗为中心，医疗、教学和科研相结合的医疗、预防、保健、康复、健康教育和健康促进为一体的多元化、现代化医疗机构。新建工程有报告厅、会议室等多种功能不同的会议场所，通过多功能会议系统，可以进行日常工作会议、学术交流等多种功能。

(2) 系统功能。

- 能满足各种现代化电子会议的需求；
- 系统设备设计采用模块化，在不影响功能的基础上，又可方便组合；
- 系统支持本地的集中控制和网络化分布式的遥控操作。

(3) 系统设计。

医院内有报告厅、会议室等多种功能不同的会议场所，建设成为集会议、培训、学术交流等为一体的多功能会议场所。为了能更充分发挥其功能，设备配备应采用先进的、现代化的电子会议设备，利用多种显示手段，展示各种多媒体资料、图文信息，通过多功能会议系统，可以进行日常工作会议、学术交流等多种功能。

(4) 系统定位及选型。

系统在未来一定时期内保持先进；同时也要考虑到技术适用性，即实用程度，要从会议室的使用功能出发，在满足各项使用功能的前提下，系统做到简洁、不夸张，设备的选型都要符合简单、实用的原则。

5）信息发布及查询系统

（1）系统概述。

现代社会已进入信息化时代，信息传播占有越来越重要的地位，同时人们对于视觉媒体的要求也越来越高，要求传播媒体传播信息直观、迅速、生动、醒目。

电子公共显示系统是一个集计算机网络技术、多媒体视频控制技术和超大规模集成电路综合应用技术于一体的大型电子信息显示系统，具有多媒体、多途径、可实时传输的高速通信数据接口和视频接口，是综合信息发布的最佳媒体，是医院宣传的窗口。主要用于发布各种公共事务信息，展示医院的总体情况，介绍医院的公众信息，发布最新公告以及欢迎广告词、服务项目、服务安排、药品药价等内容，让前来就医的人真正感受到医院的信息化服务。

信息发布系统由LED大屏显示系统、LCD屏信息显示系统、触摸查询系统和手术进程发布系统组成，采用多形式、全方位的宣传手段提升医院形象，提高就诊信息获取便捷性。

（2）系统功能。

• 视频显示功能：实现VGA与Video信号转换，通过字幕机可实现图像与文字的叠加；

• 视频播出功能：实时显示彩色视频图像，实时现场转播，转播广播电视及卫星电视；播放录像机、影碟机等视频节目；具有电视画面上叠加文字信息，全景、特写等实时编辑和播放功能；可在文艺表演时实时转播，或播放背景画面等。

• 播放计算机信息功能：可显示各种图形、图案、动画等计算机信息；可显示中文、英文、数字等多种文字，有多种字体字形选择，文字可无级放缩，显示16×16点阵、24×24点阵或更大点阵的汉字，可分别选用宋体、仿宋体、楷体、黑体等标准字体及中空、斜体等多种中外美术字体，并能达到三维动画效果；能够通过显示器模拟显示屏的内容，通过计算机的操作可对显示屏的色彩和亮度作一定范围的调整。

• 信息查询功能：通过触摸屏查询楼内及管理中心内的公开信息。

（3）系统设计。

作为具有先进水平的医院，与患者实施信息沟通是必不可少的，因此在医院的公共显著位置设置电子公共显示屏是必不可少的，可以方便就医者时了解医疗资源的最新情况等。在人流量大的场所设置触摸查询屏，以方便来院人员进行医院设置分布查询、医疗知识查询、办公流程查询、诊室业务查询，还可以根据需求进行病理医疗查询、专家医师查询、病案查询，从而扩展成多方面的综合查询系统。

电子公共显示系统由LED电子显示屏、数字媒体发布及触摸查询系统构成，系统通过管理系统子网，连接到电子公共显示系统服务器，经过组织、处理和控制，以显示各类信息。

（4）系统定位及选型。

目前，电子公共显示系统市场上的厂商众多，很多规模不是很大的公司没有自己的技术开发实力，技术还停留在早期的技术水准上，这样的产品虽然价格比较便宜，但性能比较落后，可靠性较差。在保证产品成熟性和可靠性的前提下，设计时建议选用目前国内最高技术水平的产品。

6）能量计费系统

（1）系统概述。

随着国家节能政策的大力提倡，能量计费在医疗行业的应用越来越广泛。医院建筑中对能量表、水表、电表及医用气体表进行集中服务及管理的要求越来越高，综合采取有效措施，科学高效地利用水、电、气等资源，降低运行成本，是获得经济效益的首要前提，也是创造社会效益的基础。

（2）系统功能。

系统以自动采集表数据为基础，利用网络传输功能，对冷水、电、蒸汽、热能、热水等公用资源进行全过程、全时制监控和数据处理分析，实现了抄录自动化、统计无纸化、分析实时化。能够通过系统管理软件实现对医院内部科室、病房、医技部电、热水、医用气体的科学计量。

（3）系统设计。

根据设计院水、电、空调及医用专用气体工艺图纸，通过能量计费系统实现对楼内各护理单元用电量、水量（冷水、生活热水）、医用气体（氧气、压缩空气、负压空气、笑气）、空调热能实现量化管理，建立自动抄表系统，即时提供系统的能耗数据，建立单床能量消耗的统计数据和节约分析的意见。

实现对院内水、电、气、中央空调等的综合计费。采用全自动的抄表收费方式实时采集信息，对数据实现统一管理、集中存储。并且能量计费系统数据库能够被 HIS 系统中管理和决策系统调用。

管理系统是由管理中心计算机、传输控制器、采集终端和能源计量表组成的四级网络管理中心。计算机是系统的管理核心，它对整个系统进行管理，通过下辖的传输控制器可以随时调用系统内任一水表、电表或气表的数据，并对数据进行处理，同时可以对系统内设备发出各种指令。

① 燃气量（天然气量或煤气量）

目前燃气量检测通常采用人工操作、人工读数、人工处理数据的方式来实现对被测产品的检测，缺乏数据的自动采集、自动控制以及处理系统，由于政策及安全上的原因，燃气公司一般不允许用户自动采取数据并上传，因而效率低，消耗了大量的人力和财力。目前对于设计来说仅预留燃气表具的接口，一旦政策及规范允许，方便系统接入。

② 中央空调系统

因医院内各功能科室空调系统在使用时间、使用面积和使用人员等方面存在差异，为精确计量各科室空调系统的能耗，减小不必要的能量浪费，达到节能增效的目的，采用不同的计费方式显得尤为重要，一般而言，空调能量计费有两种方式，一种为能量型中央空调计费系统，另一种为时间型能量计费系统。

能量型中央空调计费系统适用于医院分层、分区等大面积计费的情况。时间型能量计费系统主要应用于末端为风机盘管的小区域分户计费的情况。适用于医院科室等小面积计量。

两种不同计费方式原理比较：

a. 能量型——系统原理。

依据热力学原理，通过对供回水温度和流量的检测，计算出各用户使用的能量值，作为空调费用分摊的依据。

$$Q = \int_{0}^{1} q_{m} \Delta h \mathrm{d}t = \int_{0}^{1} \rho q_{v} \Delta h \mathrm{d}t$$

式中　Q——释放或吸收的热量，单位为 J 或 Wh；

q_m——流经热量表的水的质量流量，单位为 kg/h；

q_v——流经热量表的水的体积流量，单位为 m^3/h；

ρ——流经热量表的水的密度，单位为 kg/m^3；

Δh——在热交换系统的入口和出口温度下水的焓值差，单位为 J/kg；

t——时间，单位为 h。

能量型设计要点：

• 每个计量区域如果有独立的空调供、回水管，只需设计一套能量表；如果有多个供回水管，则设计多套能量表。

• 流量计选用方面，设计时应标明是选用电磁流量计，避免后期出现使用其他带有运动部件的流量计，导致计量不准确。

• 设计时考虑电磁流量计上、下游的直管段距离。上游 10 倍管径，下游 5 倍管径。

• 设计时与空调专业设计配合。

• 在功能区域定下来后，相应的空调配管就要考虑计量的问题。

小结如下：

• 能量型计量原理科学合理，但关键是流量计与温度传感器的选型，优先选择电磁流量计，其次是超声波流量计，不选用机械式流量计。

• 采用分体式的能量表，不能选用应用于供热计量的热能表。

• 能量型由于其结构及安装特性，一般应用于分区域、分楼层、分楼栋这种大区域计量，计量单位要求空调水系统结构固定。

• 对于分小区域分户计费，以及对末端同时有远程控制需求的情况，并不适合采用能量型计费方式，建议采用时间型计费方式

b. 时间型——系统原理，见图 3.4.8。

时间型功能特点：

• 全电子系统，系统使用寿命超过 12 年。

• 与水系统无关联，施工、调试、维护方便。

• 不受科室结构调整影响，自由组合计费区域。

• 在线监测阀门、室内温度、风机盘管档位等运行状态。

• 具有预付费、分时段计费、欠费信用管理等功能。

小结如下：

• 系统运行稳定可靠，用户容易理解与接受，可检验性强。

• 时间型分户计量系统不与空调水系统发生关系，安装、调试和维护都十分方便，不会影响到空调机组的运行和其他用户的正常使用。

• 不受科室结构及功能变化的影响，一次投资，终身受益。

图 3.4.8 时间型能量计费系统原理

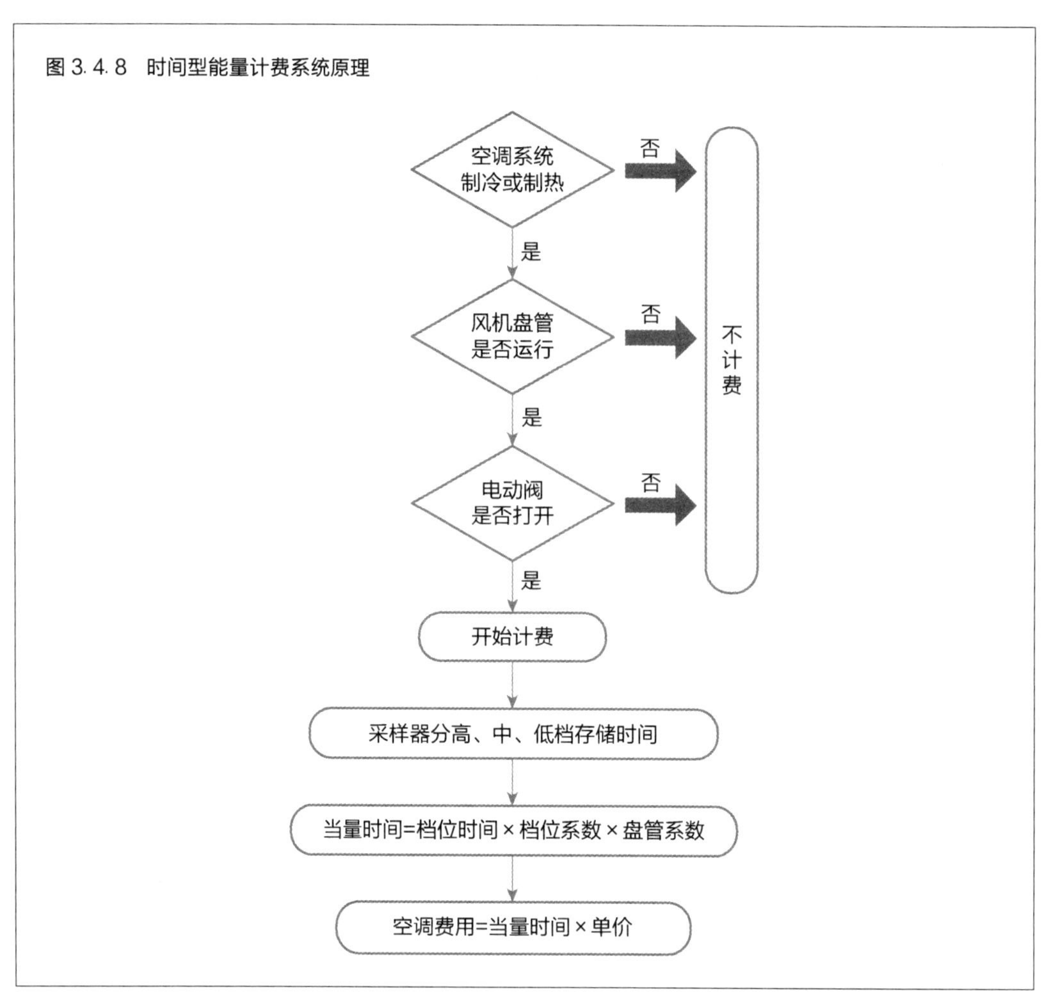

• 系统设备投入、施工成本不高，旧楼也可以改造，推广范围大。

③ 水量（冷水、热水）

对医院使用的冷水、热水进行计量，将水表设置在总管上，并且在各科室或楼层的分管上设置 1 块水表。

④ 医用气体（氧气、压缩空气、负压空气、笑气）

医用气体（氧气、压缩空气、负压空气、笑气）根据相关厂家提供的工艺图纸设置。

(4) 系统定位及选型。

能量计费系统要求使所有的机电设备在安全可靠的前提下科学、合理、有序地完成各自工作，并达到节约能源、提高设备使用寿命的目的，安全可靠是第一要素。

7) 防雷接地系统

(1) 系统概述。

雷电防护系统的基本功能是保护生命财产免遭雷电灾害或减轻这种灾害的程度。实现雷电防护系统（包括雷电电磁脉冲）对地泄放的合理路径，而不是任其随意地选择放电通道。

医院防雷接地问题，是一个较为敏感的问题，它涉及病人的安全、设备的正常运行等。目前我国与国际上防雷接地的规范是除爆炸危险场所外均利用建筑物金属体作为防雷、接地体，因此建筑物内的所有金属体如钢筋等不可避免地与防雷系统为一体。为保证病人的安全，也要求设备仪器等的保护接地与病人周围的金属体局部等电位。因此防雷接地、设备的保护接地是不能分开设置的，否则病人反而会因接触到不同电位而有触电的危险。

(2) 系统设计。

医院目前有着越来越多的先进仪器和设备，多数归结为敏感电子设备，必须设置防雷接地系统。

机房、医用设备间设直流工作地、交流工作地、安全保护地及防雷保护地接至大楼联合接地体。

为了便于测量，当接地线引入室内后，必须用镀锌螺栓与室内接地线连接。

电子计算机系统的接地应采取单点接地并宜采取等电位措施。

在机房的周围应设置一条接地铜带，使机房的各个设备以及屏蔽电磁网的静电汇流在这条铜带上，形成机房统一的接地网。

机房静电泄漏网采用 40 mm×0.4 mm 铜带，做 1 200 mm×1 200 m 的网格，在地板脚下敷设，最后通过接地引下线，串接 1 MΩ 限流电阻引至接地体。

吊顶的龙骨、三角骨与灯具外壳需用铜线接连成一体，接点必须搪锡，引到机房的接地端子板上。

对电源系统多级防雷防过压保护。

对楼外引入机房内的信息接口进行防雷保护。

防止交流接地和逻辑接地在遭受雷击时产生电位差形成反击破坏设备，在两地间安装地网保护器。

8) 机房工程

(1) 系统概述。

随着计算机技术的发展和普及，计算机系统数量与日俱增，其配套的环境设备也日益增多，计算机机房已成为各大单位的重要组成部分。计算机机房工程是一种涉及空调技术、供配电技术、抗干扰技术、防雷防过压技术、净化技术、消防技术、安防技术、建筑和装饰技术等多种专业的综合性产业。电子计算机的可靠运行要依靠电子计算机机房严格的技术条件来保证。

根据以上论述，机房是计算机及重要设备所需要的特殊环境，合理的规划设计可以使机房有更良好的环境，对设备故障、环境情况及安全性做出准确反应，通过对故障的分析，做到有目的的维护，提高网络系统、设备的管理质量，降低系统维护成本，同时保证系统运行处于良好状态。

(2) 系统功能。

一方面机房建设要满足计算机系统网络设备，安全可靠，正常运行，延长设备的使用寿命。提供一个符合国家各项有关标准及规范的优秀的技术场地。另一方面，机房建设给机房工作人员网络客户提供了一个舒适典雅的工作环境。归根结底，计算机房是一个综合性的专业技术场地工程。

- 对环境的温度、湿度要求；
- 对空气的洁净度、新鲜度和流动速度要求；

• 对电源、电压、频率和稳定性、后备时间要求。

(3) 系统设计。

机房的建设目标是保证网络和计算机等高级设备长期而可靠运行提供最基本的保障，满足需要的机房基础设施环境，为系统的网络设备和主机设备提供良好、可靠的运行空间，同时为机房工作人员提供一个易于开展工作的环境。

机房建设中包含以下工程子系统：

• 机房装修（含天棚、地面、墙壁及隔断）
• 机房电气系统（配电柜、电气布线、列头柜）
• 机房通风及消防排烟系统
• 机房专用空调系统设备（采用上送下回或下送上回方式）
• 设备及场地监控系统工程（含漏水报警系统）
• 气体灭火系统（七氟丙烷气体）
• 机房综合布线系统（KVM 布线、服务器机柜等）
• 机房安防系统（含门禁管理系统、视频监控系统）
• UPS 系统（含机房及数字医疗设备用电，UPS 设备可单独放置）

4. 通信智能化的组成

1) 综合布线系统

(1) 系统概述。

结构化布线系统（PDS）是随着语音和数据通信的发展而逐步建立起来的一套布线系统，它采用了一系列高质量的标准材料以模块化的组合方式，把语音、数据、图像等用统一的传输媒介进行综合，在智能建筑中很方便地组成一套标准、灵活、开放的布线系统。

对于医院这样特殊的功能性建筑来说，其内部信息传输通道系统（综合布线系统）已不仅仅要求能支持一般的语音传输，还应能够支持医院内各种医疗图像存储、传输，能支持多种计算机网络协议以及多种厂商设备的信息互连等，可适应各种灵活的，容错的组网方案，因此一套开放的、能全面支持各种系统应用（如语音系统、数据通信系统等）的综合布线系统，对于现代化医院是的不可或缺的。

(2) 系统功能。

综合布线系统将涉及医院大楼内的计算机网络系统（CN）、通信自动化系统（CA）、办公自动化系统（OA）及楼宇自动化系统（BA）等领域，可以说是一个跨学科、跨行业的系统工程。因此综合布线系统应有总体规划，全局考虑，以确保该系统的稳定，可靠的运行。

综合布线系统是构成医院网络系统的基础通道，负责实现楼内各自系统内部和相互之间的连接，提供先进、可靠的信息通道，支持语音通信、数据通信、图文图像等多媒体信息的传输，为本工程建设铺设一条信息“高速公路”。

(3) 系统设计。

综合布线是智能建筑的中枢神经系统，是构筑智能化建筑网络的基础，在综合布线系统的基础上，形成了遍布整个大楼的语音网络，数据网络，同时还可兼作文字、图像和视频等领域方面的应用。系统采用星型网络拓扑结构，划分为六个独立的子系统，子系统均可视为各自独立的单元组，更改任一子系统时，不会影响其他子系统。

本设计方案的布线系统采用树状星型结构，以支持目前和将来各种网络的应用。该布线系统通过跳线即可实现与不同的网络设备互连。可以应用各种不同逻辑拓扑结构的网络，在建筑物内通信机房设置语音总配线间；在计算机机房设置数据总配线架。

a. 内网布线建设。

内网布线采用铜缆＋光缆形式，主干实现 10G，桌面实现 100 Mbps 传输要求，内网布线建设为以下系统提供物理通道：医院内部办公自动化、行政管理、医务管理、病房管理等信息的传输处理等；医用信息管理系统（HIS）、医学影像存储与传输管理系统（PACS）、检验放射科管理系统（RIS）、实验室管理系统（LIS）、临床管理系统（CIS）。以上系统宜单独组网，各系统工作站、服务器设置位置不同，服务器与主干网络需采用光缆连接。

b. 外网布线建设。

外网布线采用铜缆＋光缆形式，主干采用 1 000 Mbps，桌面实现 100 Mbps，外网布线建设为以下系统提供物理通道，实现 Internet 连接；办公区按人数设置；病房区按床位设置；建筑智能化系统。

c. 语音布线建设。

实现语音通信等；根据医院功能分区，按人数或位置设计点数表；布线线缆类型宜与数据布线线缆一致，也可根据医院要求单独设置。

d. 医院光纤网建设。

医学影像、放射信息等系统的高端用户宜采用光纤到端口的接入方式，并且医学影像、放射信息服务器连接至主干网络宜采用光缆。

手术示范教学区至演示区宜采用光缆。

各医技科室宜预留一定芯数的光缆。

e. 无线网建设。

病房区设置无线网络 AP 点，布线方式根据设备特点设计。

f. 桥架管路建设。

医院建筑内部功能分区较多，桥架管路走向合理，且兼顾各系统需求，宜放置多路主干桥架。

医院综合布线系统作为数据及语音等系统的传输媒体，要求能够支持数据 1000 Base-X、100Base-T、ATM 等多种传输速率的要求。在应用上应满足电视会议、多媒体的使用需求。满足综合业务数字网的要求。综合考虑后，在医院内设计的综合布线系统采用全模块化结构，能够方便系统的扩展，且具有极大的灵活性。选择成熟、可靠的六类布线系统，并且针对医院对信息业务的发展的需求，建议选择国际一线品牌的布线系统。

2）计算机网络系统

（1）系统概述。

计算机网络系统是支撑 HIS 的主要硬件环境，也是实现医院计算机网络综合信息系统的基础，是医院必不可少的重要基础设施与支撑环境，利用电子计算机和通信设备，为医院所属各部门提供病人诊疗信息和行政管理信息的收集、存储、处理、提取和数据交换的能力，并满足所有授权用户的功能需求。

（2）系统功能。

- 为 HIS、PACS 等应用系统提供一个强有力的网络支撑平台；
- 网络设计不仅要体现当前网络多业务服务的发展趋势，同时需要具有灵活的适应、扩展能力；
- 一体化网络平台：整合数据、语音和图像等多业务的端到端、以 IP 为基础的统一的一体化网络平台，支持多协议、多业务、安全策略、流量管理、服务质量管理、资源管理；
- 数据存储安全：医院信息系统的数据存储应具有存储量大、扩充性强的特点。
- 医疗信息的安全保护，也是主要的环节，网络的设计不仅要考虑用户与服务器之间的互联互通，更要保护关键服务器的安全和内部用户的安全。

（3）系统设计。

医用内网：万兆光纤主干、千兆到桌面的分层星型架构设计，所有重要应用服务器，如 HIS、PACS 系统等都部署在内部网络数据中心，数据中心需要有一定的入侵防御能力。内网的用户需要使用认证安全接入，并且对内网认证用户进行规范化管理。内部网实现智能网络管理，将多种管理系统，如设备管理、用户管理、业务管理、资源管理合为统一平台。

医用外网：千兆光纤主干、千兆到桌面的星型架构设计，在外网部署需要外联的应用服务前置服务器，前置服务器需要双连接（既连接内部网络，也连接外部网络），外部网络实现高速 Internet 服务，并与社保、其他卫生系统连接，提供远程接入能力，也提高部分 WLAN 覆盖率，外网出口部署防火墙，保证边界安全。

智能化专网：采用“千兆主干，千兆接入”的星型架构设计。主要承载业务包括公共广播系统、多媒体视频会议系统、数字视频监控系统、入侵报警系统、门禁一卡通系统、停车场管理系统、电子巡更系统、楼宇自动控制系统、智能照明系统、能耗监测系统等，主要实现各弱电系统信号的可靠传输，对各分系统实施有效管理。

网络系统建设设计时采用有线网和无线网相结合的方式进行设计，覆盖整个大楼的所有用户。建设后的网络系统在网络设计方面应全面满足医院的 CIS 系统（临床信息）、PACS 系统（医学影像）、HIS 等医院信息系统及医院其他相关业务系统的应用要求。

（4）系统定位及选型。

医院的计算机网络系统是支撑 HIS 的主要硬件环境，也是实现大型医院计算机网络综合信息系统的基础，是医院必不可少的重要基础设施与支撑环境，因此，计算机网络系统可靠、稳定、安全性高。

3）数字程控交换系统

（1）系统概述。

在信息高速发展的今天，高效的通信方法对于任何医院管理都是至关重要的，在当今变化迅速，竞争激烈的环境中，为了提高医院管理效率，为病人及亲属带来更为优质的服务，力求帮助医院提高办公效率，节省通信费用，从而极大提升医院公众形象，建立区别于竞争对手的竞争优势，给病人及亲属留下良好的印象比以往任何时候更为重要，落后的通信手段与设备将无法满足医院自身现在及将来对通信的需求。优良的通信网络系统的建设将改善医院的服务质量，提高工作效率，改进护理水平，快速准确地为病人诊断病情，将更好地服务于医院自身业务及对外进行语音通信、数字传输、远程医疗等的需求。

(2) 系统功能。

系统的主要功能是满足医院的语音通信的需求，为未来通信方式的发展提供扩充空间。

提供高性能的通信传输，具有良好的安全保密功能。

可灵活设立计费系统，能满足现行及未来通信需求。

能结合医院的临床报警系统反馈到应用软件。

能结合医院 IT 网络系统，能扩充提供客服中心服务。

(3) 系统设计。

通过数字程控交换机系统的建设为医院内部建立一个免费的综合内部全数字通信网络，使医院内部自由通话畅通无阻，控制了通信资源的部分浪费，使通信资源共享，并做到完全有效利用及合理分配。同时，通过通信资源的管理提高了管理效率，提升了对外公众形象，满足以上功能需求。

(4) 系统定位及选型。

除了要考虑系统的容量之外，还要考虑系统和医院业务展开进行整合，并利用强大的 IP 组网功能进行组网，整合医院的语音系统，后续扩展方便快捷的数字程控交换机。

(5) 系统结构图。

系统结构见图 3.4.9。

图 3.4.9　数字程控交换系统结构图

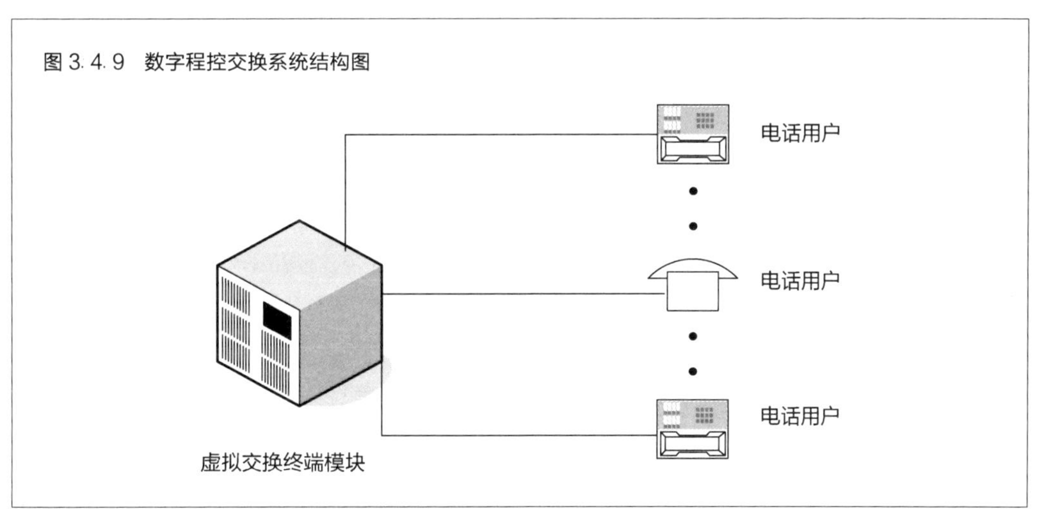

4) 卫星及有线电视系统

(1) 系统概述。

在现代智能建筑工程中，卫星电视及有线电视系统是适应人们使用功能的需求而普遍设置的基本系统。从目前我国智能化的建设来看，此系统已经成为不可缺少的组成部分。

(2) 系统功能。

有线电视系统提供快捷、丰富、多方面的图文、视频信息。有线电视信号经楼内有线电视传输网络向下传送至各个办公室、值班室、会议室及病房等，为医院提供资讯、影视信息、新闻快讯、娱乐节目，使医护人员和患者能够了解最新动态，工作、学习、娱乐使用。

(3) 系统设计。

系统采用862 MHz宽带系统，信号传输采用双向传输网络系统，上行频率为5～65 MHz，下行频率为85～862 MHz。

公共候诊区的电视节目源为一般卫星或有线电视节目源，另外各个科室也可以通过自办节目播放相关科室的医疗保健卫生常识，供候诊区病人观看。

会议室或手术示教室要考虑具有视频教学的功能，其节目源除了一般卫星或有线电视外还必须考虑手术示教室现场音视频信号及远程音视频教学信号的接入。

5) 公共广播系统

(1) 系统概述。

背景音乐在楼宇管理中的作用极为广泛，有业务广播、事务提醒、寻人呼叫及背景音乐等功能，是体现国际化智能建筑优劣的一项重要功能指标。公共广播在消防时所起的功能也尤为重要，起到火灾报警提醒、逃生指示、人工疏散等重要作用。

(2) 系统功能。

为了在医院内部营造一个舒适的工作生活环境，背景音乐是必需的基础设施。为医生的工作生活环境、病人的诊疗流程及信息传递提供良好服务，充分发挥工作人员的服务效率，提高医院服务管理水平。为医院提供的各种环境、娱乐、通信、消费等智能化建筑具有的特色功能服务。其基本功能是对公共通道、手术室、候诊区、大厅、餐厅等场所提供背景音乐或一些必要广播信息，掩盖环境噪声，创造一种轻松、和谐的气氛。

(3) 系统设计。

医院作为一个公共场所，有大量的流动人员，采用公共广播及背景音乐系统，一方面通过播放背景音乐，掩盖环境噪声，还可以播放院方的通知、注意事项、还可以广播找人，火灾时可以紧急切换到事故广播等。广播分区按各功能科室设置，满足楼内防火分区要求，各层分区采用100 V/70 V定压传输方式，功放与主机之间采用IP方式，这样既能满足防火分区消防广播的要求，又能方便灵活地设置背景音乐系统。除地下停车场采用壁挂音箱外，其余均采用吸顶声器。

在公共场所的走廊、大厅、电梯前室、公共卫生间、餐厅、候诊区、手术室等处设置扬声器，平时播放背景音乐，遇火灾报警时可与专用消防系统实现联动，通过强切至消防紧急广播。

符合消防广播要求，手术室内扬声器采用具有杀菌功能涂料的扬声器。

消防切换方式宜采用楼层消防模块或消防广播切换盘。

(4) 系统定位及选型。

目前国际上有线广播系统有两种解决方案，一种是星型定压模拟信号广播系统，另一种是全数位式数字信号广播系统。全数位式公共广播系统是将先进的、创新的数位技术带入公共广播系统领域，架构建立在基于TCP/IP网络传输方式上。使公共广播系统有了一个革命性的技术突破，可以满足专业用户对公共广播系统的所有要求。它的音频信号、控制信号和通信全在数位域进行，具有更远的传输距离，尤其是将音频信号和控制信号集中在一条两芯的双绞线上传输，不仅大大地节省了安装和布线成本，而且为将来的系统维护及系统工作的高可靠性提供了先决的优越条件，全数位式公共广播系统可通过 PC 进行设置、管理和操作，这样使安装调试及操作变得更简单方便。

3.5　医院物流系统

自动物流传输系统作为现代化医院的重要装备，与医院信息流一样，越来越在医院现代化建设中受到关注与认同。根据不同的工作原理、不同的传输对象，物流系统可分为以下几种：气动管道传输系统、轨道小车传输系统、智能无轨传输系统、盒式传输系统以及大货箱式传输系统等。

3.5.1　医院物流系统的发展现状

现阶段我国大部分医院物流发展的现状大都是“专职递送队伍＋手推车＋多部电梯”这样的物流传输方式有着明显的弊端。由于医院内汇集着患有各种疾病的病人，他们携带着各种病源菌，同时医院内患者、患者家属、医护人员等各种人流混杂，标本、药品、血液的取送工作又使人流与物流混杂在一起，为传染性疾病的传播与交叉感染的发生提供了可能性。经过“非典”后，越来越多的医院认识到传统的物流传输方式已经落后。“医用气动物流传输系统”等为代表的医院物流传输系统开始越来越多地在医院装备。

世界发达国家和地区的医院引入物流传输系统较早，并且应用领域广泛，种类齐全。比如美国、德国、日本、新加坡等的中型以上医院大都装备了物流传输系统。轨道式物流传输系统和 AGV 自动导车系统近十多年来在医院的应用逐渐增多，欧美、日本、等地的医院均可见到。我国医疗卫生系统引入物流传输系统相对较晚，直到 20 世纪 80 年代末才从国外引进，当时引进的医用气动物流传输系统只在深圳市人民医院一家医院试运行。近年来虽然在医院改扩建过程中，运用的单位越来越多，但相对比例仍然是非常低的，应用的产品种类和范围也较为单一和狭窄，其中主要为气动物流传输系统。

3.5.2　智能化物流系统及其适用性

1. 气动管道传输系统

气动管道传输系统用于传输小型物品。通过工作站、转向器、空压机和传输瓶在医院内传输各种小型物品；系统可用于传输医院内几乎所有的小型的物品——包括血液，尿样，病理标本，药房的供应补给（包括麻醉药，IV 静脉包，剂量药，手术用品用具），以及急诊室的供应，重症特别护理的供应，病史档案，X 光片等。

气动管道传输系统是一种单管，双向传输，自动发送气送子，由微机控制的气动管道传输系统。该系统由接收/发送站，换向器，空气切换阀，空压机，传输管道，线缆等组成。工作站可安装在穿过楼板而出的传输管道上，也可安装在从主管道通过换向器而分出的管道上。进一步而言，计算机控制实现了可添加多种附加功能：如工作站保密，缺席注示，优先发送，运行监控等。

主要传输物品：无菌器材、清洁敷料、注射输液药品、处方药品、小型手术器械、切片、血样、血液、化验样本、票据、记录、血浆、化验样本、X 光片、医用消耗品、少量药品、化验样本、X 光片、日常单据等。

气动管道传输系统结构如图 3.5.1 所示。

图 3.5.1　气动管道传输系统结构图

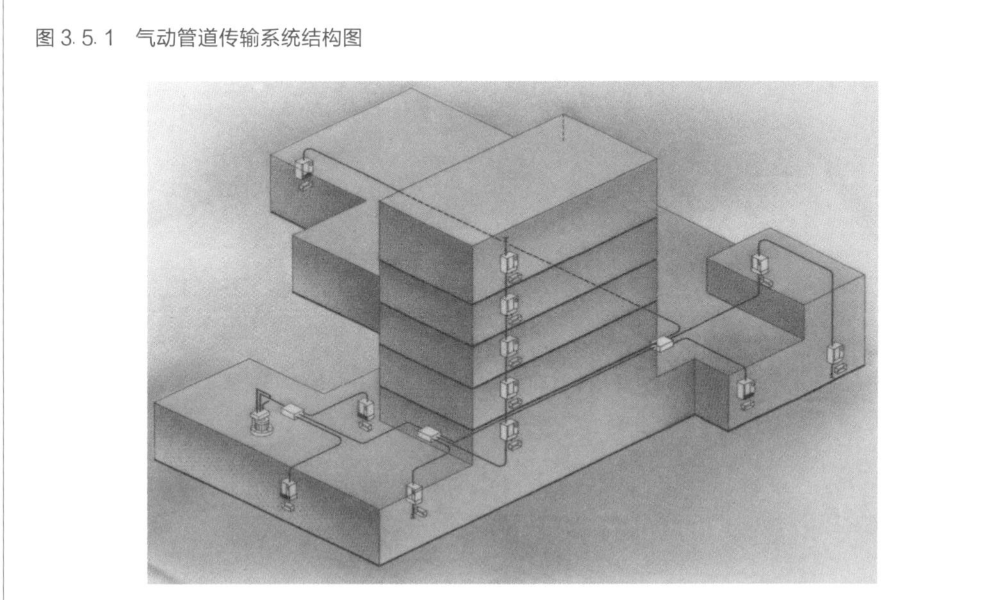

2. 轨道小车传输系统

智能化轨道小车物流系统是计算机控制的、适用于现代化医院内部物品综合传输的系统，可大大优化医院内部物流管理，改善医院的就医环境，提升医院的管理水平和竞争力，目前被众多三甲医院在数字化医院建设时采用。该系统通过特定的水平和垂直轨道，连接设在各临床科室和各病区的物流传输站点，由计算机控制，密封小车沿着轨道实现各部门之间立体的点到点的物品传输，具有运输重量和载物空间大、运输平稳、运行稳定、故障率低的等优点。主要为：

• 可在病区药房、静脉配置中心、中心供应室、手术室、病理科、ICU、门急诊护士站、检验科、门急诊检验科、标准护理单元、设备科等院内科室间独立传输药品、检验样本、音像资料、文件、送餐等。

• 操作时，使用者只需要将物品放入小车中，在按键区通过选择收件人的名字，小车就能将物品安静、安全地送达。每辆小车的运行都是独立的，互不受影响。小车到站后可通过到达信号，以电话或电子邮件自动通知收件人。

• 完全密封小车相当于一个可移动的小洁净室，可防止传输感染。

• 根据传输物品的保密性可给小车配置加密锁，仅凭密码才能开启。

• 中央控制电脑可监控、图形化显示整个系统运行状况。

• 可避免外因干扰，有效可靠地确保传输任务在计划时间内完成。

• 传输速度快，每辆小车的传输是独立进行，可同时行驶多辆小车。

• 可减少内部物流运输所需人力成本和时间成本。

轨道小车传输系统结构见图 3.5.2。

图 3.5.2　轨道小车传输系统结构图

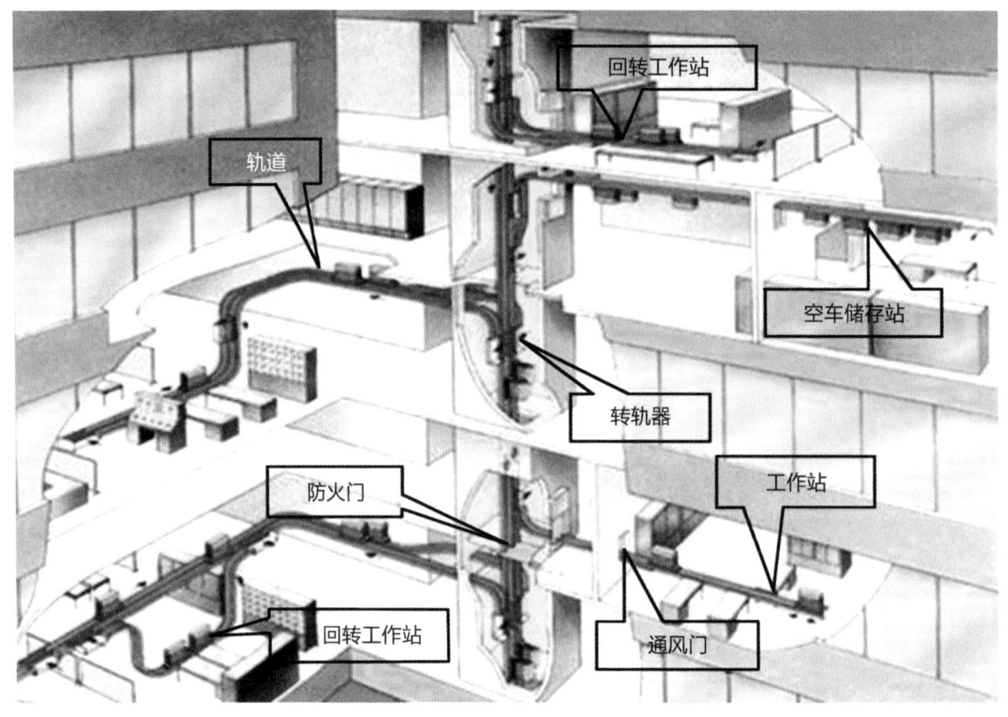

3. 智能无轨传输系统

AGV 是自动导引运输车（Automated Guided Vehicle）的英文缩写。AGV 自动导引车传输系统（AGVS）又称无轨柔性传输系统、自动导车载物系统，是指在计算机和无线局域网络控制下的无人驾驶自动导引运输车，经磁、激光等导向装置引导并沿程序设定路径运行并停靠到指定地点，完成一系列物品移载、搬运等作业功能，从而实现医院物品传输。它为现代制造业物流提供了一种高度柔性化和自动化的运输方式。主要用于取代劳动密集型的手推车，运送病人餐食、衣物、医院垃圾、批量的供应室消毒物品等，能实现楼宇间和楼层间的传送，国内尚未见医院使用该技术的案例。AGV 自动导引车传输系统的主要特点：以电池为动力，可实现无人驾驶的运输作业，运行路径和目的地可以由管理程序控制，机动能力强；工位识别能力和定位精度高；导引车的载物平台可以采用不同的安装结构和装卸方式，医院不锈钢推车可根据各种不同的传输用途进行设计制作；可装备多种声光报警系统，具有避免相互碰撞的自控能力；无需铺设轨道等固定装置，不受场地、道路和空间的限制，设置柔性强；与其他物料输送方式相比，初期投资较大；AGV 传输系统在医院的优势还在于可传输重达 400 kg 以上的物品。

智能无轨传输系统结构见图 3.5.3。

医院建立物流传输系统的好处显而易见。现代化的物流传输系统已经成为国外密集型现代化医院所广泛采用的工具。选择适合我国国情和医院实际的医院物流传输系统，可以提高工作效率，降低综合成本，提高医院竞争力，提高医院整体运营效益，其推广

图 3.5.3　智能无轨系统结构图

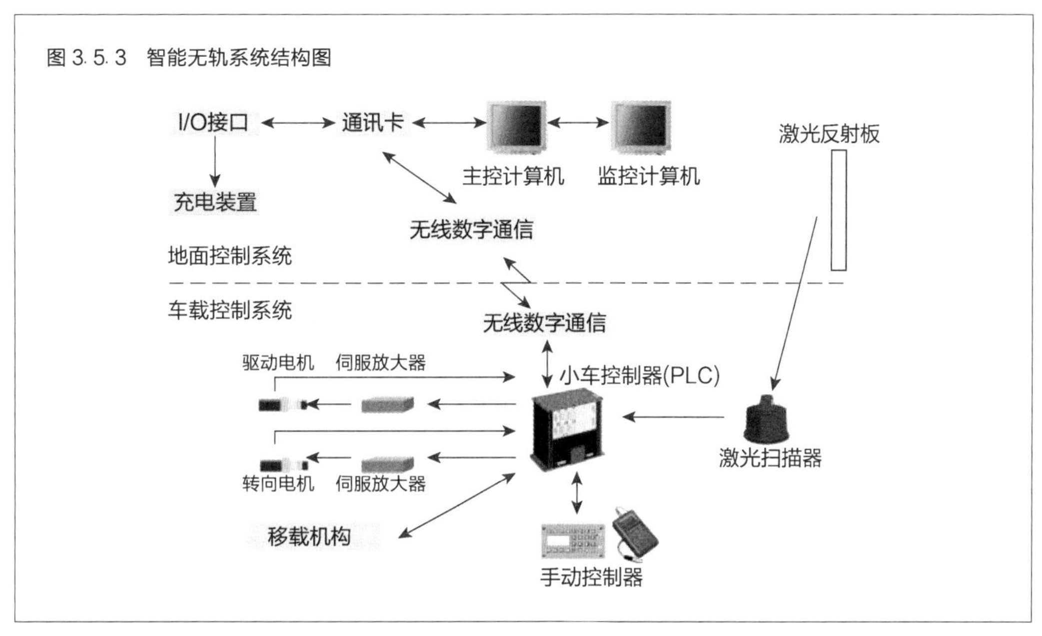

应用价值是十分明显的。预计随着物流传输系统相关知识的普及、新一轮医院改扩建热潮的到来以及现代医院管理的内在要求，各种类型的医院物流传输系统必将为越来越多的医院所接受。

览海西南骨科医院

第 4 章 医院的节能技术

4.1 总体布局

医院总体布局的影响因素有很多，医院性质、分期规模、内部功能配置，以及用地条件、气候特点、区域交通、周边地块的现状条件等，都在总体布局时需着重考虑。同时，医院的布局会对建筑的通风、采光等被动式节能产生影响，也对医院的可持续发展、功能的延伸，对未来功能发展的适应性起到决定性作用。

4.1.1 总体布局类型分析

医院建筑的总体布局，分三种基本类型：集中式、“工”字式和“王”字式，见图4.1.1。这三种基本类型，在实际工程中，通常会根据具体情况进行相应的变化，表4.1.1列举了8个具有代表性的实际项目的总体布局类型。通常在设计中，除非用地条件特别紧张，否则很少采用完全集中式的布局，因为该布局对被动式节能不利。而“工”字形和“王”字形的布局将建筑形体适当拉开，在充分引入自然采光和通风的同时，将更多室外绿化景观带入室内。

图4.1.1 总体布局基本类型

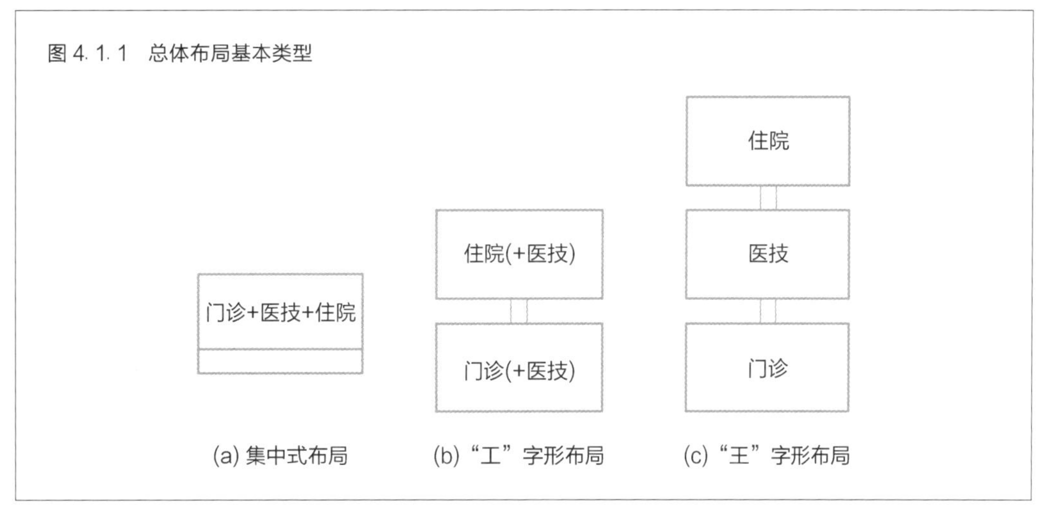

(a) 集中式布局 (b)“工”字形布局 (c)“王”字形布局

4.1.2 总体布局对医院延长生命周期、可持续发展的影响

在面对一块新基地时，医院的建设就应采取长远的规划策略，“统一规划、分期建设”。在项目建议书阶段，应对将来医院承担的病人数量做充分的估算，确定合理的用地面积和远期建筑规模。在首期建设时，受门诊量、住院床位数和投资额的限制，应严格控制建筑规模，使其既满足当前医疗需求，又避免资源浪费。未来建设则需针对一期使用后的具体情况及病人数量、学科发展的变化来增加医疗建筑面积。医院的建设应采用可持续发展的策略，以延长生命周期。

这种分期建设的方式不仅为医院未来的发展留下可能，同时使投资分配更趋合理。医院在建立初期，其门诊和住院的人数并不能达到远期规划的数值，通过分期建设可有效节省初期投资，避免浪费。表4.1.1列举的8个正在建设或已建成案例，均存在不同程度的分期建设情况。

表 4.1.1　案例总体布局类型

项目	总体布局类型	分期建设	总平面图
上海东方肝胆外科医院	“王”字形	一期门诊医技住院+二期住院	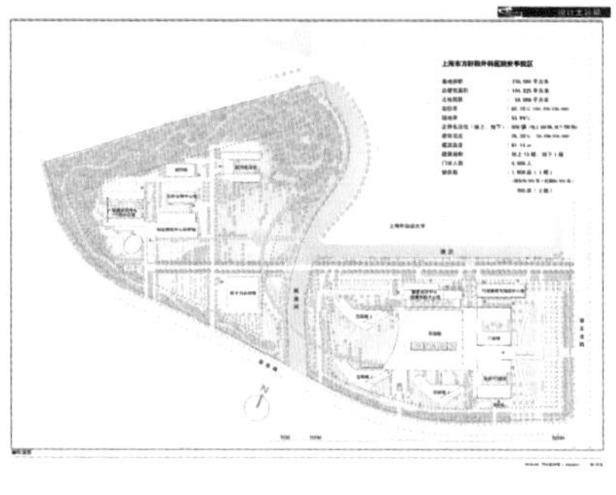
长征医院浦东新院	“工”字形	一期门诊医技住院+二期住院	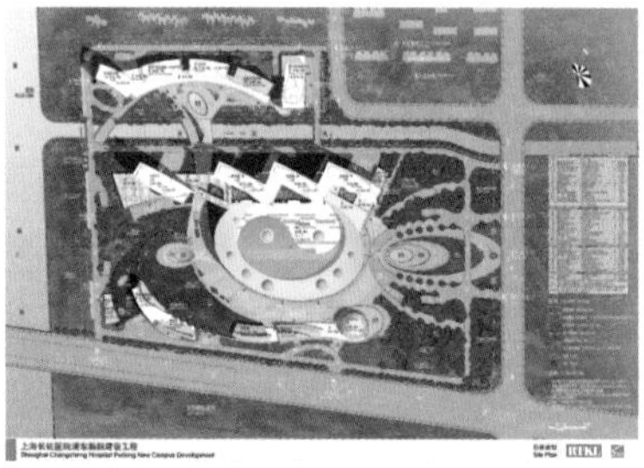
福建省福清市医院	“王”字形	一期门诊医技住院+二期住院及专科诊疗中心	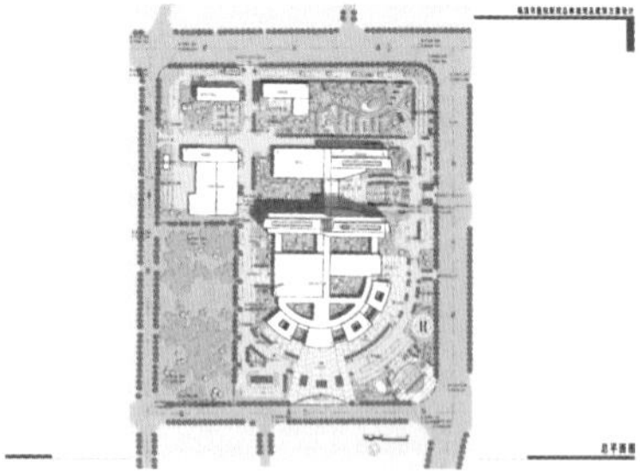
华山医院北院	“工”字形	一期建成+二期预留发展	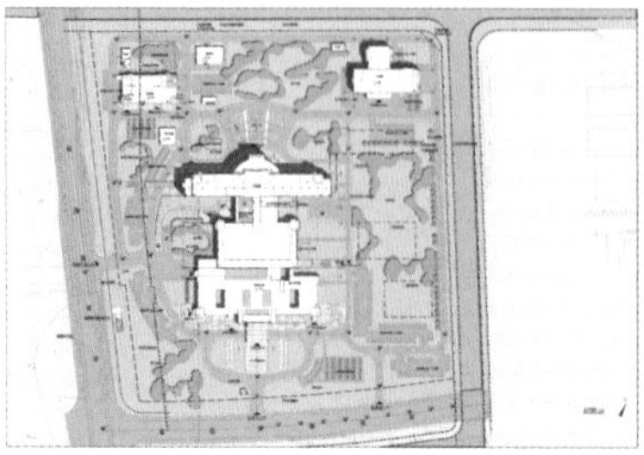

（续表）

项目	总体布局类型	分期建设	总平面图
临沂金锣糖尿病康复医院	“工”字形	一期门诊医技住院 +二期住院及 专科诊疗中心	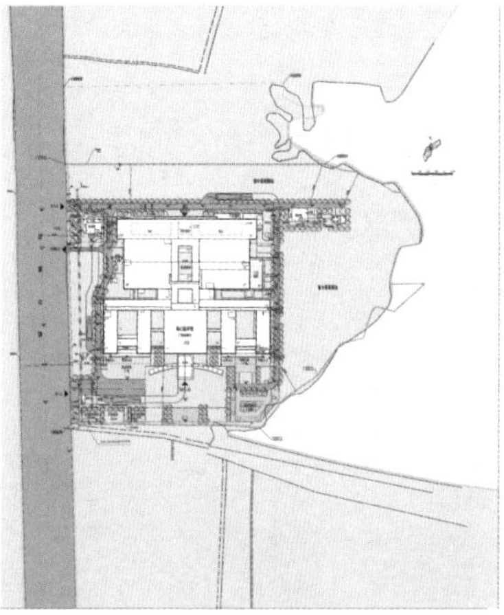
上海泰和诚肿瘤医院	“工”字形	一期门诊医技住院 +二期行政楼	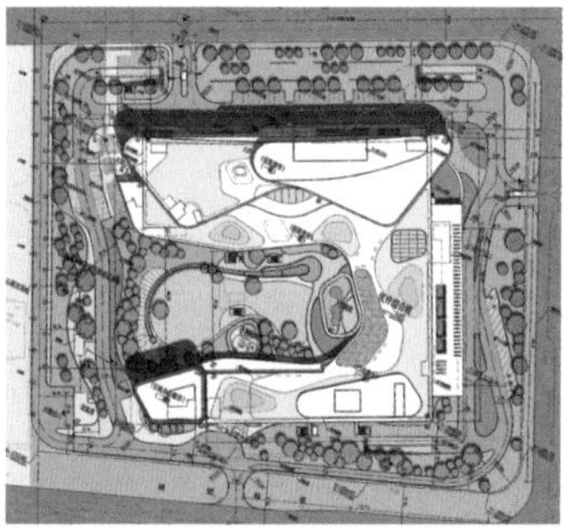
嘉会国际医院	“工”字形	一期门诊医技住院 +二期科研楼	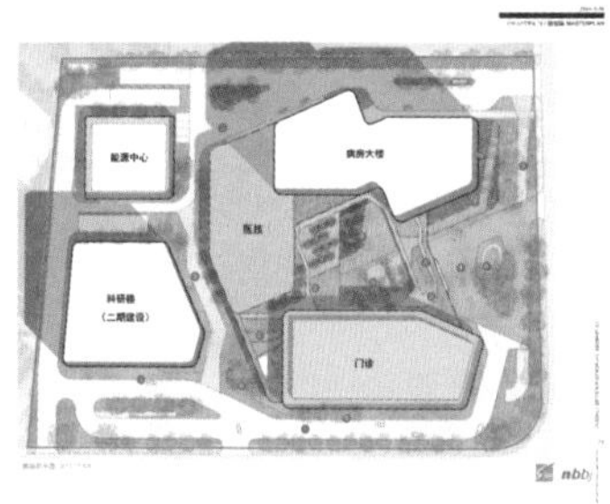
无锡市人民医院	一期“工”字形	一期门诊医技住院 +二期专科诊疗中心	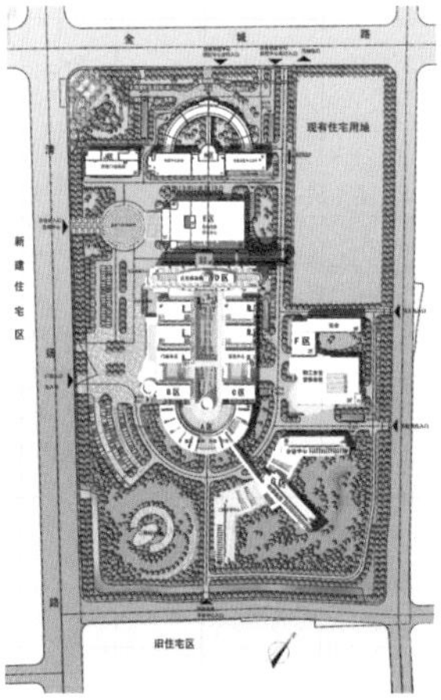

分期建设的模式也存在一定差异。一二期项目之间的发展关系主要有三种模式：①子母式发展，即一期完整医院＋二期专科分诊中心，部分共享一期大型医技设备；②组团式发展，即一期医院＋新增门诊医技体量组合后扩大；3 膨胀式发展，即一期医院＋新增门诊医技体量分别扩展。在实际项目中也有 1～2 种模式相结合的发展形式。

以无锡市人民医院二期项目为例，见图 4. 1. 2。该项目位于无锡市新区，一期建设时新区的发展刚起步，因此预留了大块用地供二期和远期发展。一期建设完成是一个大型综合医院，总建筑面积约 22 万 m^2。随着新区发展，医院的门诊量日趋增加，二期应运而生。二期项目是一个集儿童医疗中心、心肺诊治中心和特需诊治中心为一体的大型分诊中心，总建筑面积约 12 万 m^2。二期项目在扩建时，从建筑形体、功能、物流等角度充分考虑与一期的衔接，并共享一期的大型医技设备，在保证自身完整性的同时，与一期建筑较好的融合，属于子母式发展。

图 4. 1. 2　无锡市人民医院总平面图

图 4. 1. 3　齐齐哈尔第一医院总平面图

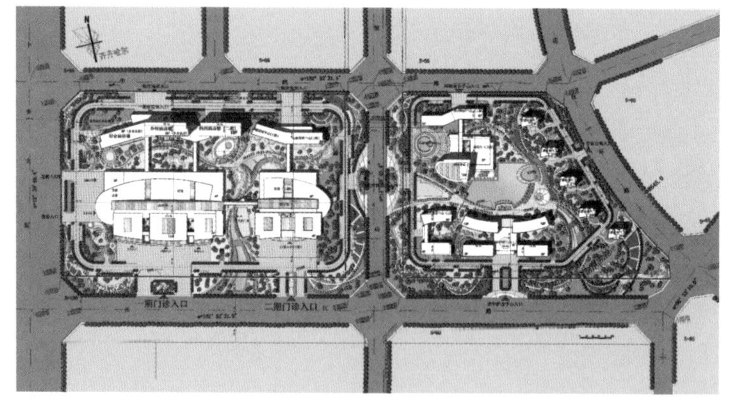

齐齐哈尔第一医院的发展模式为组团式发展＋子母式发展，见图 4. 1. 3。在西侧一期医院建成后，二期门诊医技在东侧地块通过体量组合的形式增加，以拓展医院的门诊医技功能，并在东北侧扩建心血管病及糖尿病中心，作为专科医院。前者为组团式发展，后者为子母式发展。

青岛妇儿医院则为膨胀式发展模式，见图 4. 1. 4。在二期建设时，对一期的门诊体量和医技体量分别进行扩展。

图 4.1.4　青岛妇儿医院一、二期总平面图

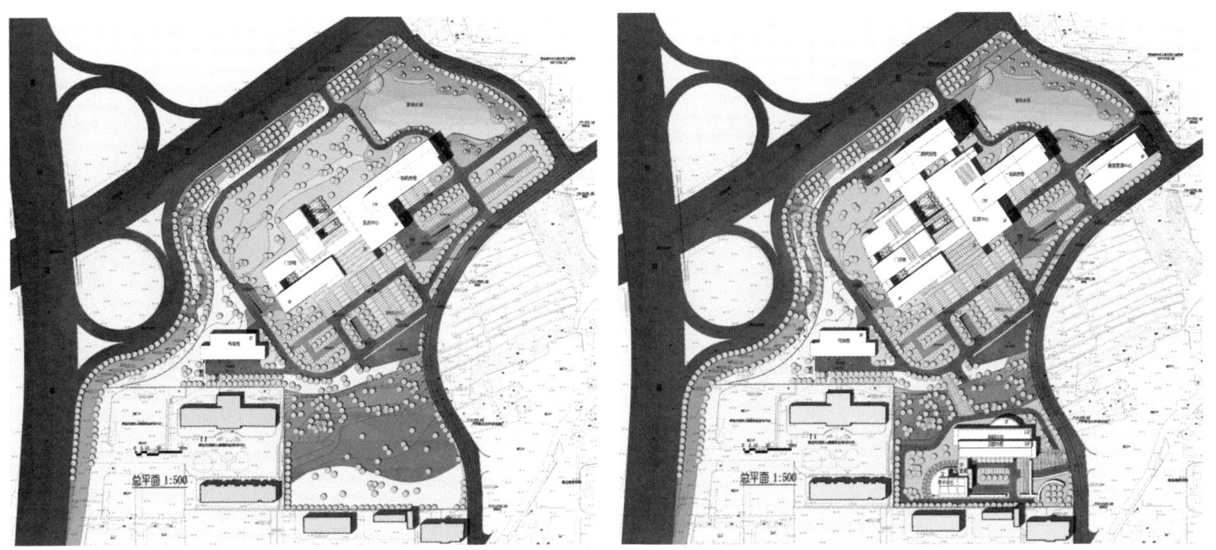

医院总体功能的可持续发展，除了上述的体量的增加，还存在内部功能的变化，主要包括两类：①功能置换；②功能增加。二者往往同时进行。

图 4.1.5 为某医院一、二期的发展模式，即膨胀式 + 组团式发展模式，由于一、二期建设量相当，在一期建设时，无法让大型医技科室一步到位，因此在二期建设时，在增加二期功能的同时，还需对一期的部分功能进行置换。

图 4.1.5　某医院一、二期发展模式

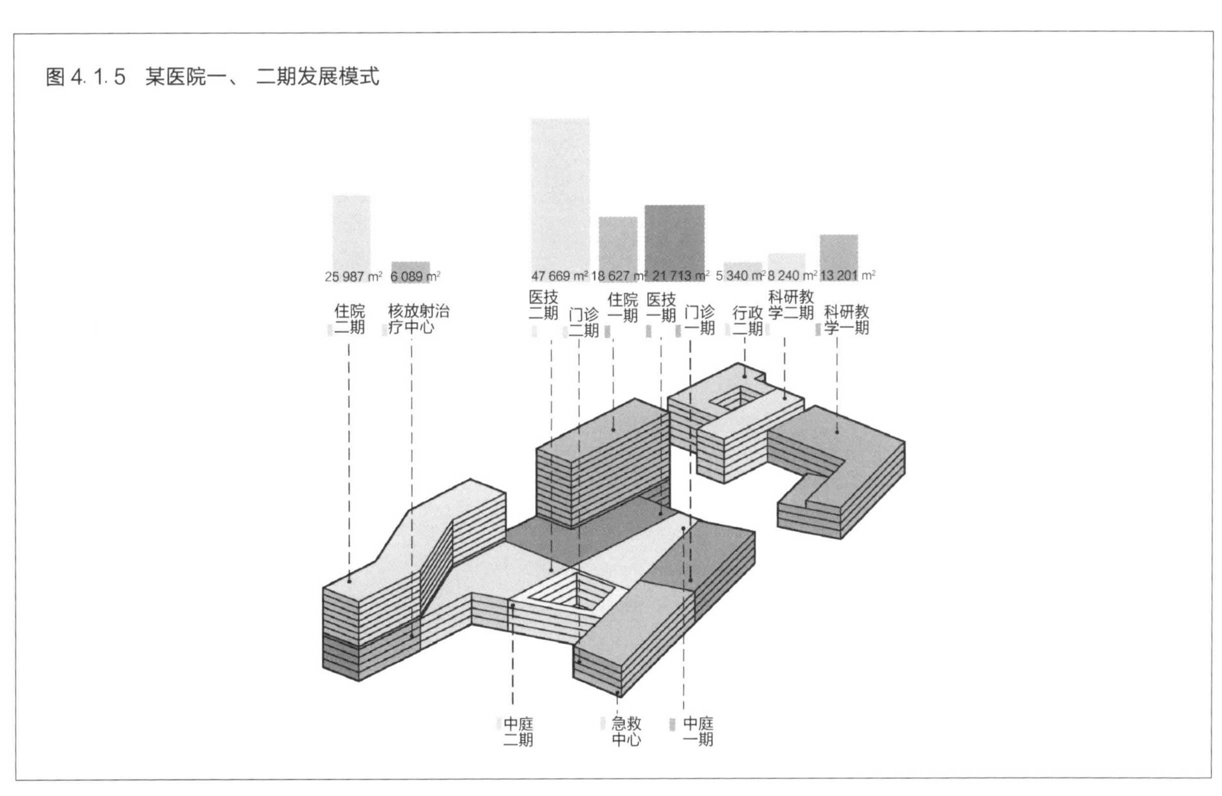

该医院四层为手术层，见图 4. 1.6。因手术净化区置换不便，而手术室功能在一期只需完成建设总量的 1/3。在二期建设时，另外的 2/3 手术室以功能扩展的方式与一期衔接，形成一个完整的手术中心。

图 4. 1. 6　某医院四层平面一、二期对比图

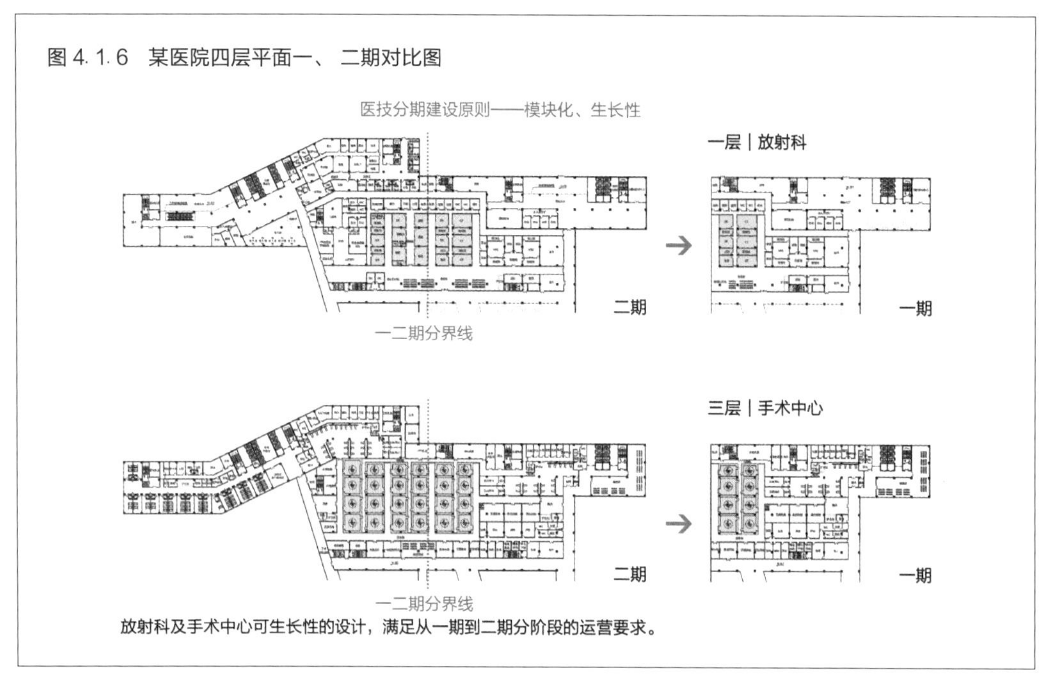

放射科及手术中心可生长性的设计，满足从一期到二期分阶段的运营要求。

而二层平面中的功能检查和检验中心则不同，见图 4. 1. 7。由于这两大功能区块均需在一期完成一部分，且要求在二期建成后分别独立以便管理。因此，考虑到功能检查和检验中心对设备管线及结构荷载无特殊要求，在二期对其进行一定的置换，将原功能检查区域替换为检验中心，使两大功能区块独立且自成一区，达到方便管理的目的。

图 4. 1. 7　某医院二层平面一、二期对比图

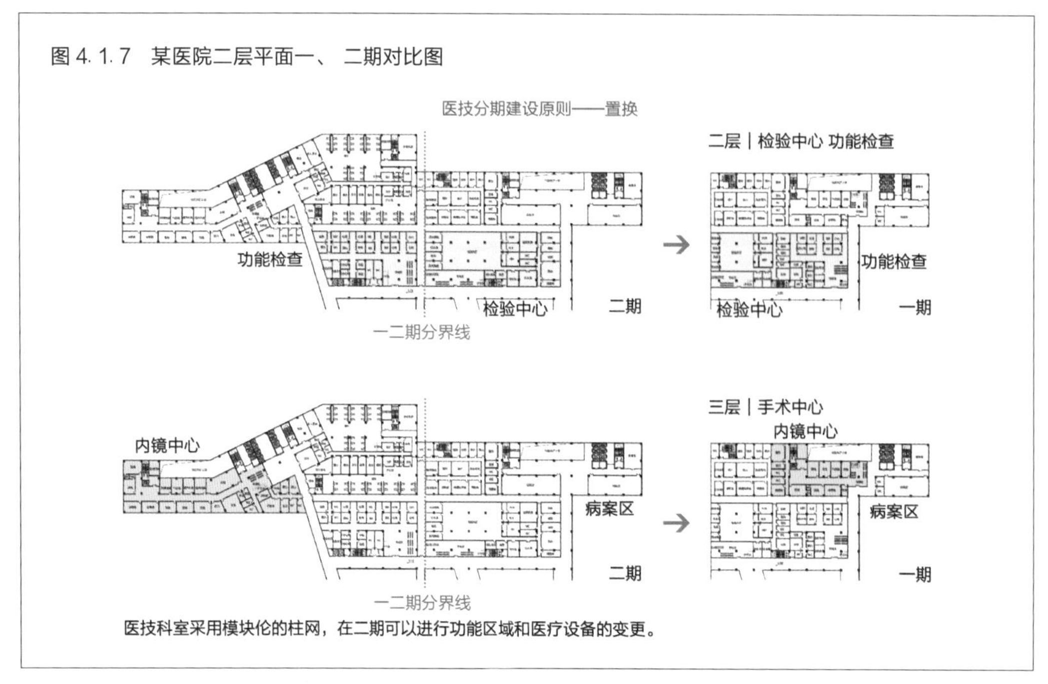

医技科室采用模块化的柱网，在二期可以进行功能区域和医疗设备的变更。

4.2 被动式节能技术在医院中的应用

4.2.1 总体布局中对朝向、通风、采光的设计策略

总体布局对被动式节能有重要影响。体形系数、外墙面积等都由总体布局直接决定。但每个项目所面对的用地和环境条件的不同，就要求在总体布局设计时采用不同策略。表4.1.1所示的8个案例，其布局形式都受到用地条件的影响，用地条件局促，多采用集中式布局；宽裕时，则采用“工”字形或“王”字形布局。

集中式布局体形系数最小，因此，可以争取到的自然采光、通风面积最为有限，所以该类型的布局通常在用地极为苛刻的情况下才使用。

“工”字形布局可以采用“门诊医技楼+病房楼”或“门诊楼+医技病房楼”的模式。该布局中建筑体量适当拉开，可使较多房间拥有自然采光和通风。

“王”字形布局对用地宽裕度要求高，适用于容积率较低的项目。图4.2.1为福建省福清市医院总平面图，该医院总建筑面积87 383 m²，容积率1.16，因此，在设计中将病房、门诊、医技三大功能各自独立，通过连廊连接，并设置多处内庭院，改善室内外环境，争取更多的自然采光和通风。

图4.2.1 福建省福清市医院总平面图

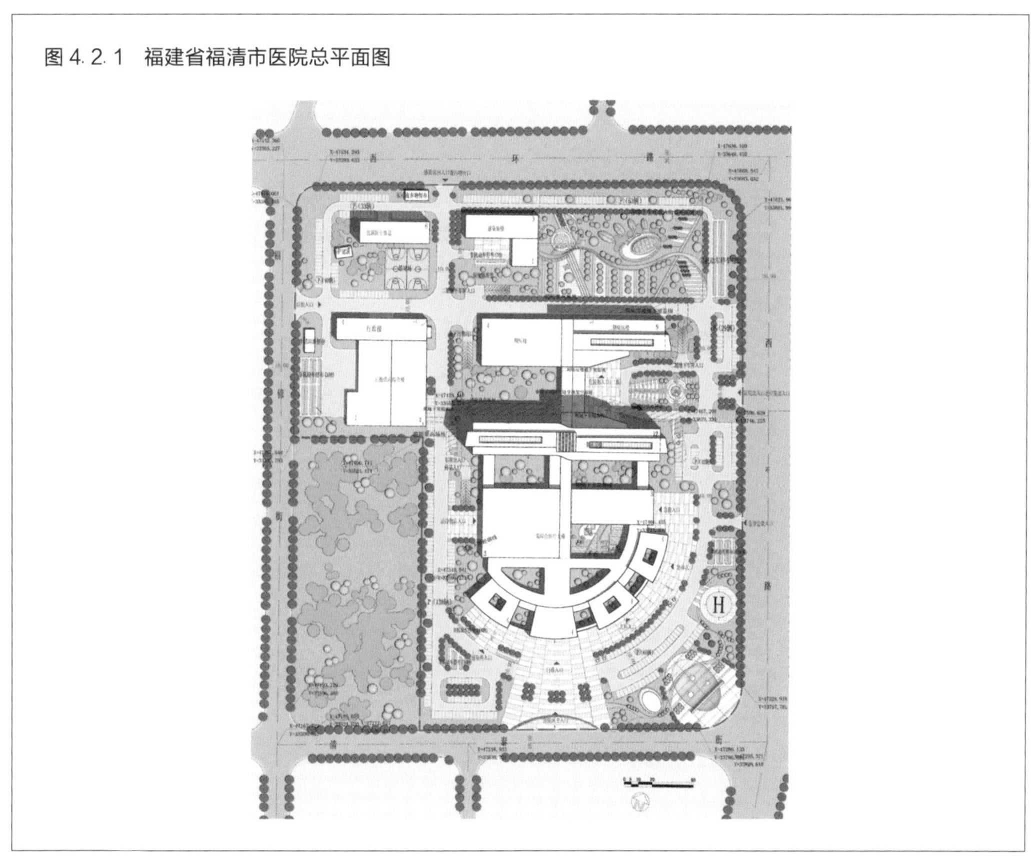

目前众多的大型医院设有大面积的地下室，把自然采光通风引入地下室，也成为被动式节能的重要手段。通常在地下室范围内采用下沉式庭院可以引入采光和通风，从而大大改善地下室的空间环境。另外，采用玻璃采光天窗的方式将自然光引入地下室也是

一项有效措施。

4.2.2　建筑单体平面中各医疗功能区域的工作环境要求

在医院建设规模日益扩大的同时，建筑形体也变得越来越大，不可避免地会出现很多暗房间。而就医院用房的工作环境要求而言，也并非所有的房间需要自然采光通风，很多功能用房甚至须避免自然采光通风。表 4.2.1 统计了医院中一些主要医疗功能区域的工作环境要求，包括针对的人流、自然采光和通风的要求，以及是否需要净化等，主要研究对象为门急诊、医技和住院部门的主要功能用房。可以看出，门急诊部门的大部分功能用房应尽可能地给予自然采光和通风，因此门急诊部分的建筑形体在总体布局设计时尽量松散，以争取更多的外墙面。医技部门的功能用房有很多不需要直接对外开窗，有的用房如手术室等则不应有自然采光和通风，因此，医技部门经常设计为大体量的建筑形体，将需要自然采光、通风的房间，如等候区、医生办公室等放在大体量的外侧，而将不需要采光的用房放在体块内部。在总体布局时，经常将医技楼和门诊楼或病房楼连接在一起，都是因为医技部门对自然采光、通风的特殊要求。住院部的主体用房——病房，按照规定，必须满足一定的日照时间要求，因此，大部分的病房应放在护理单元南侧。医护用房也需要自然采光通风，为了不占用南向空间，一般把医护用房置于护理单元的北侧。另外，在医院建筑中存在较多有净化要求的用房，这些用房必须设置净化空调，在净化要求较高的情况下不允许自然通风，因此这些用房往往设置在暗房间中。

表 4.2.1　一些主要医疗功能区域的工作环境要求

主要医疗功能区域		针对的人流	对自然采光的要求	对自然通风的要求	是否有净化要求
门诊部：					
普通门诊诊室		医护、病人	需要	需要	否
医生办公室		医护	需要	需要	否
急诊部：					
急诊诊室		医护、病人	需要	需要	否
留观室		医护、病人	需要	需要	否
医生办公室		医护	需要	需要	否
医技部门：					
药剂科	药房	医护	可以有	可以有	否
	药库	医护	不需要	不需要	否
	配液中心	医护	不需要	不需要	是
检验科	病人等候区	病人	需要	需要	否
	检验用房	医护、病人	可以有	可以有	否
血库	储藏、发血、配血	医护	可以有	不需要	是
	消毒、清洗、污物	医护	可以有	可以有	否
放射科	等候区	病人	需要	需要	否
	放射用房	医护、病人	不需要	不需要	否

（续表）

主要医疗功能区域		针对的人流	对自然采光的要求	对自然通风的要求	是否有净化要求
功能检查	等候区	病人	需要	需要	否
	功能检查用房	医护、病人	可以有	可以有	否
手术室	家属等候区	家属	需要	需要	否
	手术室	医护、病人	不需要	不需要	是
	设备库	医护	可以有	不需要	是
	无菌品库	医护	可以有	不需要	是
	洁净走廊	医护、病人	可以有	不需要	是
	污物走廊	医护	可以有	不需要	是
病理科		医护	可以有	可以有	否
供应室	污物分类清洗	医护	可以有	需要	否
	打包	医护	可以有	需要	否
	无菌品库	医护	可以有	不需要	是
营养部		医护	可以有	可以有	否
住院部：					
病房部分		医护、病人	必须	必须	否
办公部分		医护	需要	需要	否
监护病房	病床监护区	医护、病人	可以有	不需要	是
	家属等候区	家属	需要	需要	否

注：医技部门各科室的办公用房在可能的情况下应尽量给予自然采光和通风，本表中不再罗列。

4.2.3 自然通风、采光与短捷医疗交通流线的矛盾分析和策略

在为更多的房间争取自然采光和通风时，需要将建筑形体拉开并尽量分散，这与医疗流程的短捷性要求产生矛盾。设计师需要弱化这一矛盾，在二者间找到平衡点。

首先，采用案例分析的方法对自然采光、通风的策略进行归纳研究，分析对象主要是门诊部和医技部。因为住院部病房的自然采光和通风有强制性要求，且形态变化较小，各个医院住院部的功能布局都较为类似，所以没有研究自然采光、通风策略的必要性。

表 4.2.2 对 8 个案例中门诊、医技部的自然采光通风策略进行统计，采用各项策略的前提是有足够的用地来使建筑形体展开，当用地局限，采用集中式布局时，这些策略难以实施。

图 4.2.3 为定西市人民医院总平面图，该项目容积率 0.61，床位数规模仅为 700 床，用地相当宽裕。因此，在设计中充分利用多种方式来增加自然采光通风。首先，门诊医技楼作为一个多层建筑和独立的高层病房楼脱开，中间设置绿化庭院；其次，门诊和医技部之间在形体上适当脱开内凹，设置绿化庭院；再次，分别在门诊和医技部设置内部绿化庭院。通过以上策略，该医院的多数用房都得到自然采光和通风，大大降低了医院的整体能耗。

表 4.2.2　案例门诊医技部自然采光通风策略

医院	门诊部自然采光通风策略	医技部自然采光通风策略	鸟瞰图
上海东方肝胆外科医院	1. 与医技部之间设置采光中庭 2. 门诊单元之间设置内庭院	1. 与门诊部之间设置采光中庭 2. 与住院部脱开，设置庭院 3. 医技部设置内庭院	
长征医院浦东新院	医院街采光天窗	1. 医院街采光天窗 2. 医技部分与住院楼之间脱开	
福建省福清市医院	1. 和医技楼脱开，设置庭院 2. 门诊楼内部设置绿化内庭院	1. 和门诊楼脱开，设置绿化庭院 2. 和住院楼脱开，设置绿化庭院	
华山医院北院	门诊楼内部设置绿化内庭院	和病房楼脱开，设置绿化庭院	
临沂金锣糖尿病康复医院	1. 门诊楼内部设置绿化内庭院 2. 和医技楼脱开，设置绿化庭院	1. 医技楼在医院街位置内部设置绿化内庭院 2. 和门诊楼脱开，设置绿化庭院	

（续表）

医院	门诊部自然 采光通风策略	医技部自然 采光通风策略	鸟瞰图
上海泰和诚肿瘤医院	和医技楼形成半围合形态，设置绿化庭院	和门诊楼形成半围合形态，设置绿化庭院	
嘉会国际医院	和医技楼形成半围合形态，设置绿化庭院	和门诊楼形成半围合形态，设置绿化庭院	
无锡市人民医院	门诊楼内部设置绿化内庭院；	与病房楼之间设置绿化庭院；	

当用地略有宽裕，如图 4.2.2 长征医院浦东新院所示，可在门诊医技楼之间设置采光天窗，并将医院街设置成中庭，以扩大受光面积。

图 4.2.2　长征医院浦东新院

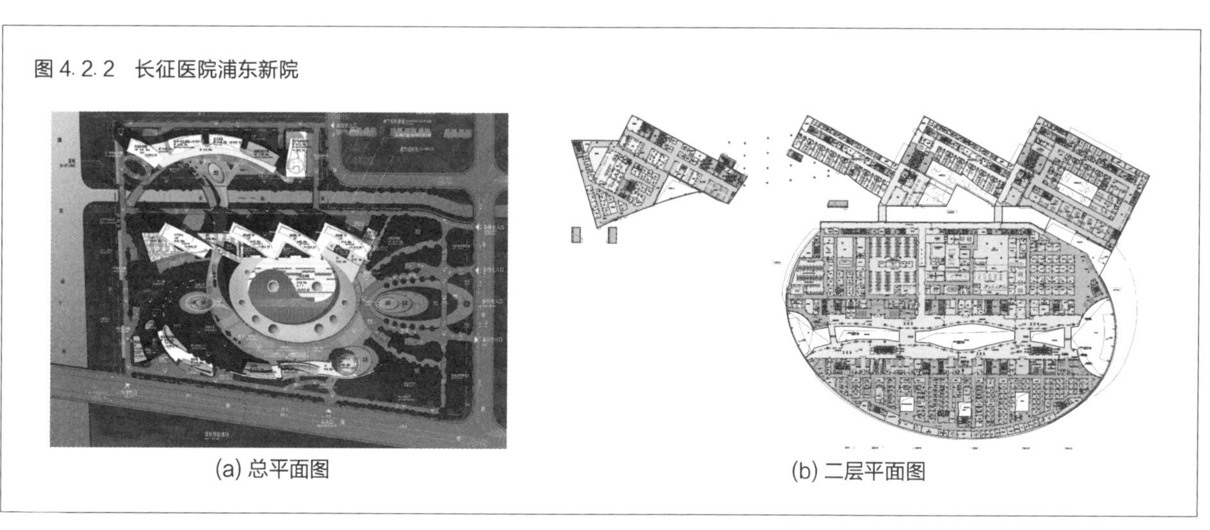

(a) 总平面图　　(b) 二层平面图

图 4.2.3　定西市人民医院迁建工程总平面图

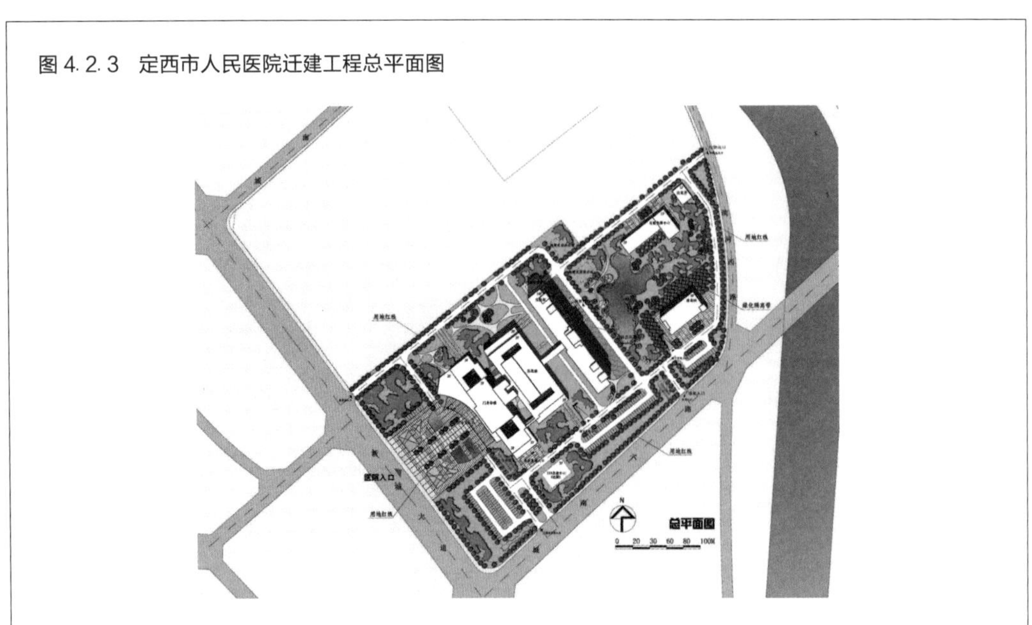

然而，医疗建筑还强调内部流程短捷。上述改善通风、采光条件的措施，或多或少对流线产生负面影响。表 4.2.3 对上述策略进行归类，并对其优势及劣势进行了分析研究。首先，这些策略并非都能同时增加自然采光和通风，如医院街设置采光天窗和设置采光天窗的中庭仅能增加自然采光而不能增加自然通风，对医疗流程的影响也相对较小。其他策略既能增加采光又能增加通风，但对医疗流程的便捷性影响相对较大。门诊和医技楼脱开设置庭院，拉长了门诊和医技部门之间的流线，而医技和病房楼之间设置绿化庭院则加大了门诊医技与病房之间的距离，这是一个难以调和的矛盾。

面对这一矛盾，在设计时应注意因地制宜、灵活处理，同时根据医院方面的具体要求、特色专长等，选用适宜的策略使医院在节能环保的同时保证流程短捷。

表 4.2.3　自然采光通风策略与短捷的医疗流程矛盾分析

策　略	优　势	劣　势
1. 医院街采光天窗	自然采光	医院街需设置中庭，拉长了医院街两侧的联系距离，影响较小
2. 门诊楼和医技楼脱开，设置绿化庭院	自然采光、自然通风	拉长门诊、医技之间的流线
3. 医技楼和病房楼脱开，设置绿化庭院	自然采光、自然通风	拉长医技、住院之间的流线
4. 门诊部内部设置绿化庭院	自然采光、自然通风	拉长门诊各科室与交通核心之间的距离
5. 医技部内部设置绿化庭院	自然采光、自然通风	拉长门诊各科室与交通核心之间的距离
6. 开敞式医院街	自然采光、自然通风	只适用于南方夏热冬暖区
7. 设置采光天窗的中庭	自然采光	对流线没有明显影响
8. 形体内凹，增加外墙面	自然采光、自然通风	使各部门之间的联系流线加长
9. 形体拉长，增加外墙面	自然采光、自然通风	使各部门之间的联系流线加长

图 4.2.4 显示了一种绿色门诊模块，在这种门诊模块中，大部分诊室都能拥有自然采光和通风，且房间南北向布置。该模块是由三个（两个以上均适用）门诊单元拼接而成，每个门诊单元的诊室位于两侧，治疗室位于中间，诊室靠外墙侧设置贯通所有诊室的医生通道，医生病患分别从诊室两端进入，实现医患分流。单元上方的两个小连廊为医护专用走廊；下方的医疗主街供大量就诊患者使用，疏导人群。门诊单元之间可设置内庭院，为患者和工作人员提升环境品质。

该门诊模块采用了表 4.2.3 中第 4 条策略，即门诊部内部设置绿化庭院。该策略造成的影响是加长了病人走廊，但却使门诊空间环境大为改善，利远大于弊，特别是在医院用地条件允许的情况下，更值得推荐应用。

图 4.2.4　绿色门诊单元模块

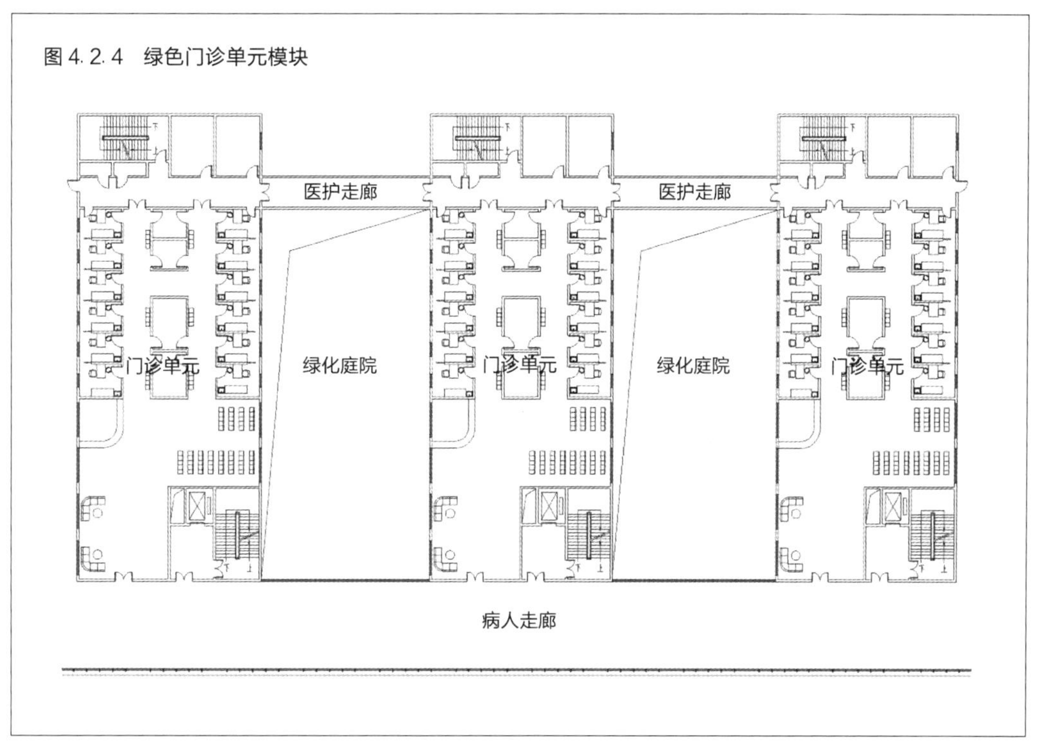

4.2.4　外围护结构上的被动式节能处理

除了总体布局，建筑外围护对建筑负荷也产生较大影响。

外围护构造主要包括立面及屋顶的处理。在我国大多数地区，争取南向是建筑形态的要点，南向的立面处理强调对阳光的利用。医院建筑中，较多使用的是玻璃幕墙（2015 年以后的医疗建筑在二层及以上不允许采用玻璃幕墙）和较大的普通窗；西立面日照较强，采用大面积玻璃的情况下会造成较大能耗，往往采用较小的窗户。为降低能耗，外遮阳系统通常优先考虑在西侧和南侧两个立面上设置。图 4.2.5 为上海东方肝胆外科医院南立面采用的可伸缩式遮阳系统，在阳光强烈时，感应系统会自动提示遮阳板下拉［图(a)］，遇大风天气时，会自动上拉，避免遮阳系统的损坏［图（b)］。在遮阳板内侧的大面积玻璃窗上保留可开启扇，使其在过渡季节可通过自然通风对室内热环境进行自我调节，保障舒适性的同时实现节能环保［图（c)]。

图 4.2.5　上海东方肝胆外科医院南立面遮阳系统

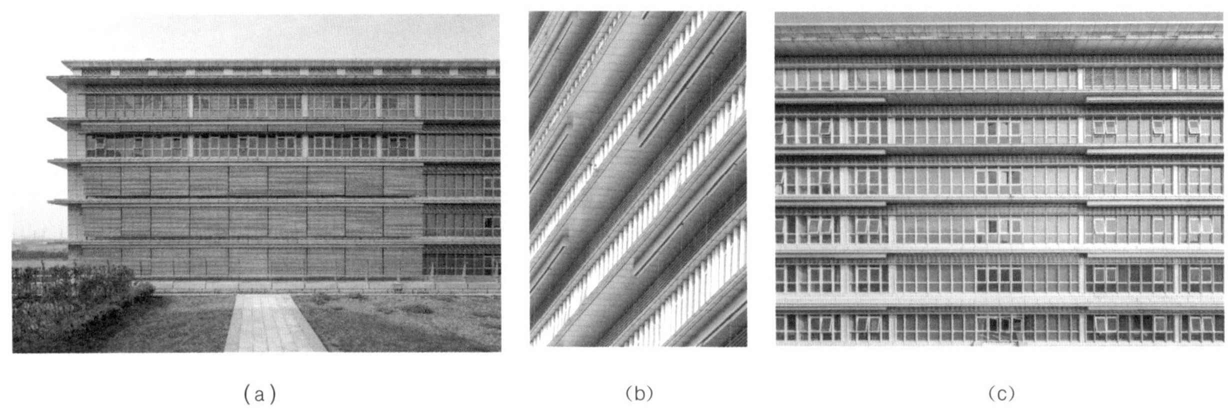

(a)　(b)　(c)

医疗建筑屋顶处理方式也是被动节能设计的重要方面。绿化屋面不仅具有保温、隔热作用，还能为病人提供不同高度层次的景观。图 4.2.6 为中山医院厦门医院位于两栋病房楼之间的裙房屋顶绿化，为病患提供了一处室外绿化活动场所。

图 4.2.6　中山医院厦门医院屋顶绿化

图 4.2.7　上海东方肝胆外科医院屋顶遮阳系统

当建筑体量巨大，需要在屋面设置采光天窗引入自然光线时，屋顶天窗往往成为夏季热量大量进入室内的途径。图 4.2.7 为上海东方肝胆外科医院采用的集太阳能板和遮阳板于一体的屋顶遮阳系统，在遮挡强烈阳光进入室内的同时，将太阳能加以利用，提升建筑的节能效率。

4.3 给水系统

医院给水包括病人和医务人员的日常生活用水与大量的医疗用水或医疗设备用水，在设计中应注意既要满足医院的功能要求，又做到节约用水，选用耗水量小的给水处理工艺，设计合理的给水系统。

4.3.1 各功能区域用水分析、供水系统研究与分区域计量研究

1. 大型放射治疗装置对冷却水系统的要求

1）工艺设备对冷却水系统的要求

在工艺装置的运行过程中，各种工艺设备所消耗的电能大多转化为热能，而其中大部分的热能需用冷却水加以消能。有的工艺设备必须在严格的温度条件下才能正常工作，这样就需要调节、控制冷却水的温度，以达到其温度精度的要求。工艺冷却水系统分为一次冷却水系统与二次冷却水系统。

一次冷却水系统用于直接冷却工艺装置的各用水设备，在有的用水设备中一次冷却水管路同时也是通电电路，某些磁铁线圈也是内径通一次冷却水的通电线圈。为了防止水路对地短路而造成电流泄漏，满足用水设备的电气绝缘要求，同时也为了杜绝水路中产生结垢或水路堵塞的现象，必须以去离子水作为一次冷却水系统的冷媒。去离子水能防止水携带电负荷，能够满足用水设备的电气绝缘要求，也能保证较低的腐蚀率以防止腐蚀及结垢等，同时去离子水因为离子的含量相当低而不容易泄漏电流，从而使水温保持相对的恒定。

由于去离子的纯水在运行时的电阻率会逐渐降低，故在一次冷却水系统回路上设置旁流离子交换柱（该离子交换柱为抛光混床，设计水量为系统循环水量的3%）以维持一定的水质（按工艺要求该离子交换柱的出水电阻率为 1 MΩ · cm，25 ℃），不仅满足用水设备在不间断运行时的电气绝缘要求，也保证了较低的腐蚀率，并能防止结垢。

以上海质子重离子医院为例，其高频系统一次冷却水在运行时的水质指标如下：

高纯水：电阻率≥0.5 MΩ · cm（25 ℃），电导率＜2.0 μs/cm；悬浮物≤1 mg/L；有机物≤1 mg/L；颗粒度≤5 μm；细菌个数≤10 个/ml。

该医院的直线加速器、同步加速器等系统一次冷却水在运行时的水质指标如下：

电阻率≥0.1 MΩ · cm（25 ℃），电导率＜10 μs/cm；悬浮物≤1 mg/L；有机物≤1 mg/L；颗粒度≤5 μm；细菌个数≤10 个/ml。

一次冷却水系统均是闭式循环系统，平时运行需补充少量的去离子水。考虑到系统初次补水的要求，应设置专用的去离子水处理机房以提供去离子水。机房设有储存去离子水的水箱与全不锈钢的压力给水装置，为各个一次冷却水系统的高位开式膨胀水箱补水，也为各个一次冷却水系统直接补水。

2）去离子水处理系统的设计

(1) 处理水量的确定。

一次冷却水系统均是闭式循环系统，平时运行只需补充少量的去离子水以补充可能

的管道泄漏及设备的损耗，纯水站处理水量主要应考虑整个系统在运行初期及每年 2 次工艺装置检修后再运行的初次充水的要求。只要确定初次充水的时间，并复核工艺装置运行时的渗漏损失水量即可计算出纯水站的处理水量，同时需综合考虑纯水站的投资规模、工艺装置初次运行至运行稳定所需的时间，设计中采用的初次充水时间为 48 h。

(2) 水处理工艺流程的确定。

目前纯水站工艺流程大多采用先进的 EDI（Electro deionization）工艺或传统的离子交换柱工艺。

EDI 是一种依赖于电驱动的膜技术，由离子交换树脂、离子交换膜和一个直流电场组成。EDI 是结合离子交换混床和电渗析的一种技术，它发挥了离子交换混床和电渗析法的优点，并克服了它们各自的缺点。EDI 技术和传统离子交换技术最大的区别在于离子交换树脂再生方法，EDI 技术借用直流电对交换树脂连续再生，不需要使用化学药品再生，避免了化学再生污染物的排放，且出水水质稳定、制水成本较低，同时其设备结构紧凑、占地面积较小，系统的操作运行方便、简单。

而传统的离子交换柱工艺采用离子交换剂，使交换剂和水溶液中可交换离子之间发生等物质量规则的可逆性交换，从而导致水质改变而离子交换剂的结构并不发生实质性变化。缺点在于其需要用酸碱再生树脂，且设备占地面积较大。

在原水为城市自来水时，EDI 工艺流程如下：

原水→原水箱→原水泵→超滤装置→超滤产水箱→超滤水增压泵→5 μm 保安过滤器→高压泵→一级反渗透装置→一级反渗透水箱→一级反渗透增压泵→二级反渗透装置→二级反渗透水箱→二级反渗透增压泵→EDI 装置→纯水箱→用户。

(3) 水处理工艺分为预处理系统、反渗透系统和 EDI 系统。

• 预处理系统的主要目的是去除水中的沉淀物、悬浮物、胶体、色度、浊度和有机物等妨碍后续反渗透运行的固体颗粒杂质。预处理设施主要包括：原水池、原水泵、超滤装置、超滤反洗系统和超滤气洗系统。在过滤前设置絮凝剂加药系统，使水中的悬浮物、有机物、胶体等杂质通过絮凝剂的吸附、脱稳和架桥等作用凝聚成大颗粒矾花，以便其在过滤中被有效去除。

• 反渗透系统的主要目的是脱盐。反渗透系统包括：超滤水增压泵、阻垢剂投加装置、NaOH 投加装置、还原剂投加装置、5 μm 保安过滤器、高压泵、反渗透装置、化学清洗装置、反渗透冲洗泵等。在经过预处理之后的水需要经过 RO 保安过滤器进行进一步过滤，一方面避免残留的固体颗粒与细菌造成反渗透系统的污堵，另一方面避免较大的颗粒在高压泵的加速下导致膜表面的破损。水的反渗透过程是所有过滤方法中最精细的过滤方式，反渗透膜像屏障一样阻碍了可溶性盐和无机分子以及一部分有机分子的通过。同时，水分子自由通过膜后形成了产水水流，在总产水管路汇集，从而实现反渗透膜对原水的脱盐过程，预处理进水被加压后通过反渗透膜去除水中的杂质和溶解固体。

• 反渗透产水经过 EDI 处理，可将水中剩余的微量阴阳离子、CO_2 和 SiO_2 进一步去除，保证出水电阻率大于 14.0 MΩ · cm（25 ℃）。紫外线杀菌用于进一步去除存在于水中的细菌、病毒、藻类物质及其他残余有机物。

(4) 纯水站的系统原理如图 4.3.1 所示。

图 4.3.1 纯水站系统原理图

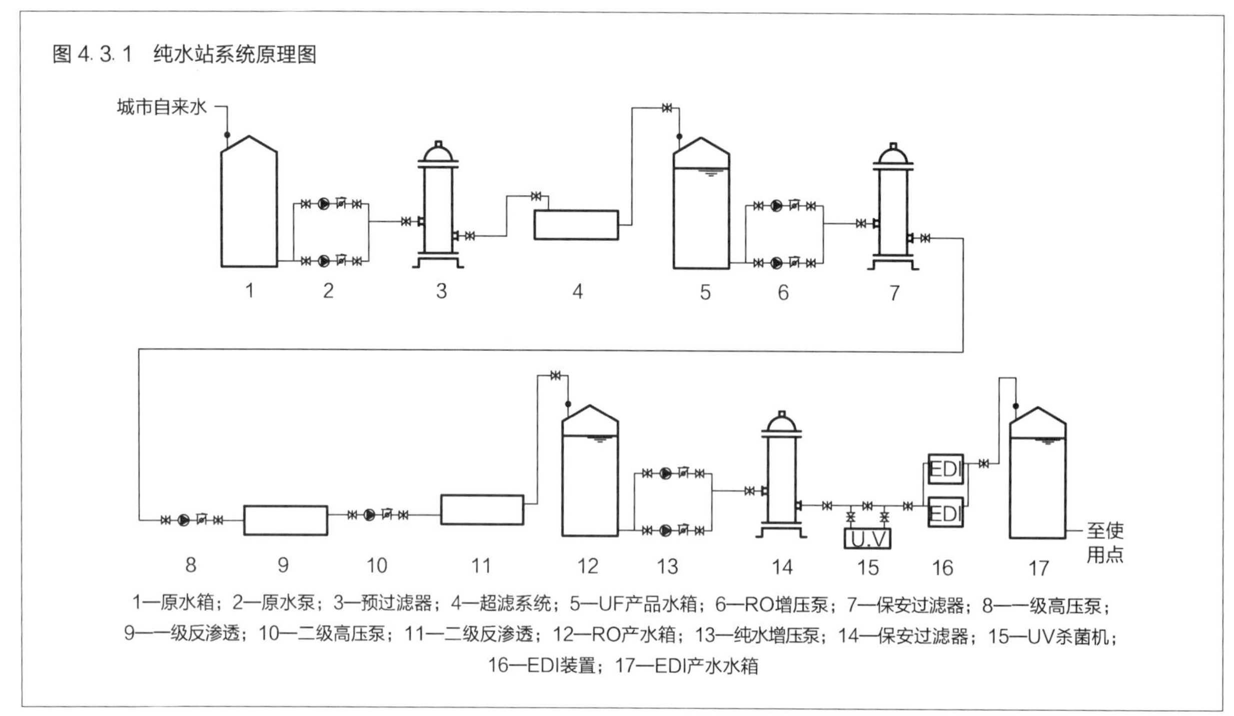

去离子水处理系统的低压水管采用 U-PVC 给水管及 U-PVC 阀门，反渗透系统等高压水管采用 304 不锈钢管及 304 不锈钢阀门，去离子水储水箱采用氮封水箱以防止污染。

3) 去离子水处理的自动控制要求

(1) 主要被控对象有预处理系统、反渗透系统及 EDI 系统等，主要仪表有计量泵、温度计、压力表、电导率计等。应选用高性能的控制系统以确保系统的可靠性和安全性。

(2) 按照各分系统的出水水质要求对被控设备或元件进行水质（浊度表、pH 表、电阻率表）控制、压力控制、液位控制、流量控制、进出水口的启闭控制、保护和连锁等。

(3) 在操作屏上能显示系统的流程控制状态、相关设备的运行状态以及各参数细目表格画面；能动态显示压力、流量、液位、电机电流、电导率、阀门的开启状态等；操作人员可进行各种操作，包括系统投入运行、参数设定、泵及设备的开停，可手动操作或自动-手动切换，并可进行设定值的调整、报警设定等。

(4) 当发生流程故障、设备故障以及各参数超限时，能放出声光报警及报警确认。

(5) 系统具备现场控制操作和监控中心远程控制功能，现场设备应具有手动自动操作转换开关。

(6) 系统控制主机预留与外部监控系统联网的通信接口，并承诺协助系统集成商实现联网（包括提供各自的通信协议及其他技术支持）。

2. 血液透析装置用水水处理技术

1) 血液透析装置用水要求

患肾功能衰竭及尿毒症等患者，需用人工肾体外透析排毒法进行血液循环净化来治疗肾病，医称人工肾。人工肾是将本应经过人体肾脏排毒的血液暂时流入血液透析装置，由该装置代替人的肾脏起到解毒、代谢等功能，通过血液过滤、血浆置换，清除血液中的有害物质，补充生物活性成分，以使人自身的肾脏可以“休养生息”，从而使病变的肾脏恢复元气。

透析治疗需在专用的病室内进行。一般每个病患者占1个病床，每床配置1套血液透析机，床后沿墙设有上下水管与血液透析机相连，上水管内流经透析液及配液，下水管流经的是病人体内排泄出的有害废液废水。供上水管内配置透析液的水为去离子水。

2）血液透析装置用水水处理技术

透析用水必须进行水处理。将市政供的自来水经除锈、除铁、除砂、去离子灭菌后供血液透析机用。去离子方式常用树脂交换。一般医院透析用水处理装置由专业公司成套供应，处理设备设置在靠近透析治疗病室的专用水处理机房内。水处理后的去离子水，除用作配置透析液外，还用作清洗透析器。

3. 中心消毒供应室

中心消毒供应室的任务是收集全医院污染器械敷料及其他物品，经过集中清洗消毒灭菌、储存再分发到医院各科室。中心消毒供应室包括污染区、清洁区和无菌区。由污—净—无菌，三区分立，并有接收回收、洗涤、清洗、包扎、消毒、无菌保管等各作业室。中心消毒供应室要求供应冷热水、电、蒸汽源、蒸馏水和纯净水，污水排放要流畅，蒸汽应由锅炉房直接供应且不与其他科室合用。中心供应室洗涤需用去离子水或蒸馏水，供应室内应设置水处理装置，脱盐去除水中各种离子，使使用水水质达到标准，要求为去离子水。

1）中心消毒供应室清洗、消毒都有一定的作业程序和流程

(1) 未经清洗消毒的污染作业。

各有关科室使用过的各种玻璃器皿，橡皮手套类，污染器械等物品，回收到中心消毒供应室进行分类、预处理及清洗消毒。具体作业为：

由各部门送来用过器械，初步用高锰酸钾消毒液浸泡，然后逐件洗刷清洗→将各种特殊穿刺包的器械分别清洗→将各种玻璃器皿进行浸泡、无菌洗涤→将橡皮手套类进行清洗上粉→将推车进行刷洗消毒→一次性物品处理（垃圾或焚毁炉焚毁）。

(2) 未经消毒的清洁作业。

由洗衣房将经过清洗但尚未经消毒的旧敷料等送到中心消毒供应室，进行整理及制作→将各科室已经清洗、制作、整理、包扎好的器械包、敷料包，送到中心消毒供应室准备消毒灭菌→由药库送来未经消毒的备用器械及敷料储存→未经消毒的新敷料进行制作→经过清洗消毒的各类器械敷料、穿刺包、包裹巾等进行检验、整理、折叠、妥然包扎准备消毒灭菌。

(3) 灭菌消毒作业。

灭菌消毒作业设有消毒室及消毒前室，采用机械高压蒸汽灭菌箱及环氧乙烷化学灭菌柜（化学药品消毒灭菌）进行灭菌消毒，消毒物品的搬入搬出要严格防止对物品的污染。

(4) 已消毒灭菌清洁作业。

已经过消毒灭菌的无菌器械包、敷料包和一次性物品类（揭开外包装外壳）等物品经过分类、贮存、保管，放置在一个无菌的贮存库中，或分发至有关医疗科室。

2) 清洗灭菌设备配套技术

供应室的主要工作是清洗、消毒和灭菌，比较完善的清洗设备配套有超声波清洗机和双门清洗消毒机。双门清洗消毒机是用热水进行清洗消毒，可以方便安全地清洗各种器械、器皿、麻醉器材、内腔镜等，而超声波清洗机则对清洗深槽器皿、穿刺针头、导管等医疗器械有较好效果。清洗设备的配套应根据各医院清洗物品的种类和对手工、半自动以及全自动的功能要求进行合理组合。灭菌设备有脉动真空高压蒸汽灭菌器、干热灭菌器、电子消毒灭菌器和环氧乙烷灭菌器。

在大医院洗涤清洗多采用高效的全自动清洗机设备和超声波清洗机来代替人工清洗，效果好且节约用水。

(1) 超声波清洗机。

(2) 双门自动清洗消毒器。

(3) 机动门脉动真空灭菌器。

(4) 纯环氧乙烷灭菌器。

(5) 脉动真空台式灭菌器。

(6) 护理器具清洗消毒机。

4. 其他用水

口腔科治疗，需要供应冷水。

放射科洗片室设有洗片池，需要供应冷水。

检验科设有生化清洗池和试管清洗池，需要供应冷水。

内窥镜检查室清洗检查用的胃镜、肠镜等，需要供应冷水。

手术室的刷手池需要供应冷水和热水，并应有 2 路水源。

病房设有污洗间、污洗池，需要供应冷水和热水。

妇产科设有新生儿洗婴室，需要供应冷水和热水。

厨房、洗衣房等后勤用房，需供应冷水和热水。

5. 节水技术措施

合理利用水资源，节约用水是我国的基本国策。医院建筑设计中节水措施主要包括以下几个方面：

(1) 合理确定生活用水定额及小时变化系数。平均日生活用水定额应不高于《民用建筑节水设计标准》GB 50555 的限值。

(2) 应根据医院生活用水和工艺用水的特点，本着既满足特殊用水的功能要求，又管理便利、技术经济合理的原则，合理采用分散或集中的水处理系统。采用耗水量小的给水深度处理工艺。

(3) 合理确定生活用水定额及小时变化系数。

(4) 本着“节流为先”的原则，优先选用中华人民共和国国家经济贸易委员会《当前国家鼓励发展的节水设备》(产品)目录中公布的设备、器材和器具。根据用水场合的不同，合理选用节水水龙头、节水便器、节水淋浴装置等。所有用水器具应满足《节水型生活用水器具》CJ 164 及《节水型产品技术条件与管理通则》GB/T 18870 的要求。由于医生洗手频率高，用水量大，感应龙头的节水率达 30%～50%，节水量可观，故除有特殊要求，洗手盆应采用感应龙头，为减少投资，洗手盆龙头也可采用节水效果较好的脚踏式、肘击式等非手动开关。

(5) 采用节水型医用清洗设备、节水型洗衣机、节水型洗碗机等。

(6) 在满足使用要求前提下，控制用水点的供水压力，避免发生超压出流现象。

(7) 分科室、分区域、分使用功能设置计量水表。

(8) 淋浴器采用刷卡计费淋浴器，用者付费能有效节约洗浴用水。

(9) 在冷却塔中投入水处理剂，使排污量减少。在缺水地区，采用风冷方式替代水冷方式可以节省水资源消耗。

(10) 采取有效措施避免管网漏损。管网漏失水量包括：阀门故障漏水量、室内卫生器具漏水量、水池、水箱溢流漏水量、设备漏水量和管网漏水量。

(11) 提高医务人员和病人的节水意识，避免不必要的用水。

(12) 绿化景观浇洒、冲洗道路、室外水景补水等宜采用非传统水源。应保证非传统水源的使用安全，防止误接、误用、误饮。

(13) 绿化灌溉应采用喷灌、微灌、渗灌、低压管灌等节水灌溉方式，还可采用湿度传感器或根据气候变化的调节控制器。节水灌溉具有显著的节水效果，比地面漫灌要省水 30%～50%。当采用再生水灌溉时，因水中微生物在空气中极易传播，应避免采用喷灌方式。

(14) 医院存在不少可以回收利用的废水，如高纯水净化制作过程中排掉的废水，蒸汽凝结水等，应该充分回收利用。

6. 分区域计量

设置计量水表，按用途和付费（或管理）单元设置用水计量装置是控制用水、节约用水的有效措施，计量水表安装率应达到 100%。

(1) 按照使用用途，对办公、宿舍、食堂、营养厨房、门诊（分科室）、急诊、住院(分科室、分病区)、实验室、中心供应、空调系统、锅炉房、洗衣房、泳池、绿化景观等用水分别设置用水计量装置、统计用水量。对不同使用用途和不同计费（或管理）单位分区域、分用途设水表统计用水量，并据此施行计量收费以实现“用者付费”，鼓励行为节水，还可统计各种用途的用水量和分析渗漏水量，达到持续改进的目的。

(2) 按照付费（或管理）单元情况对不同用户的用水分别设置用水计量装置、统计用水量，各管理单元通常是分别付费，或即使是不分别付费，也可以根据用水计量情况，对不同部门进行节水绩效考核，促进行为节水。

(3) 设置用者付费的设施，如公共浴室、病房卫生间淋浴器等采用刷卡用水。淋浴器采用刷卡计费淋浴器，用者付费能有效节约洗浴用水，这对医院节水意义重大。

(4) 目前民用各种水表类型如下：

- 按测量原理分为速度式水表、容积式水表；

• 按量程等级分为 A 级表、B 级表、C 级表、D 级表；

• 按公称口径分为大口径水表和小口径水表，公称口径 40 mm 以下称为小口径水表，公称口径 50 mm 以上称为大口径水表；

• 按介质温度分为冷水水表、热水水表，水温 30 ℃是冷热水分界点；

• 按计数器的指示形式分为模拟式、数字式、模拟数字组合式；

• 远传水表通常是以普通水表作为基表，加装了远传输出装置的水表，远传输出装置可以安装在水表体内或指示装置内，也可以配置在外部。

• 预付费类水表包括 IC 卡水表、TM 卡水表和代码数据交换式水表等。

(5) 设计可采用直读式水表、预付费类水表、远传式水表等，在冷水管和热水管上分别安装计量水表。

(6) 水表计量数据宜统一输入建筑自动化管理系统（BMS）。

4. 3. 2 非医疗区域雨水和废水回用技术

1. 非传统水源利用的技术措施

非传统水源利用包括雨水利用和废水回用。鉴于医院有医疗区和非医疗区域（生活区）之分，医疗区为医生、病人的活动场所，其废水与雨水含各种细菌、病毒等等，不宜回收作为中水水源。医院非医疗区域的雨水和废水可回收用于医院区域内室外的绿化浇洒、地面冲洗、景观水景补水等用水，也可用于生活区的冲厕用水。

2. 非医疗区域雨水回用技术

非医疗区域的建筑屋面和室外地面的雨水可直接收集回用或采用雨水入渗方式（雨水间接利用）收集回用。

雨水收集回用于室外绿化浇洒、地面冲洗、景观水景补水等用水。若基地内设有中水系统，也可作为中水系统的水源。

雨水收集回用处理系统出水水质应满足《市污水再生利用　城市杂用水水质》GB/T 18920—2002 和《城市污水再生利用　景观环境用水水质》GB/T 18921—2002 的要求。处理后的水质主要指标参考值见表 4. 3. 1。

表 4. 3. 1　回用水水质标准

项目指标	循环冷却系统补水	观赏性水景	娱乐性水景	绿化	车辆冲洗	道路浇洒
COD_{cr}（mg/L）	≤30	≤30	≤20	≤30	≤30	≤30
SS（mg/L）	≤5	≤10	≤5	≤10	≤5	≤10
BOD_5（mg/L）	≤10	≤6	≤6	≤20	≤10	≤15
色度（度）	无不快感	≤30	≤30	≤30	≤30	≤30
浊度（NTU）	≤15	—	—	≤10	≤5	≤10
NH_3-N（mg/L）	≤10	≤5	≤5	≤20	≤10	≤10

雨水直接利用设计重现期宜取 2 年。

雨水收集处理系统设计按《建筑与小区雨水控制及利用工程技术规范》GB 50400—2016 执行，并可参照华建集团编制的《集团建筑节能设计统一技术措施》的有关章节设计计算。

雨水收集回用处理系统应设计初期弃流、溢流等措施。

3. 雨水初期弃流

雨水初期弃流设施包括：容积式、雨量计式、流量式等。

初期径流弃流量在无资料时，屋面弃流可采用 2～3 mm 径流厚度，地面弃流可采用 3～5 mm 径流厚度。采用雨量计式弃流装置时，屋面弃流降雨厚度可取 4～6 mm。

初期径流弃流量计算公式如下：

$$W_i = 10 \times \delta \times F \tag{4-1}$$

式中 W_i——设计初期径流弃流量（m^3）；

δ——初期径流厚度（mm）；

F——硬化汇水面面积（hm^2）。

基地内设置雨水收集处理机房。机房内设有雨水收集池、处理过滤设备、回用供水机组、储水池和消毒设备等。

4. 雨水蓄存

常用雨水储存设施包括景观水体、钢筋混凝土水池和成品水池水罐等。

景观水体宜作为雨水储存设施，水面和溢流水位之间的空间作为蓄存容积。雨水储存设施应设有溢流排水措施，溢流排水措施采用重力溢流。

雨水蓄水池、蓄水罐宜设置在室外地下。

雨水设计径流总量按以下公式计算：

$$W = 10(\Psi_c - \Psi_0)h_y F \tag{4-2}$$

式中 W——雨水设计径流总量（m^3）；

Ψ_c——雨水径流系数；

Ψ_0——控制径流峰值所对应的径流系数，应符合当地规划控制要求；

h_y——设计日降雨量（mm）；

F——硬化汇水面面积（hm^2）。

雨水储存设施的储水量按以下公式计算：

$$V_n = W - W_i \tag{4-3}$$

式中 V_n——雨水储存设施的储水量（m^3）；

W——雨水设计径流总量（m^3）；

W_i——设计初期径流弃流量（m^3）。

蓄水池可兼作自然沉淀池。其进、出水管的设置应防止水流短路，避免扰动沉淀物，进水端宜均匀布水。

5. 雨水处理

屋面雨水水质处理根据原水水质可选择下列工艺流程：

雨水→初期径流弃流→雨水蓄水池沉淀→雨水清水池→过滤→植物浇灌、地面冲洗。

当雨水用于景观水体时，水体宜优先采用生态处理方式净化水质。

回用雨水应消毒。当雨水处理规模不大于 100 m^3/d 时，可采用氯片作为消毒剂；当雨水处理规模大于 100 m^3/d 时，可采用次氯酸钠或其他氯消毒剂消毒。

雨水处理设施产生的污泥应进行处理，由有资质的单位专业外运处理。

雨水净化处理装置的处理水量按以下公式计算：

$$Q_y = W_y/T \tag{4-4}$$

式中 Q_y——设施处理水量（m^3/h）；

W_y——雨水供应系统的最高日用水量（m^3）；

T——雨水处理设施的日运行时间（h），可取 24 h。

6. 废水回用技术（中水系统）

回用医院生活区的洗涤、淋浴、洗手（脸）盆等器具废水排水，作为中水水源，经水处理达标后，用于医院区域内室外绿化浇洒、地面冲洗、景观水景补水等用水，也可用于生活区的冲厕用水。

中水系统应进行水量平衡计算，绘制水量平衡图。

中水处理工艺主要包括物化处理工艺、生物处理和物化处理相结合工艺、预处理和膜分离相结合处理工艺等工艺流程。

选用中水处理一体化装置或组合装置时，应参考可靠的设备处理效果参数和组合设备中主要的处理效果参数，其出水水质应符合使用用途要求的水质标准。

中水处理必须设有消毒设施。

中水系统主要设备设计应执行《建筑中水设计规范》GB 50336—2002 的规定。

7. 严禁回用雨（废）水进入生活给水系统

回用雨（废）水供水管道严禁与生活给水管道连接。

当雨（废）水贮水池（箱）采用生活给水补水时，应采取防止生活给水被污染的措施，如必须保证生活给水补水管口与雨（废）水贮水池（箱）的溢流水位空隙间距不小于 150 mm，设置倒流防止器等。给水补水管上应设置水表计量。

回用雨（废）水供水管道上不得装设取水龙头，并应采取防止误接、误用、误饮的措施，有明显的标识，注明“非饮用水”。

4.3.3 可再生能源——太阳能生活热水系统

随着国家和地方规范的逐步推出，国民的节能和环保意识逐步增强，越来越多的工程项目设计并应用了太阳能热水系统。太阳能既是一次性能源，又是可再生能源，它资源丰富，既可免费使用，又无需运输，对环境无任何污染，因此，只要具备场地和设备条件，在设计时都应优先考虑使用太阳能热水系统。

1. 太阳能生活热水系统的类型

太阳能热水系统主要包含太阳能集热器、储存装置、循环管路、控制系统及辅助能源装置。太阳能热水系统按使用压力可分为承压系统和非承压系统；按系统运行方式可分为自然循环系统、强制循环系统和直流式系统；按生活热水与集热器内传热介质可分为直接系统和间接系统；按集热方式可分为平板系统和真空管系统；按辅助能源启动方式可分为全日自动启动系统、定时自动启动系统和按需手动启动系统。

医院建筑是病人聚集的特殊场所，保证其供水的水质安全、供水水量、水压、水温的稳定性尤为重要。本着安全、卫生、经济、实用的原则，选择强制循环的集热系统，间接加热的方式加热，与辅助能源分置，以太阳能热水系统为生活热水预加热水是较为合理的。

2. 太阳能生活热水系统的应用

以上海地区为例进行太阳能系统设计介绍。

1）系统设计

（1）气象参数。

上海纬度 31°10′；水平面年总辐照量为 4 497.261 MJ/（m^2·a）；水平面日平均辐照量为 12.300 MJ/（m^2·d）。

上海纬度倾角平面年总辐照量为 4716.445 MJ/（m^2·a）；上海纬度倾角平面日平均辐照量为 12.904 MJ/（m^2·d）。

年总日照时数为 1 997.5 h；日平均日照时数为 5.5 h；年平均温度为 16.0 ℃；太阳能保证率为 45%。

（2）系统描述。

选用短期蓄热集中太阳能热水系统，强制循环、二次换热。采用由太阳能集热器产生的热水作为生活热水的预加热水，集中供给各用热水点，并设有热水循环泵强制同程机械循环、动态回水，以保证热水供回水温度为 60 ℃/55 ℃。

（3）集热系统。

项目太阳能热水系统采用真空直流式太阳能吸收板集热，吸收板由若干根直流式真空管等组件拼合组成。太阳辐射的能量通过直流式真空管内部的吸收层转换为热能。直流式真空管表面由铝制成，有选择性涂层。整个吸收表面把热量传递到同轴铜管系统，被吸收的热量直接高效地转换给太阳能循环系统。真空管通过锁紧螺丝连接到集热器头。管道连接件由抗紫外线的塑料制成。

（4）蓄热系统。

太阳能热水系统中的蓄热系统由太阳能集热器、蓄热水箱以及相应的阀门、水泵等设备组成。系统采用分级蓄热方式，根据用户用水情况以及热量收集情况，按优先等级分为两个等级：一级蓄热水罐和二级蓄热水罐。其中，一级蓄热水罐为高温水罐，二级水罐为低温水罐。当用水罐温度下降到设定值时，通过阀门的切换开始加热此罐直至水温达到设定值为止；当两级蓄热水罐在加热时，蓄热水罐即时向供水水罐传输热量。

系统运行之初，太阳能集热器不断收集热量，当集热器出口温度高于用水罐内水温时，蓄热系统开始启动，并开启相应阀门及水泵等设备。太阳能集热器收集到的热量给蓄热水罐里的水加热时，先加热一级蓄热水罐至设定温度；再通过阀门自动切换到二级蓄热水罐，直至设定温度。在加热二级蓄热水罐过程中，控制系统不断检测一级蓄热水罐温度，当一级水罐温度下降时，再切换加热一级蓄热水罐。在加热优先级蓄热水罐时，系统监视优先级水罐的温度，如优先级水罐的温度低于设定值，系统切换给优先级水罐加热。

(5) 防过热系统。

系统中的防过热系统由散热器、板式换热器以及相应水泵等设备组成，系统通过启动散热器中冷媒的循环散热对系统中的热水进行冷却，降低水温，保护太阳能热水系统。当太阳能集热器出口温度超过 90 ℃并达到一定时间时，系统自动切换至防过热系统，阀门开启方向转换，同时启动散热器进行散热，直至太阳能集热器出口温度小于 80 ℃为止，见图 4. 3. 2。

图 4. 3. 2　上海某地区太阳能热水系统原理图

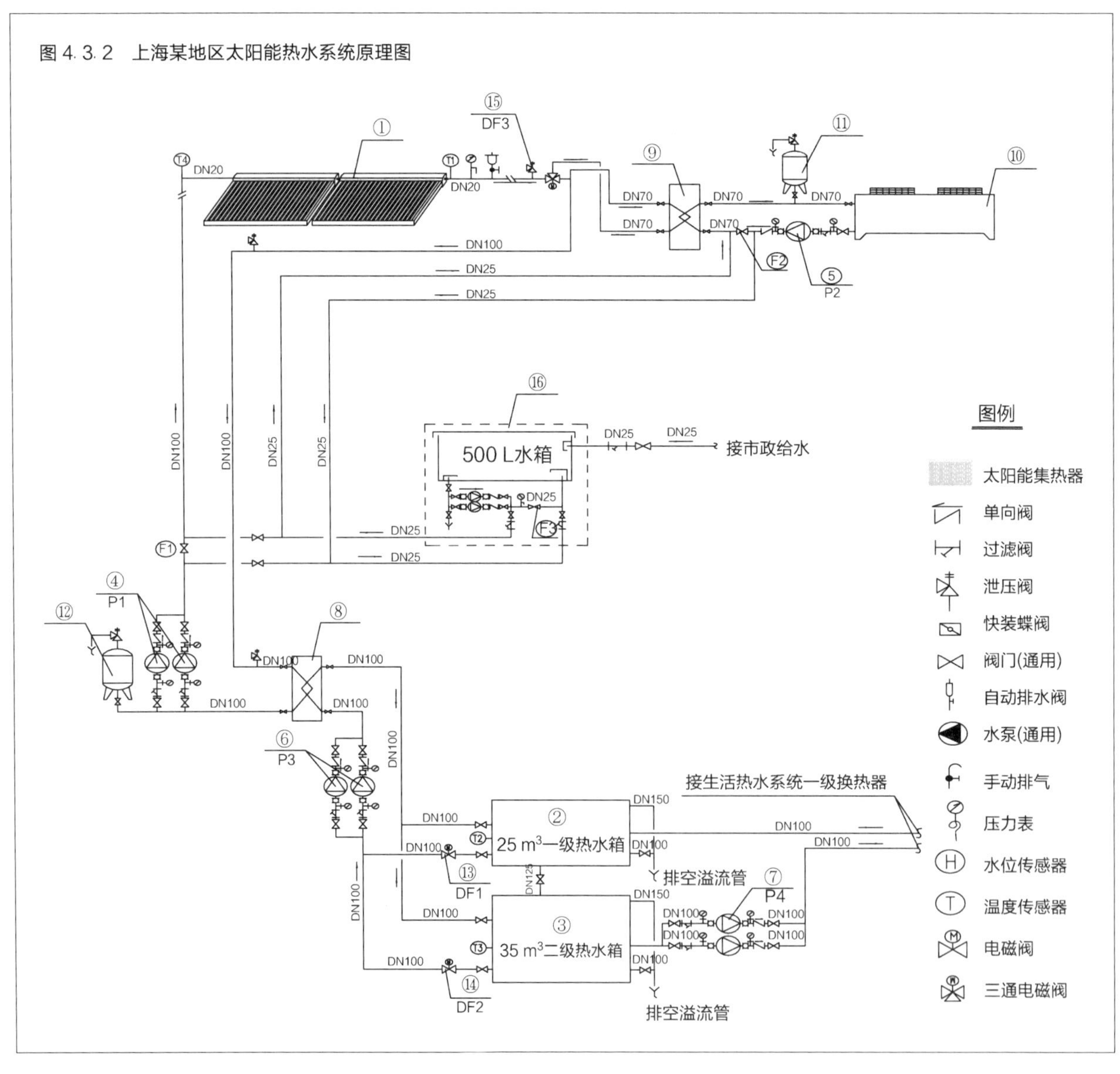

(6) 防冻系统。

防冻系统位于室外，部分管路全部灌装防冻液来保护系统安全。

2）主要设备技术规格要求

（1）太阳能加热系统热备。

• 蓄热水箱：置于地下室给排水设备机房内；选用SUS304不锈钢开式水箱，25 m^3 和35 m^3 各1个；采用聚氨酯发泡保温，在保温状态良好的地下室环境里昼夜温降不超过8 ℃，保温厚度不小于100 mm，外表面采用0.5 mm厚的彩钢板。

• 热水循环泵：置于地下室给排水设备机房内；选用立式离心热水泵两台，一用一备，配原厂水泵与电机共用底座、减振基座等全套附配件，要求设备整体出厂，为低噪声、节能型产品；水泵有自动控制、控制室远程控制和现场控制三种方式，其中自动控制采用温度控制，温度传感器检测，根据预先设定的工作模式执行，温度传感器置于热水循环泵进口水流流速较稳定的直管路上。

• 太阳能系统膨胀水罐：置于地下室给排水设备机房内，选用衬胶隔膜式膨胀水罐1台。

• 散热系统膨胀水罐：置于屋面，选用衬胶隔膜式膨胀水罐1台。

（2）集热器。

• 太阳能集热器置于屋面上，具体位置设计指定。

• 太阳能热管真空管采用玻璃-金属热压封技术封接，由专业太阳能制造厂生产，符合国家规定参数，达到国家规定的技术标准，保证额定产水量，需同时具备国家认证或国际认证证书。

• 集热器采用全不锈钢紧固标准件，符合室外使用要求。

• 玻璃材料透光率大于90%。

• 集热器连接元件采用GE塑料合金，耐温160 ℃以上。

• 集热器采用EPDM隔热防护套，能有效阻止热损失。

• 集热器之间应无缝隙连接，保证屋面的美观。

• 直流式真空管主要参数：空晒温度230 ℃；真空直流管采用高硼硅玻璃；高真空热绝缘；吸热器表面材料为铝；管道材料为铜。

• 集热器主要参数：集热器采光面积997 m^2；安装角度为0°；热传输介质为防冻液；集热器头部介质输送装置采用黄铜；集热器头部外壳铝制，进口喷涂材料，隔热绝缘，带有合理的防水设计；最大运行压力为9 bar；最大机械荷载（分散荷载）为350 kg/m^2；集热器采用抗风、抗雪设计，在使用过程中能抗风载、雪载。

• 集热器联箱上设有温度探测口，能非常准确地反应集热器的温度；集热器内部换热方式为双向对流强制换热技术以确保高效率；集热器与集热器间的连接应考虑合理的缓冲连接以适应热胀冷缩。

（3）散热器。

• 冷风机采用铜质盘管，盘管翅片为铝质，翅片由进口高速冲床和模具冲压成型。

• 散热器采用扁长型结构设计，送风均匀，降温快。

• 采用进口低噪声、低能耗的外转子轴流风机，噪声低。

• 散热器应适合室外使用。

（4）膨胀罐。

• 膨胀罐应适合在生活热水系统及太阳能热水系统中的使用。

• 膨胀罐内设置隔膜，所有与水接触部分均涂有防腐膜。

• 膨胀罐需符合压力容器 97/23/EC 标准。

• 膨胀罐罐体采用耐用粉末涂料喷涂。

(5) 温度传感器。

• 温度传感元件采用标度为 Pt100 铂电阻传感器。

• 温度范围：－20～150 ℃。

• 精度：±0.5 ℃。

• 输出信号：阻值输出 4～20 mA。

(6) 冲洗灌装系统。

• 采用知名品牌进口水泵。

• 能对系统进行彻底冲洗。

• 能对系统进行灌装。

• 能对系统进行压力设置。

3) 系统的控制

根据项目的实际情况，实现太阳能热水系统要求的所有功能，太阳能热水系统应具有完整的控制功能，控制系统应符合以下要求：采用国际领先的工业自动化控制技术和数据存储管理技术，保证技术的最新；系统应稳定可靠，图形界面友好，无故障时间长；系统具有可扩展性，包含硬件的扩展性和软件的可扩展性两方面；系统具有严密的技术防范措施以保障计算机网络安全；系统易操作，具有良好直观的人机界面。

3. 太阳能生活热水系统

医院热水的用水点分散在各幢楼里。医院建筑对安静要求较高，特别是病房、手术室等对噪声控制都有相应规范的要求，故屋面集热器的摆放位置和朝向应满足太阳能系统的安装空间和维修空间、与建筑周围的环境协调，且不能引起光污染。

太阳能生活热水系统设计与建筑、结构及相关专业要同步配合：与建筑专业协调集热器、散热器的屋面布置位置，防水要求，安装和维护要求等；提供与结构专业所需的荷载；提供电气专业用电量及控制要求。

太阳能热水系统的设计主要应考虑它的技术性能，包括热性能、耐久性能、安全性能和可靠性能。

1) 不同集热器产品的比较

目前在太阳能热水工程中常用的太阳能集热器主要有以下几种类型。

(1) 平板式太阳能集热器：应用比较早的一种太阳能集热器产品，因防冻问题以及其本身集热性能受季节和环境影响较大，在我国北方应用较少，主要集中在南方地区。

(2) 全玻璃真空管集热器：早期规模比较小的项目多采用此种集热器，或将采用全玻璃真空管集热器的家用太阳能热水器串并联组成集中热水系统，因其投资较低，在太阳能热水工程市场上占有相当比重。

(3) U 形管真空管集热器：U 形管真空管集热器替代了全玻璃真空管集热器，解决了系统承压运行问题，但因其系统阻力大，热性能不理想、安装维护等因素影响使用较少。

(4) 热管直流管太阳能集热器：热管直流管集热器从根本上解决了其他类型太阳能集热器在热效率、承压能力、防冻性能和安装维护方面的缺陷，是目前太阳能热水工程中最理想的集热器形式。热管直流管太阳能热水工程与其他几种常见的太阳能热水工程主要性能比较如表 4.3.2 所示。

表 4.3.2 典型太阳能热水工程主要性能比较

性能	平板集热器太阳能热水工程	全玻璃真空管集热器太阳能热水工程	U 形管集热器太阳能热水工程	热管直流管集热器太阳能热水工程
可靠性	不适合全年使用; 水垢隐患大; 冻裂隐患大	不适合做大面积工程; 胶圈隐患大，老化、不承压，不能在较大压力下正常使用; 管内水垢隐患大，无法清除; 有冻裂的隐患	集热板密封隐患大; 循环泵功率大	适合做大面积工程; 承压性能好(0.6 MPa)，全金属密封; 无水垢隐患; 抗冻性能优良，采用双回路介质换热
热性能	集热性能受季节、环境影响较大，北方地区冬季热性能明显降低; 水温高于 55 ℃时，集热器热效率明显降低	热容过大，每集热器内存水 40 kg，如 100 组，约 4 t，冬季集热器内水温晚间下降到 0 ℃，第二天须从 0 ℃加热; 热水利用率低; 有空晒危险	热效率有隐患，并联运行有死区，局部过热	热效率高; 热容小，启动快; 冬季热性能佳; 多云天性能佳; 晚间热损小
维护运行;耐久性	耐久性差	使用寿命不长; 维护困难; 安装困难	集热板安装困难	安装简单; 维护方便; 使用寿命长

晴天热量过多，春夏秋三季热量过多，但到了冬季和阴雨天热量则不足，此时太阳能的储热能力就异常重要，储热量要大，保温效果要好，尽量让热水保持在 60 ℃以下运行，这样效率高，不易结垢，也可防止管道和电子元件破坏。

2）环保和经济效益

(1) 环保效益：相对于使用化石燃料制造热水，太阳能热水工程能减少对环境的污染及温室气体二氧化碳的产生。

(2) 经济效益：因为太阳能热水工程基本热源为免费的太阳能，所以十分符合经济效益。

(3) 安全因素：太阳能热水工程没有使用煤气有爆炸或中毒的风险，或使用燃料油锅炉有爆炸的顾虑，也没有使用电力有漏电的可能。

4.3.4 空调设备余热、废热利用

1. 医院空调设备余热、废热的来源

民用建筑内的余热主要来自城市废气热力网、采暖和生活用汽-水热交换热器换热后的凝结水余热、中央空调机组冷凝水的预热、锅炉烟气余热等。

2. 医院空调设备余热、废热利用

由于有的城市热力网蒸汽凝结水不作回收，而医院中央空调机组冷凝水的排放量远大于生活热水的耗热量，故目前医院设计中主要考虑的是中央空调机组冷凝水的余热回

收。设计生活热水的供水温度一般在 40～60 ℃，而冷凝水的出水温度一般在 35～37 ℃，为保证医院的供水水质，一般设计是串联一组板式热交换器或导流型热交换器，将冷凝水的热量回收，即将板式热交换器或导流型热交换器二次水侧的供水作为生活热水的预加热水，提高热交换器二次水（生活热水）的进水温度，从而达到节能的目的。详见 3.4.2 节的相关内容。

4.4 空调系统的节能技术

医院空调系统的节能技术涉及空调系统的冷热源、冷热媒输送、空调末端技术、废热及余热的回收等多方面。每座医院应根据所处的环境、使用功能、投资规模和市政条件的不同，经过经济技术比较分析后，选用适合的节能技术。

4.4.1 次级能源的回收利用

在医院项目中次级能源回收利用的技术主要包括冷冻机冷凝热回收技术、烟气热回收技术和排风热回收技术。

1. 冷凝热回收技术

1）概述

所谓冷凝热回收利用技术就是将空调制冷用冷水机组冷凝器的排热作为冬季空调的热源或者用于预热生活热水的补水，以便充分利用本应排入大气的废热。

作为医院建筑来说，夏季空调供冷的同时，还需要生活热水的供热，这就给利用冷凝热技术创造了必要的条件。

根据对上海市卫生局规划财务处和部分下属医院的调研，一座600床的医院夏季生活热水（60 ℃）用量一般在15～20 m^3/d，春秋季在40～50 m^3/d；一座900床的医院夏季生活热水（60 ℃）用量一般在30～40 m^3/d，春秋季在75～100 m^3/d；一般非24 h供应生活热水的医院热水供应的时间为3～4 h。因此，热回收型冷水机组完全有条件可以提供生活热水的预热。最大小时热水用量充分去利用夏季制冷机组的冷凝热，这是非常具有节能意义的。

在医院建筑中，热回收冷水机组的回收热量必须与之相匹配才能得到最佳的经济效益。因此在医院的冷冻机房中不应设置太大的冷凝热回收机组，否则即无法消耗掉其回收的热量，还会因冷凝温度提高而降低了机组的COP。一般对于900床左右的医院，建议设置1台制冷量不超过596 kW（217RT）的热回收型螺杆式冷水机组。

3）建议采用的热回收方式

若上述冷凝热回收方式回收的热水温度达不到生活热水或冬季供热的要求，也可采用高温水源热泵制冷机组，将普通制冷机组的冷却水作为热源，经水源热泵机组蒸发器吸热后，在冷凝器侧产生满足需要的高温热水，这样避免了采用燃气锅炉进行二次加热，减少了能源消耗，节约了运行经费。系统示意如图4.4.1所示。

4）蓄热水箱

由于回收的热量主要用于生活用水的预热，而这部分热量的使用量是不稳定的，所以若要保持机组在热回收工况稳定运行，需要设置2～3个蓄热水箱，以储存冷凝器输出的热水，在蓄热水箱中使水温逐步升高。一般900床的医院在春秋季生活热水的最大日消耗量（60 ℃）在100 m^3/h左右，故建议设置2台30 m^3（5 m×3 m×2 m）的水箱，当水箱内水温达到低于机组最高进水温度时，热回收工况结束，夏季仍可维持预热生活热水量约4 h。水箱一般占用地下室或裙房屋面约70 m^2的面积。原理见图4.4.2。

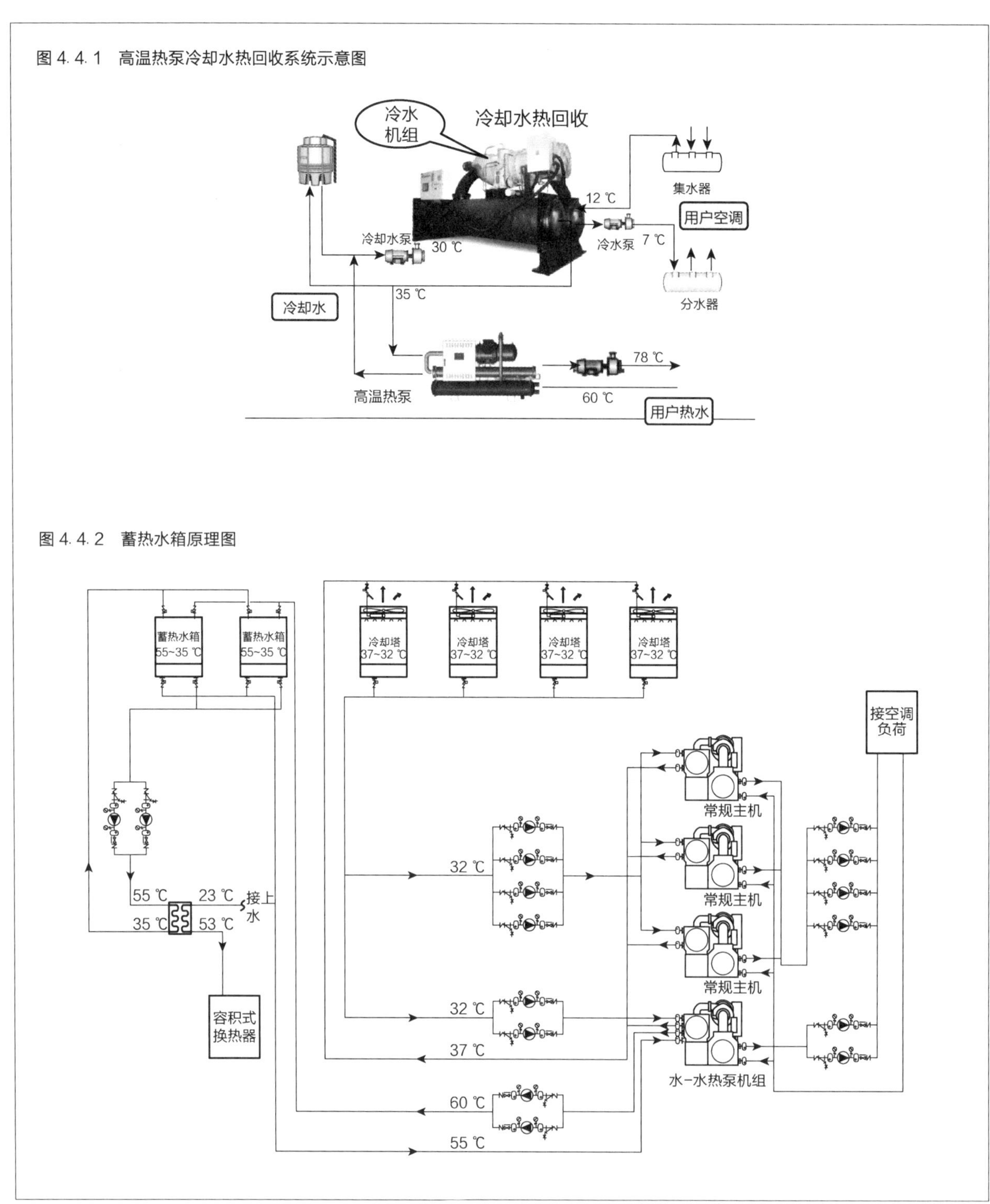

图 4.4.1 高温热泵冷却水热回收系统示意图

图 4.4.2 蓄热水箱原理图

目前，在酒店中普遍采用冷凝热回收技术，但是医院中应用得还是比较少。

2. 烟气热回收技术

烟气热回收技术是将锅炉、发电机等燃烧后排放的烟气进行热回收。现行的《锅炉节能技术监督管理规程》中对锅炉排烟温度有着明确的规定：

(1) 额定蒸发量小于 1 t/h 的蒸汽锅炉，不高于 230 ℃；

(2) 热功率小于 0.7 MW 的热水锅炉，不高于 180 ℃；

(3) 额定蒸发量大于或等于 1 t/h 的蒸汽锅炉和额定热功率大于或等于 0.7 MW 的热水锅炉，不高于 170 ℃；

(4) 额定热功率小于 1.4 MW 的有机热载体锅炉，不高于进口介质温度 50 ℃；

(5) 额定热功率大于或者等于 1.4 MW 的有机热载体锅炉，不高于 170 ℃。

根据这些规定，对于符合条件的锅炉烟气必须进行热回收。一般情况下新出厂的锅炉均能满足这些要求。在锅炉房改造中应特别注意该问题。

3. 排风热回收技术

医院空调的能耗占到总能耗的 50%～70%，因此在医院的空调系统中，应采用一些节能措施来降低空调能耗。空调能耗中的 30%～50% 是新风能耗，这部分能耗在冬季甚至会超过 60%。通常处理新风所需的加热量或冷量，一部分会通过排风排至室外，因此采用排风热回收技术回收排风中的能量来预冷（热）新风，可以有效减少新风负荷，降低空调运行费用，并且可以降低空调系统的最大负荷值，从而降低冷热源设备装机容量，节约设备初投资。

医院建筑与办公、宾馆、会展等其他公共建筑相比，是一个非常特殊的场所。由于医院中数量众多的病人携带有各种病菌、病毒，特别容易造成交叉污染，对于身体虚弱的病人及长时间在此环境下工作的医护人员，良好的室内空气环境是他们安全和健康的保证。此外，核医学科、检验科、病理科等科室在治疗、检验、实验、组织解剖时会产生含放射性元素与甲醛等的有害气体，这些气体排放均需要补充大量的室外新风。医院建筑中除了良好的气流流向和压力梯度控制外，需要大量新鲜、清洁的室外空气用于稀释有害气体，满足人体卫生要求。因为医院建筑中，新风量和排风量相对较大，采用热回收系统就能达到良好的节能效果。

由于热回收系统价格较贵，需经过经济性分析比较后才能确定是否采用。对于人员密度大、人员和新风空调负荷大且人员密度变化较大的区域，如门诊挂号厅等，这些区域在 7:00～9:00、12:00～14:00 是人员密度高峰，其新风量的供应具有明显时间段的特征，可采用时间程序控制方式控制新风量，既方便又经济。

1) 医院常用热回收装置特点分析比较

按照工作原理不同，空气-空气热回收装置可分为：转轮式换热器、板式换热器、板翅式换热器、热管式换热器、中间媒体式换热器、溶液吸收式换热器和热泵式热回收装置。按照回收热量的性质的不同，热回收分为全热回收和显热回收。全热回收装置有转轮式换热器、板翅式换热器、溶液吸收式换热器，显热回收装置类型包括中间热媒式换热器、热泵式热回收装置、板式换热器和热管式换热器。其中，转轮式换热器、板翅式换热器存在室内排风泄漏至新风的风险，因而不能用于医院的病房、门急诊和医技等用房。

(1) 显热板式换热器。

显热板式热回收装置多以铝箔为介质，全热回收则以纸质等具有吸湿作用的材料为间质。这类热回收装置使用效果的好坏主要取决于换热间质的类型和结构工艺水平的高低。优点是：设备费用低，换热效率高，体积小，结构紧凑；缺点是：流道窄小，容易堵塞，尤其是在空气含尘量大的场合，随运行时间的增加，换热器效率急剧降低，流动阻力大。其结构形式见图 4.4.3。

图 4.4.3　板式换热器形式

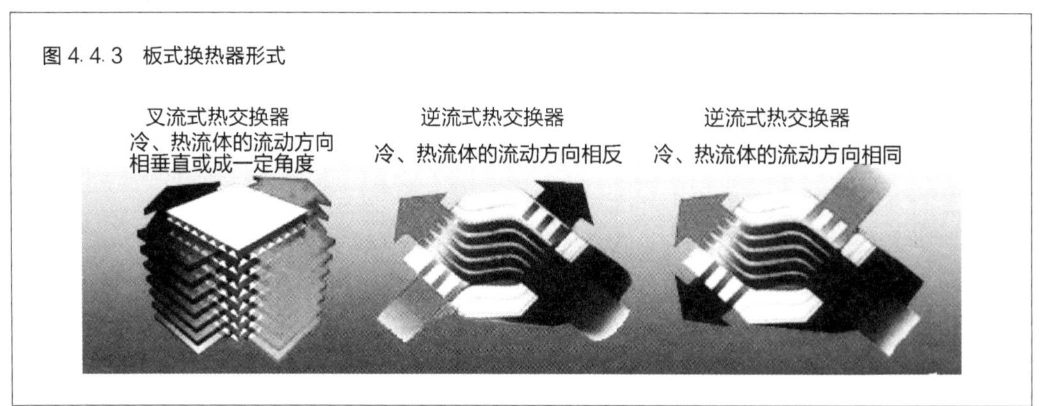

(2) 热管式换热器。

以热管束为换热器，空调系统中的热管多采用铝-氨工质对，用于显热回收。根据金属管材质和充注工质不同，其适用温度范围为 -40～430 ℃。热管式热回收装置属于相变传热，热管从冷端至热端具有近似零热阻特性，非常适合于空调送排风这种小温差类的换热系统。热管式热回收装置无运动部件，部件结构和密封工艺都相对简单。优点是：导热性好，传热系数是一般金属的几百乃至几千倍，结构紧凑，阻力小，不会出现交叉污染，流道不易堵塞。缺点是：组装起来比较复杂，对安装要求比较高，热管的倾斜度对传热特性有很大影响。其结构形式见图 4.4.4。

图 4.4.4　热管式换热器结构形式

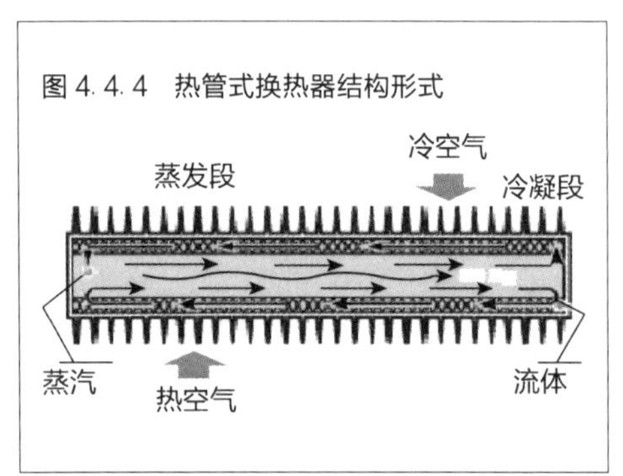

(3) 中间热媒式换热器。

通过泵驱动热媒工质的循环来传递冷热端的热量，在空气处理装置的新风进风口处和排风出口处各设置一个换热盘管，并用一组管路将两者连接起来，形成一个封闭的环路。环路内的工作流体由循环泵驱动，在两个盘管之间循环流动，将热量由一端带到另一端。里面流体工质可以是水，也可以是乙二醇水溶液等。具有新风与排风不会产生交叉污染和布置方便灵活的优点。缺点是需要配备循环泵输送中间热媒，因此传递冷热量的效率相对较低，本体动力消耗较大。其结构形式见图 4.4.5。

(4) 热泵式换热器。

热泵式热回收装置工作原理是将空调排风冷（热）量作为低温冷（热）源，增大空气源热泵在实际运行时的制冷（热）性能系数，利用热泵来获取高品质热能，达到节能的目的。这种类型热回收装置的优点是节能效率高，不需要提供集中冷热源，减少了空调水管路系统。缺点是热泵排风热回收机组需配备压缩机、冷凝器、蒸发器等一系列部件，结构较为复杂，噪声与振动问题比较突出，设备投资与维修管理工作量均大于其他类型。其结构形式见图 4.4.6。

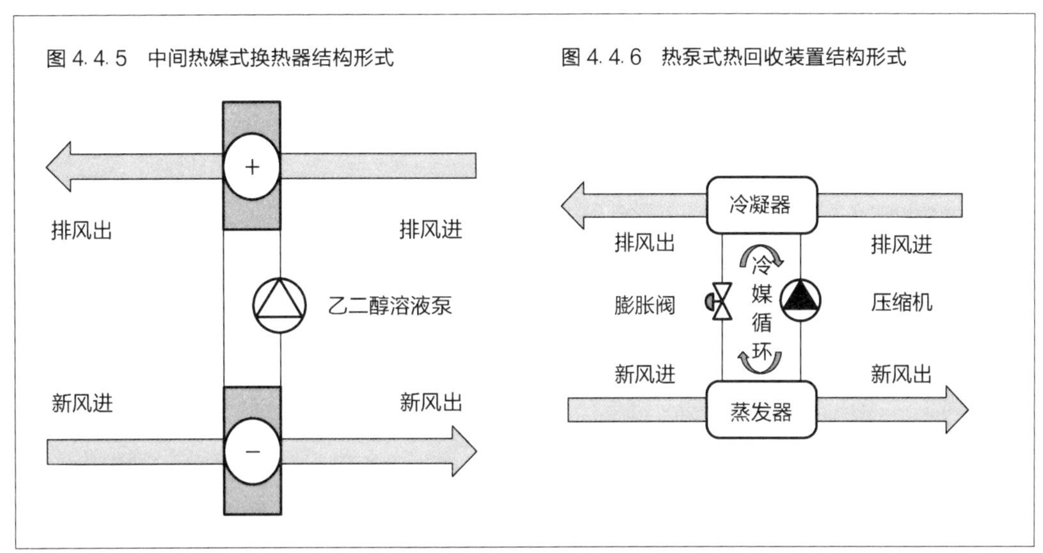

图 4.4.5　中间热媒式换热器结构形式

图 4.4.6　热泵式热回收装置结构形式

(5) 溶液全热回收装置。

溶液全热回收装置以具有吸湿性能的盐溶液（如溴化锂溶液、氯化锂溶液等）作为工作介质。常温下一定浓度的除湿溶液表面蒸汽压力低于空气中的水蒸气分压力，可以实现水分由空气向溶液的转移，空气的湿度降低，吸收了水分的溶液浓度降低。稀溶液加热后，其表面蒸汽压力升高，当溶液蒸汽压力高于空气中水蒸气分压力时，溶液中的水分就蒸发到空气中，从而完成溶液的浓缩再生过程。利用盐溶液的吸湿、放湿特性，盐溶液具有杀菌和除尘的作用，能够避免新风和排风之间的交叉污染，实现室外新风和室内排风之间热量和水分的传递过程。其结构形式见图 4.4.7。

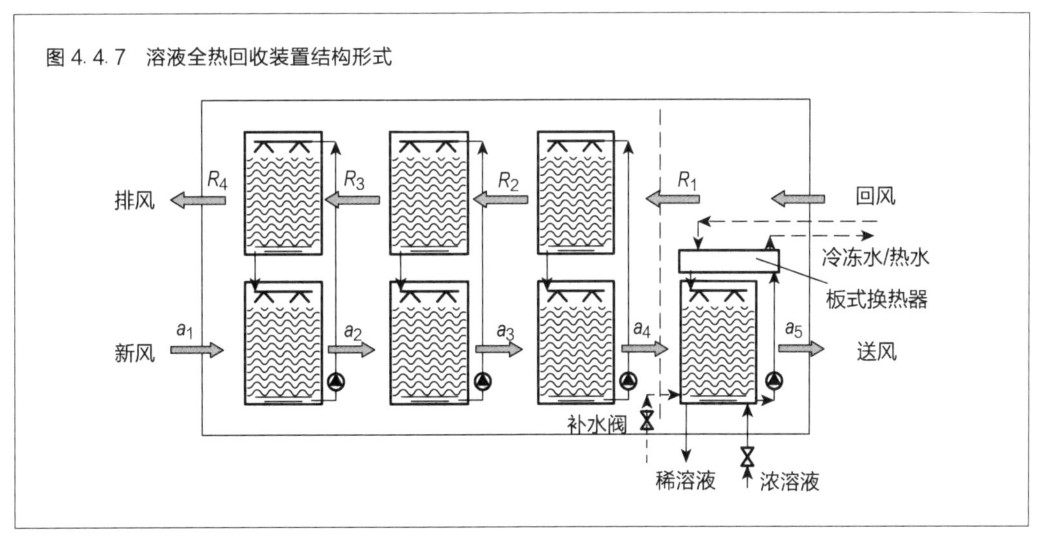

图 4.4.7　溶液全热回收装置结构形式

上述各种热回收设备各具特点，在热回收效率、设备费用、阻力特性等方面具有不同的性能，性能比较见表 4.4.1。

表 4.4.1　热回收设备性能比较

热回收方式	回收效率	设备费用	维护保养	辅助设备	占用空间	交叉污染	自身耗能	使用寿命
板式	低	低	中	无	大	无	无	良
热管式	较高	中	易	无	中	无	无	优
中间热媒式	低	低	中	无	中	无	有	良
热泵式	中	高	高	压缩机	大	无	有	良
溶液全热回收装置	高	最高	高		大	无	有	良

2）排风热回收系统经济性

排风热回收系统的回收效率与热回收系统节能效益密切相关，在确定适用的热回收装置类型时，一般需要进行热回收系统经济性分析，以便进行回收期的比较。

《公共建筑节能设计标准》GB 50189—2015 中规定：设有集中排风的空调技术经济比较合理时，宜设置空气-空气能量回收装置。《空气-空气能量回收装置》GB/T 21087—2007 规定的热回收效率值见表 4.4.2。

表 4.4.2　热回收装置交换效率要求

类型	交换效率%	
	制冷	制热
焓效率	>50	>55
温度效率	>60	>65

注：焓效率适用于全热交换装置，温度效率适用于显热交换装置。

热回收系统全年回收能量的计算方法一般采用以下三种：

• 焓频法：所谓焓频，是根据某地全年室外空气焓值的逐时值，计算出一定间隔的焓区段中焓值在全年或某一期间内出现的小时数，即焓值的时间频率。焓频从能量角度表征了室外空气全热分布的特性。

• 干频法：所谓干频，是根据某地全年室外空气干球温度值的逐时值，计算出一定间隔的干球温度区段中干球温度值在全年或某一期间内出现的小时数，即干球温度值的时间频率。干频从能量角度表征了室外空气显热分布的特性。

• 逐时计算法：在全年 8 760 小时不同时刻中，室外新风的逐时温度和逐时焓值均在不断变化，因此，合理的计算热回收能量需要计算逐时不同的温度和焓值下新风节能量，累加起来计算出全年节能量。

其中，第三种方法计算结果更为准确，因而得到较多的使用。

3）热回收系统在医院空调系统的应用

一个运转良好的医院空调系统应具备以下特点：①确保病人和医护人员舒适的温度和湿度；②保证医疗设备正常工作需要的温湿度；③严格控制建筑物内的气流方向和压力梯度；④提供充足的新鲜空气，有效排除污染空气，预防交叉感染；⑤节约运行能耗，降低运行费用。其中第④条与热回收系统选择是否适当有相当大的关系。医院中功能比较复杂，空气污染物种类繁多，主要为：病人呼出的含病菌的空气或飞沫；核医学科散发的核辐射气体；病理科散发的甲醛气体等化学气体；检验科受检物散发的异味；手术区域散发的麻醉气体；消毒供应中心散发的消毒化学品气味；空气传染性疾病诊疗室及病房中含传染性病毒或细菌的空气；模具制作时散发的含铅空气；等等。在选用热回收系统时，应考虑使用场所空气污染物的种类及危害程度，以避免排风中的污染物渗漏至新风系统中而污染室内空气。

(1) 普通病房。

普通病房一般收治内科、外科、小儿科、妇产科或者其他不同科室无传染性、无洁净要求的病人。空调设计为一般舒适性空调，病人密度较低，空气中病菌病毒含量相对较低，但是从安全性角度考虑，采用显热回收方式。国内医院病房的新排风系统一般按楼层采用独立新风系统，病房内排风通过卫生间竖向排风系统至屋面排放。如考虑热回收系统，热回收装置需放置于屋面，并通过集中新风竖井将新风送至各层新风机组入口。

(2) 隔离病房、空气传染病房。

隔离病房、空气传染病房一般采用全新风直流系统，原则上要求设置独立的空调送风和机械排风，室内有 12 次/小时以上的换气要求，并能够 24 小时连续运行。直流式系统能耗很大，有必要采用热回收系统，选用的热回收装置应避免排风和送风的直接接触或泄漏，新风口与排风口的距离应大于 20 m。

(3) 特殊病房。

特殊病房包括重症监护室 ICU 及其他洁净病房。一般采用全空气净化空调系统，新风量大于普通病房，且 24 小时运行，采用新风热回收系统将具有较高的经济性。

(4) 行政办公区域。

行政办公区域为行政人员进行办公、会议的场所，与办公建筑的使用性质基本一致，空气中致病性污染物含量极低，一般可采用全热或者显热热回收装置。

(5) 洁净手术室。

为确保洁净手术室压力梯度处于完全受控状态，新风量及新风换气次数往往比医院其他区域大很多，新风冷负荷一般占空调冷负荷的 60% 以上。洁净手术室运行时间较长，全年均需要空调供应，可谓医院中的耗能大户，采用排风热回收系统将有效地降低手术室的能耗费用。手术室净化空调系统一般采用集中新风处理，而排风按手术间分散设置。比较适合采用中间冷媒式热回收系统。

(6) 门急诊。

主急诊主要由各科诊室、候诊区、挂号、取药等组成，以上区域各种病人比较集中，空气污染物以病菌、病毒为主，一般采用显热回收装置。发热门诊及传染病门诊区的就诊病人携带传染性较强的病菌，该区域大多采用直流式空调系统，采用中间冷媒式热回收系统和热泵式热回收系统可完全将排风与新风进行隔绝，以避免排风渗透污染新风。

(7) 病理科。

病理科中切片室、巨检室等对人体组织进行处理，异味较浓，并且福尔马林溶液挥发性较大且对人体有毒害，排风需要经过净化处理后排至屋面。另外，病理科通风柜较多，通风柜的排风一般直接排至屋面。因此，病理科排风一般不采用热回收系统。

(8) 检验科。

检验科借助多种检测和科研设备，根据临床送检单对来自不同科室的血液、体液、排泄物等标本进行检测，室内空气中含有一定量的异味，一般需要排放至屋面。因此，病理科排风一般不采用热回收系统。

(9) 放射诊断科。

放射诊断科的设备一般有普通 X 线拍片机、计算机 X 线摄影系统（CR）、直接数字化 X 线摄影系统（DR）、计算机 X 线断层扫描（CT）、核磁共振（MRI）、数字减影血管造影系统（DSA）等。其诊断设备间内存在电离辐射危险，需要加强排风。其排风一般在屋面进行排放，不进行热回收。

(10) 放疗科。

放射科的直线加速器等治疗室，空气中含有辐射性灰尘，需要进行活性炭吸附或高效过滤器过滤，一般不进行热回收。制模室内空气含铅量高，需要进行活性炭吸附或高效过滤器过滤，一般不进行热回收。

(11) 核医科。

核医科建筑分为清洁区（办公室、会议室）；工作区（测量室、扫描室、示踪室等）和活性区（注射室、储源室、分装室、洗涤室、病室等）。清洁区可采用热回收方式，而工作区及活性区空气中含有放射性元素，需要进行活性炭吸附或高效过滤器过滤，一般不进行热回收。

(12) 消毒供应中心。

供应中心担负着医疗器材的清洗、包装、消毒和供应工作，分为污染区、灭菌区、清洁区和无菌区。消毒区域的排风一般为热空气或含化学气体，其排风不能进行热回收。污染区为污染器械等物品进行收受、分类及清洗的场所，该区域排风含菌量较高，其排风不进行热回收。无菌区为经过灭菌消毒处理后的物品进行分类存放的区域，一般采用净化空调系统，其排风可采用热回收。

4.4.2 目前手术室常用的几种节能措施

(1) 变新风系统

根据规范，手术室新风采用新风集中处理，处理后的新风送到各手术室的循环系统。这种净化空调系统的特点是：各手术室空调自成系统，可避免交叉感染，而且各手术室也可以灵活使用，新风集中控制有利于各手术室正压要求。

夜间手术室停用时，为保证手术室的洁净度，要维持一定的正压值，这样必须有经处理的新风送入手术室，而送入的新风量与白天正常使用的量往往不一样，这样对新风机来说就存在两个不同的送风量。为降低能耗往往采用风机变频技术加以解决。

(2) 新排风全热交换

新风预处理在能耗中占很大的比例，排风应通过热交换器预处理新风以达到节能的目的。为防止产生交叉感染，所以这个措施一般适用于级别较低的洁净手术室。

(3) 百级手术室二次回风系统

洁净手术室设计中，一次回风系统的再热耗能问题是一直存在的，而在百级手术室中，送风量很大，如果继续采用一次回风系统，大风量的冷热抵消所造成的能源浪费是不能接受的。百级手术室应采用二次回风系统，在空调箱表冷段后再与回风混合一次来代替再热，这样可以在满足送风量的前提下，以达到节能的目的。

(4) 洁净手术室空调水系统及冷热源的优化选择

医院空调系统有其鲜明的特性，由于使用性质的不同，要求也不同，有的需早期采暖；有的要全年供冷、供热同时存在；有的要 24 小时全天候供应；有的只要 8 小时正常工作等，因此在设计时要充分考虑上述因素。

一般情况下医院都有蒸汽或热水锅炉，通过设置不同换热量和不同出水温度的板式换热器来满足不同使用功能的要求。

洁净手术室冷冻水系统，有下列三种情况。

其一，冷冻水从整个大系统中引出，这要求把和手术室使用情况一样的各功能用房的负荷合并，如血液病房、DSA 房间、NICU 房间等，设置 1 台仅满足此负荷的冷冻机在夏季使用，过渡季和冬季可使用板式换热器结合冷却塔来提供免费供冷，运行较为经济，制热则使用锅炉结合板式换热器的系统。系统全年供冷、供热同时存在，满足手术室需要。

其二，采用四管制冷热水机组，即采用独立的空调冷热源系统，此系统是根据设计计算的空调冷热负荷选择不同制冷（热）量的机组，水系统完全独立，与整个医院的其他水系统分开。

四管制冷热水机组的工作原理是冷热量的回收和综合利用，由压缩机、冷凝器、蒸发器、可变功能换热器等组成。采用两个独立回路的四管制水系统，一年四季可实现三种运行模式（区别于热泵热回收机组）：①单制冷；②单制热；③制冷 + 制热（设备自动平衡冷热量）。机组的壳管式蒸发器生产冷冻水作为系统的冷源，壳管式冷凝器生产热水作为系统的热源，翅片式换热器既可作蒸发器也可作冷凝器，并根据系统需要可实现蒸发器功能和冷凝器功能之间自动切换，进行冷热量平衡调节。机组的工作原理如图 4.4.8 所示。四管制冷热水机组可代替锅炉 + 冷水机组模式，实现一机多功能使用，同时满足洁净空调箱冷冻去湿、再加热的要求，达到洁净手术室温湿度的要求，实现节能的运行目的。

图 4.4.8　四管制冷热水机组原理

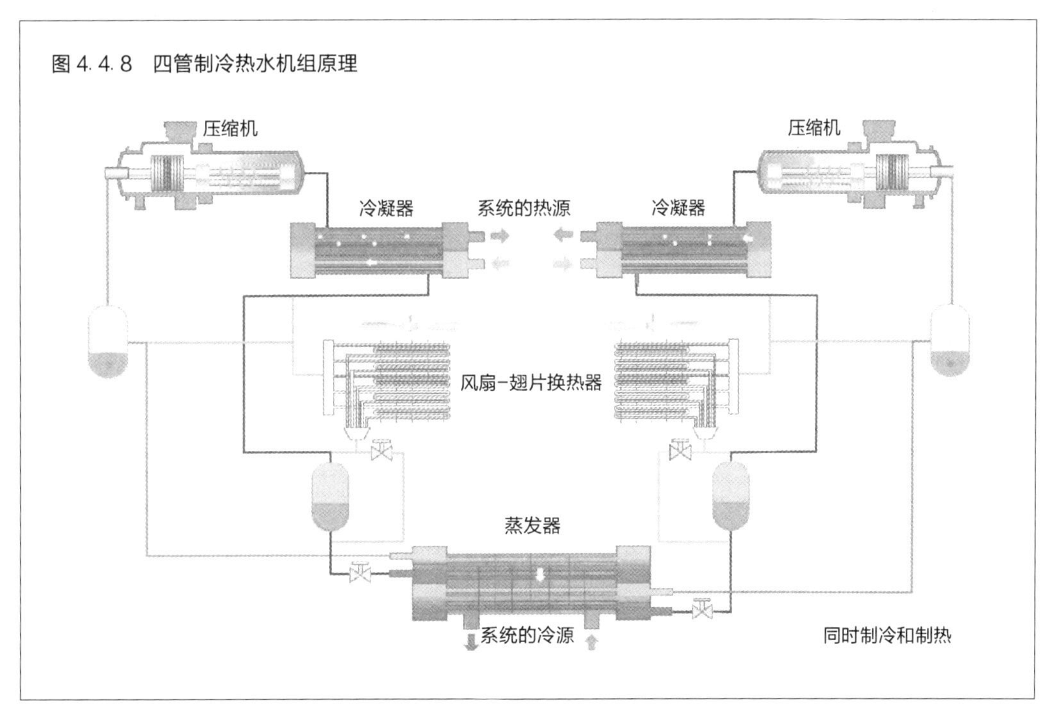

图 4.4.9　六管制冷热水机组功能示意图

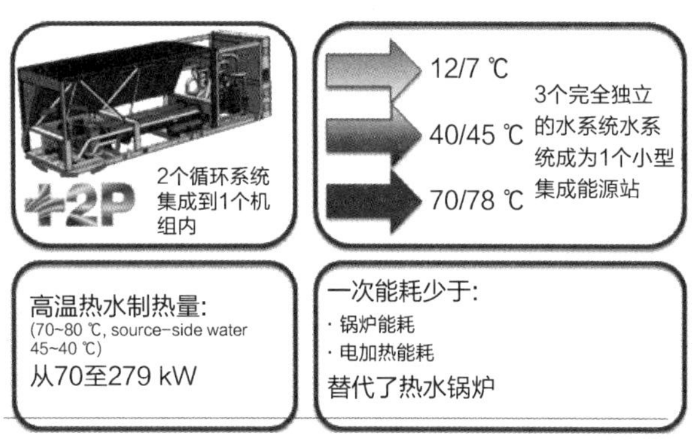

其三，采用六管制多功能热泵机组，它集冷热源于一体，一台机组 6 个接管，两个为冷冻水进出口，两个为空调热水进出口，两个为卫生热水（60～80 ℃），共 3 个完全独立的水系统。冷、热自动平衡，制冷量和制热量可分别实现 0～100% 独立调节，如图 4.4.9 所示。

六管制多功能热泵冷热水机组除应满足夏、冬季设计工况冷、热负荷使用要求外，还应满足非满负荷使用要求，因此，单台机组应有 2 个（含 2 个）以上独立循环回路，并且含有热水模块，能提供 60～80 ℃卫生热水，卫生热水量可以按照要求提供 70～279 kW，六管制多功能热泵冷热水机组原理示意如图 4.4.10 所示。

图 4.4.10　六管制冷热水机组原理

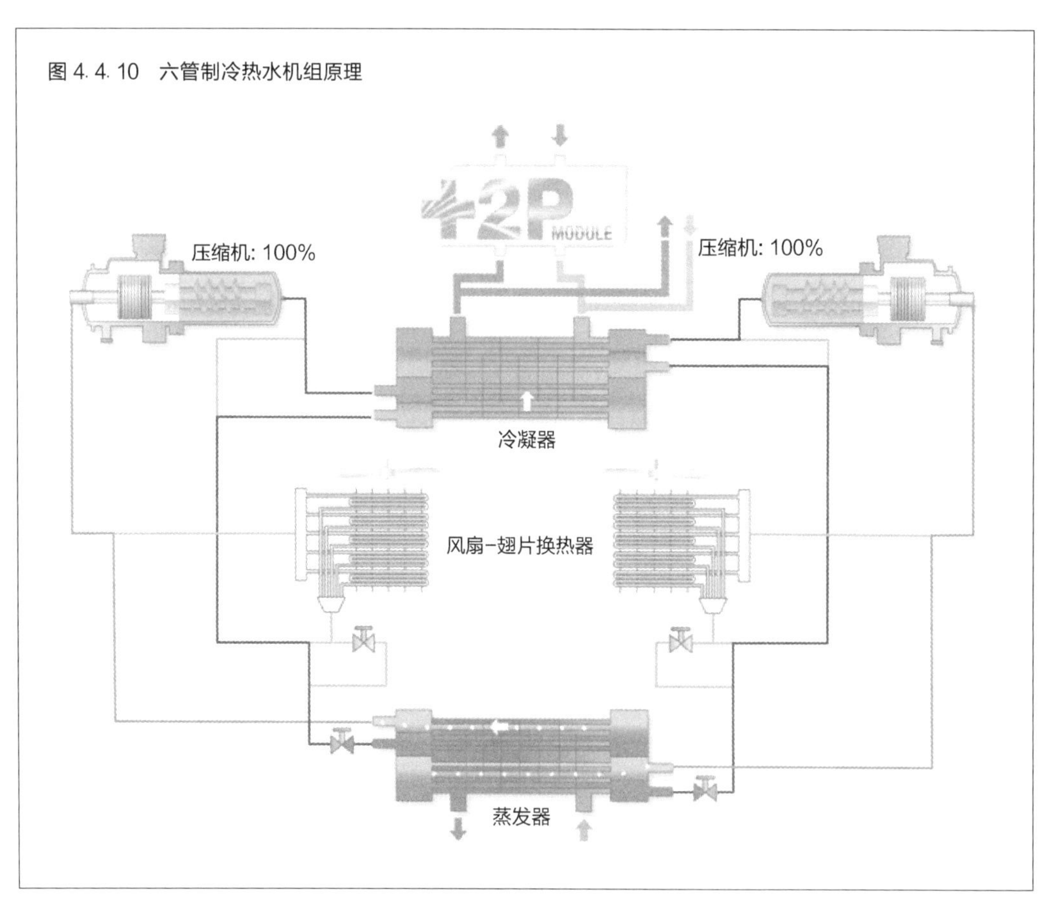

(5) 溶液除湿空调系统（温、湿度独立控制）

溶液调湿技术是采用具有调湿功能的盐溶液为工作介质，利用溶液的吸湿与放湿特性对空气含湿量进行控制。夏季工况原理图见图 4.4.11。

图 4.4.11 溶液调湿夏季工况原理图

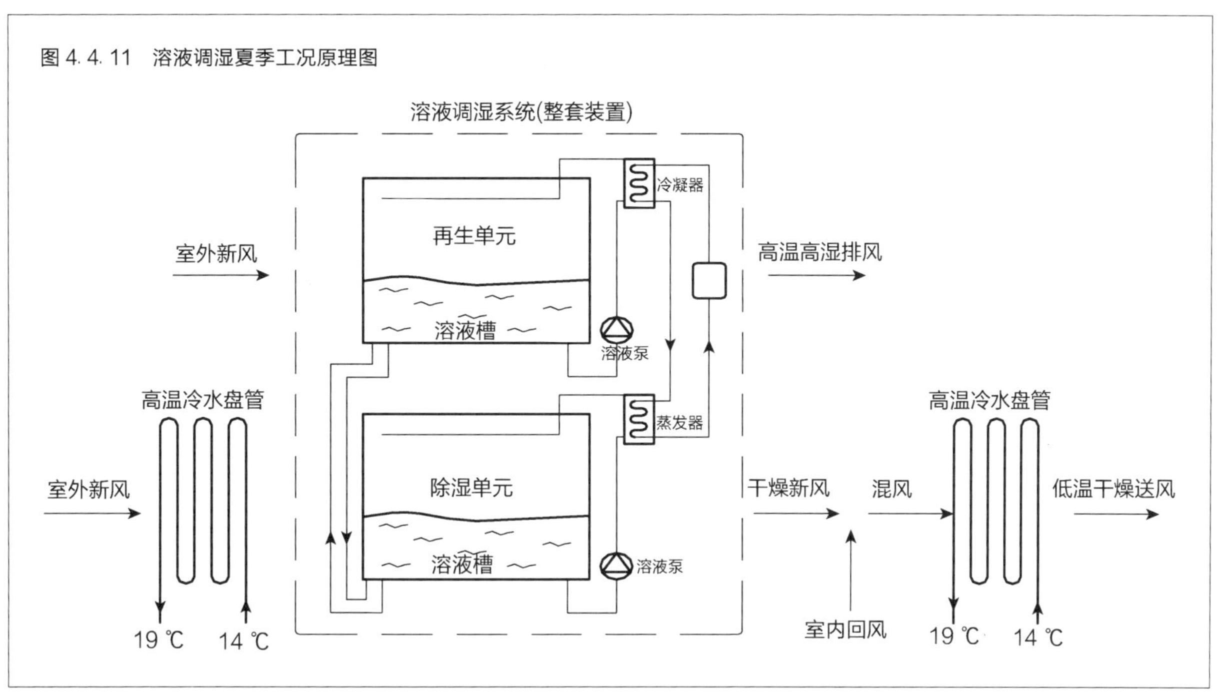

室外新风由外界提供的高温冷水预冷除湿后，进入溶液调湿单元除湿。低湿状态的新风与回风混合后由外界提供高温冷水对混风进行降温，达到送风状态点。

除湿单元内，溶液吸收新风中的水分后，浓度变小，为恢复吸收能力，稀溶液被送入再生单元使用新风进行再生，再生后的浓溶液再送入除湿单元，如此进行循环。

由于温度和湿度采用独立控制，避免了常规系统中热湿联合处理带来的能耗损失；冷机制取高温冷水，蒸发温度提高，冷机 COP 可提高；溶液调湿系统处理湿负荷，高温冷机承担负荷减少，冷冻水流量随之减少，降低了水系统输配能耗。

溶液除湿空调系统可精确控制温湿度，避免出现室内湿度过高或过低现象。常规系统难以同时满足温、湿度参数的缺点得以解决，也可以满足不同房间热湿比不断变化的要求。

目前没有资料证明经溶液处理过的新风对人体有害，也没有资料证明经溶液处理过的新风对人体无害。

4.4.3 可再生能源的利用

1. 土壤源热泵系统

1）概述

土壤源热泵系统又称为地埋管地源热泵系统，是一种利用大地的土壤作为热源或冷源，由水源热泵机组、地埋管换热器组成的空调供冷供热系统。

夏季，土壤源热泵系统将建筑物内热量散发至土壤中（图 4.4.12），冬季则将建筑物内需要的热量从土壤中取出，为一种可再生能源（图 4.4.13）。一定深度下的地层温度稳定，夏季地温比大气温度低，冬季地温比大气温度高，与风冷热泵系统比较，系统 COP 值高 30%以上，具有较好的节能性。地埋管换热器大多采用深井埋管方式，井深 80～100 m，上海地区每延米的换热量为 30～50 W，单井一般承担面积约 40 m^2 的建筑空调负荷，因此，地源热泵系统均需要占用较大的埋设地下换热器的空间。另外，土方开挖、钻孔以及地下埋管管材及管件、专用回填料等一次投资费用较高。

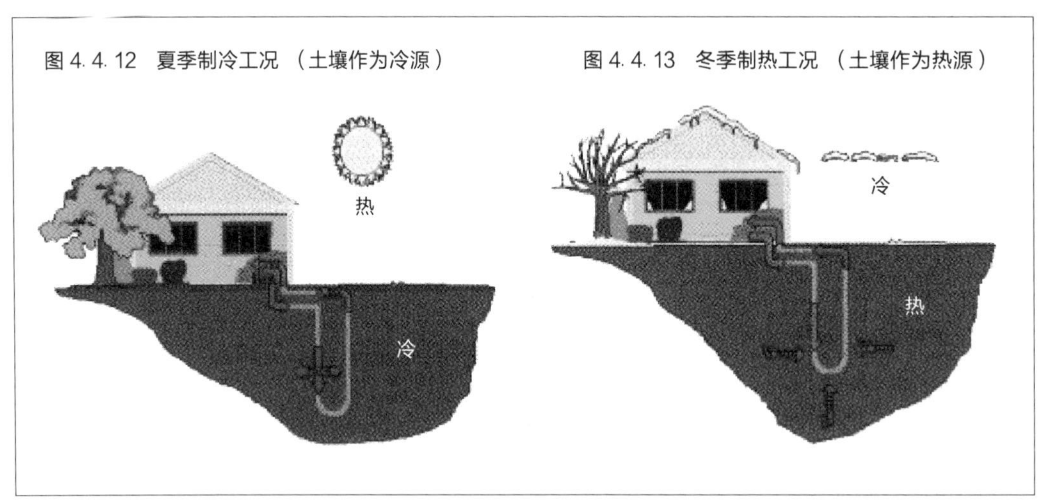

图 4.4.12 夏季制冷工况（土壤作为冷源）　图 4.4.13 冬季制热工况（土壤作为热源）

2）设计注意事项

(1) 医院建筑的空调负荷相对较大，而可用于地埋管的场地有限，因此土壤源热泵系统只能承担其中一部分的空调负荷。

(2) 做全年空调冷暖负荷分析的时候，应充分考虑医院建筑中各单体建筑空调使用时间的差异。

(3) 如全年热平衡存在问题，需考虑配置冷却塔进行辅助散热。

2. 地表水地源热泵

1）概述

地表水地源热泵是利用江、河、湖、海等地表面水体为低温热源，由水源热泵机组、地热能交换系统和建筑物内系统组成的供热空调系统。

医院直接建在江、河、湖、海边的情况并不多见，但也不排除某些医院内会有河流与湖泊等水体存在，这为采用地表水地源热泵这一技术提供了必要的条件。

2）设计注意事项

应对水体的水质、水温、潮汐、深度、航运、生物等情况作充分调查，并得到相关部门的同意批准。

由于冬季室外水温最低的时候也是医院供热量最大的时候，因此需对供热的可靠性进行分析评估，并在必要时设置锅炉备用热源。

3. 污水源热泵

1）概述

污水源热泵是以污水作为热源进行制冷、制热循环的一种空调装置。这是实现污水资源化的有效途径。污水的特点是冬暖夏凉、全年水温变化小，受气候影响小，污水排热量稳定，来源稳定，接入方便。在欧洲尤其是北欧 20 世纪 80 年代初就开始大量地使用污水源热泵技术。我国从 2004 年开始，有了以污水源热泵作为办公楼采暖空调热源的实例，至今已出台了一些相关政策，鼓励和推广原生污水源热泵技术的研究和应用。但到目前为止，污水源热泵均是以城市污水为热源的，而新建医院采用处理的生活污水作为热源的实例还比较少。

大型医院的污水来源丰富，包括隔油处理后的厨房污水、住院楼生活污水、医技楼及门诊楼的医疗废水、消毒供应中心的废水等，排放量大且流量稳定，其中蕴涵丰富的低位热能，因而具备了采用污水源热泵系统的条件。由于医院污水种类较多，污水水质、污水温度、污水含菌量、含氯量等均有别于常规的城市污水，污水源热泵系统污水源侧的水质处理、换热方式以及热泵供冷供热系统均应该结合医院建筑特点进行分析和设计。

大型医院一般均设有二级污水生化处理站，其出水经过二次沉淀和生化处理，水质达到污水处理厂二次出水标准，有条件采用直接式换热方式的热泵系统。医院污水处理设施一般设置在医院院区内，室内用水点排放至处理池的距离较短，冬季温度损失相对于其他城市污水热泵系统更小，即冬季制热时可利用的污水温度更高，并且采用直接式换热，因而医院采用污水源热泵系统的经济系性更为优越，系统更简单。

2）设计注意事项

（1）需充分掌握和了解在医院项目中采用污水源热泵的基本条件，包括污水的水质、排放量及波动情况、污水全年水温的波动情况，等等。

（2）结合空调负荷的计算，分析空调负荷和污水排放的特点，确定污水源热泵系统设置的可能性，配置合理的规模及评估对污水排放系统的影响。

（3）了解污水的处理方法及工艺情况，掌握水质对设备及管材的影响及解决方法。

（4）科学地制定污水源热泵系统的控制策略。

3）案例

某三甲综合医院建筑面积 17.7 万 m^2，病房 1 000 床。建有污水二级生化处理站一座，处理量为 2 500 m^3/d。

污水处理工艺流程：医院产生的污水主要来自诊疗室、化验室、病房、手术室等与医务人员和病人的生活污水；医院各部门的功能、设施和人员组成情况不同，不同部门科室产生的污水成分和水量也各不相同，如含菌废水、重金属废水、酸性废水等，其中生活污水、含菌废水直接进入污水处理站进行处理，重金属废水、酸性废水经过物化处理消除毒性后进入处理站。

4. 空气源热泵

1）概述

空气源是利用室外空气通过机械做功，使能量从低位热源向高位热源转移的制冷/制热装置，以冷凝器放出的热量供热，以蒸发器吸收的热量来供冷。具体而言，是冬季利用室外空气作热源，依靠室外空气侧换热器吸取室外空气中的热量，把它传输到水侧换热器，制备热水作为供暖热媒；在夏季，利用空气侧换热器向外排热，水侧换热器制备冷水作为供冷冷媒。空气源热泵系统主要适用于夏热冬冷地区及无集中供热与燃气供应的寒冷地区的中小型建筑。

对于一些单体建筑较为分散、空调使用时间较为特殊、医院内某栋建筑距离集中供冷供热的管线较远，或者某些需要备有应急冷热源的部门（如手术室等），空气源热泵便是比较理想的空调冷热源方式，它无需冷冻机房和锅炉房。

在医院内一些需要生活热水的场所，还可使用带热回收的风冷热泵机组，即根据需要将热泵机组调节在风冷工况或热回收工况运行。一些医院的手术室采用了带热回收的风冷热泵机组，在供冷的同时，又为洗澡等用途提供了热水，而在没有生活热水需要时，又可将机组调节成风冷工况运行，由此取得了很好的节能效果。

2）设计注意事项

根据建筑物的具体情况，确定风冷热泵机组的容量，特别是采用热回收型风冷冷水机组时，应对供热负荷做详细的分析，并确定机组合适的热回收量。

做好隔振、消声措施，减小机组对周边环境的影响。

4.5 电气系统节能技术

“节能降耗”是国家的基本国策之一，随着科学技术的进步，节能技术也在不断发展和提高。医院电气系统的节能技术涉及电气系统的供配电系统、用能监测系统、电气照明系统、太阳能光伏发电系统等方面。每个医院应根据所处的环境、使用功能、投资规模和市政条件的不同情况，经过经济技术比较分析后，选用适合的节能技术，既要采用高科技的节能技术，也要重视传统的节能方案，并逐步加以推广运用。

医疗设备相关的能耗占医院总能耗的比例很高，践行绿色医院理念，把国家节能减排的政策落实到医院信息化建设，是一种必然的趋势。

4.5.1 供配电系统的节能

1. 概述

供配电系统设计时应认真考虑并采取节能措施，其中降低供配电系统的线损及配电损失，最大限度地减少无功功率，提高电能的利用率，是当前建筑电气节能的重要课题之一。通过减少线路损耗、提高功率因数、平衡三相负荷、抑制谐波等技术措施，不仅可以实现节电 10%～20%，而且安全可靠，绿色环保，还可以有效改善用电环境，净化电路，延长用电设备的使用寿命。

2. 负荷计算

负荷计算是供电系统的设计依据，目的在于尽可能准确地求出建筑所需的总负荷和负荷等级、类别，以作为确定供配电系统、选择设备、计算电压损失、无功功率补偿的依据。

医院的用电负荷以空调、照明负荷为主体，其中空调制冷占用电负荷的 45%～55%，照明占 30%，动力及医疗设备用电占 15%～25%。

医院虽然为功能性民用建筑，用电设备较多，但其照明标准比商业楼、写字楼低，用电负荷不高。一般医院选用的变压器容量为 65～75 W/m^2，大型综合医院的供电指标为 80～90 W/m^2，专科医院的供电指标为 50～60 W/m^2。

医院宜按门诊、医技和住院三部分分别计算负荷。门诊、医技用房的用电负荷主要为日负荷，住院用房的用电负荷主要为夜负荷。医院照明、空调、动力等用电负荷的计算与一般民用建筑基本相同，但医疗设备尤其是大型医疗设备用电负荷计算方法不同，对于多台断续工作的大型医疗设备可按照二项式法进行负荷计算。

医院建筑中照明、电力设备的负荷等级如表 4.5.1 所示。

表 4.5.1

建筑物名称	用电设备名称	负荷等级
二级以上医院	重要手术、重症监护等涉及患者生命安全的设备	一级负荷之特别重要负荷
	急症部、监护病房、手术室、分娩室、婴儿室、血液病房的净化室、血液透析室、病理切片分析、核磁共振、介入治疗用 CT 及 X 光机扫描室、血库、高压氧舱、加速器机房、治疗室及配血室的电力照明用电，培养箱、冰箱、恒温箱用电，走道照明用电，百级洁净度手术室空调系统用电，重症呼吸道感染区的通风系统用电，其他必须持续供电的精密医疗装备等	一级负荷
	除上栏所述之外的其他手术室空调系统用电，电子显微镜、一般诊断用 CT 及 X 光机用电，客梯用电，高级病房、肢体伤残康复病房的照明用电等	二级负荷
	不属于一级和二级负荷的其他负荷	三级负荷

注：消防负荷分级按建筑所属类别考虑。

3. 公示作用

（1）配电系统电压等级的确定：选用较高的配电电压深入负荷中心。用电设备的设备容量为 200 kW 及以下的采用 380 V/220 V 电缆供电，200 kW 以上根据实际情况可考虑用母线供电，对于大容量用电设备（如制冷机组）宜采用 10 kV 供电。

（2）合理选定供电中心：将变电所设置在负荷中心，对于较长的线路，在满足载流量热稳定、保护配合及降电压要求的前提下，应加大一级导线截面。尽管增加了线路费用，但由于节约了电能，因而也减少了年运行费用。根据估算，在 2～3 年内即可回收因增加导线截面而增加的费用。

损耗百分率详见表 4.5.2。

表 4.5.2　损耗百分率表

可变损耗	固定损耗
电流通过导体和变压器所产生的损耗，与负荷率电网电压等因素有关	接通电源，配电系统就存在损耗，与电压和频率有关
80%～90%	10%～20%
包括变压器的铜损和配电线路上的铜损	包括变压器的铁损，电缆线路、电容器及其他电器上的介质损耗及各种计量仪表、互感器线圈上的铁损

（3）合理选择变压器：选用高效低耗变压器。力求使变压器的实际负荷接近设计的最佳负荷，提高变压器的技术经济效益，减少变压器能耗。

（4）优化变压器的经济运行方式：即最小损耗的运行方式，尤其是季节性负荷（如空调机组）或专用设备，可考虑设专用变压器，以降低变压器损耗。

4. 功率因素补偿

如何提高供配电网络的功率因数，实行无功补偿，这是建筑电气节能的又一课题。

无功功率既影响供配电网络的电能质量，也限制了变配电系统的供电容量，更增加了供配电网络的线损。对供配电网络实行无功功率补偿，既可改善电能质量、提高供电能力，更能节电降耗。

在供配电系统中，许多用电设备如电动机、变压器、灯具的镇流器以及很多医疗设备等均为电感性负荷，都会产生滞后的无功电流，无功电流从系统中经过高低压线路传输到用电设备末端，无形中又增加了线路的功率损耗。为此，必须在供配电系统中安装电容器柜（箱），通过电容器柜（箱）内的静电容器进行无功补偿，电容器可产生超前无功电流以抵消用电设备的滞后无功电流，从而达到减少整体无功电流，同时又提高功率因数的目的。当功率因数由 0.7 提高到 0.9 时，线路损耗可减少约 40%。建议功率因数值补偿高压侧为 0.9 以上，低压侧为 0.95 以上。

无功功率补偿有两种方法：集中补偿和就地补偿。集中补偿时，宜采用自动调节式补偿装置，以防止无功负荷倒送，电容器组宜采用自动循环投切的方式。

容量较大、负荷平稳、经常使用的用电设备的无功负荷宜采用单独就地补偿的方式。在设计中尽可能采用功率因数高的用电设备。

5. 平衡三相负荷

在低压线路中，由于单相以及高次谐波的影响，导致三相负荷不平衡。为了减少三相负荷不平衡造成的能耗，应及时调整三相负荷，使三相负荷不平衡度符合规程规定。

6. 抑制谐波危害

供配电系统中的电能质量是指电压频率和波形的质量。电压波形是衡量电能质量的三个主要指标之一。特别是大型放射类医技设备，会产生大量的谐波。谐波电流的存在不仅增加了供配电系统的电能损耗，而且对供配电线路及电气设备也会产生危害。为了抑制谐波，通常在变压器低压侧或用电设备处设置有源滤波器、无源滤波器，或将有源滤波器及无源滤波器混合使用，还可以采用节电装置。通过上述措施有效滤除中性线和相线的谐波电流，净化了电路，降低电能损耗，提高了供电质量，从而保证系统安全可靠运行。

4.5.2 照明节能技术

1. 概　述

照明节能设计应在保证不降低作业面视觉要求、不降低照明质量的前提下，力求最大限度地减少照明系统中的光能损失，最大限度地采取措施以利用好电能与太阳能。

2. 照明设计和设备选择

1）照明设计

医院照明设计时，一般以《建筑照明设计标准》GB 50034—2013 中提出的关于医院建筑照度值的标准为依据。

在进行照明设计时，应选择合适的照明方式和灯具。门急诊照明应能充分利用自然光，人工照明宜采用冷色调的漫反射型荧光灯；公共大厅应处理好自然光与人工照明的自然过渡，避免明暗差距过大带来视觉不适；病房照明宜采用暖色调的间接型或反射型荧光灯；手术室照明应选用洁净荧光灯、无影灯作为手术间局部照明，在手术台 30 cm 范围内照度应达到 2 000 Lx 以上。医院中场所或房间的照明功率密度见表 4.5.3。

表 4.5.3 医院建筑照明功率密度值

房间或场所	照明功率密度（W/m²）		对应照度值（Lx）
	现行值	目标值	
治疗室，诊室	≤9.0	≤8.0	300
化验室	≤15	≤13.5	500
候诊室，挂号厅	≤6.5	≤5.5	200
病房	≤5	≤4.5	100
护士站	≤9.0	≤8.0	300
药房	≤15	≤13.5	500
重症监护室	≤4.5	≤4.0	300

如采用 LED 照明，每平方米面积消耗的功率约为现行值的一半，节能达到 50% 及以上。

2）照明的节能措施

（1）应根据国家现行标准、规范要求，满足不同场所的照度、照明功率密度和视觉要求等规定。

（2）应根据不同的使用场合选择合适的照明光源，在满足照明质量的前提下，尽可能地选择高光效光源。

（3）在满足眩光限制条件下，应优先选用灯具效率高的灯具以及开启式直接照明灯具。一般室内的灯具效率不宜低于 70%，并要求灯具的反射罩具有较高的反射比。

（4）在满足灯具最低允许安装高度及美观要求的前提下，应尽可能降低灯具的安装高度，以节能。

（5）合理设置局部照明，对于高大空间区域在高处采用一般照明方式，对于有高照度要求的地方，可设置局部照明作为补充。

（6）选用电子镇流器或节能型高功率因素电感镇流器，使荧光灯单灯功率因素不小于 0.9，气体放电灯的单灯功率因素不小于 0.85，并采用能效等级高的产品。

（7）主照明电源线路尽可能采用三相供电，并应尽量使三相照明负荷平衡，以减少三相负荷不平衡造成的能耗损失。

（8）设置具有光控、时控、人体感应等功能的智能照明控制装置，做到需要照明时，将灯打开，不需要照明时，自动将灯关闭。

（9）充分合理地利用自然光、太阳能源等。

3）照明光源的选择

应根据不同的使用场合选择合适的照明光源，在满足照明质量的前提下，尽可能地选择高光效光源。

表 4.5.4 为各种节能电光源的技术指标。

表 4.5.4 节能电光源的技术指标

光源种类	光效 （Lm/W）	显色指数 （Ra）	色温 （K）	平均寿命 （h）
普通荧光灯	＞70	70	全系列	10 000
三基色荧光灯	＞90	80～98	全系列	12 000
紧凑型荧光灯	＞60	85	全系列	8 000
金属卤化物灯	＞75	65～92	3 000/4 500/5 600	6 000～20 000
高压钠灯	＞100	23/60/85	1 950/2 200/2 500	24 000
低压钠灯	＞200		1 750	28 000
高频无极灯	＞60	85	3 000～4 000	40 000～80 000
LED 灯	90～130	80	4 000～6 000	25 000

LED 被称为第四代照明光源或绿色光源，具有节能、环保、寿命长、体积小等特点，可以广泛应用于各种指示、显示、装饰、背光源、普通照明和城市夜景等领域。LED 照明使用的是一种更节能更环保的灯具，在一些不需要高质量照明的地方（如道路及车库），应尽可能使用，在一些用灯多且属于长时间照明的地方，可以考虑使用 LED 照明。

4）LED 照明在医院中的应用

医院照明主要是为了满足医院对病人各种治疗的照明要求。医院照明追求的是舒适性和功能性。在医院诊疗区，LED 照明通过控制系统对灯光照度变化的控制，创造出更柔和的氛围，改善人们的观感，改变诊间和病房的气氛，为病人和员工提升在医院的生活体验。在医院的设备机房、走廊、公共区域及地下停车库区域使用 LED 照明，可降低医院的营运成本。

LED 灯在医院各个部门的使用，在满足了各个部门对照明的不同需求的同时，也满足了绿色照明的高效性和节能的要求。

3. 照明控制

应合理地设计照明控制开关，尽可能多地利用自然光，根据医院特殊场所的要求，对照明系统进行分散和集中、手动和自动、经济实用、合理有效的控制。

1）定时上下班的区域

采用定时方式控制灯光、开关风机盘管。在工作时间相对灵活的区域采用人体感控制，做到无人则关灯、关空调。光线感应控制电动窗帘，可以在夏天光照强烈时挡烈阳，防止室内温度过高，节省空调。能耗中控电脑监视和控制各区域灯光、电动窗。

2）公共通道、大厅、电梯厅

上班时间段定时控制灯光开关，下班时间段人体感应控制灯光；自然光线变强时，可自动将灯光关闭，节能，自然光变暗时，根据人员活动情况自动开灯；与消防联动，在出现消防报警时，可实现公共区域灯光强切或强点功能。

3）会议室、报告厅

安装设计系列多功能温控面板，该面板具有灯光场景控制、温控、遮阳控制、遥控功能；安装人体感应，可做到有人则开灯、开空调，无人则关灯、关空调，避免长明灯现象；通过彩色触摸屏，可实现一键式场景控制。

4）户外遮阳处

通过安装在医院大楼四个侧面的光线感应自动控制户外遮阳，以在夏天光照强烈时有效减少辐射热，防止室内温度过高，降低空调能耗。

图 4.5.1

图 4.5.2 光导照明系统的组成

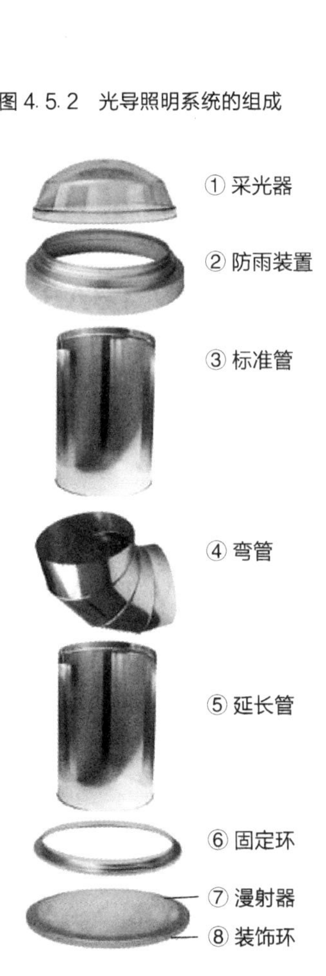

4. 自然光的利用

自然采光是利用窗户或其他建筑开口来利用自然光的一种方法。通过自然采光能有效减少人工照明的电力消耗，达到节能的目的。自然采光可通过照明控制和室内的照度传感器、电动遮阳系统或电动窗帘系统进行联动设计，既能通过自然采光，又能保证照明的舒适度。

目前，很多在建和已建的医院都建有地下建筑，这些停车场面积大、光线差，需要大量的照明设备长期照明。由于各出入口与行车路线之间不是简单的一一对应关系，因此很难用简单的强电控制方式实现停车场内部照明的自动控制，通常只能采用连续照明方式。有的地方虽然采用红外或声控开关来控制照明，但只能对某一个小区域（如出入楼梯口处）实现自动控制，而不能对全部停车场照明实现自动控制。这样不仅造成巨大的能源浪费和设备损耗，也给小区的物业管理造成很大的经济负担。

光导照明系统的出现，恰恰解决有效解决了上述问题。光导照明又叫日光照明、自然光照明、管道天窗照明、阳光导入照明和无电照明等。光导照明系统是通过室外的采光装置聚集自然光线，并将其导入系统内部，然后经由光导装置强化并高效传输后，由室内的漫射装置将自然光均匀导入任何需要光线的地方。无论是黎明或黄昏，甚至是阴雨天，该照明系统仍然能保证导入室内的光线十分充足。

光导照明系统既可应用于新建、扩建项目，又可广泛应用于既有建筑的改造，特别适合大型商业建筑和工业厂房的节能改造，安装后可以显著降低建筑物内部80%以上的照明能源消耗和 10%以上的空调制冷消耗，减少大量二氧化碳的排放。系统使用寿命 25 年以上，各部件可以回收利用，不会对环境造成任何污染。

光导照明系统安装在建筑物内，使人们避免白天长时间生活在电光源下面，减少了许多疾病的产生，减少了白天照明停电引起的安全隐患和用电引起的火灾隐患。

光导照明系统的组成详见图 4.5.1 与图 4.5.2。

光导照明系统不仅可以把光线传输到其他方法不能达到的地方，而且还可提高室内环境品质，是一种非常有效的太阳能光利用方式。目前，我国照明耗电量占总发电量的15%左右。2009年我国的总发电量为36 506亿kW·h，年照明耗电达5 475.9亿kW·h。据专家统计，白天照明占照明用电的50%以上，主要是商业和工业用电，而普及使用光导照明技术可以节约白天用电量的50%以上，即相当于每年节省用电约1 095.18亿kW·h，以每度电人民币0.8元计算，每年可节省电费人民币约876.14亿元。每节约1度电，就相当于节省了0.4 kg煤的能耗和4 L净水，同时还减少了1 kg二氧化碳和0.03 kg二氧化硫的排放。

4.5.3 太阳能光伏发电系统

1. 概　述

我国太阳能资源丰富，大力开发、利用太阳能等可再生能源是积极响应中央政府节能、减排号召，应对能源匮乏、缓解电力紧张、保障可持续发展的重要举措。清洁、无污染的绿色能源可以营造一种清新、自然、环保、健康、进步、面向未来的崭新形象，增强人们对可再生能源的认识，唤起人们对我们共同生活的地球的关爱。

2. 我国太阳能的使用条件和地区

我国地处北半球，年太阳辐射总量为931～2 334 kW·h/m²，中值为1 633 kW·h/m²。

我国各地太阳能资源分布见表4.5.5。

表4.5.5 中国太阳能资源分布表

类型	地　区	年照时数（h）	年辐射总量[kW·h/（m²·年）]
1	宁夏北部、甘肃北部、新疆东部、青海省西部和西藏西部等地	2 800～3 300	1 856～2 334
2	河北西北部、山西北部、内蒙古南部、宁夏南部、甘肃中部、青海东部、西藏东南部和新疆南部等地	3 000～3 200	1 625～1 856
3	山东、河南、河北东北部、内蒙古南部、宁夏南部、甘肃中部、青海东部、西藏东南部和新疆南部等地	2 200～3 000	1 389～1 625
4	湖南、湖北、广西、江西、福建北部、广东北部、陕南、苏北、皖南以及黑龙江、台湾东北部等地	1 400～2 200	1 167～1 389
5	四川、贵州两省	1 000～1 400	931～1 167

注：1类地区为太阳能资源最丰富的地区；2类地区为太阳能资源较丰富的地区；3类地区为太阳能资源中等类型的地区；4类地区为太阳能资源较差的地区；5类地区为太阳能资源最少的地区。

3. 太阳能光伏发电的利用方式

太阳能光伏发电通常有两种利用方式：一种是依靠蓄电池来进行能量的存储，即所谓的独立发电方式；另一种是不使用蓄电池直接与公用电网并接，即并网方式。

1) 独立发电方式

独立发电系统一般由太阳板、控制器、蓄电池和逆变器等组成。独立发电方式由于受到蓄电池的存储容量和使用寿命等的限制，一般成本较高，且系统后续维护较麻烦，废旧蓄电池需回收处理，以防止二次污染。独立系统一般也称为离网系统，多用在偏远地区、电网敷设较困难的地区，也用于太阳能路灯、草坪灯、监控摄像头等系统中，作为独立电源使用。独立光伏系统见图 4.5.3。

图 4.5.3　独立光伏系统示意图

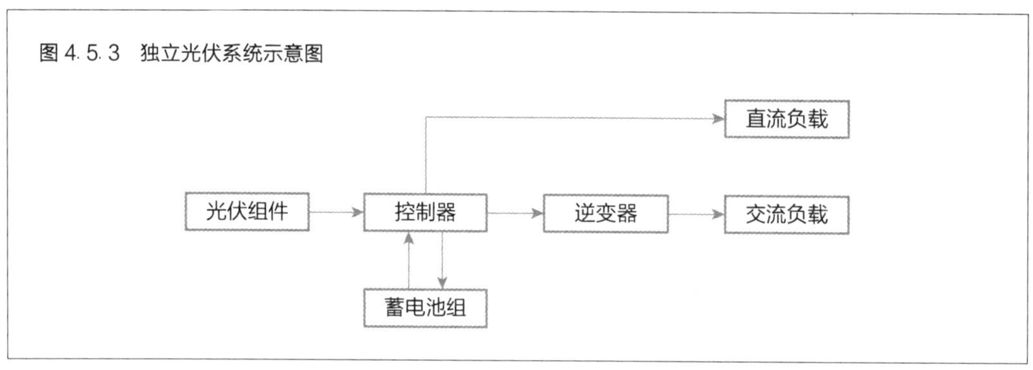

2）并网发电方式

并网发电系统一般由太阳组件、并网逆变器等组成。通常还包括数据采集系统、数据交换、参数显示和监控设备等。

并网发电方式是将太阳能电池阵列所发出的直流电通过逆变器转变成交流电输送到公用电网中，无需蓄电池进行储能，相比较而言，并网发电较便宜，而且完全无污染。并网发电系统采用的并网逆变器拥有自动相位和电压跟踪装置，能够非常好地配合电网的微小相位和电压波动，不会对电网造成影响。并网光伏系统见图 4.5.4。

图 4.5.4　并网光伏系统示意图

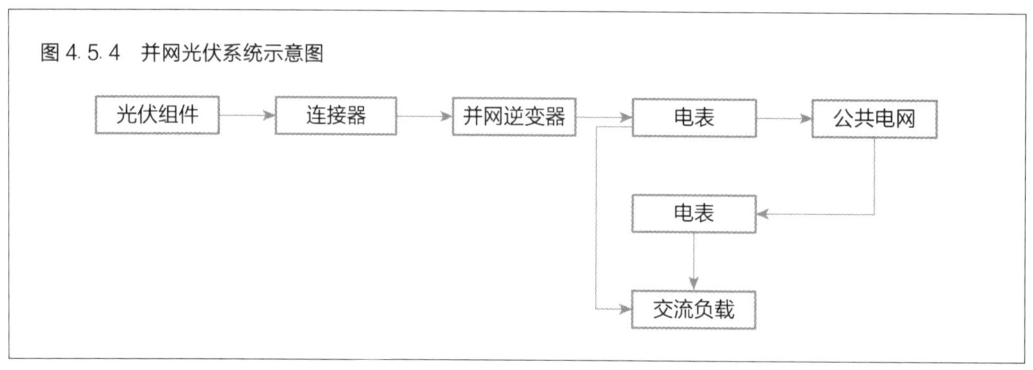

4. 太阳能发电成本估算

中国陆地表面每年接受太阳能辐射相当于 49 000 亿吨标准煤，全国 2/3 的国土面积日照在 2 200 h 以上。如果将这些太阳能全都用于发电，约等于上万个三峡工程发电量的总和。丰富的太阳能资源，是中华民族赖以生存、永续繁衍的一笔最宝贵的财富。

太阳能发电成本构成中，系统成本与日照时间影响最大。

计算太阳能发电成本需要以下数据：组件价格、其他系统成本、维护成本、折旧期限和日照时间。组件价格和其他系统成本构成了系统安装成本，这是最主要的部分；维护成本占比不高；目前晶硅电池的使用寿命超过 25 年，薄膜电池的质保条款亦规定 20 年，结合火电站的折旧政策，通常按照 20 年折旧计算。日照时间与各地日照条件相关，是影响成本的第二个重要参数。因此，太阳能发电成本的计算公式如式（4-5）所示。其中，太阳能发电成本单位为元/（kW·h），组件价格和其他系统成本单位均为元；日照时间为 kW·h/(kW·p)。

$$太阳能发电成本 = \frac{(组件价格 + 其他系统成本)/折旧年限}{日照时间/1\ 000} + 维护成本 \tag{4-5}$$

根据计算，中国的发电成本为 0.61～1.42 元/（kW·h）。

5. 太阳能发电量计算

并网光伏发电系统的总效率由光伏阵列的效率、逆变器的效率和交流并网效率等三部分组成。图 4.5.5 为苏州国检局并网系统组件阵列的实景，图 4.5.6 为云南电网并网系统组件阵列的实景。

图 4.5.5　苏州国检局 35 kW · p 并网系统组件阵列

图 4.5.6　云南电网 160 kW · p 并网项目

光伏并网发电系统发电量计算公式见式 4-6。

$$发电量 = S_{area} \times R \times \eta_{system} \times \eta_{module} \tag{4-6}$$

式中　S_{area}——方阵总面积；

R——倾斜方阵面上的太阳总辐射量；

η_{system}——并网光伏系统发电效率；

η_{module}——太阳电池组件转化效率。

4.6 分布式供能技术

分布式供能系统是一种综合供能方式，相对于传统的大电厂集中式供电模式而言，以小规模、小容量、模块化、分散式的方式布置在用户端或靠近用户现场，独立输出电、热（冷）能的系统，并通过中央能源供应系统提供支持和补充。该技术以天然气为主要燃料，带动燃气轮机、微型燃气轮机或内燃机发电机等燃气发电设备运行，产生电力供应用户的电力需求，系统发电后排出的余热通过余热回收利用设备（余热锅炉或者烟气补燃型溴化锂吸收式机组等）向用户供热或供冷。分布式供能系统可实现能源综合梯级利用，具有总能效率高、排放量低等优点，是国家大力鼓励推广的节能新技术。

分布式供能项目具有以下重要意义：

(1) 有利于实现能源的综合利用，推进循环经济和资源节约型城市建设。天然气热电冷联供系统集天然气清洁能源与高效发电方式于一身，在用能方式上，不仅在能的数量方面是合理的，在能的质量即能的品位方面更体现了合理性。

(2) 有利于缓解夏季电力供需矛盾，具有削减夏季电力高峰、填补燃气低谷的优点，鉴于医院需要消耗大量的电能、蒸汽、热水和空调冷量等能源，为分布式供能系统的应用提供了极有利条件。

(3) 有利于实现用能方式的多样化，发挥多种能源的互补优势，优化整合客户的能源供应系统，通过中央能源供应系统提供支持和补充。各系统在低压电网和冷、热水管道系统上进行就近联络和互通，互保能源供应的可靠性，提高客户供电安全性。

(4) 有利于环境保护。燃烧天然气比燃煤能减少 60% 的氮氧化合物和 40% 的二氧化碳，几乎没有硫污染物，分布式供能系统原动机采用新型燃烧和控制技术，使污染物排放水平更低。满足用户对多种能源需求的梯级利用方式，即更充分地利用上级能源系统排放的“废能”，如发动机排气余热，将部分污染分散化、资源化，实现适度排放的目标。

4.6.1 医院分布式供能技术的发展现状

早在 1995 年上海黄浦区中心医院就投资万元建造了全国首个“分布式供能系统”，从美国进口了一台燃气轮机，并设计了余热锅炉、油锅炉、溴化锂制冷机组等辅助系统，专门为医院大楼提供电、冷、热。按照投资预算，如果机组每年运行 5 840 h，则全年可节约 120 万元的燃料费用，4～5 年就可以收回投资。但实际运行与理论上的计算存在较大的差异，医院的最高用电负荷只占机组发电能力的一半，而富余的电力又不能上网，大量的余电、蒸汽被白白地浪费掉，使用费用居高不下，而且噪声大影响环境等问题也没得到很好解决，医院只得停机不用，重新用大电网的供能系统。

后来，上海闵行区中心医院又引进了一套内燃机分布式供能系统，但由于上海地区燃气的来源不稳定，燃气热值变化大，该型机组不能适应这一情况，一直不能正常运行。在 2007 年经改造，更换了发电机组，问题得到了解决，使用效果良好。随后已有越来越多的医院采用了这一技术，应用的范围也从两联供逐步发展为三联供。在新建的上海长征医院南汇新院、上海第六人民医院临港新院和上海奉贤区中心医院新院的项目中，都设计采用了冷热电三联供技术。其中上海奉贤区中心医院新院的三联供系统已进入调试运行阶段。

目前上海的新建医院中，分布式供能已得到广泛应用，并已成为市卫生局“五加三”医院建设的必用技术。随着经验教训的不断积累和总结，人们对这一技术在医院中的应用的认识也在不断提高。

2013 年 3 月，上海市发改委发布了《上海市天然气分布式供能系统和燃气空调发展复制办法》。该办法进一步加大采用分布式供能系统的奖励力度，若整个系统的能效达到 70% 以上，将可以获得 3 000 元/kW 的奖励。

4.6.2 分布式供能技术

1. 供能方案选择——分布式能源系统

分布式能源系统，即冷热电联供系统，是指以天然气为主要燃料在用户侧安装发电机组，利用燃料高品位的能量进行发电，产生的电力满足用户的电力需求，同时通过余热回收利用设备（吸收式溴化锂空调机）回收发电所产生的烟气/热水热量，向用户供冷、供热，满足用户的冷热需要。

分布式能源系统通过能源的梯级利用，将高品质的热能用于发电，低品质的热能用于空调制冷或供暖及生活热水，是目前国际上常用的能量利用方式。

分布式供能系统在能源利用上，可以使系统输出的冷、热、电总能效率达到 80% 以上；在环境保护上，将部分污染分散化、资源化，实现适度排放的目标；在管理体系上，依托智能信息化技术可实现现场无人值守，各系统在低压电网和冷、热水管道上进行就近支援，互保能源供应的可靠性；在经济性上，用户可以节约能源费用支出。分布式能源系统对燃气和电力有双重削峰填谷作用。

相对于传统的单独供能方式，分布式供能系统能源综合利用率高，具有节能环保、安全可靠等优越性。在当前能源形势紧张、环保压力大和电力安全问题日益严重的形势下，分布式供能系统对用户和国家，具有积极的推广意义。

根据建筑物热电冷负荷的特点，分布式能源系统设计原则如下：①以电定热：通过用电负荷选择机组。②以热定电：根据用热需求确定发电机装机容量大小，这个电量就是项目发电量大小。发电产生余热，余热通过换热器制热，通过溴化锂制冷。③能源岛方案：除了燃气、水接入外，所有的电及冷、热负荷都自给自足。

分布式能源三联供系统在实际应用中，一般采用两种能源配置的原则：①“以电定热”，不足电力从电网补充，不足冷、热补燃解决；②“以热定电”，基本满足冷热负荷，不足电力上网补充。由于不同建筑及区域的使用条件不同，需要考虑建筑物冷、热、电负荷需求的协同性等问题，不同地区电力负荷存在差异，导致峰谷电价也存在一定区别，因此在设计冷热电三联供系统时，按照“以热定电”“以电定热”的设计方案还需要综合考虑建筑物的需求、城市电价、燃气价格及区域气候等。由于为辅助建筑用能，除了系统自身优化外，还须同时考虑与用户周边环境等方面的联系，进而达到系统最优化，实现社会、节能和环保效益。

2. 分布式能源三联供系统的组合形式

1）内燃机为核心的系统方案

内燃机不同余热形式的温度不同，冷热电三联供系统应针对不同品位的余热组织合理有效的利用方式，以实现能量的梯级利用。内燃机冷却水用于采暖和提供生活热水，夏季可用于驱动单效热水型吸收式制冷机制冷或驱动溶液新风处理机用于处理新风。系统原理见图 4.6.7。

图 4.6.7　内燃机三联供系统

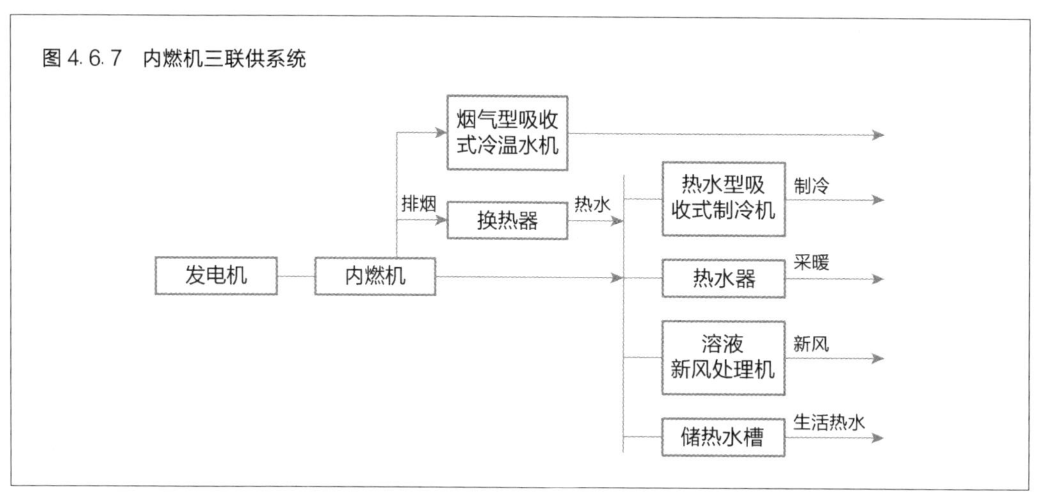

2）燃气轮机为核心的系统方案

燃气轮机按其功率可以分为大型、小型和微型等；功率范围从几百兆瓦到几十千瓦不等；燃气温度也从 1 000 多度到二三百度不等。燃气轮机发电后的余热只有排烟这一种形式，排烟温度在 250～550 ℃之间，氧的体积分数为 14%～18%，因而余热利用系统较为简单，可通过余热锅炉生成热水、蒸汽，也可直接通过吸收式冷温水机生产冷水（夏季）或热水（冬季）。燃气轮机排烟余热通常有三种利用形式，分别为蒸汽系统、烟气型吸收式冷温水机系统和热水系统

（1）蒸汽系统

燃气轮机的高温排气进入余热锅炉，产生蒸汽，供吸收式制冷机制冷，供换热器制成热水采暖，供溶液除湿新风处理机处理新风，以及供储热水槽制成生活热水。为了弥补产热量的不足和调节热负荷，系统中还应设置蒸汽锅炉。系统原理见图 4.6.8。

图 4.6.8　燃气轮机三联供的蒸汽系统

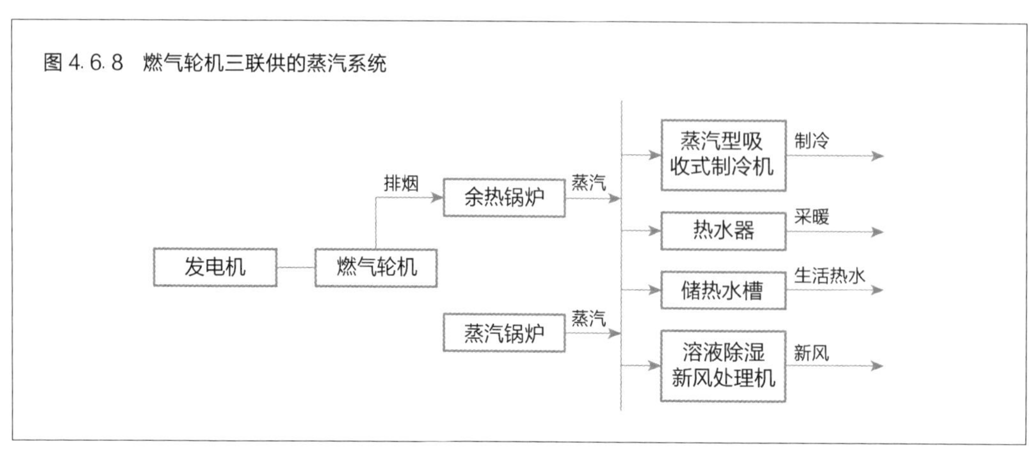

蒸汽系统适合于蒸汽需要量比较大，蒸汽品质要求比较高的项目，例如医院等。

(2) 烟气型吸收式冷温水机系统

烟气型吸收式冷温水机系统直接将燃气轮机排烟引入烟气型吸收式冷温水机，产生冷热水。在夏季供冷模式下，吸收式冷温水机产生冷水用于空调，还可以同时可以产生生活热水，或利用热水作为除湿空调系统再生加热的热源。在冬季供热模式下，吸收式冷温水机产生的热量用于采暖和生活热水。系统原理见图 4.6.9。

图 4.6.9　燃气轮机三联供系统的烟气型吸收式冷温水机系统

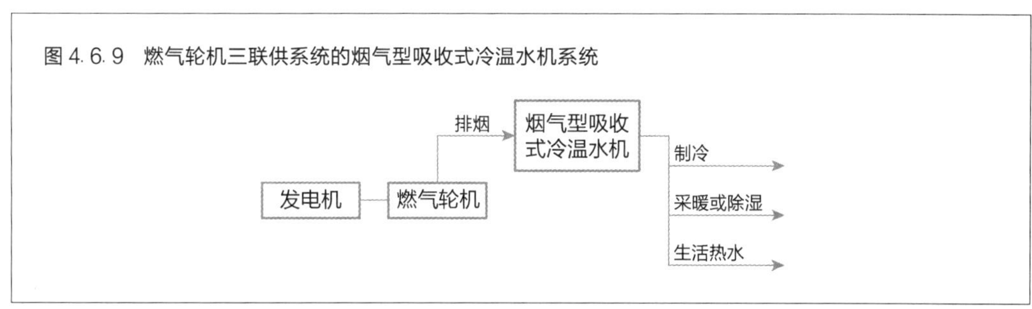

(3) 热水系统

燃气轮机的高温排气进入排烟换热器产生热水，进入热水型吸收式制冷机制冷用于夏季空调，进入热水换热器制热用于冬季供暖，供溶液除湿新风处理机处理新风，以及进入储热水槽制成生活热水。为了弥补产热量的不足和调节热负荷，系统中还应该设置热水锅炉。系统原理图见图 4.6.10。

图 4.6.10　燃气轮机三联供的热水系统

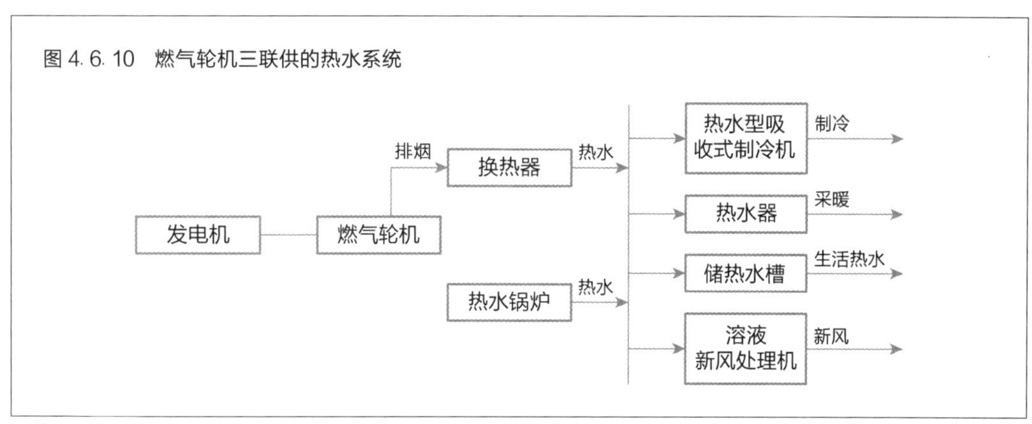

3. 现阶段医院采用分布式供能的主要系统形式

现阶段医院采用分布式供能的系统形式主要有两种方案，根据医院的实际情况决定采取的系统形式。

方案Ⅰ：利用发电机组的热量，通过热水/蒸汽锅炉，提供生活热水和空调供热，即热电联产（二联供），见图 4.6.11。

方案Ⅱ：相比方案Ⅰ，增加了溴化锂制冷机组，提供空调制冷/制热，即冷热电联产（三联供），见图 4.6.12。

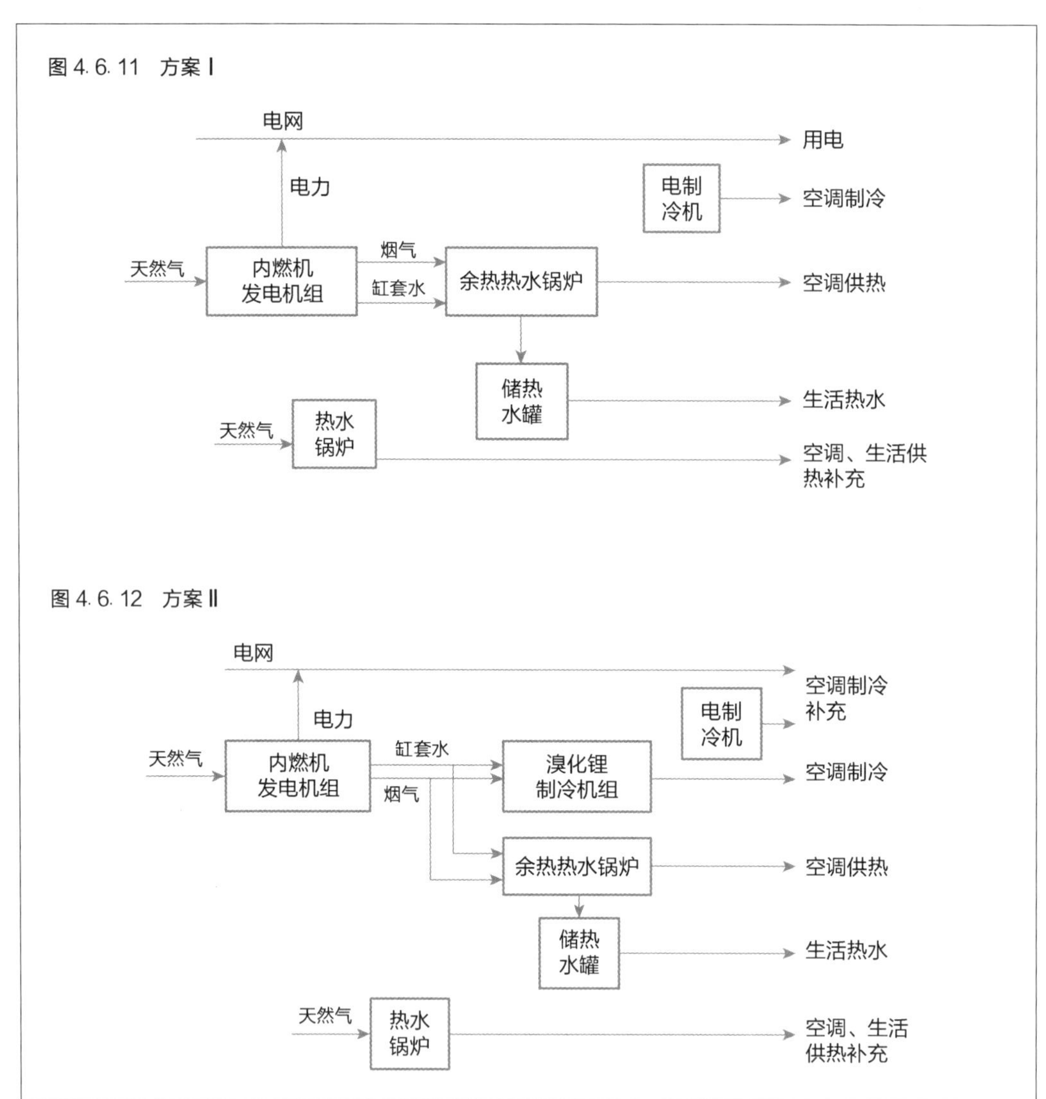

4. 基本负荷分析

根据医院建筑的用能规律，以下是某综合医院（建筑面积约 9 万 m²，床位 800 床）全年典型的电力、生活热水负荷、空调冷/热负荷的曲线图（图 4.6.13 至图 4.6.16）。其中电力负荷主要指照明和动力用电，不包括冷热源设备的用电。

电力的高峰出现在 11 点和 14 点，全年最大负荷出现在 8 月。年间最大负荷 2 535 kW，最小负荷 520 kW。

生活热水的高峰出现在 10 点和 13 点，全年最大负荷出现在 2 月。年间最大负荷 2 699 Mcal/h，全年 5 点至 22 点最小负荷 90 Mcal/h（105 kW），最小月为 8 月，日需求量为 13 439 Mcal。

空调冷负荷基本上在 8 点至 18 点维持高位，全年最大负荷出现在 8 月，年间最大负荷 7 619 Mcal/h（8 860 kW），最小负荷 410 Mcal/h（480 kW）。

图 4.6.13 电力负荷曲线（不含冷热源设备负荷）

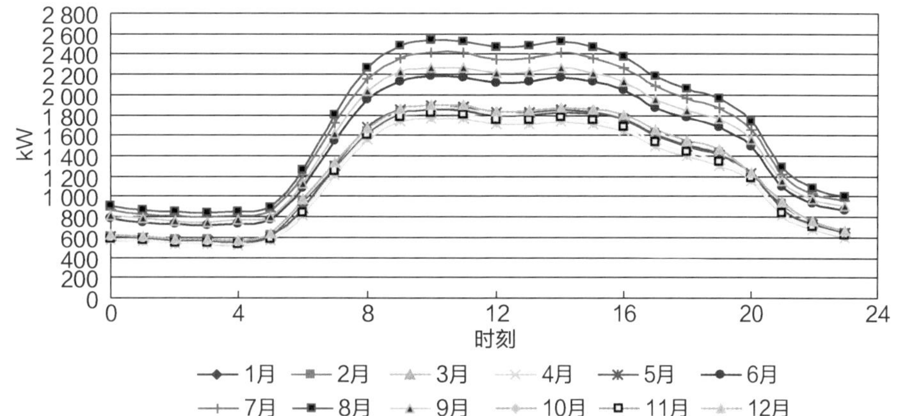

图 4.6.14 生活热水负荷曲线

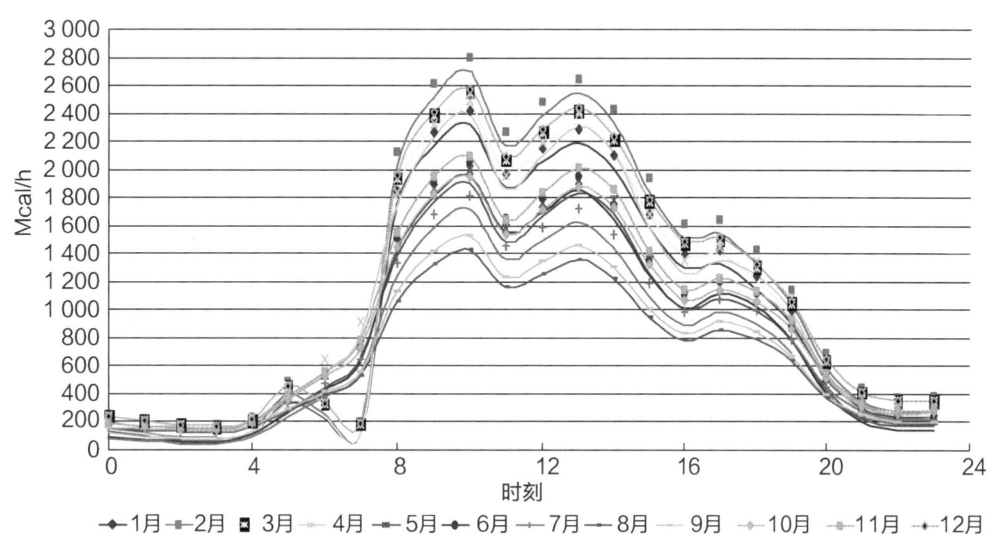

图 4.6.15 空调冷负荷曲线

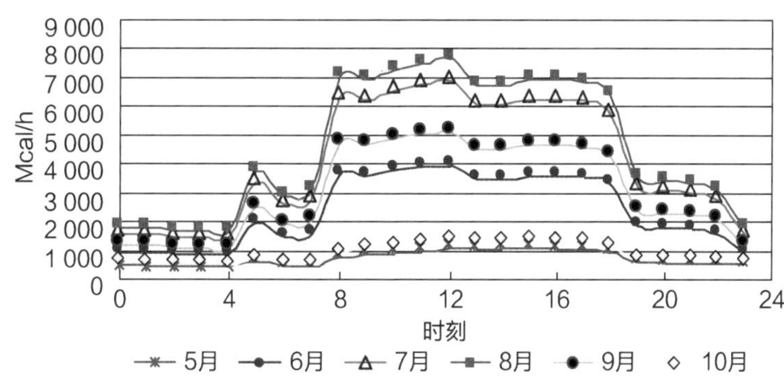

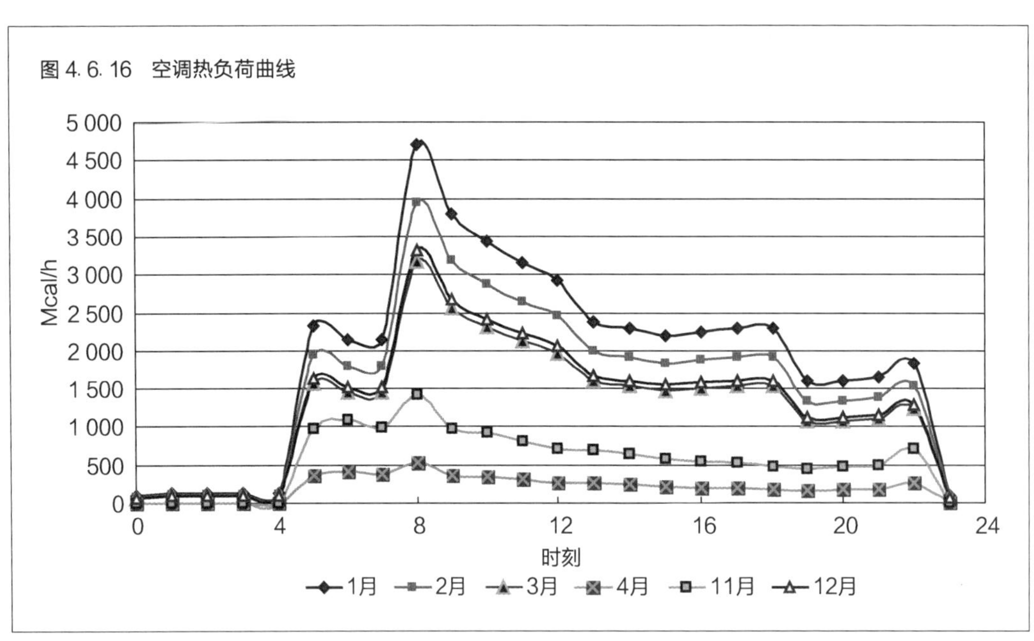

空调热负荷高峰在 8 点，全年最大负荷出现在 1 月，年间最大负荷 4 708 Mcal/h (5 475 kW)，其中 12 月、1 月、2 月、3 月 5 点至 22 点最小热负荷为 1 076 Mcal/h (1 250 kW)。

5. 医院建筑的热电冷负荷的特点

随着城市化的不断推进和人们生活水平的持续提高，人均占有医院面积将逐步增多。医院建筑作为一种特殊的建筑形式，其能耗已引起了多方面的关注。据统计，医院建筑空调系统的年一次能耗一般是办公建筑的 1.6～2.0 倍。

医院建筑所需的能源种类繁多，包括冷、热、电、水、汽、燃气（燃油）及医用蒸汽等。目前，除部分地区仍使用燃煤锅炉外，医院的热源主要是燃气锅炉或燃油锅炉，介质为热水或蒸汽。其中热水主要用于生活热水、洗浴热水和冬季采暖供热，蒸汽主要用于消毒、营养厨房、洗衣房及空调加湿等。医院的能源消耗主要用于空调系统夏天供冷、冬天供热，病房、洗衣房等用热水和蒸汽，消毒、无菌用蒸汽，空调用电、医疗器械、照明、电梯等用电。根据医院规模、专业门类等的不同，冷、热、电负荷会有所不同。

由于医院建筑用电和用热量都较大，且全年都有比较稳定的冷、热、电需求，且分布式能源系统对燃气和电力有双重削峰填谷作用，一般而言，电力高峰和燃气低谷同时出现在夏季。采用分布式能源系统后，燃烧天然气发电和制冷，增加夏季的燃气使用量，减少夏季电空调的电负荷，同时降低区域电网的供电压力。根据上海市工程建设规范《燃气分布式供能系统工程技术规程》DG/TJ 08-115—2016 的相关规定，医院建筑是分布式供能系统较合适的用户。

6. 分布式供能系统的组成

分布式供能系统利用同一原动机将电力、热力与制冷等多种技术结合在一起，实现多系统能源容错，将每一系统的冗余限制在最低状态，利用效率发挥到最大状态。

图 4.6.17 为分布式供能系统原理图。

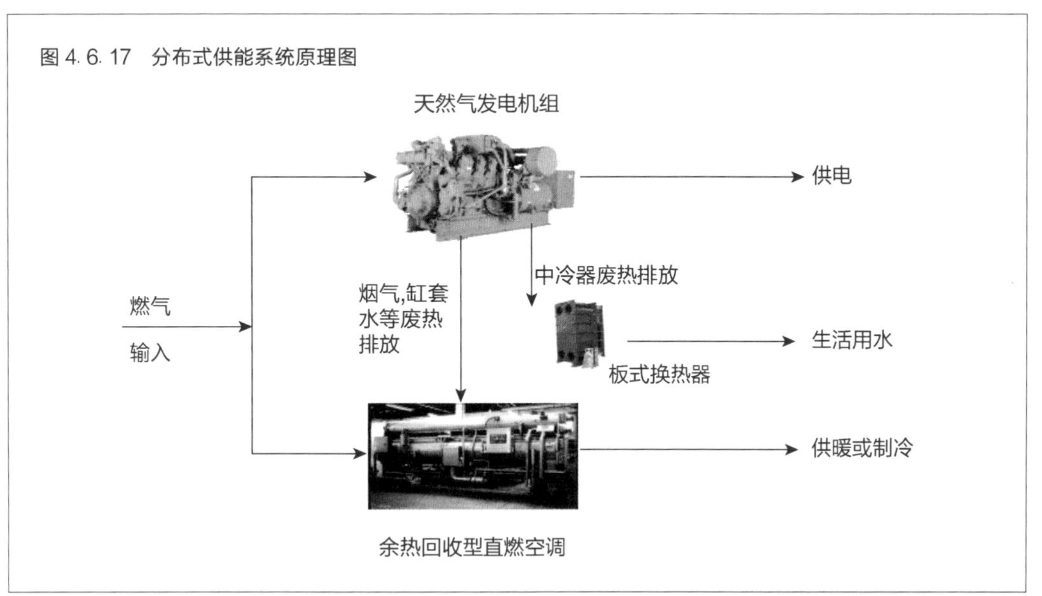

图 4.6.17　分布式供能系统原理图

天然气分布式供能系统的主要组成设备如下：

- 原动机：燃气内燃机、燃气轮机、微型燃气轮机、热气机等。
- 余热利用设备：换热器、余热溴化锂制冷机组等。
- 控制系统：集中控制、并网控制、远程监控等。

根据用户具体用能需求及系统形式，可选择不同的原动机和余热利用设备。

1）发电机的形式及容量

目前用于医院分布式供能系统常用的原动机主要有小型燃气轮机、内燃机和微型燃气轮机三种形式：

（1）小型燃气轮机，见图 4.6.18。

图 4.6.18　小型燃气轮机

小型燃气轮机与大中型燃气轮机几乎完全相同，采用轴流式压气机和轴流式透平，叶片的冷却模式也与大中型机组相同，由于技术成熟，目前的价格相对较低。小型燃气轮机的发电效率与大中型机组相比也相差无几，ISO 工况电效率目前多为 27.0%～39.0%，小型燃气轮机的发电效率较高。为了便于尾部烟气的综合利用，同时使系统比较简单，实际应用的小型燃气轮机大多采用简单循环的布置形式，只有少量对发电效率有特殊要求的场合使用回热循环或注蒸汽循环。由于采用了低 NO*x* 燃烧技术、采用注水、注蒸汽技术或是在烟气中使用选择性还原技术，小型燃气轮机的 NO*x* 排放可以被严格控制。

小型燃气轮机排烟温度通常为 450～550 ℃，而内燃机排气的温度通常为 400～450 ℃，包含的能量为输入能量的 15%～35%，另外冷却用的缸套水带走了 25%～45% 的输入能量，出口温度一般在 55～90 ℃。内燃机系统中缸套水热量占有较大的比重，这部分热量由于温度太低，比较适合于供热，用于制冷时效果较差。与内燃机系统相比，燃气轮机系统烟气中包含的热量更多，且温度较高，因此更利于冷热电联产系统中供热、制冷子系统的回收利用。

燃气轮机中燃料的燃烧为扩散或预混火焰，燃烧区温度场相对比较均匀，而内燃机为爆燃式设备，燃烧温度可达到很高的水平，热力型 NO*x* 的生成量显然较高，燃气轮机与内燃机相比在污染物的排放上有一定的优势。

由于燃气轮机为高速旋转设备，所产生的噪声为高频噪声，很容易被吸收屏蔽，传播距离很近。而内燃机为往复式机械，产生的低频噪声很难消除。燃气轮机的装置轻小，重量和所占体积通常只有内燃机的几分之一，因此消耗材料也较少。但目前燃气轮机的制造成本略高于内燃机。

图 4.6.19　燃气内燃机

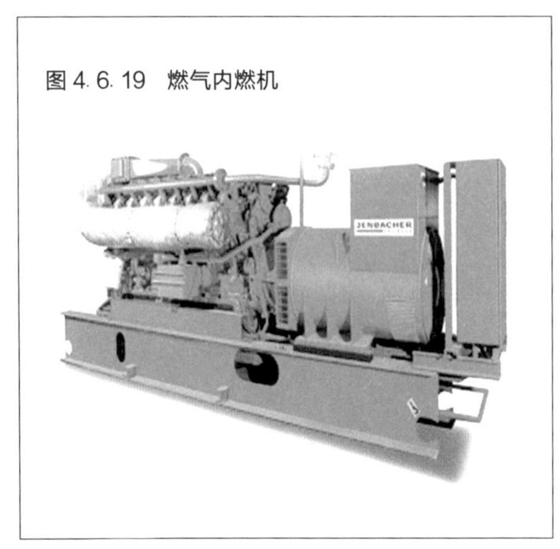

目前小型燃气轮机主要产品还是依靠从欧美、日本等厂家进口。国内独立生产的产品很少。

(2) 燃气内燃机，见图 4.6.19。

内燃机是一种动力机械，它是使燃料在机器内部燃烧，将其释放出的热能直接转换为动力的热力发动机。广义上的内燃机不仅包括往复活塞式内燃机、旋转活塞式发动机和自由活塞式发动机，也包括旋转叶轮式的燃气轮机、喷气式发动机等，但通常所说的内燃机指活塞式内燃机。

活塞式内燃机以往复活塞式最为普遍。活塞式内燃机将燃料和空气混合，在其汽缸内燃烧，释放出的热能使汽缸内产生高温高压的燃气。燃气膨胀推动活塞做功，再通过曲柄连杆机构或其他机构将机械功输出，驱动从动机械工作。

内燃机为往复式机械，有更多的活动部件，维修成本较高。根据内燃机的技术特点，主要适用于对排放、噪声、场地要求不是很高的场合，但其要求燃气的进气压力较高，一般要达到 0.8 MPa 以上。

内燃机的特点包括：①热效力高：最高有效热效力达已达 46%；②功率范围广：单机功率可从零点几到几万千瓦，适用范围大；③布局紧凑、质量轻、内燃机整机质量与其标定功率的比值（称为比质量）较小、便于移动；④启动灵敏、操纵精练；⑤余热分别来自烟气、缸套冷却水和润滑油冷却水；⑥对燃料的洁净度要求严格；⑦噪声大，特别是低频噪声，需要对机组进行隔声降噪处理；⑧布局复杂，需要的机房面积较大。

(3) 微型燃气轮机。

微型燃气轮机（microturbine 或 micro-turbines）是一类新近发展起来的小型热力发动机，其单机功率范围为 25～400 kW,采用径流式叶轮机械（向心式透平和离心式压气机）以及回热循环（图 4.6.20)。

图 4.6.20　微型燃气轮机

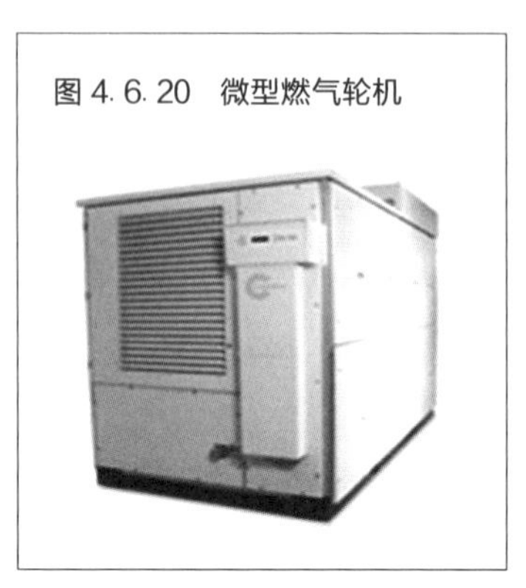

微型燃气轮机具有多台集成扩容、多燃料、低燃料消耗率、低噪声、低排放、低振动、低维修率、可遥控和诊断等一系列先进技术特征，除了分布式发电外，还可用于备用电站、热电联产、并网发电、尖峰负荷发电等，是提供清洁、可靠、高质量、多用途、小型分布式发电及热电联供的最佳方式，无论对中心城市还是远郊农村甚至边远地区均能适用。

在美国，卡普斯顿公司已经制造出 65 kW 级微型燃气轮机发电装置，发电效率达到 26%，年产量 1 万台；霍尼威尔公司开发成功了 75 kW 级的发电设备，发电效率为 28.5%。日本的多家企业，如东京电力、丰田汽车、三菱重工、出光兴产、东京瓦斯和大阪瓦斯等公司，都在使用美国卡普斯顿公司的技术开发热电并用型系统。

鉴于我国目前的电力发展及其分布不很均衡以及微型燃气轮机的技术特点及其优越性，微型燃气轮机将在我国得到广泛的重视与应用。目前，在中科院技术部“863”项目支持下，由中国科学院工程热物理研究所、哈尔滨东安集团、西安交通大学三家单位组成的产学研联合体已经完成 100 kW 级微型燃气轮机的样机设计，并通过了验收，已经推向市场。

2）三种发电机的主要热力性能和发电特征，见表 4.6.1。

表 4.6.1 发电机热力性能与发电特征

类别	发电规模	发电效率	热回收效率	排烟温度（℃）	余热来源	所需天然气进气压力
小型燃气轮机	500 kW～25 MW	20%～38%	50%	400～650	尾气	0.8 MPa 以上
微型燃气轮机	25 kW～400 kW	20%～32%	35%～40%	300 以下	尾气	≤0.6 MPa
内燃机	2 kW～10 MW	25%～45%	50%	400～600	尾气/缸套 80～110 ℃缸套冷却水；40～65 ℃润滑油冷却水。	≤0.5 MPa

注：微型燃气轮机含回热流程；排烟温度指余热利用前；内燃机指主流机型。

3）发电机容量的确定

目前医院中常用的单台变压器容量为 1 000～1 600 kVA，根据《燃气分布式供能系统工程技术规程》DG/TJ 08-115—2016 关于电力并网的规定，发电机组的容量应小于上级变压器容量的 30%，即应小于 300～480 kWA（384 kW）。根据上述全年电力负荷分析，最低负荷在 520 kW 左右，而在 6 点至 22 点时段内最小负荷为 600 kW，考虑到一般医院建筑至少设置有两台变压器，因此单台变压器的最低运行负荷为 300 kW 左右。综合上述因素，并考虑到一定的安全裕量以防止逆潮流，发电机组的发电容量宜为 250 kW 以下。

医院发电规模在 250 kW 以下的可选天然气内燃机发电机组和微型燃气轮机。其中微型燃气轮机目前可选厂家较少，200～250 kW 级微型燃气轮机主要为两家，且单价较高，发电效率一般为 25% 左右，总体效率小于 80%。而天然气内燃机组厂家众多，选择余地较大，发电效率一般为 35%，总体效率为 85%以上，且设备单价低于微型燃气轮机。

另外考虑到医院需要大量的热水，而内燃机余热中有50%为缸套热量回收的热水，因此从设备厂家选择、技术经济、余热利用等方面的考量，一般建议采用天然气内燃机作为发电机组。

4）余热利用设备

天然气发电机机组的余热包括两部分，缸套水回收和高温烟气。考虑系统应用的简便性，将来自缸套回收的热水和产生的高温烟气均送入换热系统，即发动机的余热全部转换成90℃的热水。对于二联供系统（热电联产），该热水通过水/水换热器生产60℃的热水供医院生活热水。对于三联供系统（冷热电联产），该热水一部分通过水/水换热器制取医院生活热水，剩余的部分直接供热水型溴化锂制冷机组供冷。

7. 系统设计的原则和配置

分布式供能对于综合性医院来说是一项适用的技术，其关键在于热电的供需平衡，否则会极大地影响系统的经济性。规划建设阶段应将传统的供能系统与先进的“分布式供能系统”统一考虑，有机结合，互为利用，以达到用能配置更合理、更安全，用能效率更高，降能耗、降成本的节能减排目标。

1）系统方案设计的原则

• 综合考虑系统的电、空调冷热负荷、生活热水负荷及利用方式，使电供给、空调、热水都能自行平衡，在满足需求的前提下优化系统配置。

• 充分考虑到初投资、运行费用、管理维护等因素。

• 符合当地的环保指标和消防要求。

2）设备选型原则

• 发电机组输出电力并网不上网，发出的电力全部内部消耗使用，不足部分由电网补充。

• 采用“以热（冷）定电”原则，机组回收的热全部用于大楼的空调制冷/供热和生活热水供应，不足部分由原有系统补充。

3）实例

以上海某医院为工程实例，其初步设计时采用热电二联供的系统形式，后发现夏季生活热水负荷很小，发电机产生的余热无法全部利用，影响发电机组开启，降低能源利用效率。最终设计采用的是冷热电三联供的系统形式，发电机组的余热，先保证生活热水的供应，用不掉的多余热量送至热水型溴化锂制冷机组，制取冷/热水，供空调系统使用，这样更充分地利用到发电机组的热量，提高系统整体效率，达到了更高的经济效益。

该医院分布式供能系统原理见图4.6.21与图4.6.22，分布式供能机房平面图见图4.6.23。

4.6.3 分布式供能系统的经济分析

使用分布式供能系统后，在实现同样供能效果（等量电、生活热水或空调冷热水）的情况下，比使用其他供能系统所支出的能耗费用有所降低，所降低的这部分能耗费用，就是分布式供能系统节能产生的经济效益。

图 4.6.21　某医院分布式供能系统原理图 1

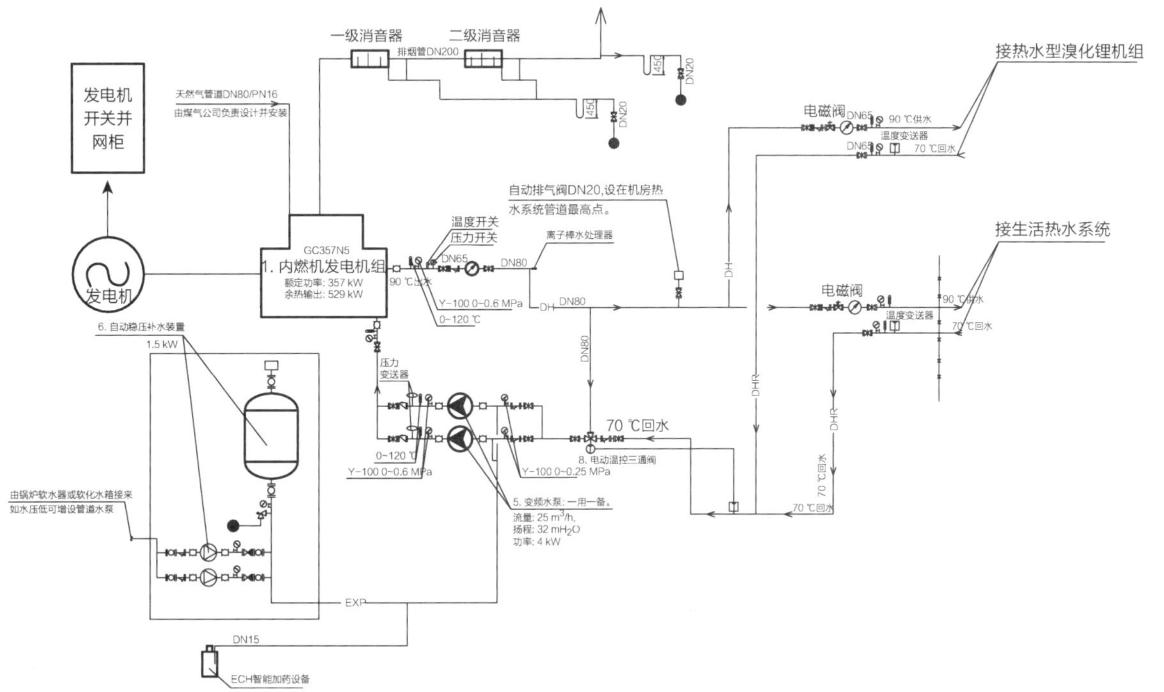

图 4.6.22　某医院分布式供能系统原理图 2

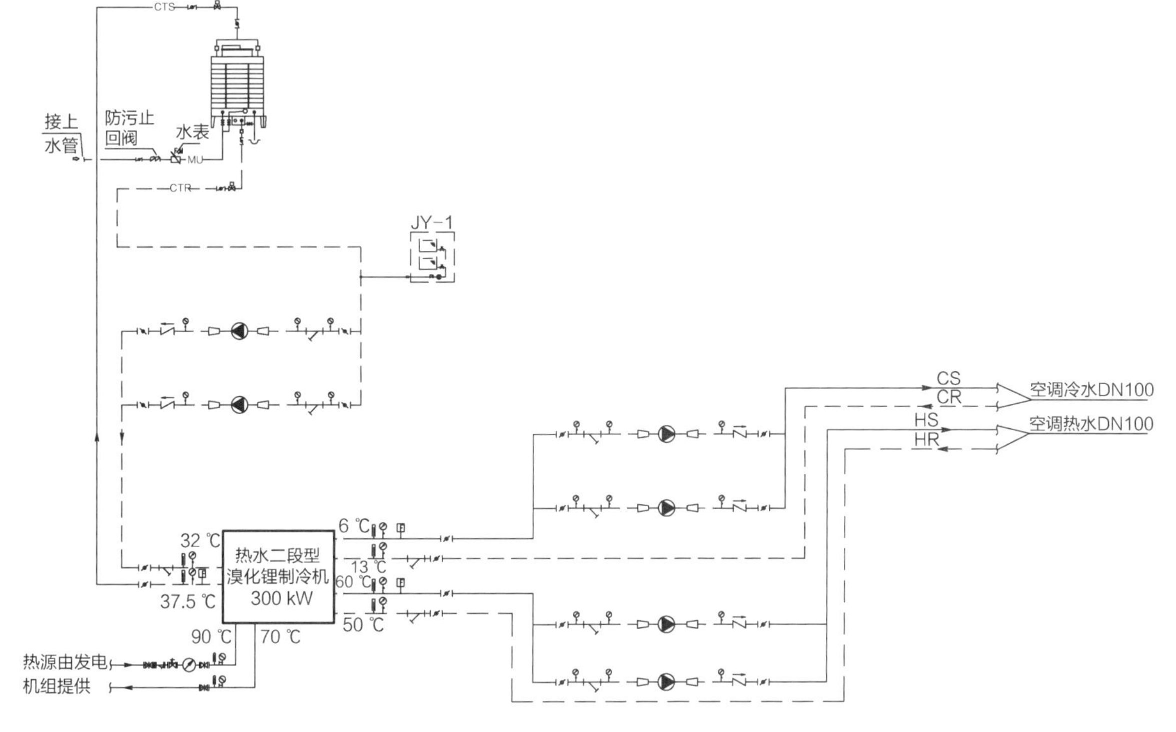

图 4.6.23 分布式供能机房平面布置图

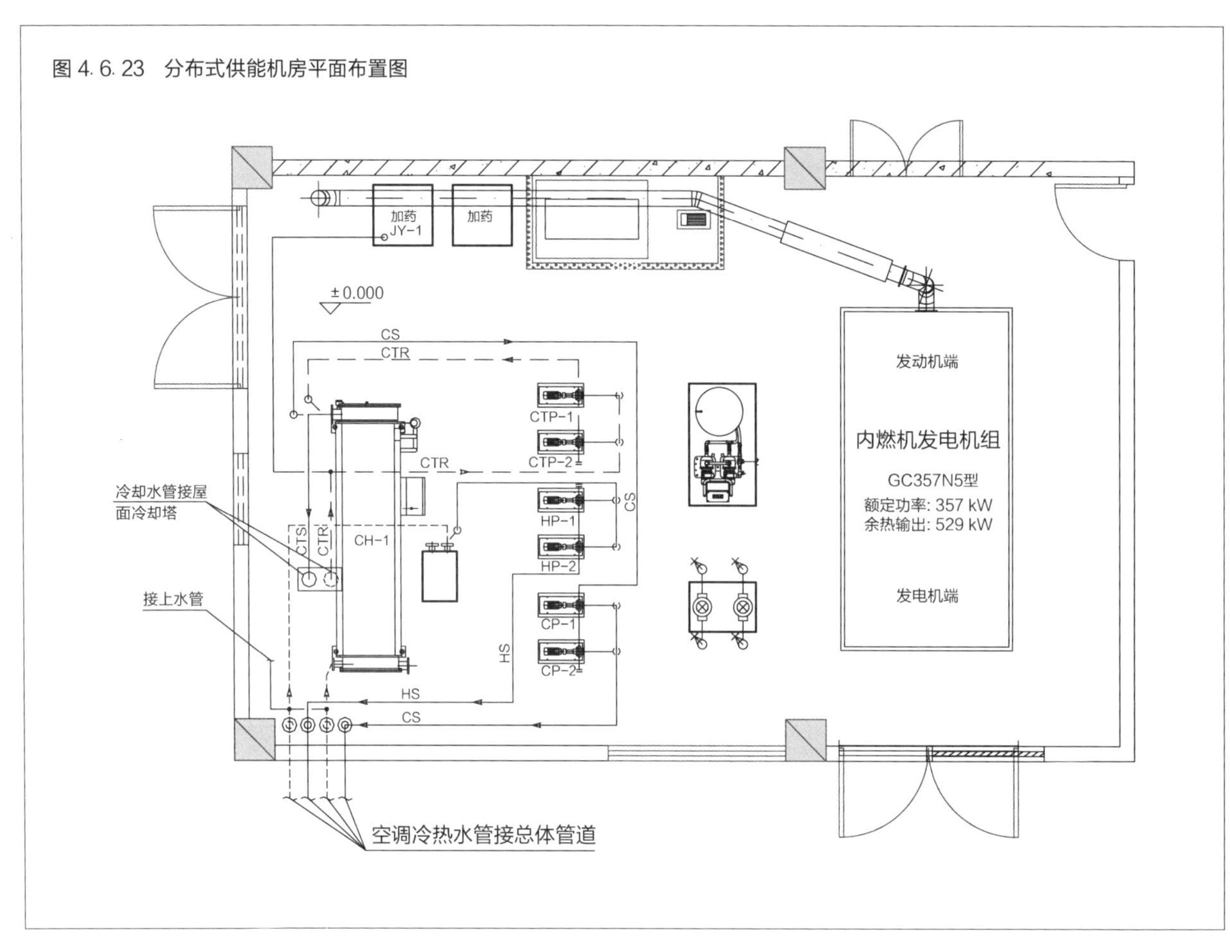

以 4.6.2 节所述医院为例，按系统形式为热电联产，进行分析。

分布式供能系统初次一次性投资见表 4.6.2。

表 4.6.2　某医院分布式供能系统初次一次性投资组成

分布式供能系统组成	金额 （万元）
发电机组	200
余热利用设备	70
安装工程	60
配套设备	40
并网系统及设计	50
合　计	420

能源消耗比较的范围为热电联产系统所产生的电和生活热水。在分产方案能源消耗计算中，联产方案的发电量由电网购得，生活热水由燃气锅炉供应。根据能源消耗的数据，进行系统运行费用比较、静态回收期和节能量的比较，见表 4.6.3［能源价格：锅炉用天然气 3.4 元/m^3、分布式供能用天然气 2.04 元/m^3、平均电价 0.85 元/（kW・h），发电机组日运行时间设置为 16 h。不考虑政府补贴，场地成本等因素］。

表 4.6.3 某医院热电联产与分产经济技术性比较

	单位	联产方案 （16 h）	分产方案
机组额定发电	kW	250	0
全年发电量	kW · h	1 173 571	0
电价	元/kW · h	0.85	0.85
内燃机耗天然气	Nm^3	350 371	0
锅炉耗天然气	Nm^3	572 659	774 856
锅炉气价	元/m^3	3.40	3.40
热电联产气价	元/m^3	2.04	
年能源使用费	元	2 694 441	3 632 045
年维护费用	元	117 357	
年总运行费用	元	2 811 798	3 632 045
年节约费用	元	820 247	
节能	吨标煤	294	

通过以上分析计算可知，该医院热电联产系统增加投资费用约 420 万元，每日运行 16 h，年节能 294 吨标煤，年节约能源运行费用约 82 万元，静态回收期约 5 年，具有较好的经济技术性。

在分布式供能系统设计容量小于用户热水、空调、电力的基本负荷，保证分布式供能系统有足够的年运行时间的条件下，采用较大装机容量、充分考虑空调热负荷的配置方案，会获得较好的年收益和较短的投资回收期。

4.6.4 分布式供能的燃气供应

分布式供能主要由城市中压燃气管网供给，天然气供应系统由供气管道、调压装置、过滤器、计量装置、监测保护系统、温度压力测量仪表等组成，再根据原动机所需燃气压力进行增压。

1. 医院用天然气的压力级制及技术标准

1）内燃气管道的压力级制，见表 4.6.4。

表 4.6.4 内燃气管道压力级制

名　称		压力 （MPa）
高压燃气管道	A	2.5$<P\leqslant$4.0
	B	1.6$<P\leqslant$2.5
次高压燃气管道	A	0.8$<P\leqslant$1.6
	B	0.4$<P\leqslant$0.8
中压燃气管道	A	0.2$<P\leqslant$0.4
	B	0.01$<P\leqslant$0.2

2）天然气管道设计适用的技术标准

- 《城镇燃气设计规范》GB 50028—2006；

- 《城镇燃气技术规范》GB 50494—2009；
- 《城市煤气、天然气管道工程技术规程》DGJ 08-10—2004；
- 《燃气直燃型吸收式冷热水机组工程技术规程》DGJ 08-1974—2004；
- 《分布式供能系统工程技术规程》DGJ 08-115—2008；
- 《燃气冷热电联供工程技术规范》GB 51131—2016。

2. 原动机的所需燃气压力级制

医院常用的三种形式的发电机：微型燃气轮机、小型燃气轮机、内燃机。三种发电机的主要热力性能和发电特征见表 4.15。

发电机采用的天然气压力均为次高压燃气，为此需城市中压引入原动机房后，再进行燃气增压到设备所需的压力。这个过程需要压缩空气机的配合，增加部分能源消耗，因此原动机热回收效率应扣除此部分能源。

3. 发电机的燃气供应流程

发电机的燃气供应流程为：城市燃气管网→紧急切断阀→中压计量表组件→紧急切断阀→天然气增压机→切断阀组→原动机。

在分布式供能的燃气供应设计中，除需要满足国家技术和标准外表 4.6.5，还要考虑适应各地方技术标准、消防安全、稳定供气以及远期发展等诸多因素，树立以用户需求为中心、以人为本的设计理念，“安全”“高效”“节能”是最佳设计方案。

表 4.6.5　发电机的不同设置场所的天然气允许最高入室压力

建筑分类	站房位置		原动机设置	天然气允许最高入室压力（MPa）
工业建筑	独立建筑	地上	所有原动机	不大于 2.5
		地下		
公共建筑	非独立建筑	地下	所有原动机	不大于 0.4
		首层		
		中间层	进气压力不大于 0.4 MPa 的原动机	
		屋顶	所有原动机	
住宅楼	所有楼层		进气压力不大于 0.2 MPa 的原动机	不大于 0.2

注：1. 站房（燃烧设备间）应设置爆炸泄压设施，并且不应布置在人员密集场所的上一层、下一层或贴邻。设置地下、半地下及首层的站房应布置在靠外墙部位。
2. 燃气管道应采用厚壁 20 号输送流体用无缝钢管。
3. 燃气管道应采用焊接连接，除管道与设备、阀门的连接采用法兰连接外。
4. 管道上严禁采用铸铁及铸铁附件。
5. 焊接接头应全部进行 100% 射线检测，并合格。

4.7 能源管理

我国正处于高速发展的时期，经济发展的同时带来的是能源的巨大消耗，如何更有效地管理好能源，建立更为长期、持久、有效的节能机制，扶持节能产业，将成为国家和各地政府的重要课题。

用能监测平台的建设不仅有助于解决大型建筑的能耗问题，更重要的是，它将成为未来节能产业发展的基础平台，为产业发展提供更有效、更强有力的支持，为中国寻找一个新的经济增长点。

4.7.1 用能监测能耗分析和诊断作用

通过楼宇能源监测管理平台系统采集的数据，可以对医院建筑物中各个用电系统进行节能诊断，分析各用电系统占总能耗的比例，分析各用电系统中不同设备的用电比例，分析空调系统的单位面积能耗、冷机效率、冷冻水效率、冷却水效率，分析照明系统工作日和周末的用电比率，工作日白天和晚上的用电比率，分析电开水器等办公设备的白天和晚上的用电比率，等等。

能耗分析报告以日报或周报的形式发给物业管理人员，从而随时发现用能管理问题，并能及时解决。用能管理平台还为合同能源管理、能源结算和节能改造提供可靠的依据。

能源服务专家通过以数据的横向和纵向的对比发现节能潜力和验证大厦的能耗管理效果，针对每栋大楼，利用软件提出一套完整的能耗诊断报告，供管理者整体调控使用。

4.7.2 公示作用

数据中心对所有医院建筑物中的数据进行分类、各科室的用能进行排名，通过大屏幕或能耗报告形式发布各建筑用能信息状态，对企业建筑起到能耗公示，提升行为节能管理效果。

4.7.3 能源监测平台建设目标

用能监测系统通过对建筑物内所有用能设备进行全年不间断的实时监控，以达到降低运营成本、提高物业管理水平的目的，通过对用能数据的采集，为后期的节能分析、诊断、寻找用能漏洞及节能改造提供科学的依据。

4.7.4 系统结构

能源监测平台主要由两部分构成，分别是设备级能耗日常管理平台和节能诊断能耗报告。设备级能耗日常管理平台对医院建筑物中的所有用能设备进行监控，24 小时不间断地进行数据采集。业主可以通过不同时间、不同设备的数据对比，找出用能漏洞，调节运行策略，以达到节能的目的。经过一段时间的数据采集，根据数据及现场情况，系统生成一份较为完整的节能诊断能耗报告，针对用能效率、系统设备及管理问题等提出能耗问题，并提供调整建议。

4.7.5 实施方案

1. 用电监测

针对项目内的所有用电支路及用电设备进行监控。主要分为暖通空调系统、一般电梯动力系统、医疗系统和公共用电等。除上述的分项计量外，还可以对各个主要科室的用电进行监控。通过对科室间的用电状况进行横向和纵向的比较，有利于建筑管理方制定用能指标，提高管理效率。

2. 用水监测

在主要管路处加装水表，对用水状况进行监测。

3. 用蒸汽监测

由于医院的用能状况较为特殊，用蒸汽量较大，需要对蒸汽进行相应监测，蒸汽表用量视现场情况而定。

4. 冷量监测

空调主机自身带有相应数据的采集功能，只需要与厂商协调，取得他们对外传输的数据包并进行相应解析即可。如果空调系统没有此项功能，建议设冷量表对冷量数据进行监控（冷量表用量视现场情况而定）。

项目采集的数据可根据具体情况进行相应调整。

4.7.6 能耗报告相应内容

安装完能耗监测系统后，业主方可以根据采集及计算后的数据进行比较，找出能耗漏洞，并作出相应的调节，以达到节能的目的。

在整体的能耗诊断报告中，一般会涉及以下几方面。

(1) 配电设计分析：通过实地调研和历史数据分析，分析项目配电系统设计是否合理。

(2) 用电安全分析：供配电系统的损耗及用电效率是影响能耗的一个重要系统因素，可根据历史数据及实地调研的情况相结合，对供配电系统及用电效率进行全面评估。

(3) 空调系统运行策略及自控逻辑优化：空调系统及相关自控逻辑的科学性直接影响到空调系统的能耗，在得到完整的既有运行策略及相关必要数据的前提下，应结合实地调研，对空调系统运行策略进行评估。

(4) 节能潜力估算及节能方案可行性分析：通过历史数据结合现场调研，从节能诊断开始，经过节能潜力计算、节能改造方案可行性分析、技术经济分析，最终可制定出可行性较强且经济效益较好的节能改造方案。

(5) 异常用电行为分析：除供配电系统及设计带来的问题外，设备自身的使用问题和管理不当带来的能耗是建筑用能中的主要问题，需针对具体系统及一些管理漏洞进行具体分析。

附　录　综合医院优秀设计案例

| 上海德达医院 |

项目信息

建设用地：35 922m^2

总建筑面积：51 642m^2

容积率：1.02

绿化覆盖率：35.32%

建筑高度：24m

建筑层数：地上 5 层 / 地下 1 层

总床位数：200 床

主要建筑设计师：张行健、唐茜嵘、邵宇卓。

合作设计：Perkins+Will,Inc.（概念方案设计）

竣工时间：2015 年 10 月

获奖：全国优秀勘察设计行业建筑工程一等奖

上海市优秀工程设计一等奖

上海德达医院是一家按照JCI标准建设的以心血管为特色的综合性营利性外资医院。

医院位于上海市青浦区徐泾镇，一期主要包括医疗主楼、行政楼两组建筑，总建筑面积约50 000m^2，设有200张床位，拥有38间重症监护病房，7间手术室，2间心导管室和2间复合手术室。开设有心脏内科、心脏外科、医学影像与介入科等。充分发挥心血管专科特色的同时，辅以妇科、儿科及全科等综合科室，为患者提供全方位的诊疗照护。

生态的景观体系

本项目的景观体系从立体空间上可划分为下沉式景观广场、地面景观庭院和屋顶花园三个层面。不仅在建筑布局上争取最大化的景观视线，使患者在建筑内部时刻感受到美好的空间环境，同时院区内部绿地、建筑围合的内庭院和屋顶花园的设计也强调人的可达性，最大程度深入建筑空间，创造场所精神，对患者的心理产生积极的影响，从而实现环境对生理的附加治疗。

精致的立面造型

上海德达医院的立面造型设计符合医院建筑的功能特点——简洁、明快、大方、美观。摒弃烦冗的建筑符号，通过纯粹的几何形体穿插，石材、铝板、玻璃材质脉络的延续，强化了群体建筑的整

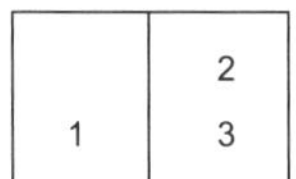

1. 总平面图
2. 行政楼主入口
3. 建筑立面细部

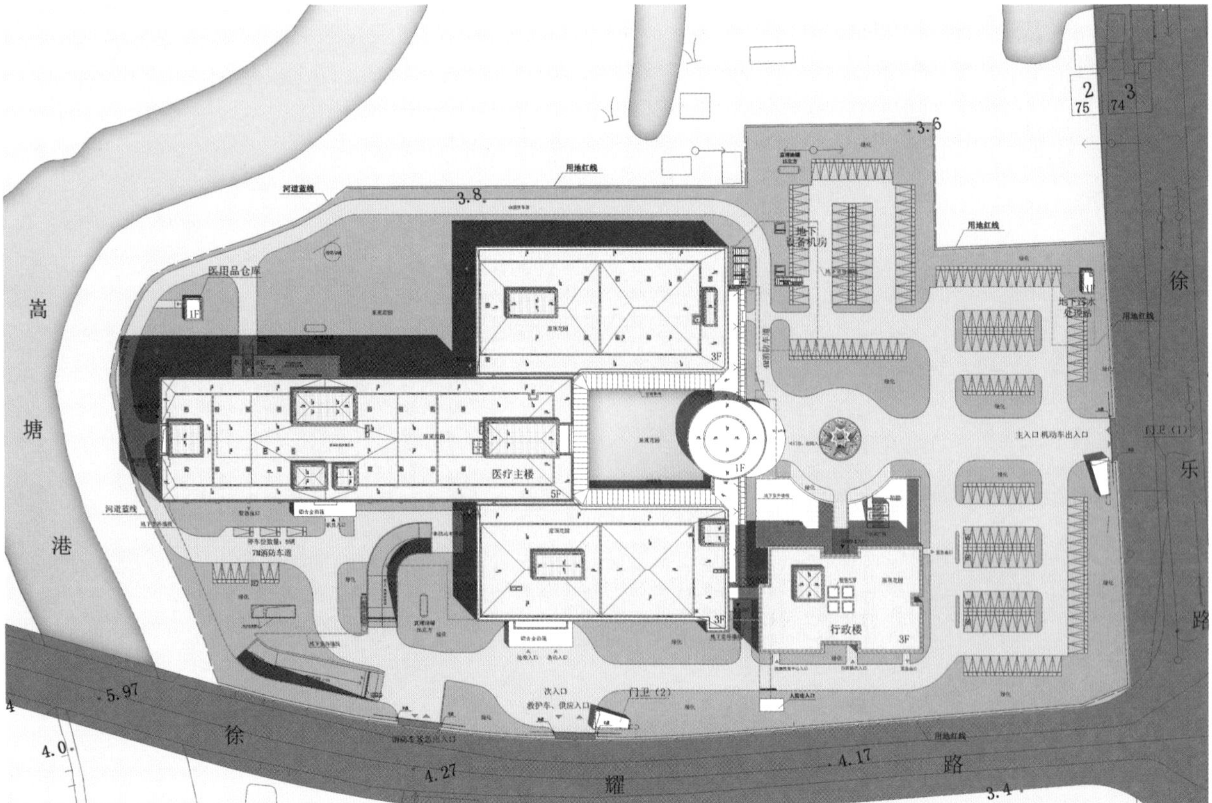

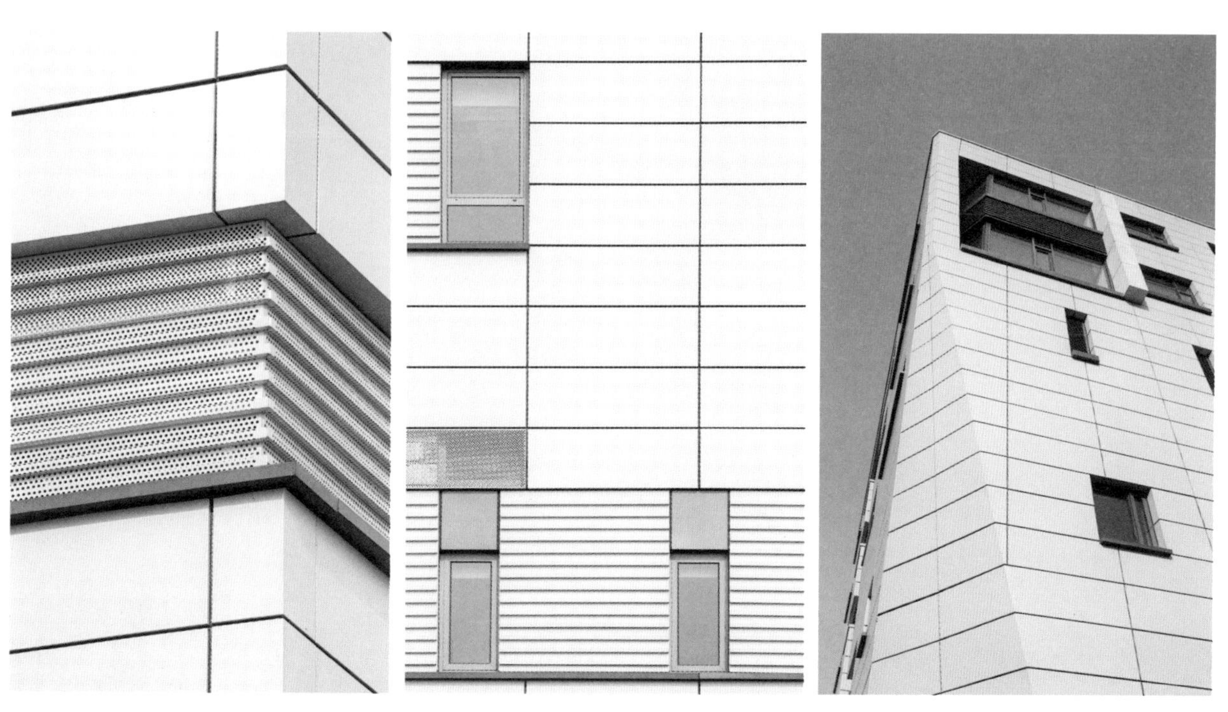

体性。建筑形式与医院功能有机结合，方正的平面布局符合各种功能的使用要求，建筑造型在方正中又有适度变化，达到简洁而不失变化、大方而不失温馨的效果。

温馨的空间营造

建筑内各个空间的大小、形状、尺寸以符合医疗流线的导向性需求为标准，比例合理、尺度宜人，具有综合性、多样性和舒适性的特点。主体建筑入口大厅被设计成充满艺术感的立体化的空间，通过落地玻璃可直接观赏到中心庭院景色。入口大厅两侧的横向回廊缩短了门诊、急诊、医技间的流线，便于医疗资源共享。回廊空间局部放大，形成等候、休憩的场所，同时又具有很强的识别性，使患者能在功能复杂的综合楼内迅速找到目标科室，完成医疗活动。中心庭院四周的回廊空间采用大面积透明玻璃，在保证采光的同时，也增强了与外部环境的融合，从而减轻患者就医压力，改善室内就医环境。

建筑在各楼层均为患者和医护人员营造了各类休闲空间，如鲜花礼品店、餐厅、服务中心及家属休息室。特别为医护人员提供了休息室、图书室、健身房和瑜伽房。这些空间既舒适又具有私密性，可以使患者和医护人员从紧张的氛围中解脱出来，有助于提高使用者的满意度和工作人员的工作效率。

4. 从入口门厅眺望内庭院
5. 行政楼内部公共休息区

专业的医疗环境

本项目是以心血管为特色的综合性医院，不仅具有专业齐全的医疗设备，也具备了良好的可信度和完善的管理体系，创造出一个极富诱惑的 “医疗生态系统”：更加科学合理的医疗场所，处处体现真心实意为病人、一切方便病人的医疗服务体系。

本项目的手术室和 ICU 两个区域同层布置，合理高效。手术区的形式为中央供应型，不仅减少消毒物品在搬运过程中带来的污染，也减少了医护人员的重复劳动。医疗主楼的 4—5 层为住院区，在平面布置上，采用了同层双护理单元的形式。两个护理单元为同一科室，东西两个护士站，医用房间及房间内成南北向对称布置，增加了医护人员对工作环境的可识别性，最大限度地为医护人员在日常工作及对物品的使用习惯带来方便。缩短了每个护理单元医护人员到每个病房的距离和时间，增加了病人被医护人员关护的时间，提高了医护人员的工作效率。

本项目从整个建筑布局、环境设施到诊疗服务均为患者及其家属营造出一个极具舒适感、亲和感、且能最大限度满足治愈环境要求的场所。同时兼顾长期在院工作的医护人员的需求，为其提供良好的工作环境，全方位实现了以人为本的设计理念。

6	7
	8

6. 门诊公共走廊内景
7. 门诊走廊内景
8. 护理单元的开敞式医护工作站

VIP诊室
VIP CLINIC
诊室
CLINIC
B109C-B112C

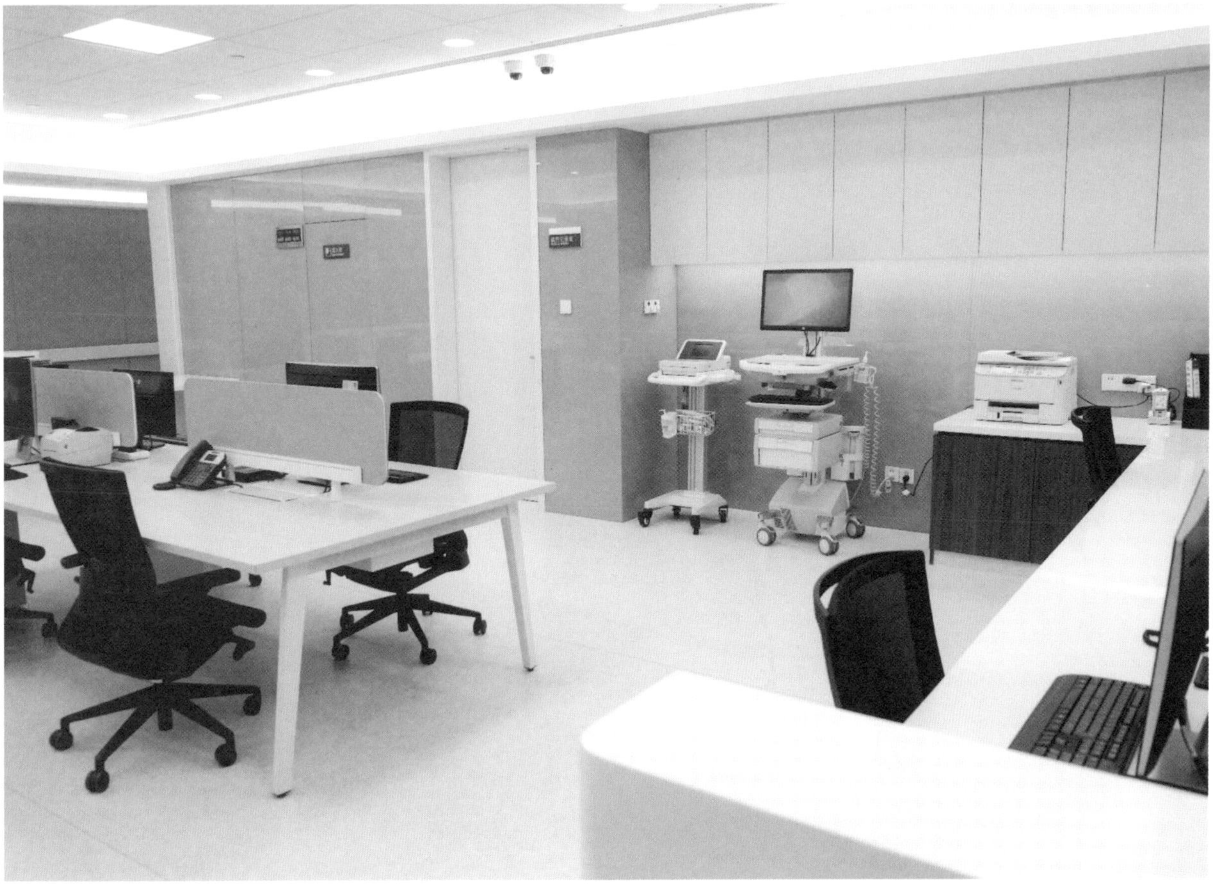

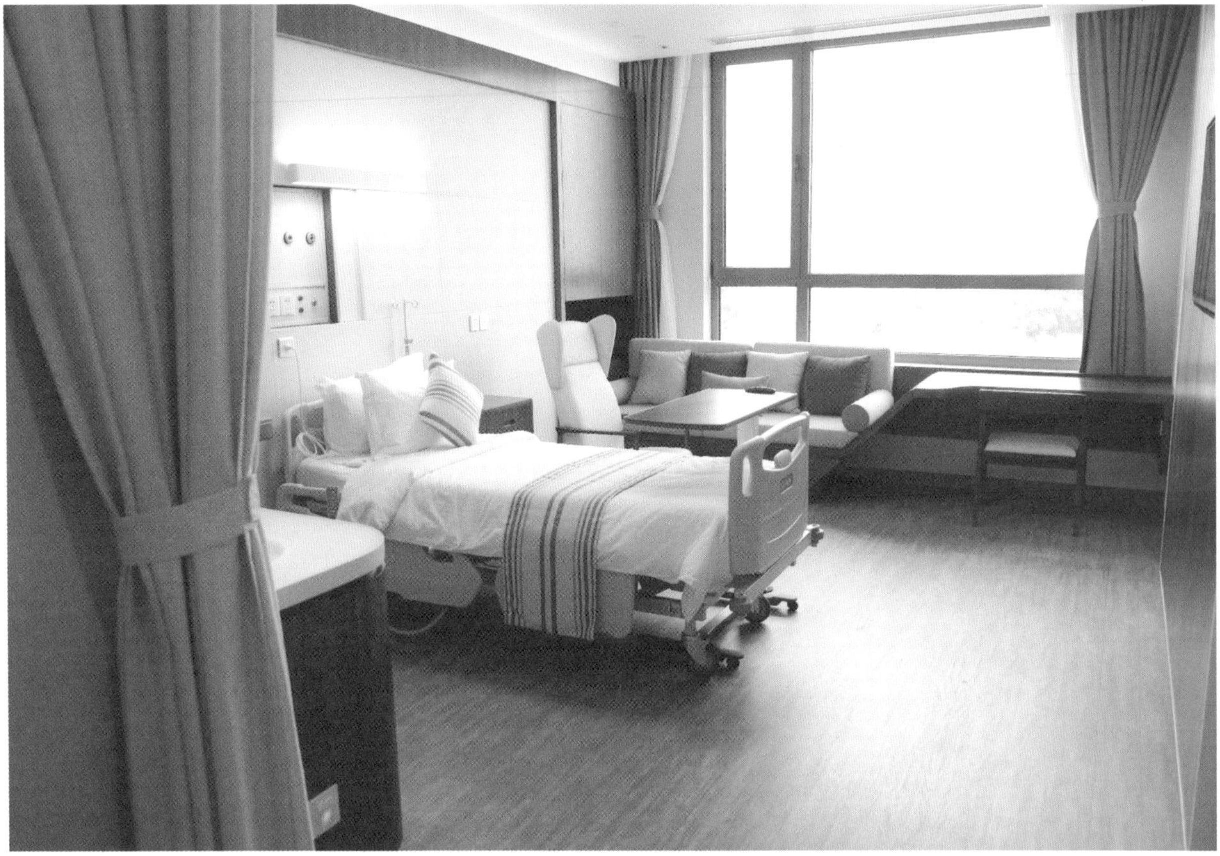

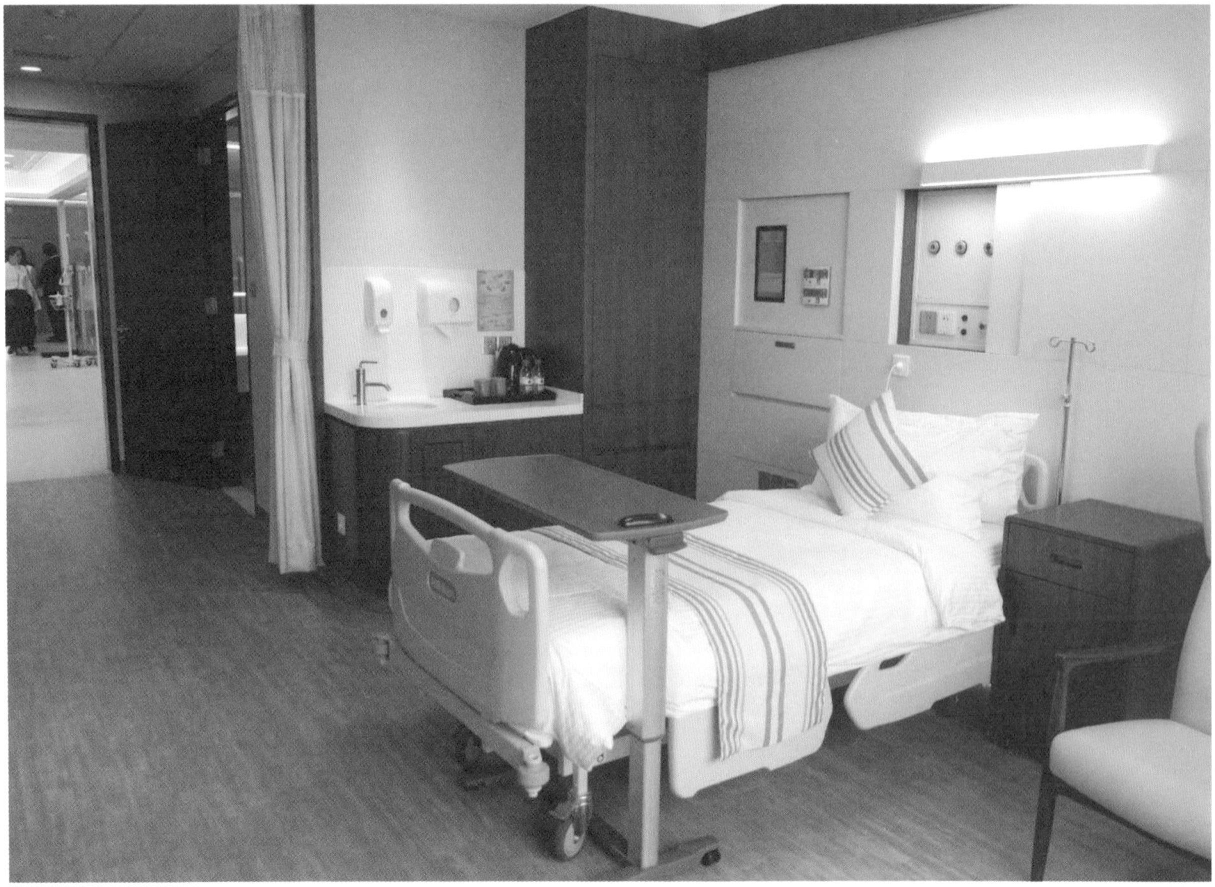

9	11
10	12

9. 单人病房内景（一）
10. 单人病房内景（二）
11. 套房会客厅内景
12. 套房病房内景

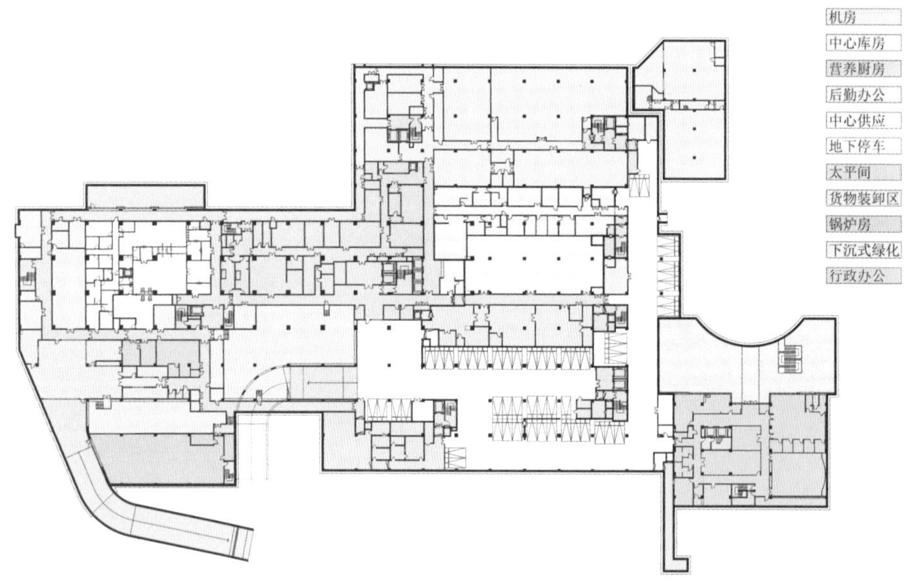
机房
中心库房
营养厨房
后勤办公
中心供应
地下停车
太平间
货物装卸区
锅炉房
下沉式绿化
行政办公

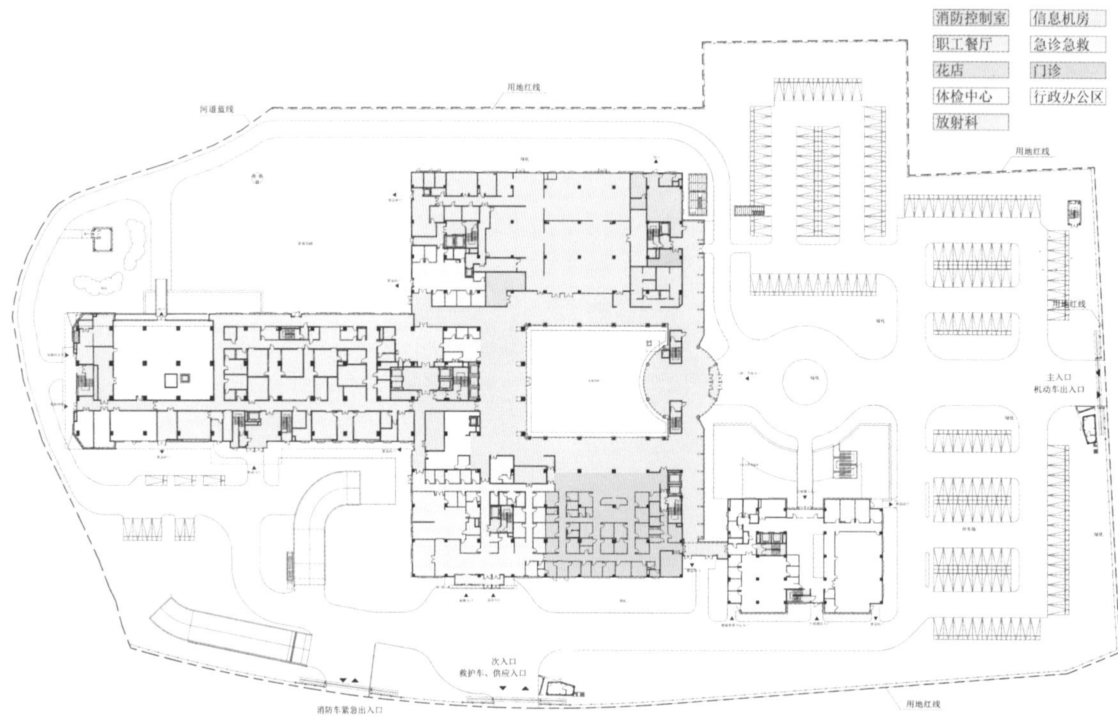
消防控制室
信息机房
职工餐厅
急诊急救
花店
门诊
体检中心
行政办公区
放射科
用地红线
河道蓝线
用地红线
用地红线
主入口
机动车出入口
次入口
救护车、供应入口
消防车紧急出入口
用地红线

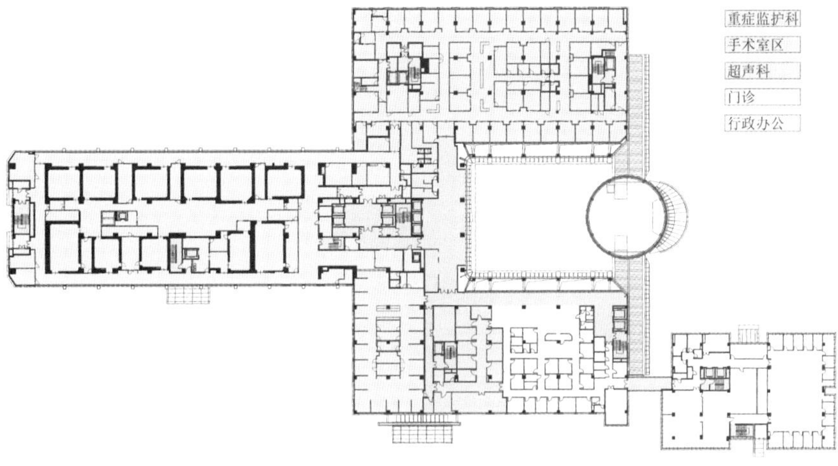

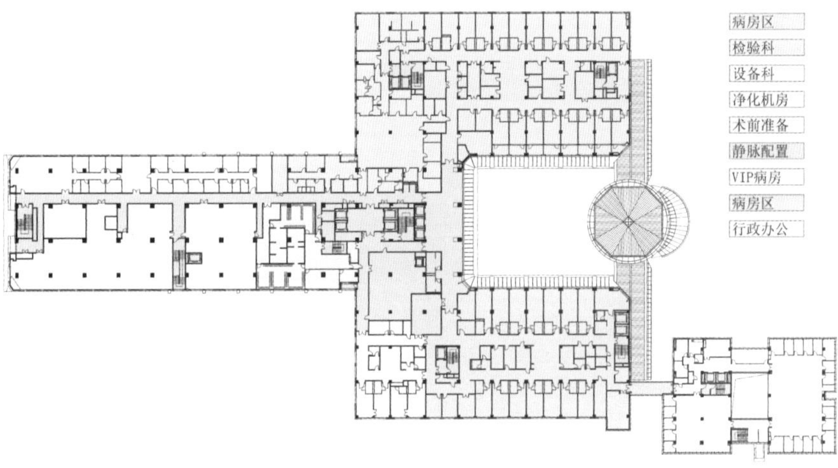

13	15
	16
14	17

13. 地下一层平面图
14. 一层平面图
15. 二层平面图
16. 三层平面图
17. 四层平面图

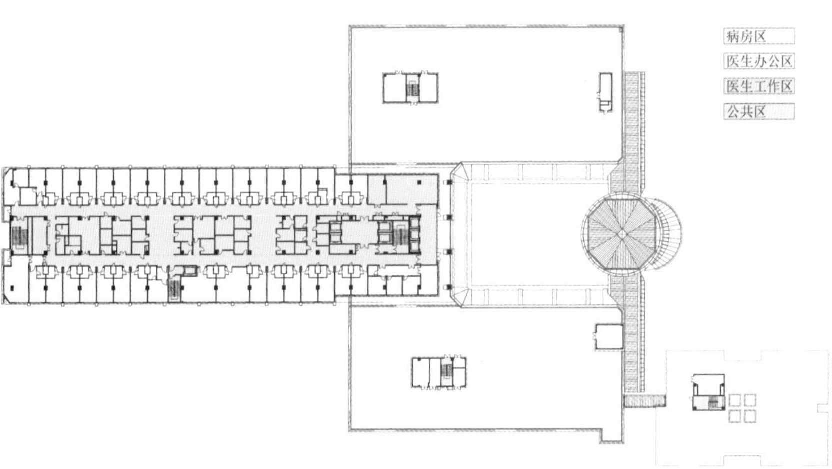

18 19 20	21

18. 立面图
19. 立面图
20. 剖面图
21. 围绕内庭院设置的公共走廊

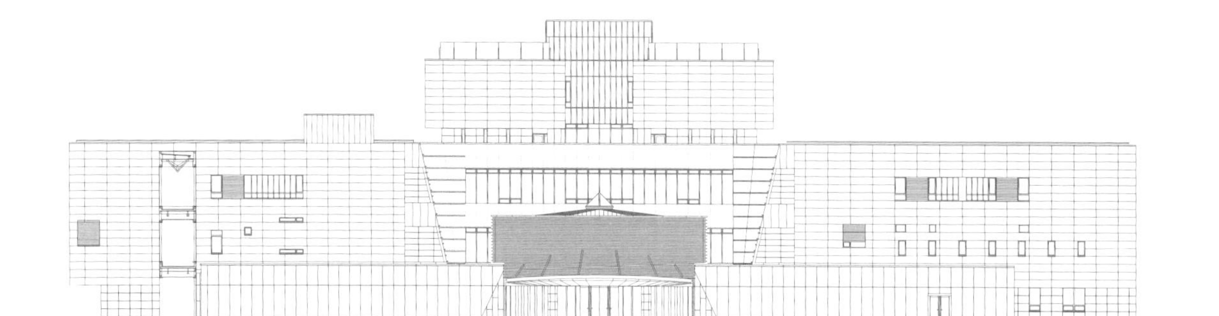

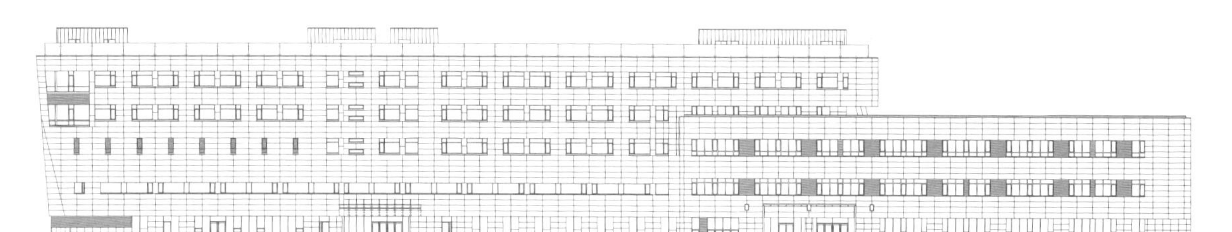

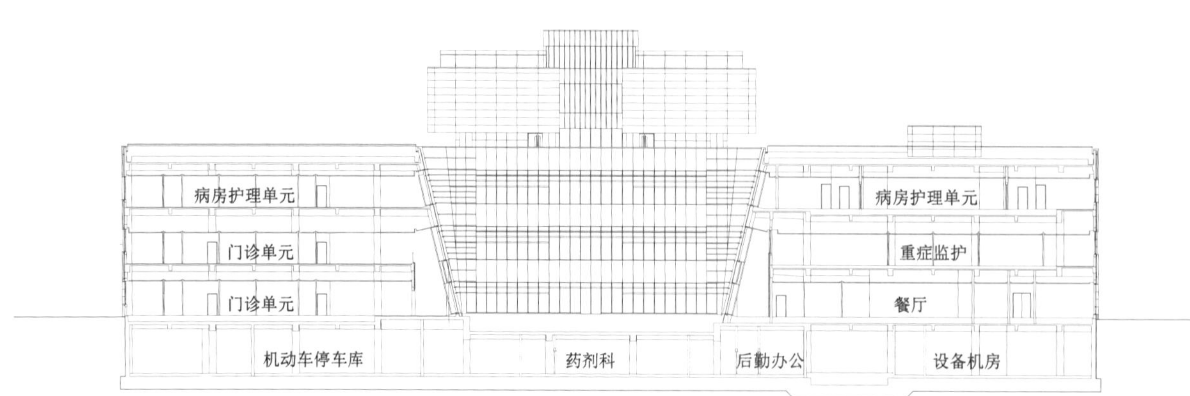

| 第二军医大学第三附属医院安亭院区 |

项目信息

建设用地：94 825m²

总建筑面积：180 576m²

容积率：1.36

绿化覆盖率：37.55%

建筑高度：57m

建筑层数：地上 13 层 / 地下 2 层

总床位数：1000 床

主要建筑设计师：陈国亮、唐茜嵘、邵宇卓、华君良。

合作设计：日本山下设计株式会社（概念方案设计）

投入运营时间：2015 年 10 月

获奖：全国优秀勘察设计行业建筑工程一等奖

上海市优秀工程设计一等奖

建设部三星级绿色建筑设计标识证书

东方肝胆医院项目位于上海市嘉定区，是一家由政府投资，以肝胆外科为专科特色的综合性医院。

项目从设计初始，便本着综合持续可发展的设计理念，立足长远，从绿色生态、人文关怀等多个角度出发，精心打造绿色与智慧相结合的综合性医院。

在总体布局设计上，本项目结合基地情况将整个医院分为门急诊区、医技区、住院区和行政区四个部分。医技区作为医院的核心，布置在基地的中部，门诊、急诊、住院等围绕其周边布置，各医院功能区之间通过回廊式空间有机衔接，交通组织便捷合理。在立面设计上，本项目明快而具有开放感的设计、清晰而端庄的形象展现了安亭地区新的现代化医院的特征。

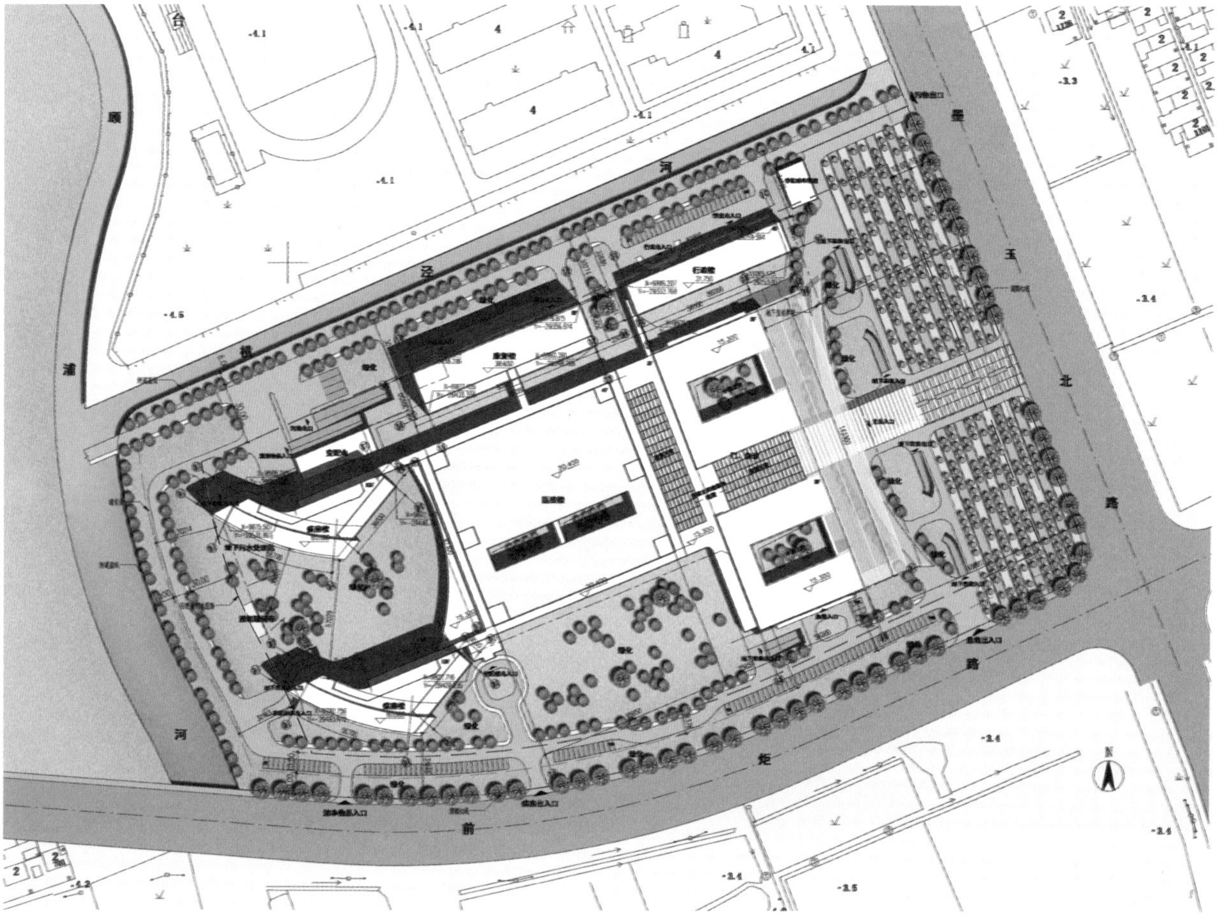

短捷高效的运营体系

为提高本项目的功能性，诊疗・治疗区以医技楼为中心，住院和门诊等紧密地围绕其布置，构成功能关系明确、流线易懂方便的综合体。三栋住院楼环绕医技区错落布置，构成疗养区域。上下重叠的构成使疗养区与外部绿地形成直接的联接关系，创造出为癌症患者所需要的安心疗养的环境。

灵活转换的空间模块

设计门诊单元时，将交通竖井集中布置于使用空间的两侧，在构成上提高使用空间布局的柔软对应变更的能力。

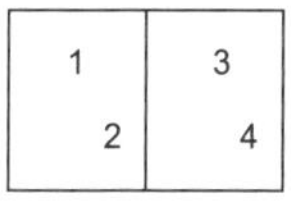

1 2	3 4

1. 住院部外景
2. 带有外遮阳装置的立面局部
3. 总平面图
4. 建筑外立面局部

自然充足的通风采光

建筑在总体布局设计时，适当引入了绿化庭院，并结合实用的绿色技术，使得每一个功能单元都能够享受到自然的采光通风。同时利用巧妙的形体构成及总体布局，使得前后几栋病房楼相互不遮挡，并将所有病房都布置在有充足日照的南侧，且在室外设置了尺度适宜的遮阳板，既有效地遮挡了夏日强烈的日照又不影响病人在冬日享受温暖的阳光。

绿色生态的医疗环境

项目景观设计采用了点、线、面的布局手法，设置了中心广场、医疗园道、屋顶花园等可供医生、患者及患者家属休憩的场所，对患者的心理产生积极的影响，从而实现环境对生理的辅助治疗。

共享中庭顶部天窗设计

本项目的门诊楼和医技楼分设在基地的东侧和中部，通过一个面积约为 3 760m^2 的共享中庭相连。考虑到如此大面积的玻璃采光中庭在夏季对空调能耗的巨大挑战，且实际效果往往更差，设计团队结合了太阳能热水系统将中庭的顶盖外形设计成连续的锯齿形，锯齿形的一边为南向与地面成水平 22° 的太阳能集热板，这是上海地区太阳能

5. 住院部围合的内庭院
6. 门诊与医技部之间的公共中庭

集热板与太阳之间最有效率的角度。锯齿形的另一边为北向且与太阳能集热板成 90°，这一侧采用夹胶中空玻璃的消防联动排烟窗。南侧太阳能集热板进行遮阳，北侧消防联动排烟窗进行中庭采光，消防联动排烟窗与地面成水平 68°，在多雨的季节可以利用雨水达到自清洁的目的。在节点处理上排烟窗的开启面在太阳能集热板的下方并内凹，使开启口不会暴露在雨水中，减少使用中的渗水情况。在过渡季节的使用中锯齿形空间具有引导热气流上升的作用，可以利用排烟窗为中庭提供必要的通风换气。

最终建成的东方肝胆医院，作为现代化的综合医院，结合绿色节能、可持续发展都体现了项目最初的精心构思与人性关怀的设计初衷。作为当时国内一次性建成体量最大的医院项目之一，它完美地实现了大型医院建设与运行的新探索。

7	8 9 10

7. 门诊入口外景
8. 公共中庭内景
9. 地下车库内景（顶部设有光导管采光）
10. 设置于绿地内的光导管装置

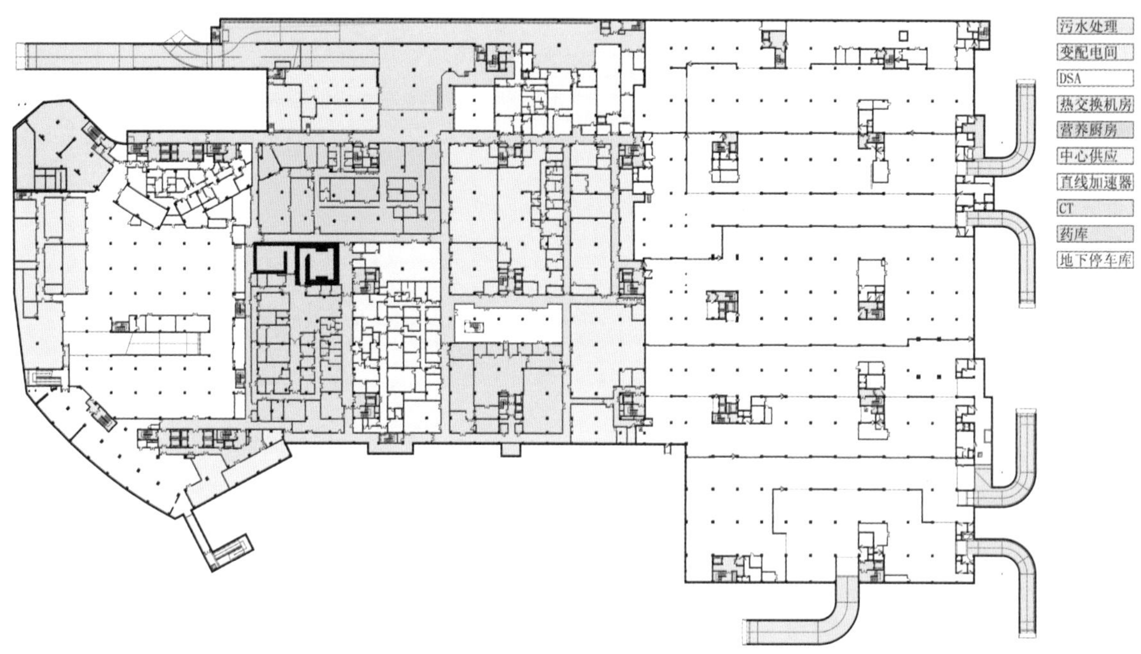
污水处理
变配电间
DSA
热交换机房
营养厨房
中心供应
直线加速器
CT
药库
地下停车库

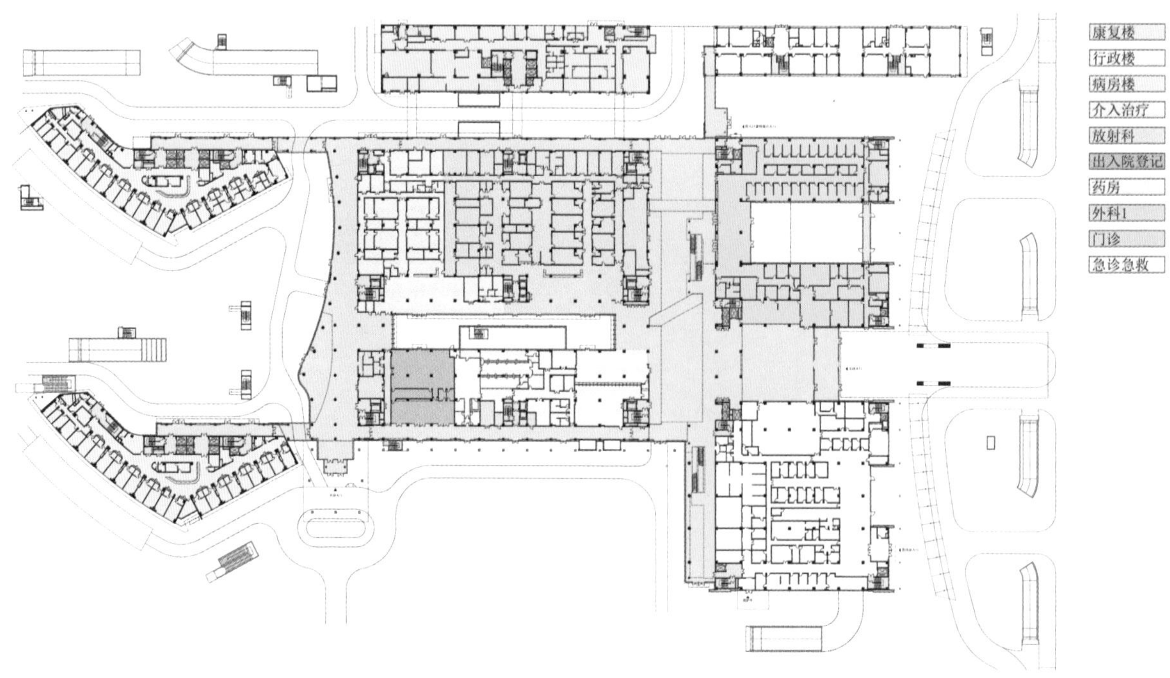
康复楼
行政楼
病房楼
介入治疗
放射科
出入院登记
药房
外科1
门诊
急诊急救

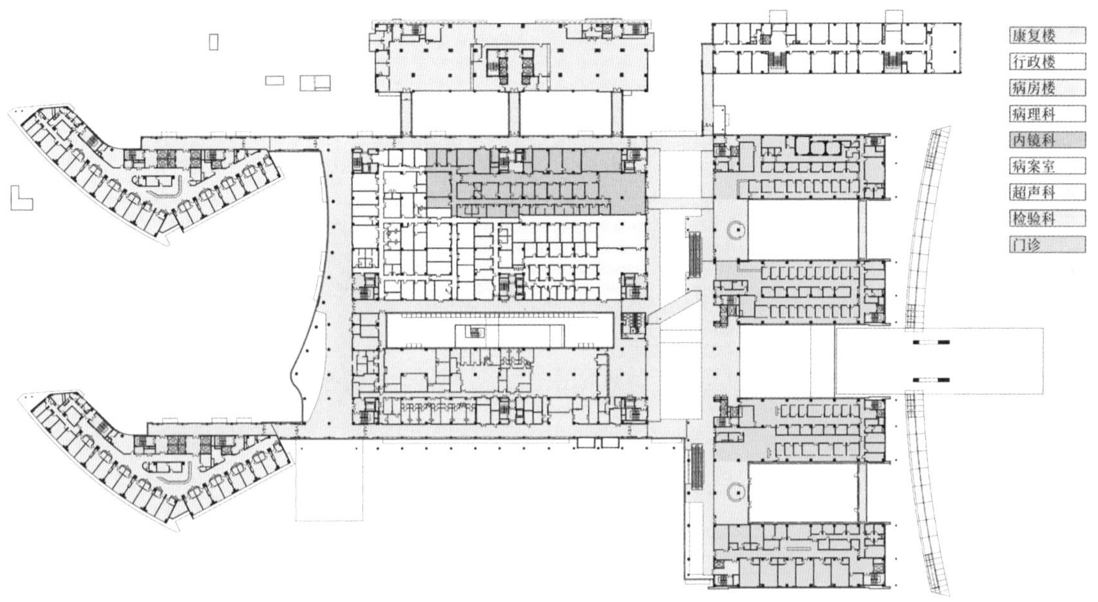

11	13
12	14

11. 地下一层平面图
12. 一层平面图
13. 二层平面图
14. 三层平面图

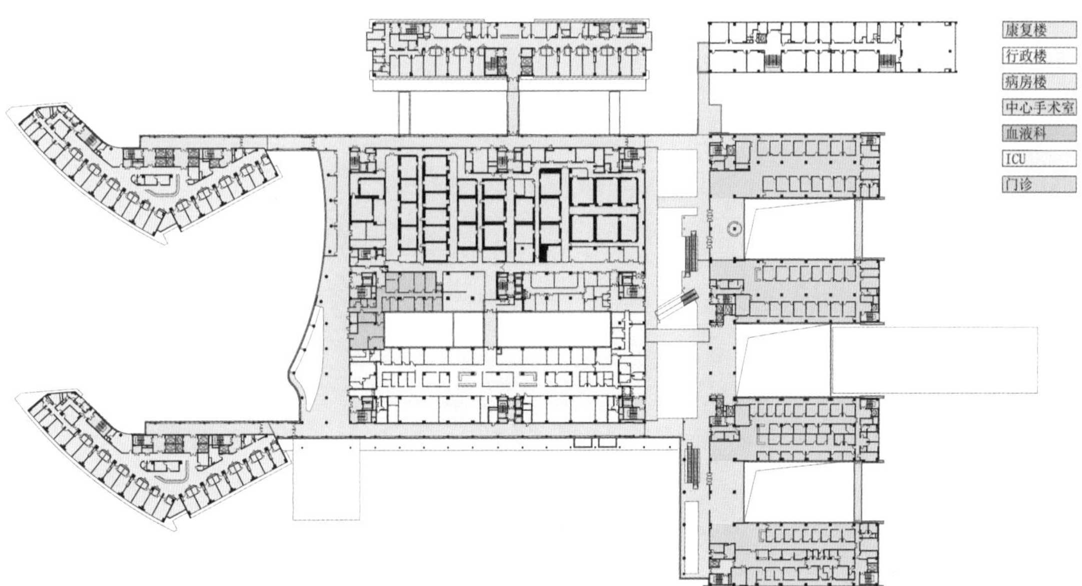

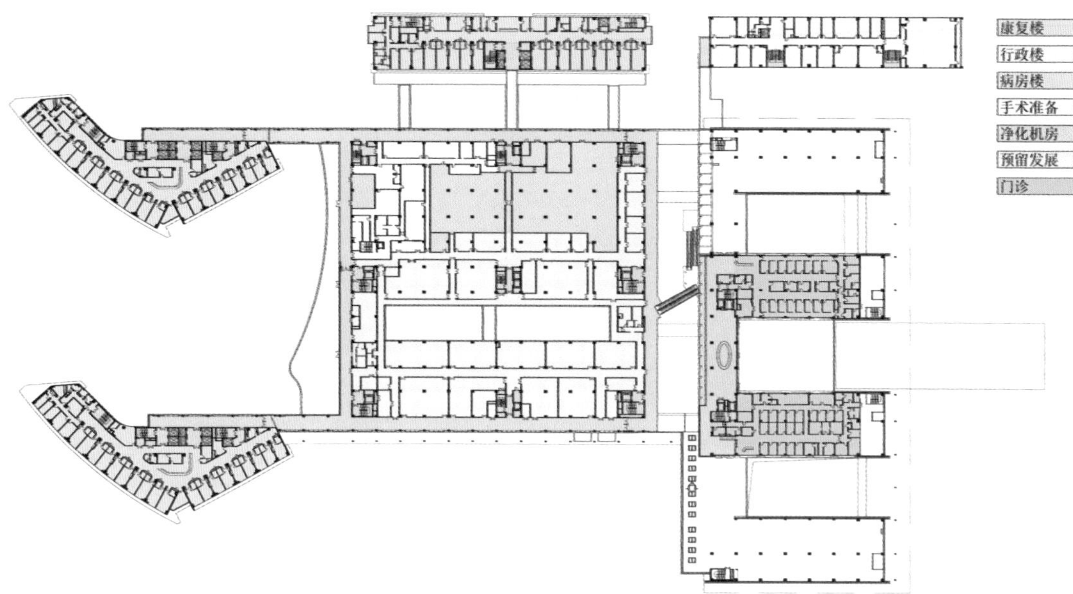

15. 四层平面图
16. 护理单元内景
17. 住院部底层入口大厅

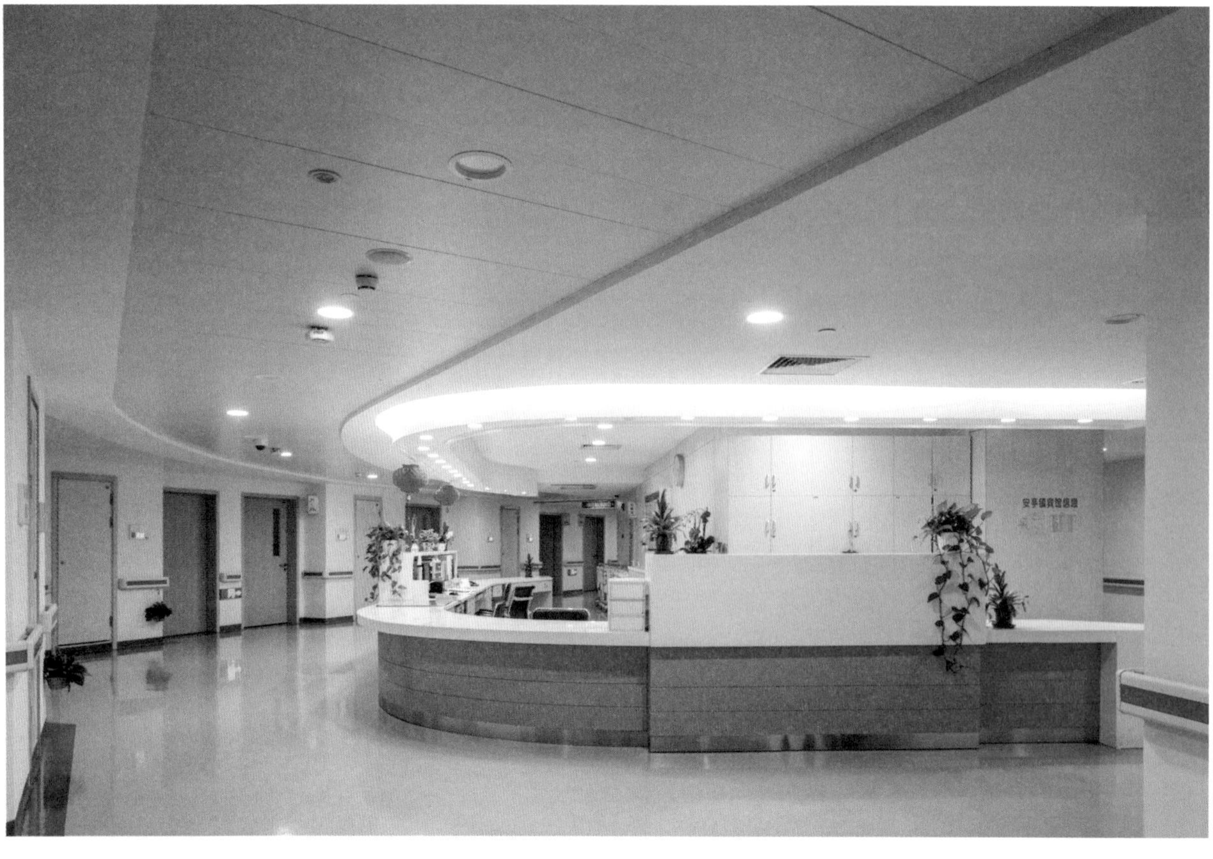

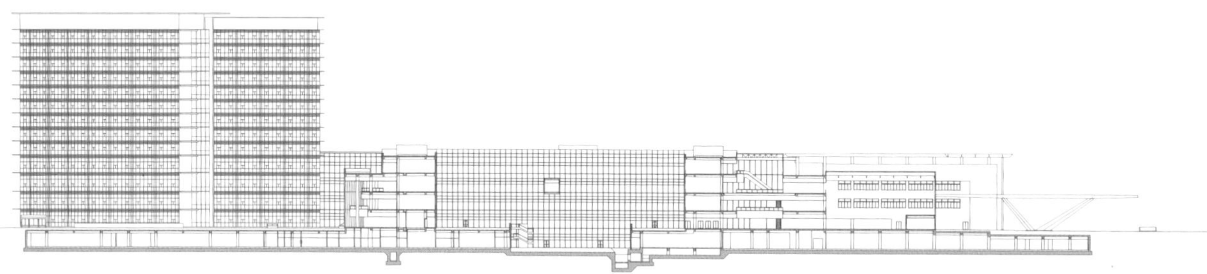

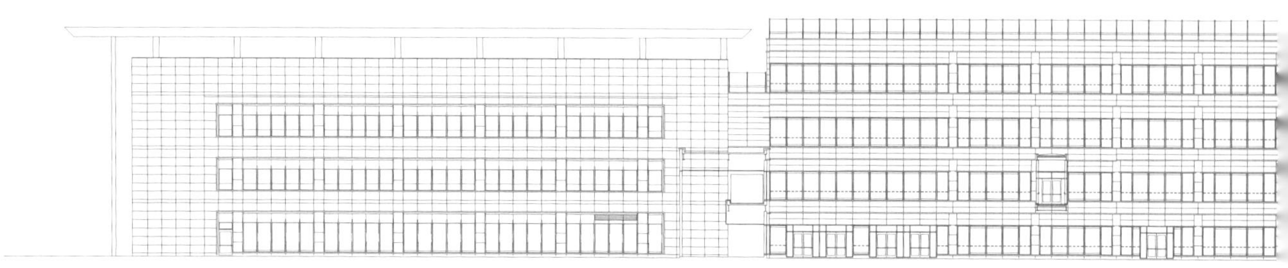

门诊楼

18 19 20	21

18. 住院部全景
19. 立面图
20. 立面图
21. 门诊楼外部的敞廊

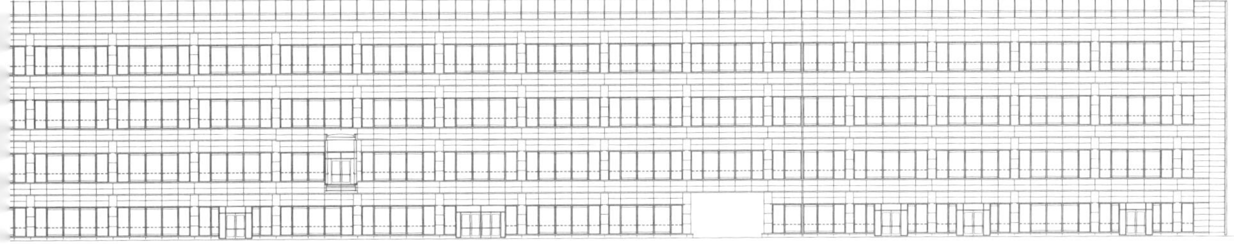

医技楼

| 复旦大学附属中山医院厦门医院 |

项目信息

建设用地：62 208m^2

总建筑面积：170 100m^2

容积率：1.85

绿化覆盖率：32 %

建筑高度：73.3m

建筑层数：地上 16 层 / 地下 2 层

总床位数：800 床

主要建筑设计师：陈国亮、陆行舟、竺晨捷、钟璐、张栩然

竣工时间：2017 年 8 月

现代环境的营建

1. 因借环境：充分利用当地特有的景观资源和环境资源

基地所在的五缘湾区是厦门市新兴的城市复合中心之一，是厦门岛上唯一集水景、温泉、植被、湿地、海湾等多种自然资源于一身的风水宝地。本地块位于海湾尽头、环湾景观步行道的终点，东侧为环湾步行道及沿海景观区，隔望五缘湾大桥。

基地沿金湖路与感恩广场之间设置了一条绿化景观通廊，将这个用地划分为南北两个区域。医院门急诊主入口位于基地的中心位置，南北两端分别为特护区和住院楼前广场。病房楼沿北侧界面布置，建筑体型偏向东南方，兼顾了日照要求和景观视线，同时削弱高层建筑群对五缘湾路沿街的压力。面对海湾，核心医疗区成环抱之势，发散型的布局将绿化景观引入内部。裙房内通过退台及中庭，形成通透的公共区域，视线上内外贯通，最大化利用景观资源。

2. 创造环境：成为此地又一个具有标识性的现代医院建筑

厦门市属南亚热带海洋性季风气候，日照充足，雨量充沛。外墙材质主要采用铝板与玻璃。浅色的建筑色彩符合海滨城市的特色，而流线型错动的表皮是结合了风环境与日照热工分析的结果。通过玻璃与楼板的进退实现适度的光照，通过楼板之间的扭转改善建筑周边的风环境，通过中庭空间将新鲜空气引入建筑内部。

流线型的建筑走势，遵从海湾地区的城市肌理。建筑体形张开双臂拥抱五缘湾海面，犹如双手捧起明珠，有力地标示出海湾的尽头。环湾步行道

1	2

1. 医院全景
2. 包含下沉式花园的建筑外景

在此交汇，简洁流畅的建筑表皮与碧海蓝天印入眼前。这座立于海滨的建筑，不仅是一座观景的建筑，也是一座景观的建筑，是融入并成为五缘湾卓越景观的一部分。

现代医学流程的优化

1. 高效的医疗功能布局

对于厦门中山医院的设计而言，不仅仅是建筑形体与环境的对话，更在乎其承载的本质内容，即医疗功能的设计，它不仅仅只是一座立于海湾的标识性建筑，更应是一座代表着当下先进医疗技术的现代化医院建筑。由于医疗流程对于平面功能及流线的要求极高，在不规则体型的约束下，我们将主要的医院功能布置在规则的柱网中，柱网系统之间的不规则部分成为公共空间及连廊、绿化、景观平台等，一方面保证了医疗功能性房间的使用，一方面灵活的公共空间可以削弱医疗建筑压抑沉闷的气氛。

通过绿化景观通廊，总体功能就此分为南北两个区域。北侧为核心医疗区，医院的主要医疗功能均位于此区域；南侧则为科研教学专家楼及特护区。

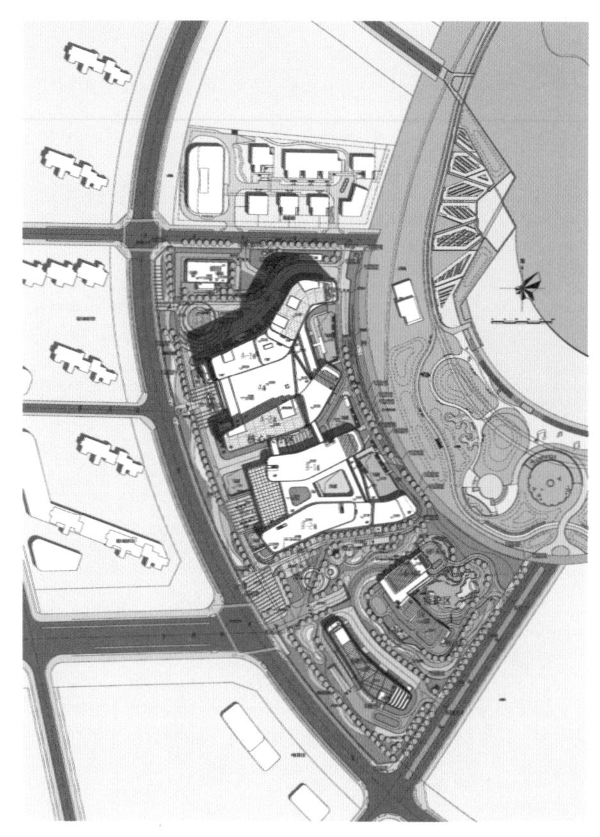

2. 立体的交通体系

1）人车分流

除专用车辆外，核心医疗区地面完全用于人行交通，以解决日常大量门急诊人流带来的交通压力。人行道路与入口景观的结合也凸显了人性化设计的要素。

2）分类立体交通

将核心医疗区交通组织的流线分为人行、出租车、社会车辆、救护车辆、洁物、污物运输车辆等6类，在地面、地下1层、地下2层三个标高上立体地解决整体的流线。

3. 便捷的智能化系统

医院采用先进的全覆盖物流系统，将气动管道传输系统、自动导引车（AGV）输送系统，进行有机整合。利用物流系统自动传输样本、药品等物资，不仅大大节约了医院人力成本，并且物流系统具有不受人为干预的特点，规避了样本丢失、误传风险的同时，大幅提升ToTAT（报告获取时间缩短），为病人诊疗争取了宝贵时间。

现代就医体验的提升

1. 人性化的室内空间

游走于建筑之中，精心设计的内部空间，给人以变化丰富、意趣迥然的空间感受，打破了传统的医院空间平淡乏味的印象。明亮活泼、绿意盎然的公共休闲空间；小区域的气氛营造，精心雕琢的细部构造，力求打破旧有模式，创造全新的就医环境，充分体现以“病人为中心”的设计原则。高大开敞的入口灰空间，荫凉通风；通高的中庭，活泼动感；流线型的绿色内庭院，柔美流畅。

在建筑材料选取中，我们将“以人为本”作为

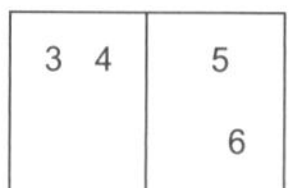

3. 总平面图
4. 门诊部阳光中庭内景
5. 可观赏海景的公共咖啡厅
6. 门诊入口大厅

根本出发点，选用生态、环保、物美价廉的涂料、石材、铝板等，运用色彩、材质等的变化，既经济实用，又营造出健康、节能、人性化的室内空间。此外，我们充分考虑到为使用者提供便利，将室内服务标志设计与建筑设计完美结合，成为建筑的有机组成部分。精心设计的室内标志一方面为患者提供了清新明确的指向服务，另一方面也成为室内装饰的一个亮点。

2. 多层次的绿化系统

楼宇间错落的绿化庭院：有效的解决了医院大体量中的自然采光通风问题，令人就医时宛如身处花园之中。多层次立体的绿化空间：限于有限的用地面积，除了在几个入口广场和沿街处布置了适量的绿化空间，我们还在屋顶布置了可供住院患者到达的绿化休憩空间，充分利用立体空间的延展面来创造良好的院区环境。

沿建筑和院区周边设计公共绿化，隔离道路与建筑，减少道路交通对室内的干扰，并与城市绿带、入口广场绿化、街道转角绿化等共同构成一个完整的绿化系统。

流线型的建筑走势，遵从海湾地区的城市肌理。建筑张开双臂拥抱五缘湾海面，犹如双手捧起明珠，有力的标示了海湾的尽头。环湾步行道在此交汇，简洁流畅的建筑表皮与碧海蓝天印入眼前。本案不仅是一座观景的建筑，更成为五缘湾卓越景观的一部分，是这一区域又一个具有标识性的现代化医疗建筑。

7	8

7. 核心医疗楼地下二层平面图
8. 核心医疗楼地下一层平面图

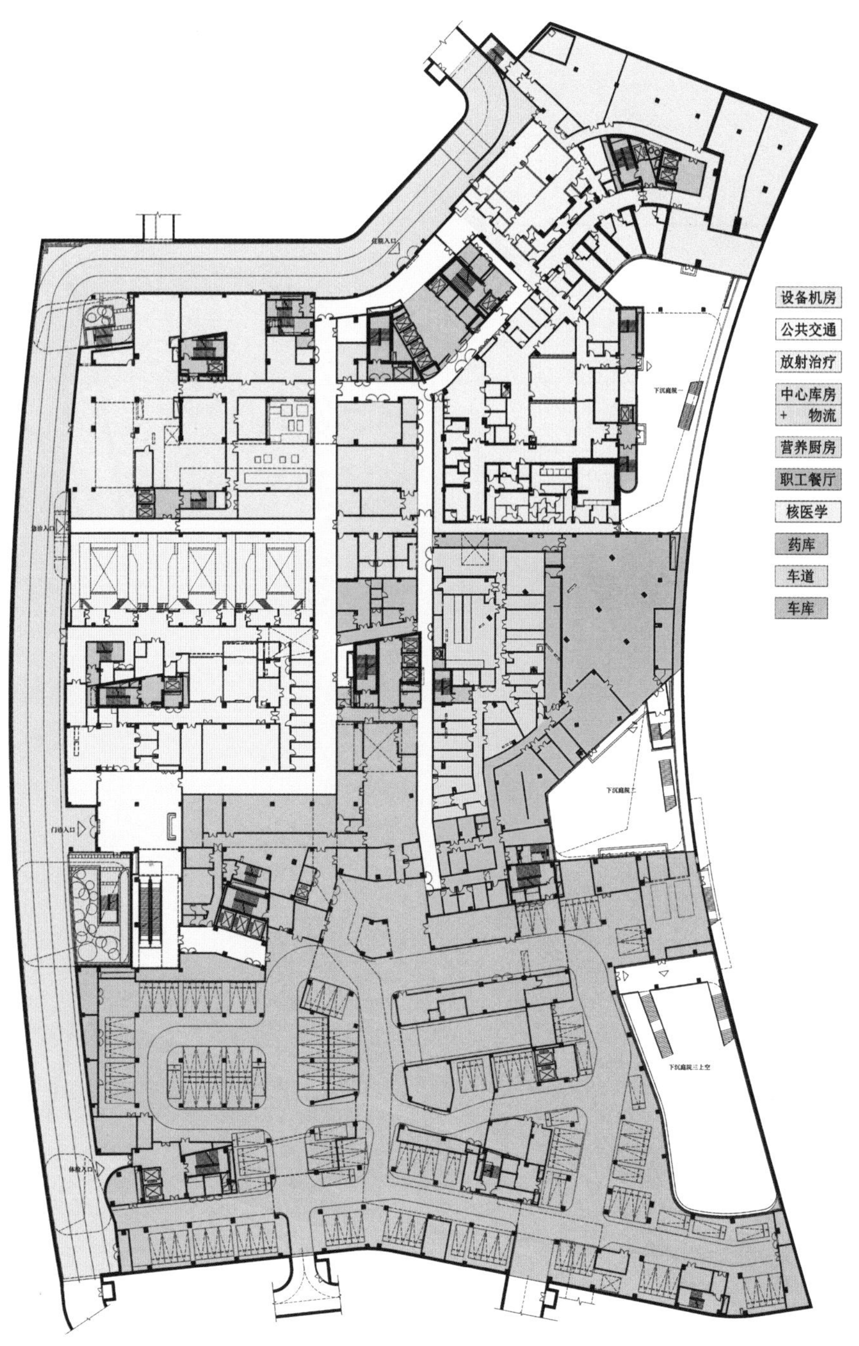

设备机房
公共交通
放射治疗
中心库房
+ 物流
营养厨房
职工餐厅
核医学
药库
车道
车库

9	10

9. 核心医疗楼地下夹层平面图
10. 核心医疗楼一层平面图

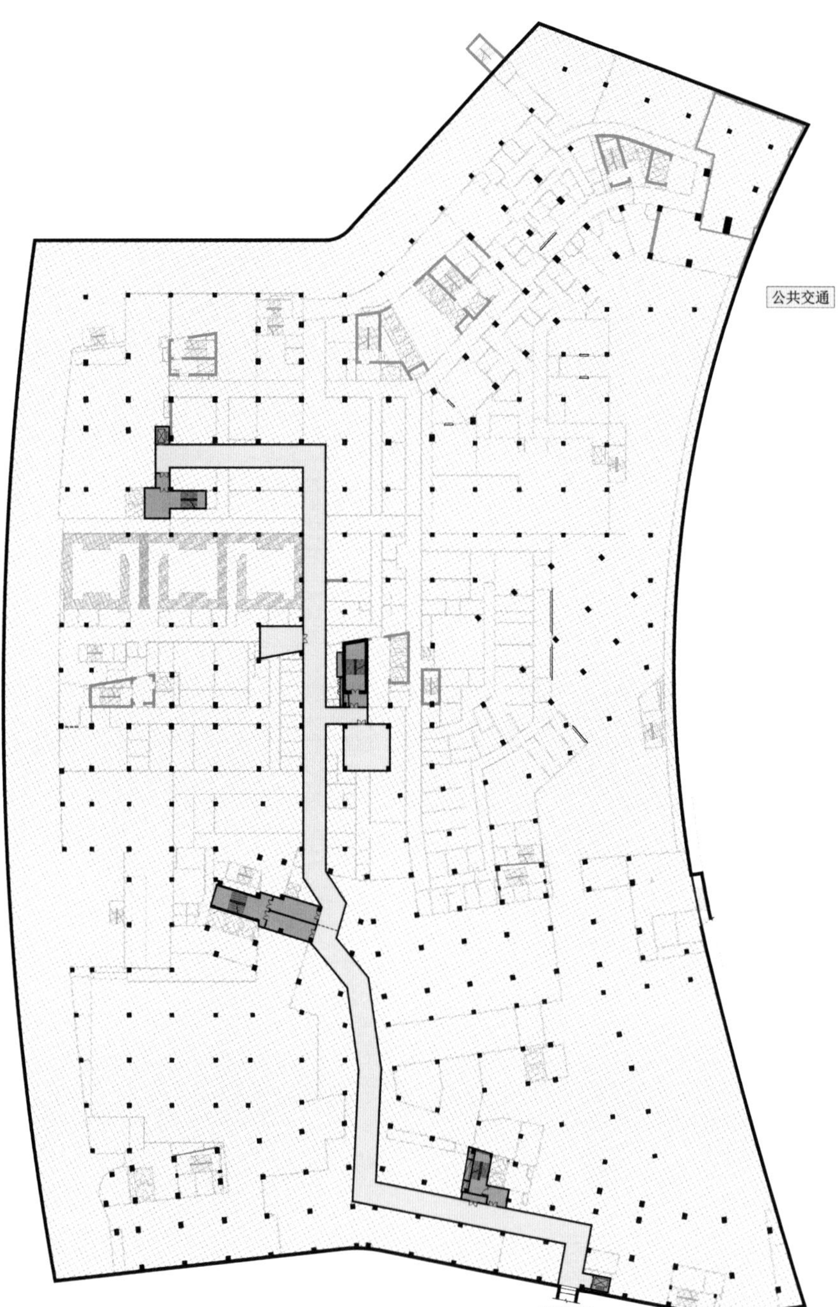

出入院及超市
住院大厅
放射科
便民服务
干保住院大厅
公共交通
急救
中医科
输液大厅
+ 日间化疗
特需住院大厅
设备机房
门诊模块1
门诊药房
门诊采样
感染门诊
门诊医技
办公门厅
变电所
住院入口
下沉庭院
急救入口
特需入口
门诊入口
体检入口
室外庭院
办公入口

11	12

11. 核心医疗楼二层平面图
12. 核心医疗楼三层平面图

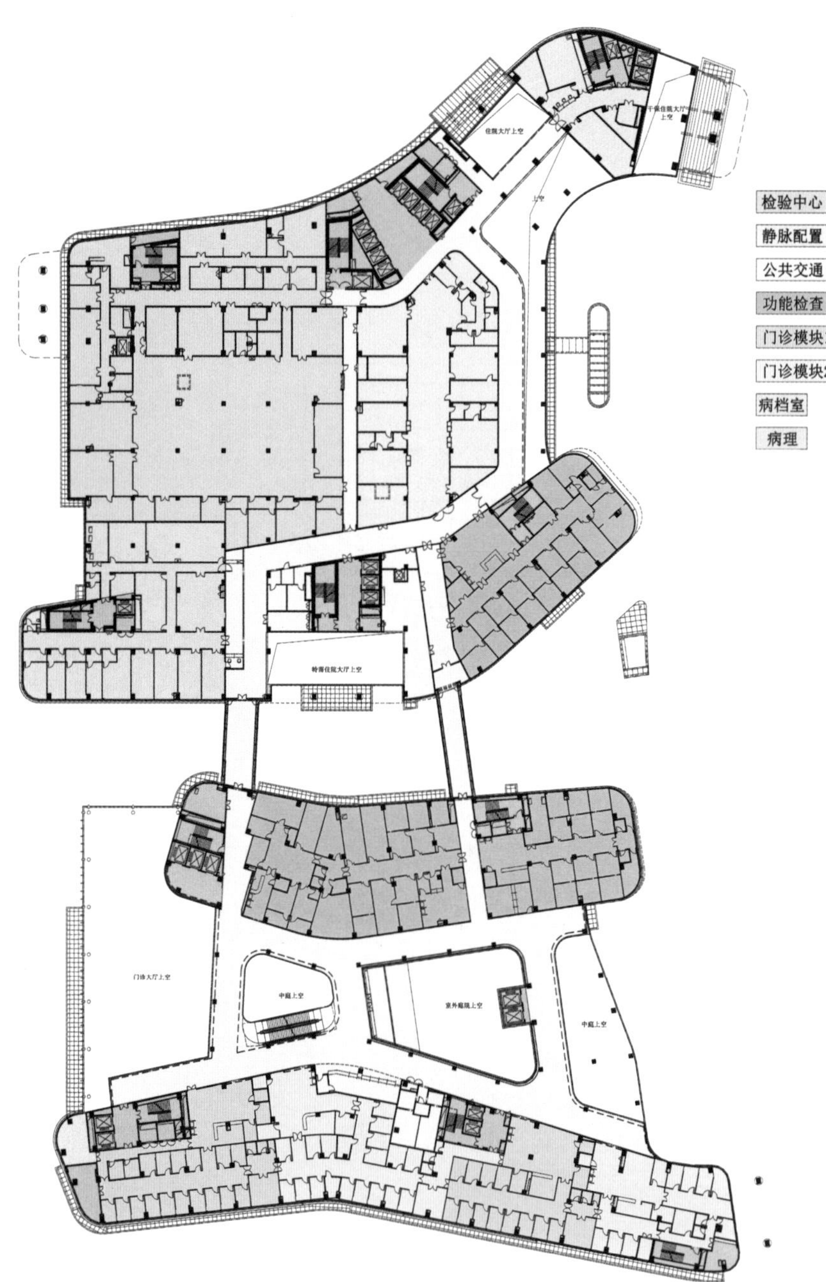

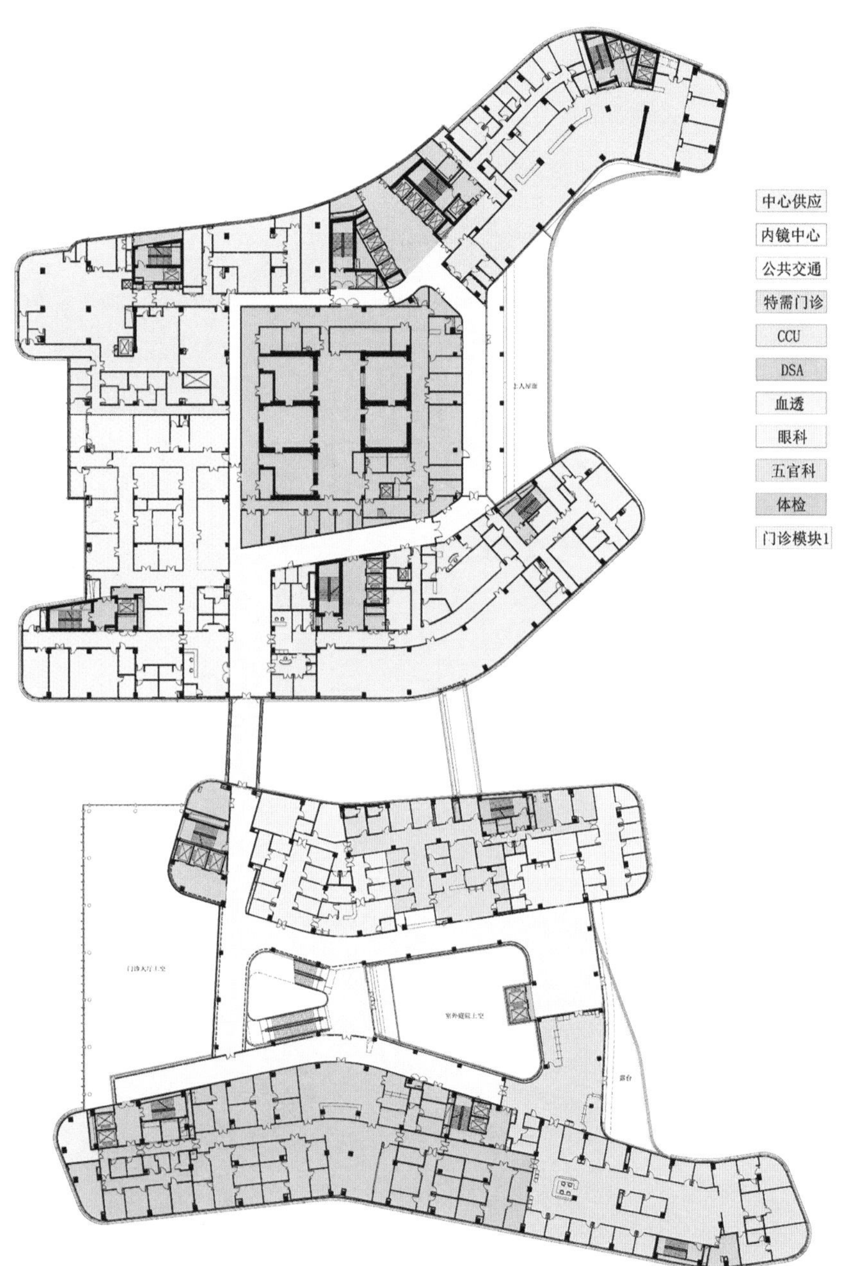
中心供应
内镜中心
公共交通
特需门诊
CCU
DSA
血透
眼科
五官科
体检
门诊模块1

13	14

13. 核心医疗楼四层平面图
14. 核心医疗楼五层平面图

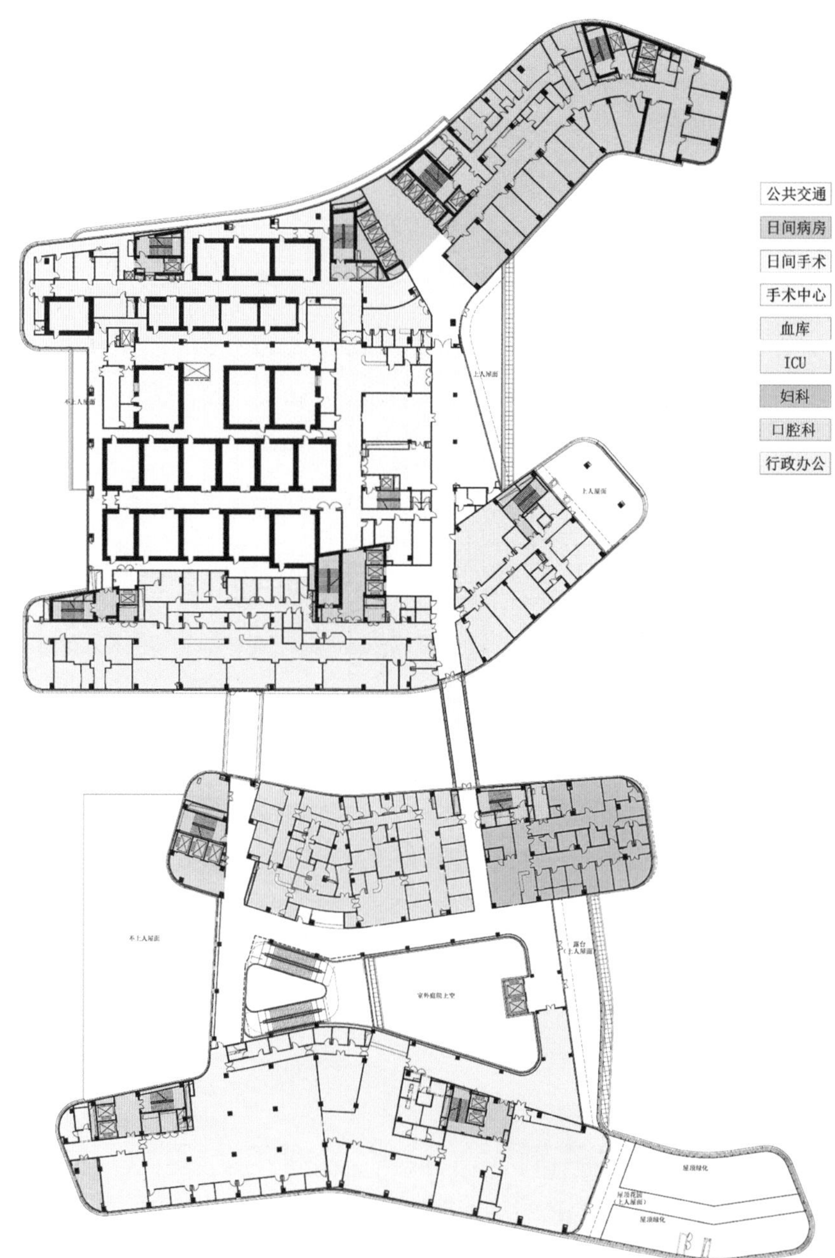

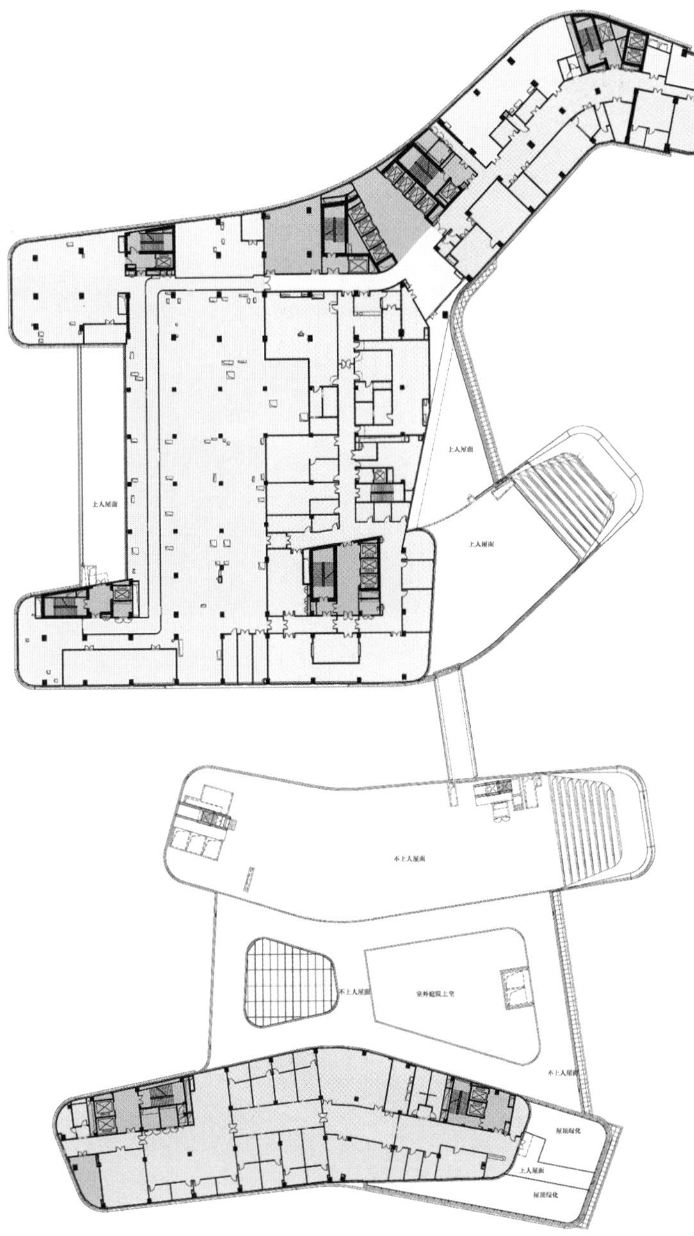

公共交通

临床药理基地

净化机房及设备转换

计算机中心+楼宇控制

手术辅助

行政办公

15	17
	18
16	19

15. 门诊部外景
16. 立面图
17. 立面图
18. 剖面图
19. 剖面图

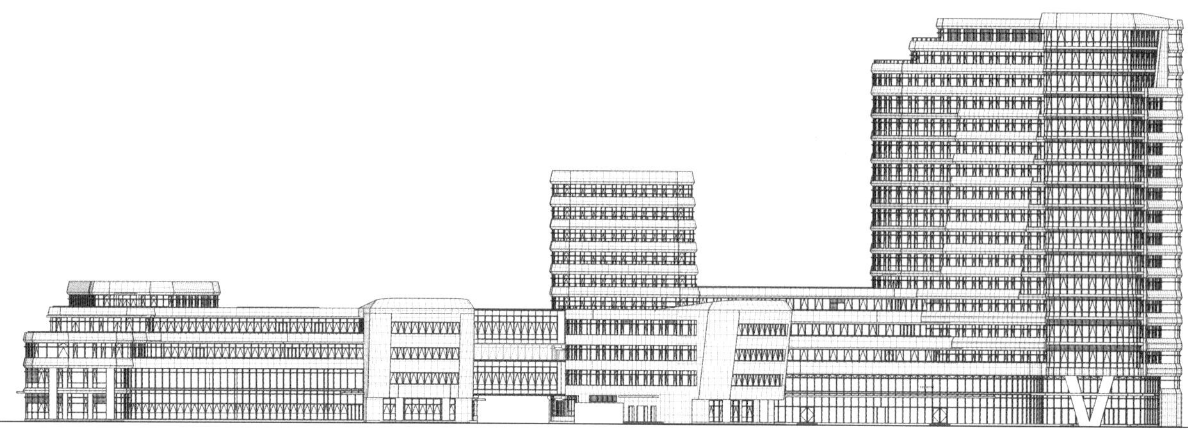

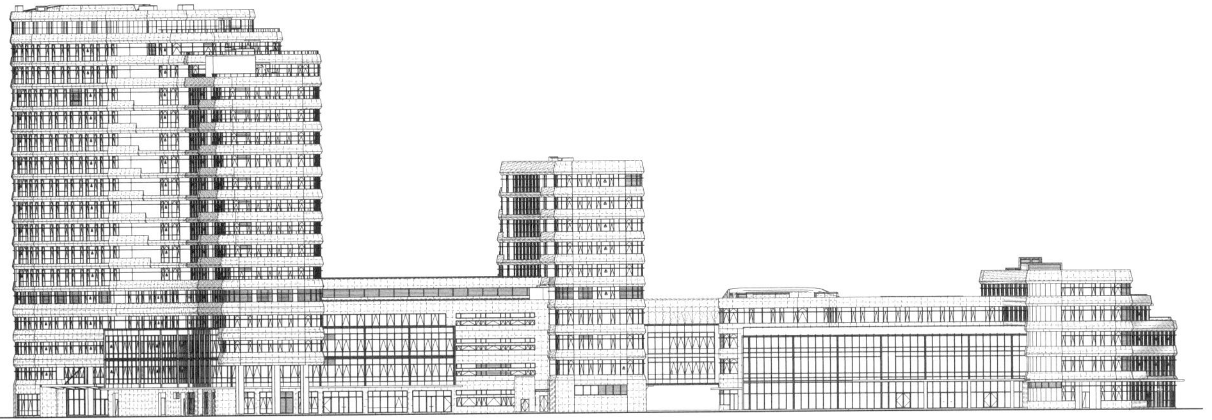

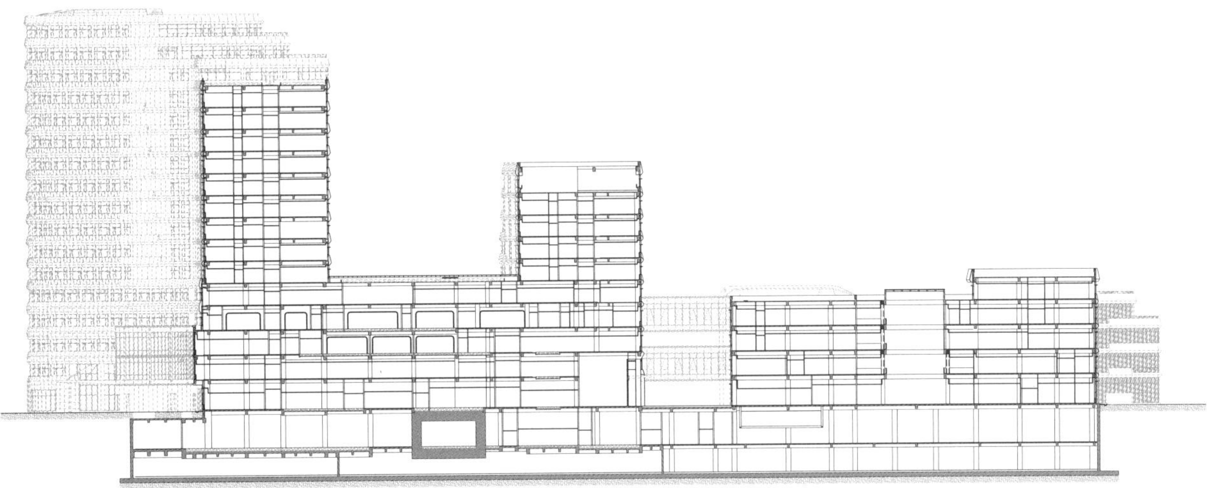

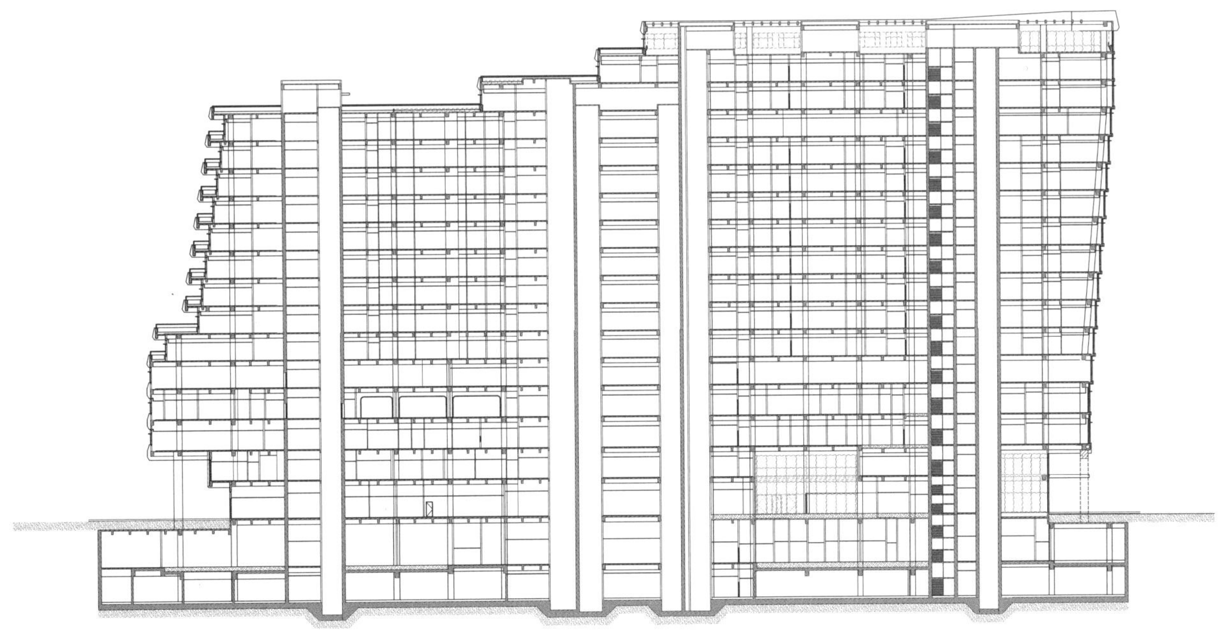

参考文献

[1] 中国建筑科学研究院住房和城乡建设部科技与产业化发展中心.《绿色医院建筑评价标准》实施指南[M]. 北京:中国计划出版社,2016.

[2] 罗运湖. 现代医院建筑设计[M]. 北京:中国建筑工业出版社, 2001.

[3] Robin G, Gail V. Sustainable Healthcare Architecture[M]. Jossey-Bass, 2013.

[4] Stephen V. Innovations in Hospital Architecture[M]. Routledge, 2010.

[5] Michael P, Bing C. Case Studies: Design Practice and Application of Healthcare Technical Guidance and Tools[M]. Springer Berlin Heidelberg: 2014.

[6] 罗运湖. 医院建筑设计的绿色思考[J]. 城市建筑,2008(07):7-10.

[7] 黄锡璆. 医院的规划与建设[J]. 中国医院,2006(02):12-16.

[8] 黄锡璆,梁建岚. 安全医院研究[J]. 中国医院建筑与装备,2012,13(12):82-85.

[9] 黄锡璆. 突发公共卫生事件和传染病医院及应急医疗设施设计[J]. 新建筑,2004(04):5-8.

[10] 李国欣. 医院噪声来源与控制方法[J]. 工程建设,2015(04):88-89.

[11] 朱雪梅,Roger U,柏鑫. 为病人安危进行设计[J]. 城市建筑,2013(05):22-26.

[12] 袁闪闪,徐伟,张时聪,等. 国际绿色医院建筑评价体系研究及借鉴[J]. 建筑科学,2014,30(2):99-103.

[13] Nancy B S. Environmentally-friendly building strategies slowly make their way into medical facilities[J]. Architectural Record, 2004(8):179-182.

[14] Robert C. 14 steps to greener hospitals[J]. Building Design & Construction, 2006.

[15] 中华人民共和国国家统计局. 国家数据[DB/OL]. http://data. stats. gov. cn/search. htm? s=%E5%8C%BB%E7%96%97.

[16] 叶耀先,钮泽蓁. 非结构抗震设计[M]. 北京:地震出版社,1991.

[17] 中国建筑标准设计研究所. 全国民用建筑工程设计技术措施. 结构[M]. 北京:中国计划出版社,2003.

[18] 黄震兴,柴骏甫,林凡茹,等. 国内现存医院之耐震性能概况与非结构设计规范之沿革(Ⅰ)[R]. 台湾:地震研究中心,2008.

[19] 黄震兴,柴骏甫,林凡茹,等. 国内现存医院之耐震性能概况与非结构设计规范之沿革(Ⅱ)[R]. 台湾:地震研究中心,2008.

[20] 武红姣. 医疗建筑中非结构构件的抗震性能研究[D]. 上海:同济大学,2013.

[21] FEMA E-74. Reducing the risks of nonstructural earthquake damage-A practical guide[S]. Federal Emergency Management Agency,2011.

[22] 陈惠华,萧正辉.医院建筑与设备设计[M].2 版.北京:中国建筑工业出版社,2003.
[23] 陈志莉,张统.医院污水处理技术及工程实例[M].北京:化学工业出版社环境科学与工程出版中心,2003.
[24] 许钟麟,潘红红,曹国庆,等.从现代产品质量控制角度看洁净手术部规范的修订——《医院洁净手术部建筑技术规范》修订组研讨系列课题之一[J].暖通空调,2013,43(3):7-9.
[25] 沈晋明,刘燕敏.GB 51039—2014《综合医院建筑设计规范》编制思路[J].暖通空调,2015(3):41-46.
[26] 沈晋明,赵陈成.法国医院建设标准评述[J].暖通空调,2012,42(9):47-51.
[27] 沈晋明.新版 DIN 1946/4 标准简介[J].暖通空调,2010,40(2):13-17.
[28] 沈晋明,俞卫刚.医院冷热源及其系统设计浅谈[J].暖通空调,2009,39(4):10-14.
[29] 沈晋明,朱青青,张成.欧洲医院标准评述[J].暖通空调,2009,39(4):51-55.
[30] 沈晋明,朱青青,孙甜甜.ASHRAE170 医院通风标准的评述[J].暖通空调,2009,39(4):56-60.
[31] 沈晋明,马晓琼.美国医院设计和建造的最新动态[J].暖通空调,2006,36(11):33-38.
[32] 中国建筑标准设计研究院.建筑隔声与吸声构造:08J931—2008[S].北京:中国计划出版社,2008.
[33] 中华人民共和国住房和城乡建设部,国家质量监督检验检疫总局.绿色建筑评价标准:GB/T 50378—2014[S].北京:中国建筑工业出版社,2014.
[34] 中华人民共和国住房和城乡建设部.民用建筑设计通则:GB 50352—2005[S].北京:中国建筑工业出版社,2005.
[35] 中华人民共和国卫生健康委员会.综合医院建设标准:建标 110—2008[S].北京:中国计划出版社,2008.
[36] 中华人民共和国住房和城乡建设部.综合医院建筑设计规范:GB 51039—2014[S].北京:中国计划出版社,2015.
[37] 中华人民共和国住房和城乡建设部.绿色医院建筑评价标准:GB/T 51153—2015[S].北京:中国计划出版社,2016.
[38] 中华人民共和国住房和城乡建设部.民用建筑绿色设计规范:JGJ/T 229—2010[S].北京:中国建筑工业出版社,2011.
[39] 中华人民共和国住房和城乡建设部.公共建筑节能设计标准:GB 50189—2015[S].北京:中国建筑工业出版社,2015.
[40] 中华人民共和国住房和城乡建设部.公共建筑节能改造技术规范:JGJ176—2009[S].北京:中国建筑工业出版社,2009.
[41] 中华人民共和国住房和城乡建设部.医院洁净手术部建筑技术规范:GB 50333—2013[S].北京:中国计划出版社,2014.
[42] 中华人民共和国住房和城乡建设部.传染病医院建筑设计规范:GB 50849—2014[S].北京:中国计划出版社,2015.
[43] 中华人民共和国住房和城乡建设部.民用建筑隔声设计规范:GB 50118—2010[S].北京:中国建筑工业出版社,2011.

[44] 中华人民共和国住房和城乡建设部.建筑结构荷载规范:GB 50009—2012[S].北京:中国建筑工业出版社,2012.

[45] 中华人民共和国住房和城乡建设部,中华人民共和国国家质量监督检验检疫总局.建筑抗震设计规范:GB 50011—2010[S].北京:中国建筑工业出版社,2010.

[46] 中华人民共和国住房和城乡建设部.民用建筑供暖通风与空气调节设计规范:GB 50736—2012[S].北京:中国建筑工业出版社,2012.

[47] 中华人民共和国生态环境部.声环境质量标准:GB 3096—2008[S].北京:中国环境科学出版社,2008.

[48] 中华人民共和国国家质量监督检验检疫总局,中国国家标准化管理委员会.环境空气质量标准:GB 3095—2012[S].北京:中国环境科学出版社,2016.

[49] 北京市建筑设计研究院,北京市医院污水污物处理技术协会.医院污水处理设计规范:CECS 07:2004[S].北京:中国计划出版社,2004.

[50] 中华人民共和国生态环境部.医院污水处理工程技术规范:HJ 2029—2013[S].北京:中国环境科学出版社,2013.

[51] 中华人民共和国卫生健康委员会.医院隔离技术规范:WS/T 311—20092009-04-01[S].北京:中国标准出版社,2009.

[52] 中华人民共和国住房和城乡建设部.智能建筑设计标准:GB/T 50314—2015[S].北京:中国计划出版社,2015.

[53] 中华人民共和国住房和城乡建设部.建筑照明设计标准:GB 50034—2013[S].北京:中国建筑工业出版社,2014.

[54] 中华人民共和国住房和城乡建设部.低压配电设计规范:GB 50054—2011[S].北京:中国计划出版社,2012.

[55] 中华人民共和国住房和城乡建设部.供配电系统设计规范:GB 50052—2009[S].北京:中国计划出版社,2010.

[56] 中华人民共和国住房和城乡建设部.建筑物防雷设计规范:GB 50057—2010[S].北京:中国计划出版社,2011.

[57] 中华人民共和国住房和城乡建设部.建筑物电子信息系统防雷技术规范:GB 50343—2012[S].北京:中国建筑工业出版社,2012.

[58] 中华人民共和国住房和城乡建设部.建筑电气工程电磁兼容技术规范:GB 51204—2016[S].北京:中国计划出版社,2017.

[59] 中华人民共和国住房和城乡建设部.民用建筑电气设计规范:JGJ 16—2008[S].北京:中国建筑工业出版社,2008.

[60] 中华人民共和国住房和城乡建设部.医疗建筑电气设计规范:JGJ 312—2013[S].北京:中国建筑工业出版社,2014.

[61] 中华人民共和国住房和城乡建设部.公共建筑能耗远程监测系统技术规程:JGJ/T 285—2014[S].北京:中国建筑工业出版社,2015.

[62] 中华人民共和国住房和城乡建设部.建筑设备监控系统工程技术规范:JGJ/T 334—2014[S].北京:中国建筑工业出版社,2014.

[63] 中华人民共和国住房和城乡建设部.绿色建筑技术导则:建科[2005]199 号[Z].2005.
[64] 中华人民共和国生态环境部.医院污水处理技术指南:环发[2003]197 号[Z].2003.
[65] 国务院办公厅关于印发全国医疗卫生服务体系规划纲要(2015—2020 年)的通知:国办发〔2015〕14 号[Z].2005.
[66] 中华人民共和国住房和城乡建设部.关于印发建筑业发展“十三五”规划的通知:建市[2017] 98 号[Z].2017.
[67] 国务院办公厅.关于转发发展改革委住房城乡建设部绿色建筑行动方案的通知:国办发〔2013〕1 号[Z].2013.